Datenanalyse
für Naturwissenschaftler und Ingenieure

Mittelwertbildung der Fußlänge zur Gewinnung einer Längeneinheit
Holzschnitt aus Jacob Köbels „Geometrei“ veröffentlicht 1575 in Frankfurt.

Siegmund Brandt

Datenanalyse für Naturwissenschaftler und Ingenieure

Mit statistischen Methoden und Java-Programmen

5. Auflage

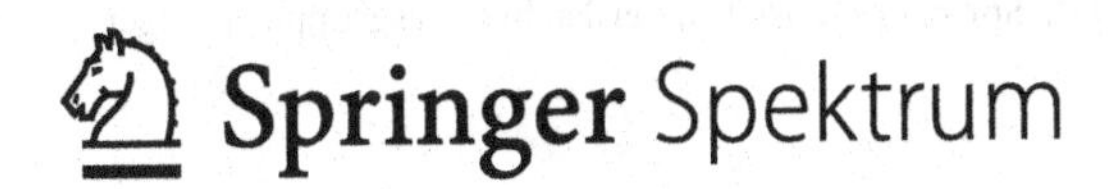

Siegmund Brandt
Department Physik
Universität Siegen
57068 Siegen, Deutschland
e-mail: brandt@physik.uni-siegen.de

ISBN 978-3-642-37663-4 ISBN 978-3-642-37664-1 (eBook)
DOI 10.1007/978-3-642-37664-1

Die Deutsche Nationalbibliothek verzeichnet diese Publikation in der Deutschen Nationalbibliografie; detaillierte bibliografische Daten sind im Internet über http://dnb.d-nb.de abrufbar.

Springer Spektrum
© Springer-Verlag Berlin Heidelberg 1975, 1981, 1992, 1999, 2013
Das Werk einschließlich aller seiner Teile ist urheberrechtlich geschützt. Jede Verwertung, die nicht ausdrücklich vom Urheberrechtsgesetz zugelassen ist, bedarf der vorherigen Zustimmung des Verlags. Das gilt insbesondere für Vervielfältigungen, Bearbeitungen, Übersetzungen, Mikroverfilmungen und die Einspeicherung und Verarbeitung in elektronischen Systemen.

Die Wiedergabe von Gebrauchsnamen, Handelsnamen, Warenbezeichnungen usw. in diesem Werk berechtigt auch ohne besondere Kennzeichnung nicht zu der Annahme, dass solche Namen im Sinne der Warenzeichen- und Markenschutz-Gesetzgebung als frei zu betrachten wären und daher von jedermann benutzt werden dürften.

Planung und Lektorat: Dr. Vera Spillner, Sabine Bartels
Einbandentwurf: deblik, Berlin

Gedruckt auf säurefreiem und chlorfrei gebleichtem Papier

Springer Spektrum ist eine Marke von Springer DE. Springer DE ist Teil der Fachverlagsgruppe Springer Science+Business Media.
www.springer-spektrum.de

Vorwort zur fünften Auflage

In dieser Auflage erfuhr das Buch zwei wesentliche Veränderungen: Die äußere Form ist erheblich gestrafft und die Programme sind jetzt in der modernen Programmiersprache Java geschrieben.

Die Straffung gelang ohne Aufgabe von sachlichen Inhalten durch sinnvolle Nutzung des Internets. Da fast alle Leserinnen und Leser über einen Rechner mit Internetanschluss verfügen, oder doch wenigstens Zugang zu einem solchen Rechner haben, erübrigte sich die Wiedergabe der Programme im gedruckten Text. Auch die Anhänge des Buches, die ausführlich auf einzelne mathematische oder prammiertechnische Fragen eingehen, wurden ins Internet ausgelagert. Dadurch wurde der physische Umfang des Buches deutlich verkleinert.

Die Sprache Java bietet im Vergleich zu den älteren Programmiersprachen der früheren Auflagen eine Reihe von Vorteilen. Sie ist objektorientiert und damit auch leichter lesbar. Sie bietet Bibliotheken von benutzerfreundlichen Hilfsfunktionen, etwa für Eingabe-, Ausgabe- oder Graphik-Fenster. Für gängige Rechner ist Java entweder vorinstalliert oder kann kostenfrei aus dem Internet geladen werden (Einzelheiten in Abschnitt 1.3). Java wird inzwischen an Schulen unterrichtet, so dass viele Studierende bereits etwas mit der Sprache vertraut sind.

Sowohl die Anhänge zum Haupttext des Buches wie unsere Java-Programme zur Datenanalyse und zur graphischen Darstellung einschließlich vieler Beispielprogramme zur Lösung konkreter Aufgaben können kostenfrei aus dem Internet heruntergeladen werden über die Seite dieses Buches unter `www.springer.com`.

Herrn Dr. Tilo Stroh danke ich für zahlreiche Diskussionen, Anregungen, und technische Hilfen. Die Graphik-Programme greifen auf frühere gemeinsame Arbeiten mit Herr Stroh zurück.

Siegen, im April 2013 Siegmund Brandt

Inhaltsverzeichnis

Die im folgenden aufgelisteten Abschnitte können kostenlos aus dem Internet heruntergeladen werden über die Seite dieses Buches unter `www.springer.com`.

Liste der Beispiele

Häufig benutzte Symbole und Bezeichnungen

$x, y, \xi, \eta, \ldots$	(gewöhnliche) Variable
$\mathbf{x}, \mathbf{y}, \boldsymbol{\xi}, \boldsymbol{\eta}, \ldots$	Vektoren von Variablen
$\mathsf{x}, \mathsf{y}, \ldots$	Zufallsvariable
$\boldsymbol{\mathsf{x}}, \boldsymbol{\mathsf{y}}, \ldots$	Vektoren von Zufallsvariablen
$A, B, C, \ldots$	Matrizen
B	Verzerrung (bias)
$\mathrm{cov}(\mathsf{x},\mathsf{y})$	Kovarianz
F	Varianzquotient
$f(x)$	Wahrscheinlichkeitsdichte
$F(x)$	Verteilungsfunktion
$E(\mathsf{x}) = \hat{x}$	Mittelwert, Erwartungswert
H	Hypothese
H_0	Nullhypothese
L, ℓ	Likelihood-Funktionen
$L(S_c, \lambda)$	Operationscharakteristik
$M(S_c, \lambda)$	Gütefunktion, Mächtigkeit
M	Minimumfunktion, Zielfunktion
$P(A)$	Wahrscheinlichkeit des Ereignisses A
Q	Quadratsumme
$\mathsf{s}^2, \mathsf{s}_x^2$	Varianz einer Stichprobe
S	Schätzfunktion
S_c	Kritische Region
t	Variable der Studentschen Verteilung
T	Testfunktion
x_{m}	Wahrscheinlichster Wert (mode)
$x_{0.5}$	Median
x_q	Quantil
$\bar{\mathsf{x}}$	Mittelwert einer Stichprobe
$\widetilde{x}$	Schätzung nach Maximum Likelihood oder kleinsten Quadraten
α	Signifikanzniveau
$1-\alpha$	Konfidenzniveau
λ	Parameter einer Verteilung
$\varphi(t)$	Charakteristische Funktion
$\phi(x), \psi(x)$	Wahrscheinlichkeitsdichte und Verteilungsfunktion der Normalverteilung
$\phi_0(x), \psi_0(x)$	Wahrscheinlichkeitsdichte und Verteilungsfunktion der standardisierten Normalverteilung
$\sigma(\mathsf{x}) = \Delta(\mathsf{x})$	Standardabweichung
$\sigma^2(\mathsf{x})$	Varianz
χ^2	Variable der χ^2-Verteilung
$\Omega(P)$	Umkehrfunktion der Normalverteilung

1 Einleitung

1.1 Typische Aufgaben der Datenanalyse

Jede experimentelle Naturwissenschaft befaßt sich – nach dem Durchlaufen einer naiv beschreibenden Phase – mit einem quantitativen, *messenden* Verfolgen der interessierenden Phänomene. Neben dem Entwurf und der Durchführung der Experimente ist die richtige Auswertung, insbesondere die *vollständige* Ausnutzung des gewonnenen Datenmaterials, eine der wesentlichen Aufgaben. Einige typische Probleme sind:

1. Es interessiert die Gewichtszunahme von Versuchstieren unter medikamentösem Einfluß. Nach Anwendung eines Medikaments A ist bei 25 Tieren eine durchschnittliche Zunahme um 5 % beobachtet worden. Die Erprobung der Substanz B an 10 weiteren Tieren ergibt 3 %. Ist Medikament A wirksamer? Auf diese Frage geben die *Mittelwerte* 5 %, 3 % praktisch keine Antwort. Der niedrigere Wert könnte ja durch ein einzelnes Tier, das – aus welchen Gründen auch immer – stark an Gewicht verlor, hervorgerufen sein. Es muß vielmehr nach der *Verteilung* der Einzelgewichte und nach der Streuung um den jeweiligen Mittelwert gefragt werden. Außerdem erhebt sich die Frage, wieviel zuverlässiger wären die Aussagen, wenn jeweils 100 Tiere verwandt worden wären.

2. Bei der Kristallzüchtung ist die genaue Einhaltung des Verhältnisses der verschiedenen Komponenten entscheidend. Von einer Menge von 500 Kristallen wird eine *Stichprobe* von 20 entnommen und analysiert. Welche Rückschlüsse sind auf die übrigen 480 Kristalle möglich? (Dieses Verfahren liegt offenbar allen Meinungsumfragen zu Grunde.)

3. Ein Experiment hat ein bestimmtes Ergebnis geliefert. Es soll entschieden werden, ob dieses Ergebnis im Widerspruch mit einem vorhergesagten theoretischen Wert oder mit früheren Experimenten ist. Das Experiment wird zur *Prüfung einer Hypothese* benutzt.

4. Man weiß, daß eine allgemeine Gesetzmäßigkeit das Verhalten einer Meßgröße beschreibt; bestimmte Parameter dieser Gesetzmäßigkeit müssen jedoch noch aus dem Experiment gewonnen werden. Im radioaktiven Zerfall eines

Isotops etwa nimmt die Zahl N der pro Sekunde zerfallenden Atome exponentiell mit der Zeit ab, $N(t) = \mathrm{const} \cdot \exp(-\lambda t)$. Gefragt ist nach Methoden, die unter bestmöglicher Ausnutzung einer Reihe von Meßwerten $N_1(t_1)$, $N_2(t_2)$, … die Zerfallskonstante λ und deren Meßfehler bestimmen. Es handelt sich um die Aufgabe der *Anpassung* einer Parameter-abhängigen Funktion an die Daten und die gleichzeitige Bestimmung von Zahlwerten der Parameter und ihrer Fehler.

Aus den gegebenen Beispielen werden die Probleme, die uns beschäftigen sollen, deutlich. Wir sehen insbesondere, daß das Ergebnis eines Experiments nicht eindeutig durch experimentelle Vorschrift bestimmt ist, sondern, daß es auch noch vom Zufall abhängt: Es ist eine *Zufallsvariable*. Diese stochastischen Eigenschaften liegen entweder in der Natur des Experiments (Versuchstiere sind notwendigerweise verschieden, Radioaktivität ist ein stochastisches Phänomen) oder aber sind die Konsequenz unvermeidbarer Ungenauigkeiten der experimentellen Anordnung, d. h. von Meßfehlern. Oft ist es nützlich, die in der Natur des Experiments liegenden Schwankungen im Computer zu simulieren, um sich möglichst schon vor der Durchführung des Experiments ein Bild von der zu erwartenden Ungenauigkeit des Ergebnisses zu machen. Diese *Simulation* von Zufallsvariablen im Computer wird in Anspielung auf das Roulette als *Monte-Carlo-Methode* bezeichnet.

1.2 Zum Aufbau dieses Buches

Grundlage für den Umgang mit zufälligen Größen ist die *Wahrscheinlichkeitsrechnung*. Die wichtigsten Grundbegriffe und Regeln dazu sind im Kapitel 2 zusammengestellt. Im Kapitel 3 werden die *Zufallsvariablen* eingeführt. Die Verteilung von Zufallsvariablen wird betrachtet und es werden Parameter definiert, die geeignet sind, solche Verteilungen zu charakterisieren, etwa der Erwartungswert und die Varianz. Besondere Aufmerksamkeit wird der gegenseitigen Abhängigkeit mehrerer Zufallsvariabler gewidmet. Außerdem werden *Transformationen* zwischen verschiedenen Sätzen von Variablen betrachtet, die die Grundlage der *Fehlerfortpflanzung* sind.

Die *Erzeugung von Zufallszahlen im Rechner* und die *Monte-Carlo-Methode* sind das Thema von Kapitel 4. Neben Methoden zur Erzeugung von Zufallszahlen wird ein gut getestetes Programm beschrieben sowie Beispiele für die Erzeugung beliebig verteilter Zufallszahlen. Außerdem wird die Monte-Carlo-Methode für Aufgaben der Integration und Simulation an Hand von Beispielen eingeführt. Die Methode dient auch zur Erzeugung von simulierten Daten mit Meßfehlern, an denen die Programme zur Datenanalyse in den späteren Kapiteln demonstriert werden.

Im Kapitel 5 werden wir eine Reihe von Verteilungen kennenlernen, die von besonderem Interesse für die Anwendungen sind. Das gilt in besonderem Maße für die Gaußsche oder Normalverteilung, deren Eigenschaften im einzelnen studiert werden.

In der Praxis muß eine Verteilung aus einer endlichen Zahl von Beobachtungen bestimmt werden, d. h. aus einer *Stichprobe*. Verschiedene Fälle der Entnahme einer Stichprobe werden im Kapitel 6 betrachtet. Hier werden Programme für eine erste grobe numerische Behandlung und graphische Darstellung empirischer Daten angegeben. Funktionen der Stichprobe, d. h., Funktionen der einzelnen Beobachtungsgrößen können zu Schätzungen der charakteristischen Parameter der Verteilung herangezogen werden. Es werden Forderungen abgeleitet, die eine gute Schätzung erfüllen sollte. An dieser Stelle wird die wichtige Größe χ^2 eingeführt. Sie ist ein Maß für die mittlere Abweichung der Einzelbeobachtungen der Stichprobe vom Mittelwert und ist deshalb geeignet, einen Hinweis auf die Güte einer Messung zu liefern.

Die Methode der *Maximum Likelihood* ist Gegenstand von Kapitel 7. Sie ist das Kernstück der modernen statistischen Analyse und erlaubt es, Schätzwerte mit optimalen Eigenschaften zu bilden. Die Methode wird für den Fall eines und mehrerer Parameter betrachtet und an einer Reihe von Beispielen illustriert.

Kapitel 8 ist der *Prüfung von Hypothesen* gewidmet. Es enthält die häufig benutzten F-, t- und χ^2-Tests und skizziert darüber hinaus die wesentlichen Punkte der allgemeinen Test-Theorie.

Die *Methode der kleinsten Quadrate*, wahrscheinlich das meist verbreitete statistische Verfahren, ist das Thema von Kapitel 9. Die verschiedenen Fälle der direkten, indirekten und bedingten Messungen, die in vielen Anwendungen auftreten, werden im einzelnen diskutiert, bevor der allgemeine Fall betrachtet wird. Zu allen Fällen werden Programme und Beispiele angegeben. Jedes Problem der kleinsten Quadrate, ja allgemein jedes Problem der Maximum Likelihood kann als die Minimierung einer Funktion einer oder mehrerer Variabler aufgefaßt werden. Im Kapitel 10 werden ausführlich die verschiedenen Methoden diskutiert, mit denen eine solche Minimierung durchgeführt werden kann. Die Effizienz der Verfahren wird an Hand von Programmen und Beispielen im Vergleich gezeigt.

Die *Varianzanalyse* in Kapitel 11 kann als eine Erweiterung des F-Tests aufgefaßt werden. Sie ist in der biologischen und medizinischen Forschung weit verbreitet, um die Abhängigkeit oder besser gesagt Unabhängigkeit einer Meßgröße von verschiedenen experimentellen Bedingungen, die durch sogenannte äußere Variable charakterisiert werden können, zu studieren. Im Falle mehrerer äußerer Variabler können recht umfangreiche Rechnungen auftreten. Einfache numerische Beispiele werden mit Hilfe eines Programms durchgerechnet.

Lineare und polynomiale *Regression*, das Thema des Kapitels 12, ist ein Spezialfall der Methode der kleinsten Quadrate und daher eigentlich schon in Kapitel 9 behandelt. Vor dem Auftreten von Rechnern konnten praktisch nur lineare Probleme behandelt werden. Es hat sich deshalb eine besondere Terminologie entwickelt, die noch heute gebraucht wird. Es schien daher gerechtfertigt, diesem Punkt ein besonderes Kapitel zu widmen. Gleichzeitig wird die Darstellung von Kapitel 9 erweitert, z. B. um die Methode der orthogonalen Polynome und um die Bestimmung von Konfidenzintervallen einer Lösung. Es wird ein Programm zur Lösung von Problemen polynomialer Regression angegeben und an Beispielen benutzt.

Im letzten Kapitel werden die Elemente der *Zeitreihenanalyse* eingeführt. Diese Methode wird dann oft benutzt, wenn Daten als Funktion einer kontrollierten Variablen (gewöhnlich der Zeit) gegeben sind, aber keine theoretische Vorhersage für die funktionelle Abhängigkeit der Daten von der kontrollierten Variablen bekannt ist. Man versucht dann, die statistischen Fluktuationen der Daten zu reduzieren ohne ihre echte Abhängigkeit von der kontrollierten Variablen zu zerstören. Da die notwendigen Rechnungen im allgemeinen recht mühsam sind, wird auch für dieses Problem ein Programm angegeben.

Das Gebiet der Datenanalyse und damit auch der Hauptteil dieses Buches kann als *angewandte mathematische Statistik* bezeichnet werden. Zusätzlich wird darin vielfältig Gebrauch von anderen Gebieten der Mathematik und von speziellen Computertechniken gemacht. Dieses Material ist in den Anhängen enthalten.

Man beachte: Um Umfang (und Preis) des Buches überschaubar zu halten, wurden die Anhänge und alle im Buch beschriebenen Java-Programme ins Internet ausgelagert. Über der Seite dieses Buches unter `www.springer.com` können sie kostenlos heruntergeladen werden.

Im Anhang A sind unter dem Titel „Matrizenrechnung" die für uns wichtigen Begriffe und Methoden aus der *linearen Algebra* zusammengestellt. Im Zentrum stehen Verfahren zur Lösung linearer Gleichungssysteme, insbesondere die Singulärwertzerlegung, die die besten numerischen Eigenschaften hat. Im Anhang B sind die aus der *Kombinatorik* benötigten Begriffe und Beziehungen zusammengefaßt.

Oft müssen Zahlwerte von Funktionen der mathematischen Statistik berechnet werden. Die notwendigen Formeln und Hinweise auf Programme enthält der Anhang C. Etliche dieser Funktionen sind eng verknüpft mit Funktionen aus dem Umfeld der Eulerschen *Gamma-Funktion* und können wie diese nur mit Näherungsverfahren berechnet werden. Im Anhang D sind Formeln und Verfahren zur Berechnung der Gamma-Funktion und zu verwandten Funktionen angegeben. Der Anhang E beschreibt Hilfsprogramme zur numerischen Differentiation, zur Bestimmung von Nullstellen und zur interaktiven Ein- und Ausgabe unter Java.

Von besonderer Bedeutung in der Datenanalyse ist die *graphische Darstellung* der Meßdaten und ihrer Fehler und gegebenenfalls der angepaßten Funktionen. Im Anhang F wird eine Java-Klasse Bearbeitung graphischer Aufgaben vorgestellt. Die wichtigsten Begriffe aus dem Gebiet der Computer-Graphik werden eingeführt und alle notwendigen Erläuterungen zur Benutzung dieser Klasse gegeben.

Der Anhang G.1 enthält *Aufgaben* zu den meisten Kapiteln. Diese Aufgaben können mit Papier und Bleistift gelöst werden. Sie sollen dem besseren Verständnis der grundlegenden Begriffe und Sätze dienen. In wenigen Fällen werden auch einfache numerische Rechnungen ausgeführt. Im Anhang G.2 werden entweder die Lösungswege kurz skizziert oder die Lösungen einfach angegeben. In Anhang G.3 wird eine Reihe von Programmieraufgaben gestellt, zu denen auch Beispiellösungen angegeben werden.

Die Reihe der Anhänge wird abgeschlossen durch eine *Formelsammlung* in Anhang H, die das Nachschlagen der wichtigsten Beziehungen erleichtern soll, und durch eine Zusammenstellung kurzer statistischer Tafeln in Anhang I. Obwohl alle dort tabellierten Größen mit den Programmen des Anhangs C berechnet werden können (und berechnet wurden) ist das Nachschlagen von ein oder zwei Tafelwerten doch manchmal bequemer als die Benutzung des Rechners.

1.3 Zu den Programmen

Für die fünfte Auflage dieses Buches wurden sämtliche Programme in der Programmiersprache Java neu geschrieben. Java wird seit einiger Zeit in vielen Schulen im Informatikunterricht gelehrt, so dass junge Leser oft schon mit dieser Sprache vertraut sind. Java-Klassen sind – unabhängig vom Betriebssystem – auf allen gängigen Rechnern direkt lauffähig. Die Übersetzung von Java-Quellprogrammen in Klassen erfolgt mit dem Java Development Kit, das für viele Betriebssysteme, insbesondere Windows, Linux und Mac OSX, kostenlos aus dem Internet heruntergeladen werden kann, `http://www.oracle.com/technetwork/java/index.html`.

Vier Gruppen von Programmen werden in diesem Buch besprochen. Es sind

- die Datenanalyse-Bibliothek in Form des Pakets `datan`,
- die Graphik-Bibliothek in Form des Pakets `datangraphics`,
- Beispielprogramme in dem Paket `examples`,
- Lösungen zu den Programmieraufgaben in dem Paket `solutions`.

Die Programme aus allen Gruppen stehen als übersetzte Klassen und (mit Ausnahme von `datangraphics.DatanGraphics` auch als Quelldateien zur Verfügung. Hinzu kommt die Java-übliche ausführliche Dokumentation im html-Format.

Jede der Klassen und Methoden des Pakets `datan` bearbeitet eine genau abgegrenzte Aufgabe, die im Text ausführlich besprochen ist. Das gilt auch für die Graphik-Bibliothek, mit deren Methoden praktisch jede zweidimensionale Strichgraphik erstellt werden kann. Für viele Zwecke genügt allerdings der einfache Aufruf einer von 5 Klassen, die komplette Graphiken anfertigen.

Um eine bestimmte Aufgabe zu bearbeiten, muß ein Nutzer eine kurze Klasse in Java schreiben, die im wesentlichen aus Aufrufen von Klassen der Datenanalysebibliothek besteht und die gegebenenfalls die Eingabe der Daten des Benutzers und die

Ausgabe der Ergebnisse organisiert. Die *Programmbeispiele* sind eine Sammlung solcher Klassen. Die Anwendung jeder Methode der Datenanalyse-Bibliothek und der Graphik-Bibliothek wird an wenigstens einem Beispielprogramm demonstriert. Solche Beispielprogramme werden in besonderen Abschnitten am Ende der meisten Kapitel beschrieben.

Am Schluß des Buches befindet sich ein alphabetisches *Register der Programme*. Hinter dem Namen eines Programms der Datenanalyse- oder Graphik-Bibliothek findet man die Seitennummer, unter der das Programm beschrieben wird und die Seitennummer eines Programmbeispiels, das die Benutzung demonstriert.

Die *Programmieraufgaben* sollen wie die Programmbeispiele den Lesern bei der Benutzung von Computermethoden helfen. Die Bearbeitung solcher Aufgaben soll es erleichtern, eigene Probleme der Datenanalyse zu formulieren und auf einem Rechner zu lösen. Für alle Programmieraufgaben werden Beispiellösungen angegeben.

In der Datenanalyse spielen natürlich die *Daten* eine besondere Rolle. Die Art der Daten und die Form, in der sie vorliegen und dem Rechner zugeführt werden, hängt vom engeren Fachgebiet und der ganz speziellen Aufgabe des einzelnen Benutzers ab. Sie kann in einem Lehrbuch nicht allgemeingültig behandelt werden. Um dennoch in den Beispielen die Daten einigermaßen realistisch zu gestalten, werden die Daten und ihre Fehler in den meisten Fällen entsprechend einem vorgegebenen Modell nach der Monte-Carlo-Methode vom Programm erzeugt. Es ist besonders instruktiv, Daten mit bekannten Eigenschaften und vorgegebenen Fehlerverteilungen zu simulieren und anschließend diese Daten zu analysieren. In der Analyse muß man gewöhnlich Annahmen über die Verteilung der Fehler machen. Ist diese Annahme nicht korrekt, dann sind die Ergebnisse der Analyse nicht optimal. Durch die Verbindung von Datensimulation und Datenanalyse können deshalb bereits „Erfahrungen" gemacht werden, die für spätere Aufgaben in der Praxis von entscheidender Bedeutung sein können.

Hier noch ein paar kurze Hinweise zur Installation der Programme: Unter dem Material zu diesem Buch (aus dem Internet herunterzuladen von der Seite des Buches unter `www.springer.com`) befindet sich eine `zip`-Datei mit dem Namen `DatanJ`. Nach dem Herunterladen entpacken Sie diese `zip`-Datei und speichern Sie sie unter Beibehaltung ihrer internen Baumstruktur aus Unterverzeichnissen in ein neues Verzeichnis ihres Rechners. (Es ist bequem, diesem Verzeichnis ebenfalls den Namen `DatanJ` zu geben.) Das weitere Vorgehen ist in der Datei `ReadMe` in diesem Verzeichnis erklärt.

2 Wahrscheinlichkeiten

2.1 Experimente, Ereignisse, Stichprobenraum

In diesem Buch beschäftigen wir uns mit der Analyse experimentellen Datenmaterials. Wir müssen uns daher zunächst einmal darüber klar werden, was wir unter einem Experiment und seinem Ergebnis verstehen wollen. Genau wie im Laboratorium definieren wir ein Experiment als genaue Befolgung einer Vorschrift, an deren Ende wir eine Größe oder einen Satz von Größen erhalten, die das Ergebnis darstellen. Diese Größen sind kontinuierlich (Temperatur, Länge, Strom) oder diskret (Teilchenzahl, Geburtstag einer Person, eine von drei möglichen Farben). Bei einer Wiederholung des Experiments werden wir im allgemeinen verschiedene Ergebnisse erhalten, ganz gleich, wie sehr wir uns bemühen, alle Bedingungen der Vorschrift genauestens einzuhalten. Dies liegt entweder an der statistischen Natur der untersuchten Phänomene oder an der endlichen Meßgenauigkeit. Die möglichen Ergebnisse für jede Meßgröße werden daher einen endlichen Bereich einnehmen. Die Gesamtheit dieser Bereiche für alle Größen, die das Ergebnis eines Experiments bilden, bauen den *Stichprobenraum* dieses Experiments auf. Oft ist es schwierig oder gar unmöglich, genau die experimentell zugänglichen Bereiche der Meßgrößen in einem gegebenen Experiment zu bestimmen. In solchen Fällen wird ein größerer Stichprobenraum benutzt, und der eigentliche Stichprobenraum ist ein Unterraum des benutzten. Wir werden gewöhnlich diesen etwas lockereren Begriff des Stichprobenraums benutzen.

Beispiel 2.1: Stichprobenraum für kontinuierliche Variable
Bei der Herstellung elektrischer Widerstände ist es wichtig, die Größen R (elektrischer Widerstand gemessen in Ohm) und N (maximal zulässige Verlustleistung gemessen in Watt) bei bestimmten Werten konstant zu halten. Der Stichprobenraum für R und N ist eine Ebene, die durch zwei mit R und N bezeichnete Achsen aufgespannt wird. Da beide Größen stets positiv sind, ist der erste Quadrant dieser Ebene wiederum ein Stichprobenraum. ■

Beispiel 2.2: Stichprobenraum für diskrete Variable
In der Praxis sind die genauen Werte von R und N unwesentlich, solange sie nur innerhalb eines bestimmten Intervalls um den Nominalwert liegen (z. B. $99\,\mathrm{k\Omega} < R < 101\,\mathrm{k\Omega}$, $0.49\,\mathrm{W} < N < 0.60\,\mathrm{W}$). Wenn dies der Fall ist, sagen wir, der Widerstand hat die Eigenschaften R_n, N_n. Liegt eine der Größen unterhalb (oberhalb) der unteren (oberen) Grenze des Intervalls, so ersetzen wir den Index n durch

$-(+)$. Die möglichen Werte des Widerstandes und der Verlustleistung sind daher R_-, R_n, R_+, N_-, N_n, N_+. Der Stichprobenraum setzt sich nun aus 9 Punkten zusammen,

$$\begin{array}{lll} R_- N_-, & R_- N_n, & R_- N_+, \\ R_n N_-, & R_n N_n, & R_n N_+, \\ R_+ N_-, & R_+ N_n, & R_+ N_+. \end{array} \quad \blacksquare$$

Häufig sind ein oder mehrere Unterräume des Stichprobenraumes von besonderem Interesse. Im Beispiel 2.2 etwa repräsentiert der Punkt R_n, N_n den Fall, in dem die Widerstände den Herstellungsvorschriften entsprechen. Wir geben solchen Unterräumen Namen wie etwa $A, B, \ldots$ und sagen, das *Ereignis* A (oder $B, C, \ldots$) liegt vor, wenn das Ergebnis des Experiments in einen solchen Unterraum fällt. Falls A nicht eingetreten ist, sprechen wir von dem *komplementären Ereignis* $\bar{A}$ (d. h. nicht A). Der gesamte Stichprobenraum entspricht einem Ereignis, das bei jedem Experiment auftreten wird. Wir nennen es E. In den folgenden Abschnitten dieses Kapitels wollen wir uns mit der Wahrscheinlichkeit für das Auftreten einzelner Ereignisse beschäftigen.

2.2 Begriff der Wahrscheinlichkeit

Wir betrachten als einfachstes Experiment den Wurf einer Münze. So wie der Wurf eines Würfels oder verschiedene Aufgaben mit Spielkarten ist es ohne praktischen Nutzen, aber wertvoll für Illustrationszwecke. Wie groß ist die Wahrscheinlichkeit, daß eine „ideale" Münze bei einem einzigen Wurf „Kopf" zeigt? Wir erwarten, daß diese Wahrscheinlichkeit gerade $1/2$ ist. Diese Erwartung gründet sich auf die Annahme, daß alle Punkte im Stichprobenraum (er enthält nur zwei Punkte: „Kopf" und „Zahl") gleich wahrscheinlich sind, und auf die Konvention, daß wir dem Ereignis E (hier: „Kopf" *oder* „Zahl") die Wahrscheinlichkeit 1 zuordnen. Der hier eingeschlagene Weg zur Bestimmung von Wahrscheinlichkeiten kann natürlich nur in exakt symmetrischen Experimenten angewandt werden und ist daher von wenig praktischem Nutzen. (Er hat jedoch große Bedeutung in der statistischen Physik und der Quantenphysik, wo die gleiche Wahrscheinlichkeit aller erlaubten Zustände ein wesentliches Postulat äußerst erfolgreicher Theorien darstellt.)

Falls keine derart exakte Symmetrie existiert, dies ist auch der Fall für normale Münzen, erscheint das folgende Vorgehen vernünftig. In einer großen Zahl N von Experimenten wird das Ereignis A gerade n mal beobachtet. Man definiert

$$P(A) = \lim_{N\to\infty} \frac{n}{N} \tag{2.2.1}$$

als die Wahrscheinlichkeit für das Auftreten des Ereignisses A. Für praktische Zwecke reicht diese etwas lose *Häufigkeitsdefinition* aus, obwohl sie mathematisch unbefriedigend ist. Eine der Schwierigkeiten dieser Definition ist die Notwendigkeit unendlich vieler Experimente, die natürlich unmöglich auszuführen und auch schwer vorstellbar sind. Obwohl wir in der Tat in diesem Buch die Häufigkeitsdefinition benutzen, möchten wir doch kurz auf die Grundzüge einer axiomatischen Wahrscheinlichkeitstheorie hinweisen, die auf KOLMOGOROV [1] zurückgeht. Der gewöhnlich verwendete minimale Satz von Axiomen lautet:

(a) Jedem Ereignis A kann eine nicht negative reelle Zahl, die Wahrscheinlichkeit, zugeordnet werden,

$$P(A) \geq 0 . \tag{2.2.2}$$

(b) Das Ereignis E hat die Wahrscheinlichkeit Eins,

$$P(E) = 1 . \tag{2.2.3}$$

(c) Sind A und B zwei sich *gegenseitig ausschließende* Ereignisse, so ist die Wahrscheinlichkeit für das Auftreten von A *oder* B (als Formel: $A+B$)

$$P(A+B) = P(A) + P(B) . \tag{2.2.4}$$

Aus den Axiomen* erhält man sofort die folgenden nützlichen Aussagen. Aus (b) und (c):

$$P(\bar{A}+A) = P(A) + P(\bar{A}) = 1 \tag{2.2.5}$$

und wegen (a):

$$0 \leq P(A) \leq 1 . \tag{2.2.6}$$

Das Axiom (c) läßt sich leicht zum sogenannten *Summensatz* verallgemeinern,

$$P(A+B+C+\cdots) = P(A) + P(B) + P(C) + \cdots . \tag{2.2.7}$$

Es ist zu beachten, daß bei der Verknüpfung von Ereignissen durch „oder" nur von sich gegenseitig ausschließenden Ereignissen die Rede ist. Hat man es mit anderen zu tun, so müssen sie zunächst in sich gegenseitig ausschließende zerlegt werden. (Beim Würfeln steht etwa A für gerade, B für ungerade, C für Augenzahl < 4, D für Augenzahl ≥ 4. Gefragt ist nach A oder C. Man bildet A *und* C (als Formel: AC) sowie AD, BC und BD, die sich gegenseitig ausschließen, und findet für A oder C (manchmal geschrieben $A \dotplus C$) den Ausdruck $AC + AD + BC$. An dieser Stelle muß betont werden, daß die Axiome zunächst keine Vorschrift dafür liefern, wie die Wahrscheinlichkeit $P(A)$ im einzelnen zu bestimmen ist.

Abschließend soll noch auf Benutzungen des Wortes „Wahrscheinlichkeit" im Sprachgebrauch hingewiesen werden, die außerhalb unser Betrachtungen liegen oder

*Manchmal wird die Definition (2.3.1) als viertes Axiom eingeführt.

ihnen entgegenlaufen. Es handelt sich um subjektive Wahrscheinlichkeit: „Die Wahrscheinlichkeit eines Ereignisses ist dadurch gegeben, wie stark man an sein Eintreten glaubt.“ Etwa: „Die Wahrscheinlichkeit dafür, daß die Partei A die nächsten Wahlen gewinnt, ist $1/3$.“ Oder: Eine bestimmte nicht näher identifizierbare Spur in einer Kernphotoplatte kann von einem Proton oder einem Pion hervorgerufen werden sein. Die Aussage „Die Spur stammt mit der Wahrscheinlichkeit $1/2$ von einem Pion“ ist falsch. Da das Ereignis schon stattgefunden hat und nur eine der beiden Teilchenarten die Spur hervorrufen konnte, ist die gesuchte Wahrscheinlichkeit unbekannt, aber entweder Null oder Eins.

2.3 Regeln der Wahrscheinlichkeitsrechnung. Bedingte Wahrscheinlichkeit

Ein Versuchsergebnis habe die Eigenschaft A. Es wird nun nach der Wahrscheinlichkeit, daß es zusätzlich auch die Eigenschaft B habe, gefragt. Es handelt sich um die *bedingte Wahrscheinlichkeit* von B unter der Voraussetzung, daß A eingetroffen ist. Wir definieren sie als

$$P(B|A) = \frac{P(A\,B)}{P(A)} . \tag{2.3.1}$$

Es folgt, daß

$$P(A\,B) = P(A)\,P(B|A) . \tag{2.3.2}$$

Man kann auch direkt (2.3.2) zur Definition verwenden, da hier offenbar nicht die Voraussetzung $P(A) \neq 0$ nötig ist. Daß diese Definition sinnvoll ist, zeigt ein Blick auf Bild 2.1. Liegt ein Punkt im Gebiet A, so sei das Ergebnis A gegeben. Entsprechendes gilt für das Gebiet B und das Überlappungsgebiet, wo sowohl A wie B eintritt, also ein Ereignis (AB) vorliegt. Die Größe der einzelnen Teilgebiete sei den Wahrscheinlichkeiten für A, B bzw. AB proportional. Die Wahrscheinlichkeit für das Auftreten von B – bereits vorausgesetzt, daß A vorliegt – ist offenbar gleich dem Quotienten der Flächen AB und A, also insbesondere Eins, wenn das Gebiet A ganz in B liegt, und Null, wenn das Überlappungsgebiet verschwindet.

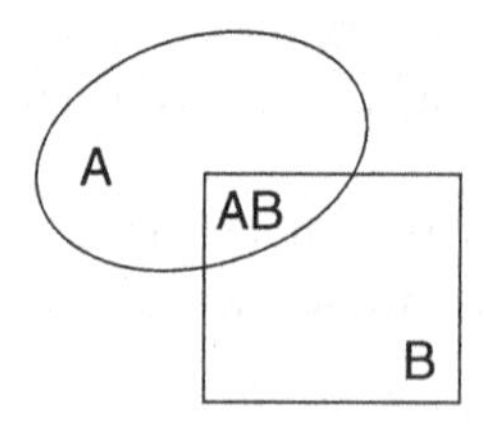

Bild 2.1: Zur Illustration der bedingten Wahrscheinlichkeit.

Mit Hilfe der bedingten Wahrscheinlichkeit läßt sich jetzt die wichtige *Regel von der totalen Wahrscheinlichkeit* aussprechen. Ein Versuch möge zu n verschiedenen Ereignissen führen können,

$$E = A_1 + A_2 + \cdots + A_n . \tag{2.3.3}$$

Für das Auftreten eines beliebigen Ereignisses mit der Eigenschaft B in diesem Versuch besteht die Wahrscheinlichkeit

$$P(B) = \sum_{i=1}^{n} P(A_i) P(B|A_i) , \tag{2.3.4}$$

wie man leicht aus (2.3.2) und (2.2.7) sieht.

Ebenso läßt sich jetzt bequem die *Unabhängigkeit* zweier Ereignisse formulieren. Zwei Ereignisse A und B sind unabhängig, wenn die Kenntnis, daß A eingetreten ist, die Wahrscheinlichkeit für B nicht ändert (und umgekehrt), also wenn

$$P(B|A) = P(B) \tag{2.3.5}$$

oder – unter Verwendung von (2.3.2) –

$$P(A\,B) = P(A) P(B) . \tag{2.3.6}$$

Allgemein heißen mehrere Zerlegungen der Art (2.3.3),

$$\begin{aligned} E &= A_1 + A_2 + \cdots + A_n , \\ E &= B_1 + B_2 + \cdots + B_m , \\ &\vdots \\ E &= Z_1 + Z_2 + \cdots + Z_\ell , \end{aligned} \tag{2.3.7}$$

unabhängig, wenn für alle möglichen Verknüpfungen $\alpha, \beta, \ldots, \omega$ gilt:

$$P(A_\alpha B_\beta \cdots Z_\omega) = P(A_\alpha) P(B_\beta) \cdots P(Z_\omega) . \tag{2.3.8}$$

2.4 Beispiele

2.4.1 Wahrscheinlichkeit für das Auftreten der Augenzahl n beim Wurf von zwei Würfeln

Sind n_1 und n_2 die Augenzahlen der einzelnen Würfel und $n = n_1 + n_2$, so gilt $P(n_i) = 1/6$; $i = 1,2$; $n_i = 1,2,\ldots,6$. Wegen der Unabhängigkeit der beiden Teilereignisse ist $P(n_1, n_2) = P(n_1)P(n_2) = 1/36$. Untersucht man nun, auf wieviele verschiedene Weisen man die Summe $n = n_i + n_j$ bilden kann, so erhält man

$$\begin{aligned}
P_2(2) &= P(1,1) = 1/36\,, \\
P_2(3) &= P(1,2) + P(2,1) = 2/36\,, \\
P_2(4) &= P(1,3) + P(2,2) + P(3,1) = 3/36\,, \\
P_2(5) &= P(1,4) + P(2,3) + P(3,2) + P(4,1) = 4/36\,, \\
P_2(6) &= P(1,5) + P(2,4) + P(3,3) + P(4,2) + P(5,1) = 5/36\,, \\
P_2(7) &= P(1,6) + P(2,5) + P(3,4) + P(4,3) \\
&\quad + P(5,2) + P(6,1) = 6/36\,, \\
P_2(8) &= P_2(6) = 5/36\,, \\
P_2(9) &= P_2(5) = 4/36\,, \\
P_2(10) &= P_2(4) = 3/36\,, \\
P_2(11) &= P_2(3) = 2/36\,, \\
P_2(12) &= P_2(2) = 1/36\,.
\end{aligned}$$

Die Normierungsbedingung $\sum_{k=2}^{12} P_2(k) = 1$ ist natürlich erfüllt.

2.4.2 Lotto 6 aus 49

Bei einer Ziehung werden aus einem Behälter, der 49 durchnumerierte Kugeln enthält, nacheinander 6 Kugeln entnommen und nicht zurückgelegt. Wir bestimmen die Wahrscheinlichkeiten $P(1)$, $P(2)$, ..., $P(6)$ dafür, daß ein Spieler vor der Ziehung beim Ankreuzen von 6 der Zahlen $1, 2, \ldots, 49$ gerade $1, 2, \ldots$ bzw. 6 der gezogenen Zahlen getroffen hat.

Zunächst berechnen wir $P(6)$. Die Wahrscheinlichkeit, als erste Zahl diejenige anzukreuzen, die auch als erste gezogen wird, ist offenbar $1/49$. War dieser Schritt erfolgreich, so ist die Wahrscheinlichkeit dafür, als zweite Zahl die anzukreuzen, die auch als zweite gezogen wird, $1/48$. Insgesamt ist also die Wahrscheinlichkeit dafür, die 6 richtigen Zahlen in der gleichen Reihenfolge anzukreuzen, in der sie gezogen werden

$$\frac{1}{49 \cdot 48 \cdot 47 \cdot 46 \cdot 45 \cdot 44} = \frac{43!}{49!}\,.$$

Nun kommt es aber auf diese Reihenfolge nicht an. Da es 6! Möglichkeiten gibt, 6 Zahlen in verschiedenen Reihenfolgen anzuordnen, ist

$$P(6) = \frac{6!43!}{49!} = \frac{1}{\binom{49}{6}} = \frac{1}{C_6^{49}}\,.$$

Das ist genau das Inverse der Zahl der Kombinationen C_6^{49} von 6 Elementen aus 49 (vgl. Anhang B), denn alle diese Kombinationen sind gleich wahrscheinlich, aber nur eine enthält ausschließlich die gezogenen Zahlen.

Eine Abstraktion führt darauf, daß der Behälter zwei Sorten von Kugeln enthält, nämlich die eine, die den Spieler interessiert, da er 6 gleichwertige Zahlen gewählt hat, und die andere, die die nicht angekreuzten Zahlen umfaßt. Man hat es daher mit einer Stichprobe aus einer Menge mit 49 Elementen und 6 einer Sorte sowie 43 der anderen Sorte bei einer Entnahme von 6 Elementen ohne Zurücklegen zu tun, was auf eine hypergeometrische Verteilung (vgl. Abschnitt 5.3) der Form

$$P(\ell) = \frac{\binom{6}{\ell}\binom{43}{6-\ell}}{\binom{49}{6}}, \quad \ell = 0, \ldots, 6,$$

führt.

2.4.3 Drei-Türen-Spiel

In einer Quiz-Sendung wird ein Kandidat vor folgende Aufgabe gestellt. Drei Räume sind durch drei gleichartige Türen verschlossen. In einem Raum befindet sich ein teures Automobil, in den beiden anderen je eine Ziege. Der Kandidat soll erraten, hinter welcher Tür das Auto ist. Er entscheidet sich für eine Tür, die wir mit A bezeichnen. Die Tür A bleibt jedoch zunächst geschlossen. Ganz unabhängig davon, ob die Wahl richtig war, muß sich hinter wenigstens einer der beiden anderen Türen eine Ziege befinden. Der Quizmaster öffnet nun gerade eine solche Tür, die wir B nennen. Er gibt dann dem Kandidaten die Möglichkeit, entweder bei seiner ursprünglichen Wahl A zu bleiben oder sich für die ebenfalls geschlossene Tür C zu entscheiden. Kann der Kandidat durch Abweichung von seiner ersten Entscheidung, also durch die Wahl C statt A seine Chance erhöhen?

Die für viele verblüffende Antwort lautet „ja“. Die Wahrscheinlichkeit, beim Öffnen der Tür A das Auto zu finden, ist offenbar $P(A) = 1/3$. Die Wahrscheinlichkeit, daß sich das Auto hinter einer der beiden anderen Türen befindet, ist also $P(\bar{A}) = 2/3$. Diese Wahrscheinlichkeit schöpft der Kandidat voll aus, wenn er sich für die Tür C entscheidet, denn durch Öffnen von B und damit durch die Kennzeichnung einer Tür ohne Gewinn ist $P(C) = P(\bar{A})$.

3 Zufallsvariable. Verteilungen

3.1 Zufallsvariable

Wir betrachten jetzt nicht die Wahrscheinlichkeit für das Eintreten von Ereignissen, sondern die Ereignisse selbst und versuchen eine besonders bequeme Klassifizierung oder Ordnung derselben. So können wir etwa beim Wurf einer Münze dem Ereignis „Kopf" die Zahl 0, dem Ereignis „Zahl" die Zahl 1 zuordnen. Allgemein kann eine Zerlegung der Art (2.3.3) so klassifiziert werden, daß man jedem Ereignis A_i die reelle Zahl i zuweist. Auf diese Weise wird jedes Ereignis durch einen der möglichen Werte einer *Zufallsvariablen* charakterisiert. Zufallsvariable können diskret oder kontinuierlich sein. Wir bezeichnen sie durch Symbole wie x, y, ...

Beispiel 3.1: Diskrete Zufallsvariablen

Es mag interessieren, die noch im Umlauf befindlichen Münzen als Funktion ihres Alters zu untersuchen. Offenbar ist es besonders bequem, das den Münzen eingeprägte Ausgabejahr direkt als (diskrete) Zufallsvariable zu benutzen, etwa $\mathsf{x} = \ldots$, 1949, 1950, 1951, ... ■

Beispiel 3.2: Kontinuierliche Zufallsvariablen

Alle Meß- und Produktionsvorgänge unterliegen den Einflüssen mehr oder weniger großer Ungenauigkeiten oder Fluktuationen, die zu einer Veränderung des Ergebnisses führen. Die Ergebnisse solcher Vorgänge werden daher durch Zufallsvariable beschrieben. So sind etwa die Werte des elektrischen Widerstandes oder der maximalen Verlustleistung, die einen Widerstand im Beispiel 2.1 charakterisieren, (kontinuierliche) Zufallsvariable. ■

3.2 Verteilungen einer Zufallsvariablen

Nach der Klassifizierung der Ereignisse kehren wir zu Wahrscheinlichkeitsbetrachtungen zurück. Wir betrachten eine Zufallsvariable x und eine reelle Zahl x, die jeden Wert zwischen $-\infty$ und $-\infty$ annehmen kann, und fragen nach der Wahrscheinlichkeit für das Ereignis $\mathsf{x} < x$. Diese Wahrscheinlichkeit ist eine Funktion von x und heißt die *Verteilungsfunktion* von x,

$$F(x) = P(\mathsf{x} < x) . \tag{3.2.1}$$

Ist x nur endlich vieler diskreter Werte fähig (x sei etwa die Augenzahl eines Würfels), so ist die Verteilungsfunktion $F(x)$ eine Treppenfunktion. Bild 3.1 zeigt sie für das erwähnte Beispiel. Offenbar ist jede Verteilungsfunktion *monoton* und *nicht fallend.*

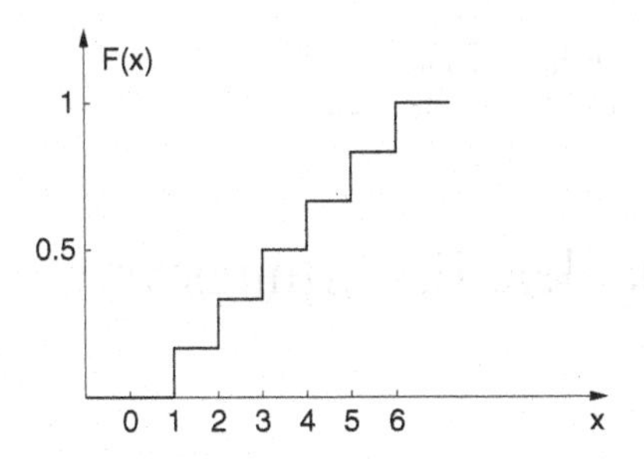

Bild 3.1: Verteilungsfunktion für den Wurf eines symmetrischen Würfels.

Wegen (2.2.3) gilt für den Grenzfall

$$\lim_{x\to\infty} F(x) = \lim_{x\to\infty} P(\mathsf{x} < x) = P(E) = 1 . \tag{3.2.2}$$

Wenden wir (2.2.5) auf (3.2.1) an, so erhalten wir

$$P(\mathsf{x} \geq x) = 1 - F(x) = 1 - P(\mathsf{x} < x) \tag{3.2.3}$$

und deshalb

$$\lim_{x\to-\infty} F(x) = \lim_{x\to-\infty} P(\mathsf{x} < x) = 1 - \lim_{x\to-\infty} P(\mathsf{x} \geq x) = 0 . \tag{3.2.4}$$

Von besonderem Interesse sind solche Verteilungsfunktionen, die stetig differenzierbare Funktionen von x sind. Die erste Ableitung

$$f(x) = \frac{\mathrm{d}F(x)}{\mathrm{d}x} = F'(x) \tag{3.2.5}$$

heißt *Wahrscheinlichkeitsdichte* von x. Sie ist Maß für die Wahrscheinlichkeit des Ereignisses ($x \leq \mathsf{x} < x + \mathrm{d}x$). Aus (3.2.1) und (3.2.5) folgt sofort, daß

$$P(\mathsf{x} < a) = F(a) = \int_{-\infty}^{a} f(x)\,\mathrm{d}x , \tag{3.2.6}$$

$$P(a \leq \mathsf{x} < b) = \int_{a}^{b} f(x)\,\mathrm{d}x = F(b) - F(a) \tag{3.2.7}$$

und insbesondere

$$\int_{-\infty}^{\infty} f(x)\,\mathrm{d}x = 1 . \tag{3.2.8}$$

Ein triviales Beispiel für eine kontinuierliche Verteilung ist die zu zufälligen Zeiten abgelesene Winkelstellung eines Sekundenzeigers. Man erhält offenbar eine konstante Wahrscheinlichkeitsdichte und spricht von einer Gleichverteilung (Bild 3.2).

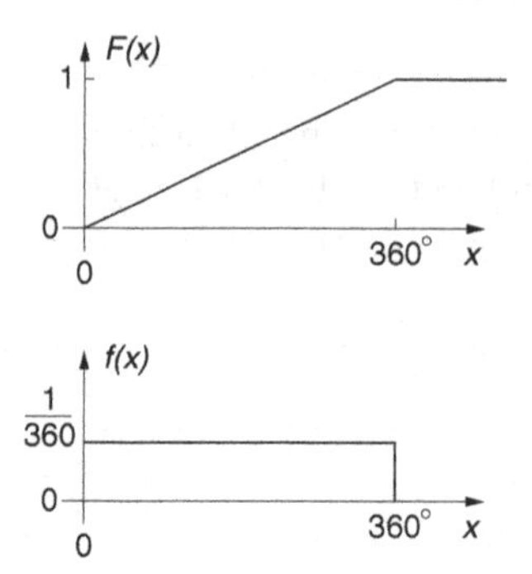

Bild 3.2: Verteilungsfunktion und Wahrscheinlichkeitsdichte für die Stellung eines Uhrzeigers.

3.3 Funktion einer Zufallsvariablen, Erwartungswert, Streuung, Momente

Anstelle der Verteilung einer Zufallsvariablen x interessiert häufig die Verteilung einer Funktion von x, die selbst eine Zufallsvariable ist:

$$\mathsf{y} = H(\mathsf{x}) . \tag{3.3.1}$$

Der Variablen y entspricht dann ebenso eine Verteilungsfunktion, Wahrscheinlichkeitsdichte usw.

Gewöhnlich ist es nicht möglich, wie in den beiden trivialen Beispielen des letzten Abschnitts eine Verteilungsfunktion von vornherein anzugeben. Man wird sie vielmehr aus Experimenten entnehmen wollen. Oft muß man sich darauf beschränken, statt der vollen Verteilungsfunktion nur einige charakteristische Parameter anzugeben.

Unter dem *Mittelwert* oder *Erwartungswert* einer diskreten Zufallsvariablen versteht man die Summe aller möglichen Werte x_i von x multipliziert mit ihren jeweiligen Wahrscheinlichkeiten,

$$E(\mathsf{x}) = \widehat{x} = \sum_{i=1}^{n} x_i P(\mathsf{x} = x_i) . \tag{3.3.2}$$

Es ist zu beachten, daß $\widehat{x}$ keine Zufallsvariable, sondern genau definiert ist. Entsprechend ergibt sich der Erwartungswert einer Funktion (3.3.1) zu

$$E\{H(\mathsf{x})\} = \sum_{i=1}^{n} H(x_i) P(\mathsf{x} = x_i) . \tag{3.3.3}$$

Im Falle einer kontinuierlichen Zufallsvariablen (mit differenzierbarer Verteilungsfunktion) definieren wir analog

$$E(\mathsf{x}) = \widehat{x} = \int_{-\infty}^{\infty} x f(x)\,\mathrm{d}x \qquad (3.3.4)$$

und

$$E\{H(\mathsf{x})\} = \int_{-\infty}^{\infty} H(x) f(x)\,\mathrm{d}x\ . \qquad (3.3.5)$$

Setzen wir nun speziell

$$H(\mathsf{x}) = (\mathsf{x} - c)^{\ell}\ , \qquad (3.3.6)$$

so sind die Erwartungswerte

$$\alpha_\ell = E\{(\mathsf{x} - c)^{\ell}\} \qquad (3.3.7)$$

als die *ℓ-ten Momente* der Variablen um den Punkt c von Interesse, und zwar insbesondere die *Momente um den Mittelwert*

$$\mu_\ell = E\{(\mathsf{x} - \widehat{x})^{\ell}\}\ . \qquad (3.3.8)$$

Offenbar ist

$$\mu_0 = 1\ , \quad \mu_1 = 0\ . \qquad (3.3.9)$$

Die Größe

$$\mu_2 = \sigma^2(\mathsf{x}) = \mathrm{var}(\mathsf{x}) = E\{(\mathsf{x} - \widehat{x})^2\} \qquad (3.3.10)$$

ist damit das niedrigste Moment, das etwas über die mittlere Abweichung der Variablen x vom Mittelwert aussagt. Sie heißt *Varianz* von x.

Wir versuchen jetzt, uns die praktische Bedeutung des Erwartungswertes und der Varianz einer Zufallsvariablen x zu veranschaulichen. Betrachten wir die Messung einer beliebigen Größe, etwa die Bestimmung der Länge x_0 eines kleinen Kristalls mit einem Mikroskop. Durch Einflüsse verschiedener Faktoren wie der Ungenauigkeit der einzelnen Bauteile des Mikroskops und der Beobachtung liefern wiederholte Messungen leicht verschiedene Ergebnisse x. Die Einzelmessungen werden sich aber in der Nachbarschaft des wahren Wertes x_0 befinden, d. h., es ist wahrscheinlicher, einen Wert x in der Nähe von x_0 zu beobachten als weit davon entfernt, vorausgesetzt, daß keine systematischen Fehler existieren. Die Wahrscheinlichkeitsdichte von x wird also eine Glockenform haben, wie im Bild 3.3 skizziert. Sie braucht allerdings nicht notwendig symmetrisch zu sein. Es scheint vernünftig, besonders im Fall einer symmetrischen Wahrscheinlichkeitsdichte, den Erwartungswert (3.3.4) als die beste Schätzung für den wahren Wert zu interpretieren. Es ist interessant, festzustellen, daß (3.3.4) die mathematische Form eines Schwerpunkts hat, d. h., $\widehat{x}$ kann als die Abszisse des Schwerpunkts der Fläche aufgefaßt werden, die unter der Kurve liegt, die durch die Wahrscheinlichkeitsdichte beschrieben wird.

Die Varianz (3.3.10)

$$\sigma^2(\mathsf{x}) = \int_{-\infty}^{\infty} (x - \widehat{x})^2 f(x)\,\mathrm{d}x\ , \qquad (3.3.11)$$

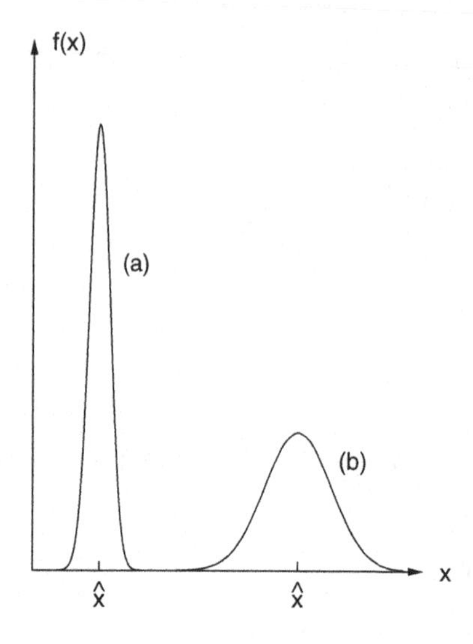

Bild 3.3: Verteilung mit kleiner (a) und großer Varianz (b).

die die Form eines Trägheitsmoments hat, ist ein Maß für die Breite oder die Streuung der Wahrscheinlichkeitsdichte um den Mittelwert herum. Ist sie klein, so liegen die einzelnen Messungen nahe bei $\widehat{x}$ (Bild 3.3a); ist sie groß, so werden sie im allgemeinen weiter vom Mittelwert entfernt liegen (Bild 3.3b). Die positive Quadratwurzel der Varianz,

$$\sigma = \sqrt{\sigma^2(\mathsf{x})}\,, \tag{3.3.12}$$

heißt *Streuung* oder die *Standardabweichung* von x. Genau wie die Varianz selbst ist sie ein Maß für die mittlere Abweichung der Messungen x vom Erwartungswert.

Da die Standardabweichung die gleiche Dimension hat wie x (in unserem Beispiel haben beide die Dimension einer Länge), wird sie mit dem *Fehler* der Messung identifiziert,

$$\sigma(\mathsf{x}) = \Delta x\ .$$

Diese Definition des Meßfehlers wird ausführlicher in den Abschnitten 5.6 bis 5.10 betrachtet. Die Definitionen (3.3.4) und (3.3.10) liefern natürlich noch keine Vorschrift für die Berechnung des Erwartungswertes oder des Meßfehlers, da die Wahrscheinlichkeitsdichte, die die Messungen beschreibt, gewöhnlich unbekannt ist.

Das dritte Moment um den Mittelwert wird manchmal Schiefe genannt. Wir wollen als *Schiefe* (skewness) aber den dimensionslosen Parameter

$$\gamma = \mu_3/\sigma^3 \tag{3.3.13}$$

definieren, der die Ungleichheit der Ausläufer der Verteilung in Einheiten der Streuung mißt. Diese Größe ist negativ (positiv), wenn die Verteilung lange Ausläufer nach links (rechts) hat. Für symmetrische Verteilungen verschwindet die Schiefe. Sie gibt Aufschluß über Unterschiede zwischen positiver und negativer Abweichung vom Mittelwert.

Wir leiten jetzt einige wichtige Regeln über Mittelwerte und Varianzen her. Für den Fall

$$H(\mathsf{x}) = c\mathsf{x}\,, \quad c = \text{const}\,, \tag{3.3.14}$$

folgt sofort, daß

$$\begin{aligned} E(c\mathsf{x}) &= cE(\mathsf{x})\,, \\ \sigma^2(c\mathsf{x}) &= c^2\sigma^2(\mathsf{x}) \end{aligned} \tag{3.3.15}$$

und daher

$$\sigma^2(\mathsf{x}) = E\{(\mathsf{x}-\widehat{x})^2\} = E\{\mathsf{x}^2 - 2\mathsf{x}\widehat{x} + \widehat{x}^2\} = E(\mathsf{x}^2) - \widehat{x}^2\,. \tag{3.3.16}$$

Wir betrachten jetzt die spezielle Funktion

$$\mathsf{u} = \frac{\mathsf{x}-\widehat{x}}{\sigma(\mathsf{x})}\,. \tag{3.3.17}$$

Sie hat den Erwartungswert

$$E(\mathsf{u}) = \frac{1}{\sigma(\mathsf{x})}E(\mathsf{x}-\widehat{x}) = \frac{1}{\sigma(\mathsf{x})}(\widehat{x}-\widehat{x}) = 0 \tag{3.3.18}$$

und die Varianz

$$\sigma^2(\mathsf{u}) = \frac{1}{\sigma^2(\mathsf{x})}E\{(\mathsf{x}-\widehat{x})^2\} = \frac{\sigma^2(\mathsf{x})}{\sigma^2(\mathsf{x})} = 1\,. \tag{3.3.19}$$

Die Funktion u – die ihrerseits eine Zufallsvariable ist – hat offenbar besonders einfache Eigenschaften. Sie heißt *reduzierte* Variable (oder auch standardisierte, normalisierte oder dimensionslose Variable).

Obwohl eine Verteilung mathematisch am einfachsten durch ihren Erwartungswert, ihre Varianz und die höheren Momente beschrieben wird (in der Tat kann jede Verteilung vollständig und eindeutig durch diese Größen charakterisiert werden, siehe Abschnitt 5.5), ist es oft bequem, noch andere Größen zu benutzen, um eine Verteilung in groben Zügen zu kennzeichnen.

Der *wahrscheinlichste Wert* (englisch: mode) x_m einer Verteilung ist als der Wert der Zufallsvariablen x definiert, der der höchsten Wahrscheinlichkeit entspricht,

$$P(\mathsf{x} = x_\mathrm{m}) = \max\,. \tag{3.3.20}$$

Hat die Verteilung eine differenzierbare Wahrscheinlichkeitsdichte, so kann der wahrscheinlichste Wert, der dann ihrem Maximum entspricht, leicht aus den Bedingungen

$$\frac{\mathrm{d}}{\mathrm{d}x}f(x) = 0\,, \quad \frac{\mathrm{d}^2}{\mathrm{d}x^2}f(x) < 0 \tag{3.3.21}$$

gewonnen werden. In vielen Fällen existiert nur ein Maximum; die Verteilung heißt dann *unimodal*. Anderenfalls heißt sie *multimodal*. Der *Median* $x_{0.5}$ einer Verteilung ist als derjenige Wert der Zufallsvariablen definiert, für den die Verteilungsfunktion den Wert $1/2$ hat,

$$F(x_{0.5}) = P(\mathsf{x} < x_{0.5}) = 0.5 \,. \tag{3.3.22}$$

Für eine stetige Wahrscheinlichkeitsdichte nimmt Gl. (3.3.22) die Form

$$\int_{-\infty}^{x_{0.5}} f(x)\,\mathrm{d}x = 0.5 \tag{3.3.23}$$

an, d. h. der Median teilt den Bereich der Zufallsvariablen in zwei Teilbereiche mit gleicher Wahrscheinlichkeit.

Aus diesen Definitionen ist klar, daß im Fall einer unimodalen Verteilung mit stetiger, symmetrischer Wahrscheinlichkeitsdichte Erwartungswert, wahrscheinlichster Wert und Median zusammenfallen. Dies trifft jedoch nicht für unsymmetrische Verteilungen zu (Bild 3.4).

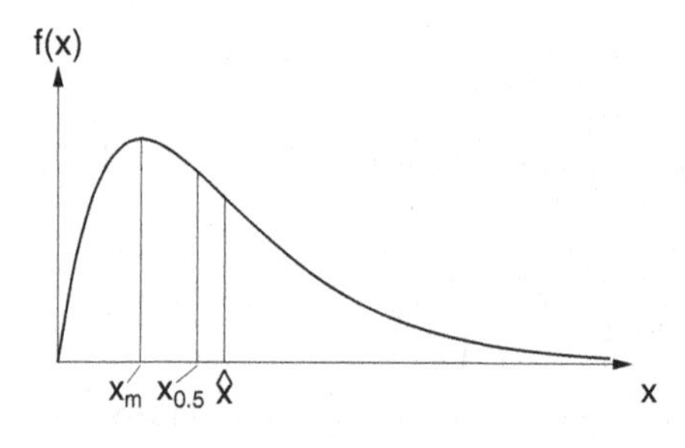

Bild 3.4: Wahrscheinlichster Wert x_m, Mittelwert $\widehat{x}$ und Median $x_{0.5}$ einer unsymmetrischen Verteilung.

Die Definition (3.3.22) läßt sich leicht verallgemeinern. Die Größen $x_{0.25}$ und $x_{0.75}$, definiert durch die Bedingungen

$$F(x_{0.25}) = 0.25 \,, \quad F(x_{0.75}) = 0.75 \tag{3.3.24}$$

heißen unteres und oberes *Quartil*. Ähnlich können wir *Dezile* $x_{0.1}, x_{0.2}, \ldots, x_{0.9}$ oder allgemein *Quantile* x_q definieren. Sie sind gegeben durch

$$F(x_q) = \int_{-\infty}^{x_q} f(x)\,\mathrm{d}x = q \,. \tag{3.3.25}$$

Hierbei ist $0 \le q \le 1$.

Die Definition der Quantile läßt sich am leichtesten am Bild 3.5 veranschaulichen. An einer Kurve der Verteilungsfunktion kann das Quantil x_q als Abszissenwert abgelesen werden, der zum Ordinatenwert q gehört. Das Quantil x_q kann als eine Funktion der Wahrscheinlichkeit q aufgefaßt werden. Die Funktion $x_q(q)$ ist einfach die Umkehrfunktion der Verteilungsfunktion.

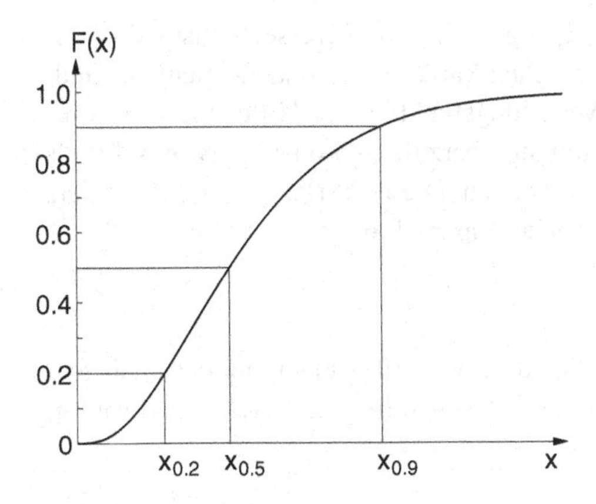

Bild 3.5: Median und Quantile einer kontinuierlichen Verteilung.

Beispiel 3.3: Gleichverteilung

Wir wollen jetzt den einfachsten Fall einer Verteilungsfunktion einer kontinuierlichen Variablen diskutieren. Im Intervall $a \leq x < b$ sei die Wahrscheinlichkeitsdichte von x konstant, sie verschwinde außerhalb dieses Intervalls,

$$\begin{aligned} f(x) &= c\,, \quad a \leq x < b\,, \\ f(x) &= 0\,, \quad x < a\,, \quad x \geq b\,. \end{aligned} \tag{3.3.26}$$

Wegen (3.2.8) ist dann

$$\int_{-\infty}^{\infty} f(x)\,\mathrm{d}x = c\int_a^b \mathrm{d}x = c(b-a) = 1\,,$$

also

$$\begin{aligned} f(x) &= \frac{1}{b-a}\,, \quad a \leq x < b\,, \\ f(x) &= 0\,, \qquad\quad x < a\,, \quad x \geq b\,. \end{aligned} \tag{3.3.27}$$

Die Verteilungsfunktion ist

$$\begin{aligned} F(x) &= \int_a^x \frac{\mathrm{d}x}{b-a} = \frac{x-a}{b-a}\,, \quad a \leq x < b\,, \\ F(x) &= 0\,, \qquad\qquad\qquad\quad x < a\,, \\ F(x) &= 1\,, \qquad\qquad\qquad\quad x \geq b\,. \end{aligned} \tag{3.3.28}$$

Als Erwartungswert von x nimmt man aus Symmetriegründen das arithmetische Mittel der Grenzen an. In der Tat liefert (3.3.4) sofort

$$E(\mathsf{x}) = \widehat{x} = \frac{1}{b-a}\int_a^b x\,\mathrm{d}x = \frac{1}{2}\frac{1}{(b-a)}(b^2-a^2) = \frac{b+a}{2}\,. \tag{3.3.29}$$

Entsprechend erhält man aus (3.3.10)

$$\sigma^2(\mathsf{x}) = \frac{1}{12}(b-a)^2\,. \tag{3.3.30}$$

Die Gleichverteilung ist nicht von großem praktischen Interesse. Sie ist jedoch als die einfachste Verteilung einer kontinuierlichen Variablen besonders leicht zu handhaben. Häufig ist es von Vorteil, eine Verteilungsfunktion mit Hilfe einer Transformation der Variablen in eine Gleichverteilung überzuführen oder sie umgekehrt als Transformation der Gleichverteilung zu gewinnen. Dieses Verfahren wird besonders in der „Monte-Carlo-Methode" benutzt, siehe Kapitel 4. ■

Beispiel 3.4: Cauchy-Verteilung

In der (x,y)-Ebene sei ein Gewehr am Punkt $(x,y) = (0,-1)$ so montiert, daß sein Lauf in der (x,y)-Ebene liegt und um eine Achse parallel zur z-Achse drehbar ist, Bild 3.6.

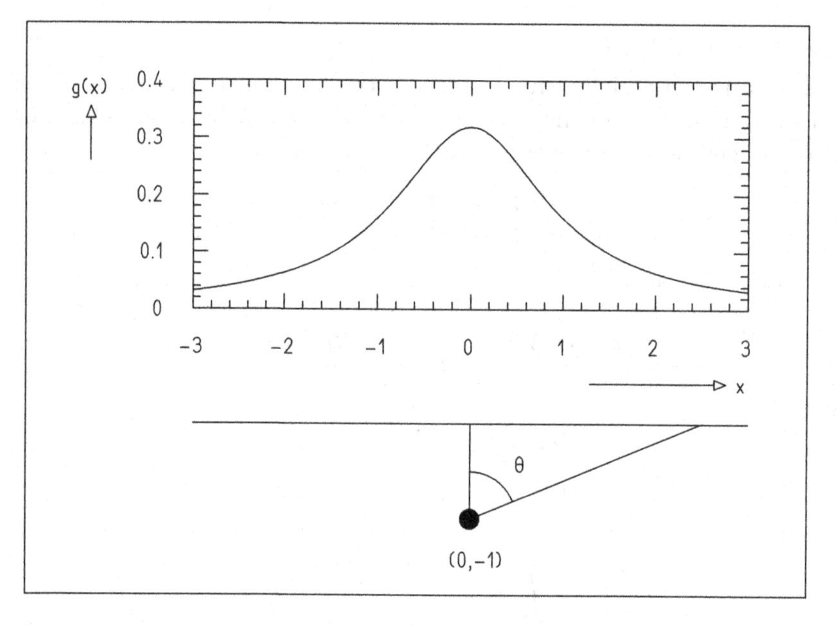

Bild 3.6: Modell zur Erzeugung der Cauchy-Verteilung (unten). Darüber Wahrscheinlichkeitsdichte der Cauchy-Verteilung.

Das Gewehr wurde bei zufällig gleichverteilten Winkeln $-\pi/2 \leq 0 < \pi/2$ abgefeuert, d. h. die Wahrscheinlichkeitsdichte von θ ist

$$f(\theta) = \frac{1}{\pi} .$$

Da

$$\theta = \arctan x \, , \quad \frac{\mathrm{d}\theta}{\mathrm{d}x} = \frac{1}{1+x^2} \, ,$$

finden wir durch Transformation (vgl. Abschnitt 3.7) $\theta \to x$ der Variablen für die Wahrscheinlichkeitsdichte in x

$$g(x) = \left|\frac{\mathrm{d}\theta}{\mathrm{d}x}\right| f(\theta) = \frac{1}{\pi}\frac{1}{1+x^2} . \tag{3.3.31}$$

Eine Verteilung mit dieser Wahrscheinlichkeitsdichte (in unserem Beispiel für die Lage der Durchschüsse durch die x-Achse) heißt *Cauchy-Verteilung*.

Der Erwartungswert von x ist, wenn das Integral als Hauptwertintegral verstanden wird,

$$\widehat{x} = \frac{1}{\pi}\int_{-\infty}^{\infty} \frac{x\,\mathrm{d}x}{1+x^2} = 0 .$$

Der Ausdruck für die Varianz

$$\begin{aligned}\int_{-\infty}^{\infty} x^2 g(x)\,\mathrm{d}x &= \frac{1}{\pi}\int_{-\infty}^{\infty}\frac{x^2\,\mathrm{d}x}{1+x^2} = \frac{1}{\pi}(x - \arctan x)\bigg|_{x=-\infty}^{x=\infty} \\ &= \frac{2}{\pi}\lim_{x\to\infty}(x - \arctan x)\end{aligned}$$

liefert ein nichtendliches Ergebnis. Man sagt: die Varianz der Cauchy-Verteilung existiert nicht.

Allerdings kann man ein anderes Maß für die Breite der Verteilung angeben, die *volle Breite bei halber Höhe*, engl.: *full width at half maximum FWHM*, vgl. Beispiel 6.3. Die Funktion $g(x)$ hat ihr Maximum bei $x = \widehat{x} = 0$ und erreicht die Hälfte des Maximalwertes an den Stellen $x_a = -1$ und $x_\ell = 1$. Damit ist

$$\Gamma = 2$$

die volle Breite bei halber Höhe der Cauchy-Verteilung. ■

Beispiel 3.5: Lorentz-Verteilung oder Breit–Wigner-Verteilung

Mit $\widehat{x} = a = 0$ und $\Gamma = 2$ können wir die Wahrscheinlichkeitsdichte (3.3.31) der Cauchy-Verteilung in der Form

$$g(x) = \frac{2}{\pi\Gamma}\frac{\Gamma^2}{4(x-a)^2+\Gamma^2} \tag{3.3.32}$$

schreiben. Diese Funktion ist auch für andere Werte von a und Γ eine normierte Wahrscheinlichkeitsdichte mit dem Erwartungswert a und FWHM $= \Gamma$. Sie heißt Wahrscheinlichkeitsdichte der *Lorentz-Verteilung* oder auch *Breit–Wigner-Verteilung* und spielt bei Resonanzerscheinungen in der Physik eine große Rolle. ■

3.4 Verteilungsfunktion und Wahrscheinlichkeitsdichte von 2 Veränderlichen. Bedingte Wahrscheinlichkeit

Wir betrachten zunächst zwei Zufallsvariable x und y und fragen nun nach der Wahrscheinlichkeit, daß sowohl $\mathsf{x} < x$ als auch $\mathsf{y} < y$. Wie im Falle einer Variablen erwarten wir die Existenz einer *Verteilungsfunktion* (siehe Bild 3.7)

$$F(x,y) = P(\mathsf{x} < x, \mathsf{y} < y)\,. \tag{3.4.1}$$

Wir wollen nicht auf axiomatische Einzelheiten und Bedingungen für die Existenz von F eingehen, da diese in den uns interessierenden Fällen immer erfüllt sind. Ist F eine differenzierbare Funktion von x und y, so ist die *gemeinsame Wahrscheinlichkeitsdichte* von x und y

$$f(x,y) = \frac{\partial}{\partial x}\frac{\partial}{\partial y}F(x,y)\,. \tag{3.4.2}$$

Es ist dann

$$P(a \le \mathsf{x} < b, c \le \mathsf{y} < d) = \int_a^b \left[\int_c^d f(x,y)\mathrm{d}y\right]\mathrm{d}x\,. \tag{3.4.3}$$

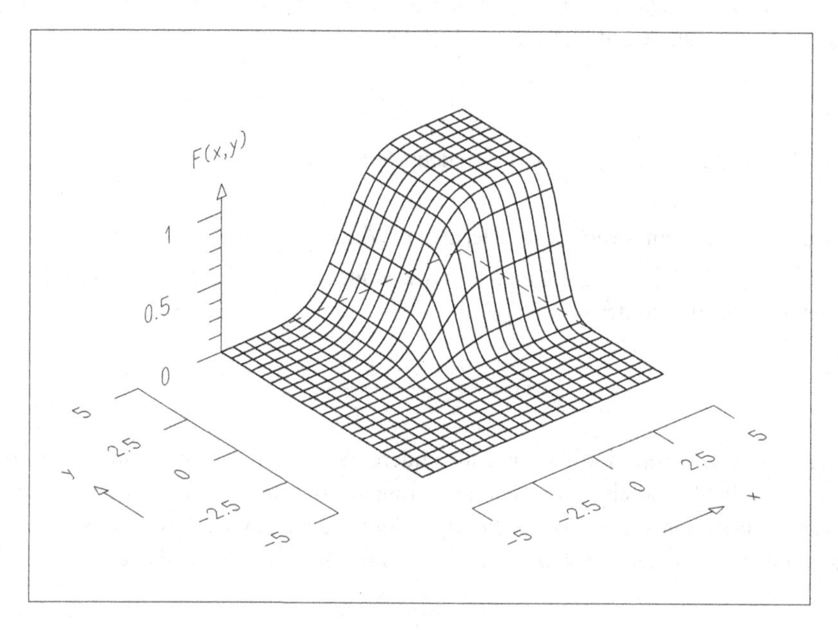

Bild 3.7: Verteilungsfunktion zweier Variabler.

Oft liegt folgendes experimentelles Problem vor. Durch viele Messungen bestimmt man näherungsweise die gemeinsame Verteilungsfunktion $F(x,y)$. Gefragt wird nach dem Wahrscheinlichkeitsverhalten von x ohne Rücksicht auf y. (Es sei etwa die Wahrscheinlichkeitsdichte für das Auftreten einer Infektionskrankheit in Abhängigkeit der Jahreszeit und der geographischen Lage des Auftrittsorts gegeben. Für eine spezielle Untersuchung sei die jahreszeitliche Schwankung ohne Interesse.)

Wir integrieren über den ganzen Variabilitätsbereich von y in (3.4.3),

$$P(a \le x < b, -\infty < y < \infty) = \int_a^b \left[\int_{-\infty}^{\infty} f(x,y)\,\mathrm{d}y \right] \mathrm{d}x = \int_a^b g(x)\,\mathrm{d}x \,.$$

Hierbei ist

$$g(x) = \int_{-\infty}^{\infty} f(x,y)\,\mathrm{d}y \tag{3.4.4}$$

eine Wahrscheinlichkeitsdichte von x. Sie heißt *Randverteilung* von x. Entsprechend ist

$$h(y) = \int_{-\infty}^{\infty} f(x,y)\,\mathrm{d}x \tag{3.4.5}$$

die Randverteilung von y.

Analog zu der Unabhängigkeit von Ereignissen (2.3.6) können wir jetzt die *Unabhängigkeit von Zufallsvariablen* definieren. Die Variablen x und y heißen unabhängig, wenn

$$f(x,y) = g(x)h(y) \,. \tag{3.4.6}$$

Mit Hilfe der Randverteilungen kann jetzt auch die bedingte Wahrscheinlichkeit für y unter der Voraussetzung, daß x bekannt ist, definiert werden,

$$P(y \le \mathsf{y} < y + \mathrm{d}y \,|\, x \le \mathsf{x} \le x + \mathrm{d}x) \,. \tag{3.4.7}$$

Wir definieren die *bedingte Wahrscheinlichkeitsdichte* zu

$$f(y|x) = \frac{f(x,y)}{g(x)} \,, \tag{3.4.8}$$

so daß die durch (3.4.7) bezeichnete Wahrscheinlichkeit durch

$$f(y|x)\,\mathrm{d}y$$

gegeben ist.

Auch die Regel von der totalen Wahrscheinlichkeit läßt sich jetzt für Verteilungen aussprechen:

$$h(y) = \int_{-\infty}^{\infty} f(x,y)\,\mathrm{d}x = \int_{-\infty}^{\infty} f(y|x)g(x)\,\mathrm{d}x \,. \tag{3.4.9}$$

Im Falle unabhängiger Variabler nach (3.4.6) folgt aus (3.4.8) einfach

$$f(y|x) = \frac{f(x,y)}{g(x)} = \frac{g(x)h(y)}{g(x)} = h(y) \,. \tag{3.4.10}$$

Dies war zu erwarten, da bei unabhängigen Variablen die Kenntnis des Wertes einer Variablen keine Information über die andere enthält.

3.5 Erwartungswerte, Varianz, Kovarianz und Korrelation

Analog zu (3.3.5) definieren wir den Erwartungswert einer Funktion $H(\mathsf{x},\mathsf{y})$ als

$$E\{H(\mathsf{x},\mathsf{y})\} = \int_{-\infty}^{\infty}\int_{-\infty}^{\infty} H(x,y) f(x,y)\,\mathrm{d}x\,\mathrm{d}y\,. \tag{3.5.1}$$

Ebenso wird die Varianz von $H(\mathsf{x},\mathsf{y})$ als

$$\sigma^2\{H(\mathsf{x},\mathsf{y})\} = E\{[H(\mathsf{x},\mathsf{y}) - E(H(\mathsf{x},\mathsf{y}))]^2\} \tag{3.5.2}$$

definiert. Für die einfache Funktion $H(\mathsf{x},\mathsf{y}) = a\mathsf{x} + b\mathsf{y}$ ergibt (3.5.1) offenbar

$$E(a\mathsf{x} + b\mathsf{y}) = aE(\mathsf{x}) + bE(\mathsf{y})\,. \tag{3.5.3}$$

Wir setzen jetzt speziell

$$H(\mathsf{x},\mathsf{y}) = x^\ell y^m\,, \quad (\ell, m \text{ nicht negativ, ganzzahlig})\,. \tag{3.5.4}$$

Die Erwartungswerte solcher Funktionen heißen ℓm-te *Momente* von x,y um den Ursprung,

$$\lambda_{\ell m} = E(x^\ell y^m)\,. \tag{3.5.5}$$

Schreiben wir allgemeiner

$$H(\mathsf{x},\mathsf{y}) = (\mathsf{x} - a)^\ell (\mathsf{y} - b)^m\,, \tag{3.5.6}$$

so heißt der Erwartungswert

$$\alpha_{\ell m} = E\{(\mathsf{x} - a)^\ell (\mathsf{y} - b)^m\} \tag{3.5.7}$$

das ℓm-te Moment von x,y um den Punkt a, b. Von besonderem Interesse sind die Momente um $\lambda_{10}, \lambda_{01}$,

$$\mu_{\ell m} = E\{(\mathsf{x} - \lambda_{10})^\ell (\mathsf{y} - \lambda_{01})^m\}\,. \tag{3.5.8}$$

Wie schon bei einer Variablen sind die niedrigen Momente von besonderer Bedeutung. Es sind insbesondere

$$\begin{aligned}
\mu_{00} &= \lambda_{00} = 1\,, \\
\mu_{10} &= \mu_{01} = 0\,; \\
\\
\lambda_{10} &= E(\mathsf{x}) = \widehat{x}\,, \\
\lambda_{01} &= E(\mathsf{y}) = \widehat{y}\,; \\
\\
\mu_{11} &= E\{(\mathsf{x} - \widehat{x})(\mathsf{y} - \widehat{y})\} = \mathrm{cov}(\mathsf{x},\mathsf{y})\,, \\
\mu_{20} &= E\{(\mathsf{x} - \widehat{x})^2\} = \sigma^2(\mathsf{x})\,, \\
\mu_{02} &= E\{(\mathsf{y} - \widehat{y})^2\} = \sigma^2(\mathsf{y})\,.
\end{aligned} \tag{3.5.9}$$

Wir können jetzt die Varianz von $a\mathsf{x}+b\mathsf{y}$ durch diese Größen ausdrücken:

$$\begin{aligned}
\sigma^2(a\mathsf{x}+b\mathsf{y}) &= E\{[(a\mathsf{x}+b\mathsf{y})-E(a\mathsf{x}+b\mathsf{y})]^2\} \\
&= E\{[a(\mathsf{x}-\widehat{x})+b(\mathsf{y}-\widehat{y})]^2\} \\
&= E\{a^2(\mathsf{x}-\widehat{x})^2+b^2(\mathsf{y}-\widehat{y})^2+2ab(\mathsf{x}-\widehat{x})(\mathsf{y}-\widehat{y})\}\,, \\
\sigma^2(a\mathsf{x}+b\mathsf{y}) &= a^2\sigma^2(\mathsf{x})+b^2\sigma^2(\mathsf{y})+2ab\,\mathrm{cov}(\mathsf{x},\mathsf{y})\,.
\end{aligned} \tag{3.5.10}$$

Dabei wurde die Beziehung (3.3.14) benutzt.

Als weiteres Beispiel betrachten wir die Funktion

$$H(\mathsf{x},\mathsf{y})=\mathsf{xy}\,. \tag{3.5.11}$$

Um hier zu einer Aussage zu kommen, müssen wir allerdings die Unabhängigkeit von x und y im Sinne von (3.4.6) annehmen. Es ist dann nach (3.5.1)

$$\begin{aligned}
E(\mathsf{xy}) &= \int_{-\infty}^{\infty}\int_{-\infty}^{\infty} x\,y\,g(x)h(y)\,\mathrm{d}x\,\mathrm{d}y \\
&= \left(\int_{-\infty}^{\infty} x\,g(x)\,\mathrm{d}x\right)\left(\int_{-\infty}^{\infty} y\,h(y)\,\mathrm{d}y\right)\,,
\end{aligned} \tag{3.5.12}$$

also

$$E(\mathsf{xy})=E(\mathsf{x})E(\mathsf{y})\,. \tag{3.5.13}$$

Während die Größen $E(\mathsf{x})$, $E(\mathsf{y})$, $\sigma^2(\mathsf{x})$, $\sigma^2(\mathsf{y})$ offenbar ganz ähnliche Bedeutungen haben wie bei einer einzigen Variablen, muß die Größe $\mathrm{cov}(\mathsf{x},\mathsf{y})$ noch etwas anschaulicher gemacht werden. Der Begriff der *Kovarianz* ist von entscheidender Bedeutung für das Verständnis vieler weiterer Probleme. Aus der Definition folgen positive Werte von $\mathrm{cov}(\mathsf{x},\mathsf{y})$ für den Fall, daß Werte $\mathsf{x}>\widehat{x}$ bevorzugt zusammen mit Werten $\mathsf{y}>\widehat{y}$ auftreten. Umgekehrt ist $\mathrm{cov}(\mathsf{x},\mathsf{y})$ offenbar negativ, wenn im allgemeinen $\mathsf{x}>\widehat{x}$ mit $\mathsf{y}<\widehat{y}$ auftritt. Wenn schließlich ein spezieller x-Wert innerhalb der Verteilung noch nichts über die wahrscheinliche Lage von y relativ zu $\widehat{y}$ aussagt, wird die Kovarianz bei Null liegen. Bild 3.8 versucht, diese Beispiele zu illustrieren.

Es erweist sich häufig als bequem, anstelle der Kovarianz selbst den *Korrelationskoeffizienten*

$$\rho(\mathsf{x},\mathsf{y})=\frac{\mathrm{cov}(\mathsf{x},\mathsf{y})}{\sigma(\mathsf{x})\sigma(\mathsf{y})} \tag{3.5.14}$$

zu benutzen.

Der Korrelationskoeffizient (oder die Kovarianz) geben also ein gewisses – notwendigerweise grobes – Maß für die Abhängigkeit der Variablen x und y voneinander. Um diese etwas genauer kennenzulernen, betrachten wir jetzt 2 reduzierte Variable (Gl. (3.3.17)) u und v und bestimmen nach (3.5.9)

$$\sigma^2(\mathsf{u}+\mathsf{v})=\sigma^2(\mathsf{u})+\sigma^2(\mathsf{v})+2\rho(\mathsf{u},\mathsf{v})\sigma(\mathsf{u})\sigma(\mathsf{v})\,. \tag{3.5.15}$$

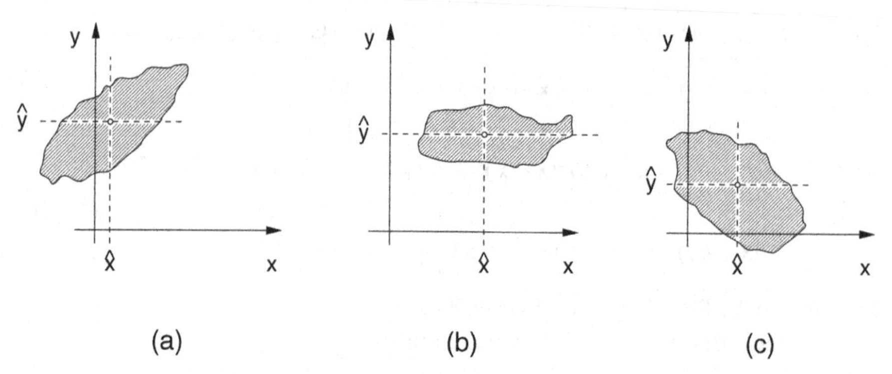

Bild 3.8: Zur Illustration der Kovarianz zwischen den Variablen x und y. (a) $\mathrm{cov}(x,y) > 0$; (b) $\mathrm{cov}(x,y) \approx 0$; (c) $\mathrm{cov}(x,y) < 0$.

Da aber nach (3.3.19) $\sigma^2(u) = \sigma^2(v) = 1$, ist

$$\sigma^2(u+v) = 2(1+\rho(u,v)) \tag{3.5.16}$$

und entsprechend

$$\sigma^2(u-v) = 2(1-\rho(u,v)) \,. \tag{3.5.17}$$

Da aber für jede Varianz

$$\sigma^2 \geq 0 \tag{3.5.18}$$

gilt, muß offenbar

$$-1 \leq \rho(u,v) \leq 1 \tag{3.5.19}$$

gelten. Geht man nun zurück zu den gewöhnlichen Variablen x, y, so läßt sich leicht zeigen, daß

$$\rho(u,v) = \rho(x,y) \,. \tag{3.5.20}$$

Damit ist schließlich

$$-1 \leq \rho(x,y) \leq 1 \tag{3.5.21}$$

gezeigt.

Es interessiert jetzt, in welchen Fällen die Extremwerte ± 1 angenommen werden. Für den Fall $\rho(u,v) = 1$ ist $\sigma(u-v) = 0$, d. h. die Zufallsvariable $(u-v)$ ist eine Konstante. Ausgedrückt durch x, y ist also

$$u - v = \frac{x - \widehat{x}}{\sigma(x)} - \frac{y - \widehat{y}}{\sigma(y)} = \text{const} \,. \tag{3.5.22}$$

Die Gleichung ist immer erfüllt, wenn

$$y = a + bx \,, \tag{3.5.23}$$

wobei b positiv ist. Für den Fall einer exakten linearen (positiven) Abhängigkeit zwischen x und y ist also $\rho(\mathsf{x},\mathsf{y}) = +1$. Ebenso findet man für $\rho(\mathsf{x},\mathsf{y}) = -1$ eine exakt negativ lineare Abhängigkeit (b negativ). Wir werden erwarten, daß die Kovarianz zweier unabhängiger Variabler x und y, für deren Wahrscheinlichkeitsdichte also (3.4.6) gilt, verschwindet. Mit (3.5.9) und (3.5.1) ist in diesem Fall in der Tat

$$\begin{aligned} \mathrm{cov}(x,y) &= \int_{-\infty}^{\infty}\int_{-\infty}^{\infty}(x-\widehat{x})(y-\widehat{y})g(x)h(y)\,\mathrm{d}x\,\mathrm{d}y \\ &= \left(\int_{-\infty}^{\infty}(x-\widehat{x})g(x)\,\mathrm{d}x\right)\left(\int_{-\infty}^{\infty}(y-\widehat{y})h(y)\,\mathrm{d}y\right) \\ &= 0\,. \end{aligned}$$

3.6 Mehr als 2 Veränderliche, Vektor- und Matrixschreibweise

Analog zu (3.4.1) definieren wir jetzt eine *Verteilungsfunktion von n Variablen* $\mathsf{x}_1, \mathsf{x}_2, \ldots, \mathsf{x}_n$:

$$F(x_1,x_2,\ldots,x_n) = P(\mathsf{x}_1 < x_1, \mathsf{x}_2 < x_2, \ldots, \mathsf{x}_n < x_n)\,. \tag{3.6.1}$$

Zeigt die Funktion F die entsprechenden Eigenschaften in bezug auf die Differenzierbarkeit nach den x_i, so ist die *gemeinsame Wahrscheinlichkeitsdichte*

$$f(x_1,x_2,\ldots,x_n) = \frac{\partial^n}{\partial x_1\,\partial x_2\cdots\partial x_n}F(x_1,x_2,\ldots,x_n)\,. \tag{3.6.2}$$

Als die Wahrscheinlichkeitsdichte einer einzelnen Variablen x_r kann die *Randverteilung*

$$g_r(x_r) = \int_{-\infty}^{\infty}\cdots\int_{-\infty}^{\infty} f(x_1,x_2,\ldots,x_n)\,\mathrm{d}x_1\cdots\mathrm{d}x_{r-1}\,\mathrm{d}x_{r+1}\cdots\mathrm{d}x_n \tag{3.6.3}$$

aufgefaßt werden.

Ist $H(\mathsf{x}_1,\mathsf{x}_2,\ldots,\mathsf{x}_n)$ eine Funktion der n Variablen, so ist der *Erwartungswert* von H

$$\begin{aligned} &E\{H(\mathsf{x}_1,\mathsf{x}_2,\ldots,\mathsf{x}_n)\} \\ &\quad = \int_{-\infty}^{\infty}\cdots\int_{-\infty}^{\infty} H(x_1,x_2,\ldots,x_n)f(x_1,x_2,\ldots,x_n)\,\mathrm{d}x_1\cdots\mathrm{d}x_n\,. \end{aligned} \tag{3.6.4}$$

Mit $H(\mathsf{x}) = \mathsf{x}_r$ erhält man

$$\begin{aligned} E(\mathsf{x}_r) &= \int_{-\infty}^{\infty}\cdots\int_{-\infty}^{\infty} x_r f(x_1,x_2,\ldots,x_n)\,\mathrm{d}x_1\cdots\mathrm{d}x_n\,, \\ E(\mathsf{x}_r) &= \int_{-\infty}^{\infty} x_r g_r(x_r)\,\mathrm{d}x_r\,. \end{aligned} \tag{3.6.5}$$

Die Variablen sind *unabhängig*, wenn

$$f(x_1,x_2,\ldots,x_n) = g_1(x_1)g_2(x_2)\cdots g_n(x_n)\,. \tag{3.6.6}$$

Analog zu (3.6.3) kann man gemeinsame Randverteilungen einer Anzahl ℓ aus den n Variablen* definieren, indem man das Integral (3.6.3) nur über die $(n-\ell)$ übrigen Variablen ausführt,

$$g(x_1,x_2,\ldots,x_\ell) = \int_{-\infty}^{\infty}\cdots\int_{-\infty}^{\infty} f(x_1,x_2,\ldots,x_n)\,\mathrm{d}x_{\ell+1}\cdots\mathrm{d}x_n\,. \tag{3.6.7}$$

Diese ℓ Variablen sind unabhängig, wenn

$$g(x_1,x_2,\ldots,x_\ell) = g_1(x_1)g_2(x_2)\cdots g_\ell(x_\ell)\,. \tag{3.6.8}$$

Die *Momente der Ordnung* $\ell_1,\ell_2,\ldots,\ell_n$ *um den Ursprung* sind die Erwartungswerte der Funktionen

$$H = x_1^{\ell_1}x_2^{\ell_2}\cdots x_n^{\ell_n}\,,$$

also

$$\lambda_{\ell_1\ell_2\ldots\ell_n} = E(\mathsf{x}_1^{\ell_1}\mathsf{x}_2^{\ell_2}\cdots\mathsf{x}_n^{\ell_n})\,.$$

Es ist insbesondere

$$\begin{aligned} \lambda_{100\ldots0} &= E(\mathsf{x}_1) = \widehat{x}_1\,,\\ \lambda_{010\ldots0} &= E(\mathsf{x}_2) = \widehat{x}_2\,,\\ &\vdots\\ \lambda_{000\ldots1} &= E(\mathsf{x}_n) = \widehat{x}_n\,. \end{aligned} \tag{3.6.9}$$

Die Momente um die $(\widehat{x}_1,\widehat{x}_2,\ldots,\widehat{x}_n)$ sind entsprechend

$$\mu_{\ell_1\ell_2\ldots\ell_n} = E\{(\mathsf{x}_1-\widehat{x}_1)^{\ell_1}(\mathsf{x}_2-\widehat{x}_2)^{\ell_2}\cdots(\mathsf{x}_n-\widehat{x}_n)^{\ell_n}\}\,. \tag{3.6.10}$$

Die *Varianzen* der x_i sind dann

$$\begin{aligned} \mu_{200\ldots0} &= E\{(\mathsf{x}_1-\widehat{x}_1)^2\} = \sigma^2(\mathsf{x}_1)\,,\\ \mu_{020\ldots0} &= E\{(\mathsf{x}_2-\widehat{x}_2)^2\} = \sigma^2(\mathsf{x}_2)\,,\\ &\vdots\\ \mu_{000\ldots2} &= E\{(\mathsf{x}_n-\widehat{x}_n)^2\} = \sigma^2(\mathsf{x}_n)\,. \end{aligned} \tag{3.6.11}$$

Als *Kovarianz* zwischen den Variablen x_i und x_j wird das Moment mit $\ell_i = \ell_j = 1$, $\ell_k = 0$ $(i \neq k \neq j)$ bezeichnet,

$$c_{ij} = \mathrm{cov}(\mathsf{x}_i,\mathsf{x}_j) = E\{(\mathsf{x}_i-\widehat{x}_i)(\mathsf{x}_j-\widehat{x}_j)\}\,. \tag{3.6.12}$$

*Ohne Einschränkung der Allgemeinheit können wir annehmen, daß es sich um die Variablen $\mathsf{x}_1,\mathsf{x}_2,\ldots,\mathsf{x}_\ell$ handelt.

Es erweist sich als bequem, die n Variablen $\mathsf{x}_1, \mathsf{x}_2, \ldots, \mathsf{x}_n$ zu einem Vektor $\mathbf{x}$ zusammenzufassen, der als Ortsvektor in einem durch die x_i aufgespannten n-dimensionalen Vektorraum aufzufassen ist. Wir schreiben also jetzt die durch (3.6.1) definierte Verteilungsfunktion als

$$F = F(\mathbf{x}) . \tag{3.6.13}$$

Entsprechend ist die Wahrscheinlichkeitsdichte (3.6.2)

$$f(\mathbf{x}) = \frac{\partial^n}{\partial x_1 \partial x_2 \cdots \partial x_n} F(\mathbf{x}) . \tag{3.6.14}$$

Der Erwartungswert einer Funktion $H(\mathbf{x})$ vereinfacht sich auf

$$E\{H(\mathbf{x})\} = \int H(\mathbf{x}) f(\mathbf{x}) \, \mathrm{d}\mathbf{x} . \tag{3.6.15}$$

Varianzen und Kovarianzen wollen wir nun zu einer Matrix zusammenfassen.† Es sei die *Kovarianzmatrix*

$$C = \begin{pmatrix} c_{11} & c_{12} & \cdots & c_{1n} \\ c_{21} & c_{22} & \cdots & c_{2n} \\ \vdots & & & \\ c_{n1} & c_{n2} & \cdots & c_{nn} \end{pmatrix} . \tag{3.6.16}$$

Die c_{ij} sind durch (3.6.12) gegeben; die Diagonalelemente sind die Varianzen $c_{ii} = \sigma^2(\mathsf{x}_i)$. Die Kovarianzmatrix ist offenbar symmetrisch, da

$$c_{ij} = c_{ji} . \tag{3.6.17}$$

Schreiben wir jetzt die Erwartungswerte der x_i ebenfalls als Vektor

$$E(\mathbf{x}) = \widehat{\mathbf{x}} , \tag{3.6.18}$$

so ergibt sich ein Element der Kovarianzmatrix

$$c_{ij} = E\{(\mathsf{x}_i - \widehat{x}_i)(\mathsf{x}_j - \widehat{x}_j)^{\mathrm{T}}\}$$

als der Erwartungswert aus dem Produkt des Zeilenvektors $(\mathbf{x} - \widehat{\mathbf{x}})^{\mathrm{T}}$ und des Spaltenvektors $(\mathbf{x} - \widehat{\mathbf{x}})$. Hier ist

$$\mathbf{x}^{\mathrm{T}} = (x_1, x_2, \ldots, x_n) , \quad \mathbf{x} = \begin{pmatrix} x_1 \\ x_2 \\ \vdots \\ x_n \end{pmatrix} .$$

Die ganze Kovarianzmatrix schreibt sich also jetzt sehr einfach

$$C = E\{(\mathbf{x} - \widehat{\mathbf{x}})(\mathbf{x} - \widehat{\mathbf{x}})^{\mathrm{T}}\} . \tag{3.6.19}$$

†Eine Einführung in die Matrizenrechnung wird im Anhang A gegeben.

3.7 Transformation der Variablen

Wie schon im Abschnitt 3.3 bemerkt, ist eine Funktion einer Zufallsvariablen selbst eine Zufallsvariable

$$y = y(x) .$$

Wir fragen jetzt nach der Wahrscheinlichkeitsdichte $g(y)$, wenn die Wahrscheinlichkeitsdichte $f(x)$ bekannt ist.

Das Problem wird im Bild 3.9 veranschaulicht. Offenbar ist die Wahrscheinlichkeit

$$g(y)\,\mathrm{d}y ,$$

daß y in das kleine Intervall $\mathrm{d}y$ fällt, gleich der Wahrscheinlichkeit $f(x)\,\mathrm{d}x$, daß x in das „entsprechende Intervall" $\mathrm{d}x$ fällt, $f(x)\,\mathrm{d}x = g(y)\,\mathrm{d}y$. Diese Entsprechung ist im Bild 3.9 angedeutet. Es ist offenbar

$$\mathrm{d}y = \left|\frac{\mathrm{d}y}{\mathrm{d}x}\right| \mathrm{d}x \quad \text{bzw.} \quad \mathrm{d}x = \left|\frac{\mathrm{d}x}{\mathrm{d}y}\right| \mathrm{d}y .$$

Die Betragsstriche rühren daher, daß wir die Größen $\mathrm{d}x$, $\mathrm{d}y$ als Intervalle (ohne Richtungsangabe) betrachten. Nur so werden die Wahrscheinlichkeiten $f(x)\,\mathrm{d}x$, $g(x)\,\mathrm{d}y$ stets positiv. Es ist also nun

$$g(y) = \left|\frac{\mathrm{d}x}{\mathrm{d}y}\right| f(x) . \tag{3.7.1}$$

Man sieht sofort, daß $g(y)$ nur für einwertige Funktionen $y(x)$ definiert ist, da nur dann der Differentialquotient in (3.7.1) eindeutig ist. Funktionen, bei denen das nicht der Fall ist, etwa $y = \sqrt{x}$, müssen erst einwertig gemacht werden, indem man etwa nur $y = +\sqrt{x}$ betrachtet. Durch (3.7.1) ist auch gewährleistet, daß die Wahrscheinlichkeit, irgend einen Wert von y anzutreffen, Eins ist:

$$\int_{-\infty}^{\infty} g(y)\,\mathrm{d}y = \int_{-\infty}^{\infty} f(x)\,\mathrm{d}x = 1 .$$

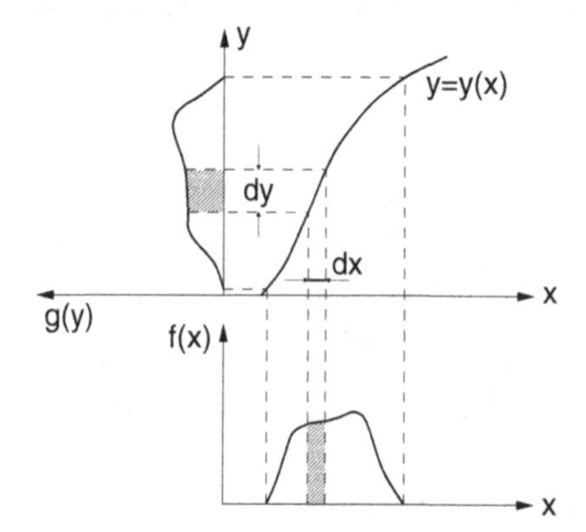

Bild 3.9: Variablentransformation einer Wahrscheinlichkeitsdichte von x auf y.

Im Falle zweier unabhängiger Variabler x, y läßt sich der Übergang zu den neuen Variablen

$$u = u(x,y)\,, \quad v = v(x,y) \tag{3.7.2}$$

ähnlich veranschaulichen. Es gilt, die Größe J zu suchen, die die Wahrscheinlichkeiten $f(x,y)$ und $g(u,v)$ verknüpft,

$$g(u,v) = f(x,y)\left|J\left(\frac{x,y}{u,v}\right)\right|\,. \tag{3.7.3}$$

Im Bild 3.10 sind in der (x,y)-Ebene je zwei Linien für $u =$ const. bzw. $v =$ const. angegeben. Sie begrenzen das Flächenelement dA, das für die transformierten Variablen u, v dem Element dx dy der ursprünglichen Variablen entspricht.

Diese Kurven können natürlich gekrümmt sein. Da jedoch dA ein „infinitesimales" Flächenelement ist, kann es als kleines Parallelogramm aufgefaßt werden, dessen Größe jetzt berechnet werden soll. Die Koordinaten der Eckpunkte a, b, c sind

$$\begin{aligned}
x_a &= x(u,v)\,, & y_a &= y(u,v)\,,\\
x_b &= x(u,v+\mathrm{d}v)\,, & y_b &= y(u,v+\mathrm{d}v)\,,\\
x_c &= x(u+\mathrm{d}u,v)\,, & y_c &= y(u+\mathrm{d}u,v)\,.
\end{aligned}$$

Wir können die letzten beiden Zeilen in Reihen entwickeln und schreiben

$$\begin{aligned}
x_b &= x(u,v)+\frac{\partial x}{\partial v}\,\mathrm{d}v\,, & y_b &= y(u,v)+\frac{\partial y}{\partial v}\,\mathrm{d}v\,,\\
x_c &= x(u,v)+\frac{\partial x}{\partial u}\,\mathrm{d}u\,, & y_c &= y(u,v)+\frac{\partial y}{\partial u}\,\mathrm{d}u\,.
\end{aligned}$$

Nun ist der Flächeninhalt eines Parallelogramms gleich dem Betrag der Determinante (bis auf das Vorzeichen, das wegen der Betragsstriche in (3.7.3) ohne Belang ist)

$$\mathrm{d}A = \begin{vmatrix} 1 & x_a & y_a \\ 1 & x_b & y_b \\ 1 & x_c & y_c \end{vmatrix} = \begin{vmatrix} \frac{\partial x}{\partial u} & \frac{\partial y}{\partial u} \\ \frac{\partial x}{\partial v} & \frac{\partial y}{\partial v} \end{vmatrix} \mathrm{d}u\,\mathrm{d}v = J\left(\frac{x,y}{u,v}\right)\mathrm{d}u\,\mathrm{d}v\,. \tag{3.7.4}$$

Der Ausdruck

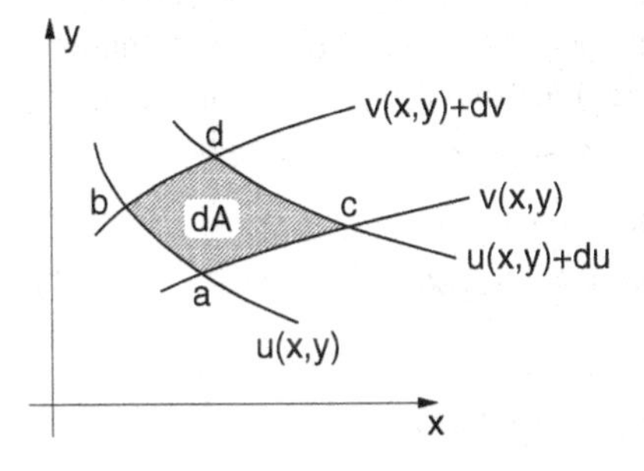

Bild 3.10: Variablentransformation von x, y auf u, v.

$$J\left(\frac{x,y}{u,v}\right) = \begin{vmatrix} \frac{\partial x}{\partial u} & \frac{\partial y}{\partial u} \\ \frac{\partial x}{\partial v} & \frac{\partial y}{\partial v} \end{vmatrix} \tag{3.7.5}$$

heißt *Jacobi-Determinante* der Transformation (3.7.2).

Allgemein ist nun im Fall von n Variablen $\mathbf{x} = (\mathrm{x}_1, \mathrm{x}_2, \ldots, \mathrm{x}_n)$ und der Transformation

$$\begin{aligned} \mathrm{y}_1 &= \mathrm{y}_1(\mathbf{x}), \\ \mathrm{y}_2 &= \mathrm{y}_2(\mathbf{x}), \\ &\vdots \\ \mathrm{y}_n &= \mathrm{y}_n(\mathbf{x}) \end{aligned} \tag{3.7.6}$$

die Wahrscheinlichkeitsdichte der transformierten Variablen

$$g(\mathbf{y}) = \left| J\left(\frac{\mathbf{x}}{\mathbf{y}}\right) \right| f(\mathbf{x}). \tag{3.7.7}$$

Dabei ist die Jacobi-Determinante

$$J\left(\frac{\mathbf{x}}{\mathbf{y}}\right) = J\left(\frac{x_1, x_2, \ldots, x_n}{y_1, y_2, \ldots, y_n}\right) = \begin{vmatrix} \frac{\partial x_1}{\partial y_1} & \frac{\partial x_2}{\partial y_1} & \cdots & \frac{\partial x_n}{\partial y_1} \\ \frac{\partial x_1}{\partial y_2} & \frac{\partial x_2}{\partial y_2} & \cdots & \frac{\partial x_n}{\partial y_2} \\ \vdots & & & \\ \frac{\partial x_1}{\partial y_n} & \frac{\partial x_2}{\partial y_n} & \cdots & \frac{\partial x_n}{\partial y_n} \end{vmatrix}. \tag{3.7.8}$$

Voraussetzung für die Existenz von $g(\mathbf{y})$ ist natürlich wieder die Eindeutigkeit aller in J auftretenden Differentialquotienten.

3.8 Lineare und orthogonale Transformation. Fehlerfortpflanzung

In der Praxis tritt besonders häufig eine lineare Transformation der Variablen auf. Besser gesagt: Sie ist am leichtesten zu handhaben. Man versucht deshalb, andere Transformationen mit Hilfe einer Taylor-Entwicklung durch lineare anzunähern.

Es seien r lineare Funktionen der n Variablen $\mathbf{x} = (\mathrm{x}_1, \mathrm{x}_2, \ldots, \mathrm{x}_n)$ gegeben,

$$\begin{aligned} \mathrm{y}_1 &= a_1 + t_{11}\mathrm{x}_1 + t_{12}\mathrm{x}_2 + \cdots + t_{1n}\mathrm{x}_n, \\ \mathrm{y}_2 &= a_2 + t_{21}\mathrm{x}_1 + t_{22}\mathrm{x}_2 + \cdots + t_{2n}\mathrm{x}_n, \\ &\vdots \\ \mathrm{y}_r &= a_r + t_{r1}\mathrm{x}_1 + t_{r2}\mathrm{x}_2 + \cdots + t_{rn}\mathrm{x}_n, \end{aligned} \tag{3.8.1}$$

oder in Matrixschreibweise

$$\mathbf{y} = T\mathbf{x} + \mathbf{a} \,. \tag{3.8.2}$$

Aus der Verallgemeinerung von (3.5.3) folgt für die Erwartungswerte der $\mathbf{y}$

$$E(\mathbf{y}) = \widehat{\mathbf{y}} = T\widehat{\mathbf{x}} + \mathbf{a} \,. \tag{3.8.3}$$

Zusammen mit (3.6.19) erhält man dann die Kovarianzmatrix der $\mathbf{y}$,

$$\begin{aligned}
C_y &= E\{(\mathbf{y}-\widehat{\mathbf{y}})(\mathbf{y}-\widehat{\mathbf{y}})^{\mathrm{T}}\} \\
&= E\{(T\mathbf{x}+\mathbf{a}-T\widehat{\mathbf{x}}-\mathbf{a})(T\mathbf{x}+\mathbf{a}-T\widehat{\mathbf{x}}-\mathbf{a})^{\mathrm{T}}\} \\
&= E\{T(\mathbf{x}-\widehat{\mathbf{x}})(\mathbf{x}-\widehat{\mathbf{x}})^{\mathrm{T}}T^{\mathrm{T}}\} \\
&= T\,E\{(\mathbf{x}-\widehat{\mathbf{x}})(\mathbf{x}-\widehat{\mathbf{x}})^{\mathrm{T}}\}T^{\mathrm{T}} \,, \\
C_y &= TC_xT^{\mathrm{T}} \,.
\end{aligned} \tag{3.8.4}$$

Mit Hilfe von (3.8.4) wird das bekannte Gesetz der *Fehlerfortpflanzung* formuliert. Es seien die Erwartungswerte $\widehat{x}_i$ gemessen. Außerdem sind die Fehler (d. h. Streuungen bzw. Varianzen) und die Kovarianzen von $\mathbf{x}$ bekannt. Gefragt ist nach den Fehlern beliebiger Funktionen $\mathbf{y}(\mathbf{x})$. Sind die Fehler verhältnismäßig klein, so wird die Wahrscheinlichkeitsdichte nur in einer kleinen Umgebung (von der Größenordnung der Streuung) um $\widehat{\mathbf{x}}$ einigermaßen groß sein. Man macht dann eine Taylorentwicklung der Funktionen

$$\mathrm{y}_i = \mathrm{y}_i(\widehat{x}) + \left(\frac{\partial y_i}{\partial x_1}\right)_{\mathbf{x}=\widehat{\mathbf{x}}} (\mathrm{x}_1 - \widehat{x}_1) + \cdots + \left(\frac{\partial y_i}{\partial x_n}\right)_{\mathbf{x}=\widehat{\mathbf{x}}} (\mathrm{x}_n - \widehat{x}_n) + \text{ höhere Glieder}$$

oder in Matrixschreibweise

$$\mathbf{y} = \mathbf{y}(\widehat{\mathbf{x}}) + T(\mathbf{x}-\widehat{\mathbf{x}}) + \text{ höhere Glieder} \tag{3.8.5}$$

mit

$$T = \begin{pmatrix}
\frac{\partial y_1}{\partial x_1} & \frac{\partial y_1}{\partial x_2} & \cdots & \frac{\partial y_1}{\partial x_n} \\
\frac{\partial y_2}{\partial x_1} & \frac{\partial y_2}{\partial x_2} & \cdots & \frac{\partial y_2}{\partial x_n} \\
\vdots & & & \\
\frac{\partial y_r}{\partial x_1} & \frac{\partial y_r}{\partial x_2} & \cdots & \frac{\partial y_r}{\partial x_n}
\end{pmatrix}_{\mathbf{x}=\widehat{\mathbf{x}}} . \tag{3.8.6}$$

Vernachlässigt man die höheren Glieder und setzt die Matrix T der ersten partiellen Ableitungen in (3.8.4) ein, so erhält man das Gesetz der Fehlerfortpflanzung. Man sieht insbesondere, daß zu den Fehlern von $\mathbf{y}$, also den Diagonalelementen von C_y, nicht nur die Fehler (bzw. Varianzen) von $\mathbf{x}$, sondern *auch die Kovarianzen* in entscheidendem Maße beigetragen. Werden sie bei einer Fehlerfortpflanzung nicht berücksichtigt, so kann man dem Ergebnis nicht trauen.

Kovarianzen können nur dann vernachlässigt werden, wenn sie ohnehin verschwinden, d. h. für den Fall unabhängiger Variabler $\mathbf{x}$. In diesem Fall vereinfacht sich C_x zu einer Diagonalmatrix. Die Diagonalelemente von C_y erhalten dann die einfache Form

$$\sigma^2(\mathsf{y}_i) = \sum_{j=1}^{n} \left(\frac{\partial y_i}{\partial x_j} \right)^2_{\mathbf{x}=\widehat{\mathbf{x}}} \sigma^2(\mathsf{x}_j) . \tag{3.8.7}$$

Betrachten wir nun wieder die Standardabweichung, d. h. die positive Quadratwurzel der Varianz als Meßfehler, und bezeichnen sie mit dem Symbol Δ, so erhalten wir aus (3.8.7) sofort

$$\Delta y_i = \sqrt{\sum_{j=1}^{n} \left(\frac{\partial y_i}{\partial x_j} \right)^2 (\Delta x_j)^2} . \tag{3.8.8}$$

Diese Beziehung ist allgemein als die Fehlerfortpflanzung bekannt. Es kann aber nicht genug betont werden, daß der Ausdruck (3.8.8) für nichtverschwindende Kovarianzen falsch ist. Das wird am folgenden Beispiel deutlich.

Beispiel 3.6: Fehlerfortpflanzung und Kovarianz

In einem rechtwinkligen Koordinatensystem sei ein Punkt (x, y) gemessen. Die Messung wird mit einem Koordinatographen durchgeführt, dessen Meßfehler in y dreimal so groß ist wie in x. Die Messungen von x und y sind unabhängig. Wir setzen daher für die Kovarianzmatrix (bis auf einen Faktor)

$$C_{x,y} = \begin{pmatrix} 1 & 0 \\ 0 & 9 \end{pmatrix} .$$

Gefragt ist nun nach der Kovarianzmatrix in Polarkoordinaten

$$r = \sqrt{(x^2 + y^2)} , \quad \varphi = \arctan \frac{y}{x} .$$

Die Transformationsmatrix (3.8.6) ist

$$T = \begin{pmatrix} \frac{x}{r} & \frac{y}{r} \\ -\frac{y}{r^2} & \frac{x}{r^2} \end{pmatrix} .$$

Zu Vereinfachung der Rechnung betrachten wir den Punkt (1,1). Dann ist

$$T = \begin{pmatrix} \frac{1}{\sqrt{2}} & \frac{1}{\sqrt{2}} \\ -\frac{1}{2} & \frac{1}{2} \end{pmatrix}$$

und deshalb

$$C_{r\varphi} = \begin{pmatrix} \frac{1}{\sqrt{2}} & \frac{1}{\sqrt{2}} \\ -\frac{1}{2} & \frac{1}{2} \end{pmatrix} \begin{pmatrix} 1 & 0 \\ 0 & 9 \end{pmatrix} \begin{pmatrix} \frac{1}{\sqrt{2}} & -\frac{1}{2} \\ \frac{1}{\sqrt{2}} & \frac{1}{2} \end{pmatrix} = \begin{pmatrix} 5 & \frac{4}{\sqrt{2}} \\ \frac{4}{\sqrt{2}} & \frac{5}{2} \end{pmatrix} .$$

Wir kehren jetzt zum ursprünglichen kartesischen Koordinatensystem

$$x = r\cos\varphi\,, \quad y = r\sin\varphi$$

zurück unter Benutzung der Transformation

$$T' = \begin{pmatrix} \cos\varphi & -r\sin\varphi \\ \sin\varphi & r\cos\varphi \end{pmatrix} = \begin{pmatrix} \frac{1}{\sqrt{2}} & -1 \\ \frac{1}{\sqrt{2}} & 1 \end{pmatrix}.$$

Wie erwartet erhalten wir

$$C_{xy} = \begin{pmatrix} \frac{1}{\sqrt{2}} & -1 \\ \frac{1}{\sqrt{2}} & 1 \end{pmatrix} \begin{pmatrix} 5 & \frac{4}{\sqrt{2}} \\ \frac{4}{\sqrt{2}} & \frac{5}{2} \end{pmatrix} \begin{pmatrix} \frac{1}{\sqrt{2}} & \frac{1}{\sqrt{2}} \\ -1 & 1 \end{pmatrix} = \begin{pmatrix} 1 & 0 \\ 0 & 9 \end{pmatrix}.$$

Hätten wir aber die Formel (3.8.8) benutzt, d. h., hätten wir die Kovarianzen in der Transformation von r, φ zu x, y vernachlässigt, so hätten wir

$$C'_{xy} = \begin{pmatrix} \frac{1}{\sqrt{2}} & -1 \\ \frac{1}{\sqrt{2}} & 1 \end{pmatrix} \begin{pmatrix} 5 & 0 \\ 0 & \frac{5}{2} \end{pmatrix} \begin{pmatrix} \frac{1}{\sqrt{2}} & \frac{1}{\sqrt{2}} \\ -1 & 1 \end{pmatrix} = \begin{pmatrix} 5 & 0 \\ 0 & 5 \end{pmatrix}$$

erhalten. Dieses Ergebnis ist verschieden von der ursprünglichen Kovarianzmatrix. Das Beispiel unterstreicht die Bedeutung der Kovarianzen, da es natürlich nicht möglich ist, Meßfehler einfach durch Hin- und Hertransformieren zwischen Koordinatensystemen zu verändern. ■

Abschließend sei noch eine spezielle lineare Transformation diskutiert. Wir betrachten den Fall von genau n Funktionen y der Variablen x. Es sei nun insbesondere $\mathbf{a} = 0$ in (3.8.2). Dann ist

$$\mathbf{y} = R\mathbf{x}\,. \tag{3.8.9}$$

Dabei ist R eine quadratische Matrix. Wir fordern nun von der Transformation (3.8.9), daß sie den Betrag eines Vektors unverändert läßt:

$$\mathbf{y}^2 = \sum_{i=1}^{n} \mathrm{y}_i^2 = \mathbf{x}^2 = \sum_{i=1}^{n} \mathrm{x}_i^2\,. \tag{3.8.10}$$

Mit Hilfe von (A.1.9) können wir schreiben

$$\mathbf{y}^{\mathrm{T}}\mathbf{y} = (R\mathbf{x})^{\mathrm{T}}(R\mathbf{x}) = \mathbf{x}^{\mathrm{T}} R^{\mathrm{T}} R\mathbf{x} = \mathbf{x}^{\mathrm{T}}\mathbf{x}\,.$$

Das bedeutet

$$R^{\mathrm{T}} R = I$$

oder in Komponentenschreibweise

$$\sum_{i=1}^{n} r_{ik} r_{i\ell} = \delta_{k\ell} = \begin{cases} 0, & \ell \neq k\,, \\ 1, & \ell = k\,. \end{cases} \tag{3.8.11}$$

Eine Transformation des Typs (3.8.9), die dieser Bedingung genügt, heißt *orthogonal*. Wir betrachten jetzt die Determinante der Transformationsmatrix

$$D = \begin{vmatrix} r_{11} & r_{12} & \cdots & r_{1n} \\ r_{21} & r_{22} & \cdots & r_{2n} \\ \vdots & & & \\ r_{n1} & r_{n2} & \cdots & r_{nn} \end{vmatrix}$$

und bilden ihr Quadrat. Nach den Regeln der Determinantenrechnung erhalten wir aus (3.8.11)

$$D^2 = \begin{vmatrix} 1 & 0 & \cdots & 0 \\ 0 & 1 & \cdots & 0 \\ \cdots & & & \\ 0 & 0 & \cdots & 1 \end{vmatrix} ,$$

d. h. $D = \pm 1$. Die Determinante D ist aber die Jacobideterminante der Transformation (3.8.9)

$$J\left(\frac{\mathbf{y}}{\mathbf{x}}\right) = \pm 1 \,. \tag{3.8.12}$$

Wir multiplizieren das Gleichungssystem (3.8.9) von links mit R^{T} und erhalten

$$R^{\mathrm{T}}\mathbf{y} = R^{\mathrm{T}} R\mathbf{x} \,.$$

Dieser Ausdruck reduziert sich wegen (3.8.11) auf

$$\mathbf{x} = R^{\mathrm{T}}\mathbf{y} \,. \tag{3.8.13}$$

Die Umkehrtransformation einer orthogonalen Transformation hat also einfach die transponierte Transformationsmatrix. Sie ist wieder orthogonal.

Eine wichtige Eigenschaft einer linearen Transformation

$$\mathsf{y}_1 = r_{11}\mathsf{x}_1 + r_{12}\mathsf{x}_2 + \cdots + r_{1n}\mathsf{x}_n$$

ist die folgende: Sie kann durch Hinzufügung weiterer Funktionen $\mathsf{y}_2, \mathsf{y}_3, \ldots, \mathsf{y}_n$ zu einer orthogonalen Transformation erweitert werden, wenn nur die Bedingung

$$\sum_{i=1}^{n} r_{1i}^2 = 1$$

erfüllt ist.

4 Rechnererzeugte Zufallszahlen. Die Monte-Carlo-Methode

4.1 Zufallszahlen

Bisher haben wir in diesem Buch die Beobachtung von Zufallsvariablen beschrieben, nicht aber Vorschriften für deren Erzeugung. Nun ist es aber für viele Anwendungen nützlich, über eine Reihe von Werten einer zufällig verteilten Variablen x zu verfügen. Da oft Operationen mit sehr vielen solchen *Zufallszahlen* ausgeführt werden müssen, ist es besonders bequem, sie direkt im Rechner zur Verfügung zu haben. Das korrekte Verfahren zur Erzeugung solcher Zufallszahlen wäre die Benutzung eines statistischen Prozesses, z. B. die Messung der Zeit zwischen zwei Zerfällen aus einer radioaktiven Quelle, und die Übertragung des Meßergebnisses in den Rechner. In den praktischen Anwendungen werden die Zufallszahlen allerdings fast immer direkt im Computer berechnet. Da dieser jedoch streng deterministisch arbeitet, sind die resultierenden Zahlen nicht wirklich zufällig, sondern können genau vorhergesagt werden. Sie heißen deshalb *pseudozufällig.*

Rechnungen mit Zufallszahlen machen inzwischen einen großen Teil aller Computerrechnungen bei der Planung und Auswertung von Experimenten aus. Statistisches Verhalten, das entweder durch die Natur der Experimente oder durch das Auftreten von Meßfehlern bedingt ist, kann im Rechner simuliert werden. Die Anwendung von Zufallszahlen in Rechnerprogrammen wird oft als *Monte-Carlo-Methode* bezeichnet.

Wir beginnen dieses Kapitel mit einer Diskussion der Zahlendarstellung im Rechner (Abschnitt 4.2), die für das Verständnis des Weiteren unerläßlich ist. Eine gut untersuchte Methode zur Erzeugung von gleichverteilten Zufallszahlen ist Gegenstand der Abschnitte 4.3 bis 4.7. Die Abschnitte 4.8 und 4.9 befassen sich mit der Erzeugung von beliebig verteilten Zufallszahlen und dem besonders häufig auftretenden Fall normalverteilter Zahlen. In den abschließenden beiden Abschnitten finden sich Bemerkungen und Beispiele der Monte-Carlo-Methode über Anwendungen in der numerischen Integration und in der Simulation.

In vielen Beispielen und Übungsaufgaben werden wir Messungen mit der Monte-Carlo-Methode simulieren und anschließend analysieren. Wir haben damit ein *Computer-Laboratorium* zur Verfügung, das es gestattet, den Einfluß der simulierten Meßfehler auf das Ergebnis der Analyse im einzelnen zu studieren.

4.2 Zahlendarstellung im Rechner

Für die meisten Anwendungen ist die Darstellung der in der Rechnung auftretenden Zahlen im Computer unwesentlich. Für die Eigenschaften von rechnererzeugten Zufallszahlen kann sie aber von entscheidender Bedeutung sein. Wir beschränken uns auf die Binärdarstellung, die heute in praktisch allen Rechnern benutzt wird. Elementare Informationseinheit ist das *Bit**, das die Werte 0 oder 1 annehmen kann, die physisch durch zwei deutlich verschiedene elektrische oder magnetische Zustände eines Bauelements des Rechners realisiert werden.

Stehen zur Darstellung einer *ganzen Zahl k* Bits zur Verfügung, so reicht ein Bit zur Verschlüsselung des Vorzeichens aus. Die übrigen $k-1$ Bits können dann zur Binärdarstellung des Betrages in der Form

$$a = a^{(k-2)}2^{k-2} + a^{(k-3)}2^{k-3} + \cdots + a^{(1)}2^1 + a^{(0)}2^0 \tag{4.2.1}$$

dienen. Dabei kann jeder der Koeffizienten $a^{(j)}$ nur die Werte 0 oder 1 annehmen, läßt sich also durch ein Bit repräsentieren.

Die Binärdarstellung für nicht negative ganze Zahlen lautet

$$\begin{aligned} 00\cdots000 &= 0 \\ 00\cdots001 &= 1 \\ 00\cdots010 &= 2 \\ 00\cdots011 &= 3 \\ &\vdots \end{aligned}$$

Man könnte nun einfach das erste Bit zur Verschlüsselung des Vorzeichens benutzen und die entsprechenden negativen Zahlen dadurch darstellen, daß man im ersten Bit die 0 durch eine 1 ersetzt. Allerdings hätte man dann zwei verschiedene Darstellungen für die Zahl Null oder besser für $+0$ und -0. Tatsächlich benutzt man für negative Zahlen die „Komplement-Darstellung"

$$\begin{aligned} 11\cdots111 &= -1 \\ 11\cdots110 &= -2 \\ 11\cdots101 &= -3 \\ &\vdots \end{aligned}$$

Mit k Bits lassen sich dann ganze Zahlen x im Bereich

$$-2^{k-1} \le x \le 2^{k-1} - 1 \tag{4.2.2}$$

darstellen.

---

*Abkürzung von *binary digit* – Binärziffer

In den meisten Rechnern sind 8 Bits zu einem *Byte* zusammengefaßt. Für die Darstellung ganzer Zahlen werden im allgemeinen 4 Bytes benutzt, d. h. $k = 32$, $2^{k-1} - 1 = 2\,147\,483\,647$. Auf manchen Kleinrechnern stehen nur 2 Bytes zur Verfügung, $k = 16$, $2^{k-1} - 1 = 32\,767$. Die Beschränkung (4.2.2) muß beim Entwurf von Programmen zur Erzeugung von Zufallszahlen beachtet werden.

Bevor wir uns der Darstellung von gebrochenen Zahlen im Rechner zuwenden, betrachten wir einen endlichen Dezimalbruch, den wir auf verschiedene Weise schreiben können, z. B.

$$x = 17.23 = 0.1723 \cdot 10^2$$

oder allgemein

$$x = M \cdot 10^e \; .$$

Die Größen M bzw. e heißen *Mantisse* bzw. *Exponent*. Man wählt den Exponenten so, daß die Mantisse nur Nachkommastellen hat und daß die erste Nachkommastelle von Null verschieden ist. Stehen für die Darstellung von M nun n Dezimalstellen zur Verfügung, so ist

$$m = M \cdot 10^n$$

eine ganze Zahl, in unserem Beispiel ist $n = 4$ und $m = 1723$. Damit ist der Dezimalbruch d durch die beiden ganzen Zahlen m und e dargestellt.

Ganz entsprechend geschieht die Darstellung von Bruchzahlen im Binärsystem. Man zerlegt eine Zahl in der Form

$$x = M \cdot 2^e \tag{4.2.3}$$

in Mantisse M und Exponent e. Stehen für die Darstellung der Mantisse (einschließlich ihres Vorzeichens) n_m Bits zur Verfügung, so kann sie durch die ganze Zahl

$$m = M \cdot 2^{n_m - 1} \; , \quad -2^{n_m - 1} \le m \le 2^{n_m - 1} - 1 \; , \tag{4.2.4}$$

ausgedrückt werden. Wird der Exponent mit seinem Vorzeichen durch n_e Bits dargestellt, so kann er den Bereich

$$-2^{n_e} \le e \le 2^{n_e} - 1 \tag{4.2.5}$$

überstreichen. In unseren Java-Klassen arbeiten wir mit Gleitkommazahlen vom Typ `double`. Unabhängig von der Art des Prozessors dienen ihrer Darstellung in Java insgesamt 64 Bits, davon $n_m = 53$ für die Mantisse und $n_e = 11$ für den Exponenten.

Für den Größenbereich, aus dem eine Gleitkommazahl stammen darf, damit sie noch im Rechner dargestellt werden kann, gilt nun nicht mehr (4.2.2), sondern die weniger starke Einschränkung

$$2^{e_{\min}} < |x| < 2^{e_{\max}} \; . \tag{4.2.6}$$

Dabei sind $e_{\min}$ und $e_{\max}$ durch (4.2.5) gegeben. Stehen (einschließlich Vorzeichen) 11 Bit für die Darstellung des Exponenten zur Verfügung, so ist $e_{\max} = 2^{10} - 1 = 1023$. Also gilt die Beschränkung $|x| < 2^{1023} \approx 10^{308}$.

Von erheblicher Bedeutung für das Rechnen mit Gleitkommazahlen ist der Begriff der *relativen Genauigkeit* der Darstellung. Für die Darstellung der Mantisse M steht eine feste Anzahl von Binärstellen (entsprechend einer festen Anzahl von Dezimalstellen) zur Verfügung. Bezeichnen wir mit α die kleinste Mantisse, die sich darstellen läßt, so können zwei Zahlen x_1, x_2 gerade noch dann verschieden dargestellt werden, wenn

$$x_1 = x = M \cdot 2^e \ , \quad x_2 = (M + \alpha) \cdot 2^e \ .$$

Die *absolute Genauigkeit* in der Darstellung von x ist daher

$$\Delta x = x_1 - x_2 = \alpha \cdot 2^e$$

und hängt vom Exponenten von x ab. Die relative Genauigkeit

$$\frac{\Delta x}{x} = \frac{\alpha}{M}$$

ist dagegen unabhängig von x. Stehen für die Darstellung der Mantisse n Binärstellen zur Verfügung, so ist $M \approx 2^n$ (weil der Exponent so gewählt wird, das die Stellenzahl n für die Darstellung der Mantisse voll ausgeschöpft wird) und natürlich $\alpha = 2^0$ und damit ist die *relative Genauigkeit* in der Darstellung von x

$$\frac{\Delta x}{x} = 2^{-n} \ . \tag{4.2.7}$$

4.3 Linear kongruente Generatoren

Da, wie erwähnt, Rechner streng deterministisch arbeiten, ist jede im Rechner erzeugte (Pseudo-)Zufallszahl im allgemeinsten Fall eine Funktion aller vorhergehenden (Pseudo-)Zufallszahlen[†]

$$x_{j+1} = f(x_j, x_{j-1}, \ldots, x_1) \ . \tag{4.3.1}$$

Programme zur Erzeugung von Zufallszahlen heißen *Zufallszahlgeneratoren* (random number generators).

Dem am besten untersuchten Algorithmus liegt das Bildungsgesetz

$$x_{j+1} = (a x_j + c) \bmod m \tag{4.3.2}$$

[†]Da die Zahlen pseudozufällig und nicht streng zufällig sind, benutzen wir die Schreibweise x anstelle von x

zugrunde. Alle Größen in (4.3.2) sind ganzzahlig. Generatoren, die dieses Gesetz benutzen, heißen linear kongruente Generatoren (LCG). Das Symbol mod m oder modulo m in (4.3.2) bedeutet, daß der vor dem Symbol stehende Ausdruck durch m dividiert wird und als Ergebnis nur der bei der Division auftretende Rest genommen wird, z. B. $6 \bmod 5 = 1$. Jede Zufallszahl, die einem LC-Generator mit dem Bildungsgesetz (4.3.2) entstammt, hängt nur von ihrer unmittelbaren Vorläuferzahl und von den Konstanten a (*Multiplikator*), c (*Inkrement*), m (*Modulus*) ab. Sind diese drei Konstanten und ein *Anfangswert* x_0 gegeben, so ist damit eine unendliche Folge von Zufallszahlen $x_0, x_1, \ldots$ festgelegt.

Offenbar ist die Folge periodisch. Die maximale Periodenlänge ist m. Nützlich für Rechnungen sind nur solche Teilfolgen, die kurz gegen die Periodenlänge sind.

Satz über die maximale Periode eines LCG mit $c \neq 0$: Ein LCG, der durch die Größen m, a, c, x_0 definiert wird, hat dann und nur dann die Periode m, wenn

(a) c und m keinen gemeinsamen Teiler besitzen;

(b) $b = a - 1$ ein Vielfaches von p ist für jede Primzahl p, die Teiler von m ist;

(c) b ein Vielfaches von 4 ist, falls m ein Vielfaches von 4 ist.

Der Beweis dieses Satzes sowie der Sätze des Abschnitts 4.4 findet sich z. B. bei KNUTH [2].

Ein einfaches Beispiel ist $c = 3$, $a = 5$, $m = 16$. Man rechnet leicht nach, daß sich für $x_0 = 0$ die Folge

$$0, 3, 2, 13, 4, 7, 6, 1, 8, 11, 10, 5, 12, 15, 14, 9, 0, \ldots$$

ergibt. Da die Periode m nur erreicht werden kann, wenn alle m möglichen Werte auch angenommen werden, ist die Wahl des Anfangswertes x_0 gleichgültig.

4.4 Multiplikativ linear kongruente Generatoren

Wählt man $c = 0$ in (4.3.2), so vereinfacht sich der Algorithmus auf

$$x_{j+1} = (ax_j) \bmod m \,. \tag{4.4.1}$$

Generatoren, denen dieses Bildungsprinzip zugrunde liegt, heißen multiplikativ linear kongruente Generatoren (MLCG). Die Rechnung wird etwas kürzer und damit schneller. Allerdings läßt sich nicht mehr der exakte Wert Null erzeugen (außer für die unbrauchbare Folge 0, 0, ...). Auch wird die Periode kürzer. Bevor wir den Satz über die maximale Periodenlänge in diesem Fall angeben, führen wir den Begriff des primitiven Elements modulo m ein.

Es sei a eine ganze Zahl, die keinen gemeinsamen Teiler (außer der Eins) mit m hat. Wir betrachten alle a, für die $a^\lambda \bmod m = 1$ bei ganzzahligem λ. Der kleinste Wert von λ, für den diese Beziehung gilt, heißt *Ordnung* von a modulo m. Alle Werte a, die die gleiche größtmögliche Ordnung $\lambda(m)$ besitzen, heißen *primitive Elemente* modulo m.

Satz über die Ordnung $\lambda(m)$ eines primitiven Elements modulo m: Es gilt (e ganzzahlig, p Primzahl)

$$\begin{aligned} &\lambda(2) = 1\,; \\ &\lambda(4) = 2\,; \\ &\lambda(2^e) = 2^{e-2}\,, \quad e > 2\,; \\ &\lambda(p^e) = p^{e-1}(p-1)\,, \quad p > 2\,. \end{aligned} \tag{4.4.2}$$

Satz über primitive Elemente modulo p^e: Die Zahl a ist ein primitives Element modulo p^e dann und nur dann, wenn

$$\begin{aligned} &a \text{ ungerade}\,, \quad p^e = 2\,; \\ &a \bmod 4 = 3\,, \quad p^e = 4\,; \\ &a \bmod 8 = 3,5,7\,, \quad p^e = 8\,; \\ &a \bmod 8 = 3,5\,, \quad p = 2\,, \quad e > 3\,; \\ &a \bmod p \neq 0\,, \quad a^{(p-1)/q} \bmod p \neq 1\,, \quad p > 2\,, \quad e = 1\,, \\ &\qquad q \text{ jeder Primfaktor von } p-1\,; \\ &a \bmod p \neq 0\,, \quad a^{p-1} \bmod p^2 \neq 1\,, \quad a^{(p-1)/q} \bmod p \neq 1\,, \\ &\qquad p > 2\,, \quad e > 1\,, \quad q \text{ jeder Primfaktor von } p-1\,. \end{aligned} \tag{4.4.3}$$

Für große Werte von p müssen die primitiven Elemente mit Computerprogrammen anhand der Bedingungen dieses Satzes bestimmt werden.

Satz über die maximale Periode eines MLCG: Die maximale Periode eines MLCG, der durch die Größen m, a, $c = 0$, x_0 definiert ist, ist gleich der Ordnung $\lambda(m)$. Sie wird erreicht, wenn der Multiplikator a ein primitives Element modulo m ist und wenn der Anfangswert x_0 und der Multiplikator m keinen gemeinsamen Teiler (außer der Eins) besitzen.

In der Praxis werden tatsächlich häufig MLC-Generatoren mit $c = 0$ benutzt. Bei der Wahl des Multiplikators m sind insbesondere zwei Fälle von praktischer Bedeutung.

(i) $m = 2^e$: Hierbei kann $m - 1$ die größte im Rechner darstellbare ganze Zahl sein. Nach (4.4.2) ist die maximal erreichbare Periodenlänge $m/4$.

(ii) $m = p$: Ist m eine Primzahl, so kann nach (4.4.2) die Periode $m - 1$ erreicht werden.

4.5 Qualität eines MLCG. Spektraltest

Natürlich kommt es bei der Erzeugung von Zufallszahlen nicht nur darauf an, eine möglichst lange Periode zu erzielen. Das ließe sich sehr einfach mit der Folge $0, 1, 2, \ldots, m-1, 0, 1, \ldots$ erreichen. Vielmehr sollen die einzelnen Elemente innerhalb der Periode „zufällig" aufeinanderfolgen. Man geht so vor, daß man sich zunächst für einen Modulus m entscheidet und anschließend verschiedene Multiplikatoren a entsprechend (4.4.3) auswählt, die eine maximale Periodenlänge garantieren. Man konstruiert dann Generatoren mit den Konstanten a, m und $c = 0$ in Form von Computerprogrammen und überprüft die Zufälligkeit der damit erzeugten Zahlen mit statistischen Tests. Die Standard-Tests, die auch auf diese Frage angewandt werden können, besprechen wir erst in Kapitel 8. Der Spektraltest wurde speziell zur Untersuchung von Zufallszahlen entwickelt, insbesondere zur Aufspürung von nichtzufälligen Abhängigkeiten zwischen benachbarten Elementen in einer Folge.

In einem einfachen Beispiel betrachten wir zunächst den Fall $a = 3, m = 7, c = 0$, $x_0 = 1$ und erhalten die Folge

$$1, 3, 2, 6, 4, 5, 1, \ldots .$$

Wir bilden jetzt Paare aus benachbarten Zahlen

$$(x_j, x_{j+1}) , \quad j = 0, 1, \ldots, n-1 . \tag{4.5.1}$$

Dabei bezeichnet n die Periodenlänge, in unserem Beispiel also $n = m - 1 = 6$. Im Bild 4.1 sind die Zahlenpaare (4.5.1) als Punkte in einem zweidimensionalen kartesischen Koordinatensystem dargestellt. Wir bemerken – vielleicht mit Erstaunen –, daß sie ein regelmäßiges Gitter bilden. Das Erstaunen ist allerdings weniger groß, wenn wir zwei Konstruktionsmerkmale des Algorithmus (4.3.2) bedenken.

(i) Alle Koordinatenwerte x_j sind ganzzahlig. Im zugänglichen Wertebereich $1 \le x_j \le n$ gibt es aber nur n^2 Zahlenpaare (4.5.1), deren beide Elemente ganzzahlig sind. Sie liegen auf einem Gitter aus horizontalen und vertikalen Linien. Zwei benachbarte Linien haben den Abstand Eins.

(ii) Es gibt allerdings nur n verschiedene Paare (4.5.1), so daß nur ein Bruchteil der unter (i) genannten n^2 Punkte wirklich besetzt ist.

Wir gehen jetzt von den ganzen Zahlen x_j zu transformierten Zahlen

$$u_j = x_j / m \tag{4.5.2}$$

mit der Eigenschaft

$$0 \le u_j \le 1 \tag{4.5.3}$$

über. Wir nehmen vereinfachend an, die Folge $x_0, x_1, \ldots$ habe die für LC-Generatoren maximal mögliche Periode m. Die Paare

$$(u_j, u_{j+1}) , \quad j = 0, 1, \ldots, m-1 , \tag{4.5.4}$$

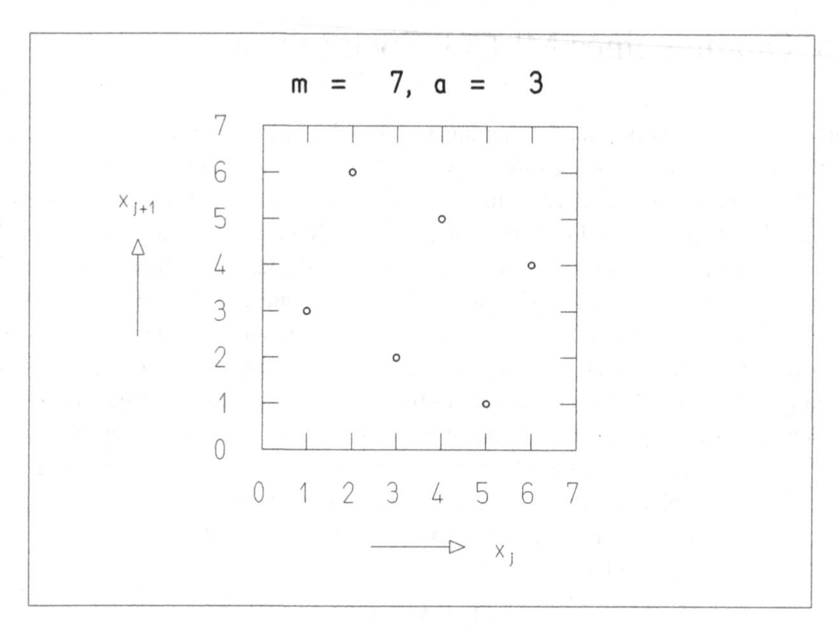

Bild 4.1: Diagramm der Zahlenpaare (4.5.1) für $a = 3$, $m = 7$.

liegen dann in einem Quadrat der Kantenlänge Eins. Der Abstand zwischen den horizontalen bzw. vertikalen Gitterlinien, auf denen die Punkte (4.5.4) wegen der Ganzzahligkeit der x_j liegen müssen, ist $1/m$. Allerdings sind bei weitem nicht alle diese Punkte besetzt. Durch die tatsächlich besetzten Punkte lassen sich endlich viele Familien von Geraden legen. Wir betrachten nun den Abstand benachbarter Linien innerhalb einer Familie, suchen die Familie, für die dieser Abstand maximal ist, und bezeichnen ihn mit d_2.

Wir können sicher dann von einer möglichst gleichmäßigen Verteilung der besetzten Gitterpunkte über das Einheitsquadrat sprechen, wenn die Abstände zwischen benachbarten Gitterlinien für alle Familien etwa gleich sind. Aus der Tatsache, daß beim vollständig besetzten Gitter (m^2 Punkte) dieser Abstand $1/m$ ist, schließen wir für ein gleichmäßig besetztes Gitter mit m Punkten auf einen Abstand $d_2 \approx m^{-1/2}$. Bei einem sehr ungleichmäßigen Gitter erzielen wir einen erheblich größeren Wert $d_2 \gg m^{-1/2}$.

Betrachtet man nicht nur Paare (4.5.4), sondern t-Tupel von Zahlen

$$(u_j, u_{j+1}, \ldots, u_{j+t}), \tag{4.5.5}$$

so stellt man fest, daß die entsprechenden Punkte im t-dimensionalen Kubus der Kantenlänge 1 auf Familien von $(t-1)$-dimensionalen Hyperebenen liegen. Untersucht man wieder den Abstand zwischen benachbarten Hyperebenen einer Familie und bezeichnet man den nach Betrachtung aller Familien als größten festgestellten

Abstand mit d_t, so wird man für eine gleichmäßige Verteilung der Punkte (4.5.5) einen Abstand

$$d_t \approx m^{-1/t} \tag{4.5.6}$$

erwarten. Ist das Gitter sehr ungleichmäßig, erwarten wir dagegen

$$d_t \gg m^{-1/t} \,. \tag{4.5.7}$$

Die Situationen (4.5.6) und (4.5.7) sind in Bild 4.2 dargestellt. Natürlich wird man ein möglichst gleichmäßiges Gitter anstreben. Man beachte, daß wenigstens ein Gitterabstand entsprechend (4.5.6) vorhanden ist. Das bedeutet, daß die niedrigstwertigen Ziffern von Zufallszahlen nicht zufällig sind, sondern die Gitterstruktur widerspiegeln.

Theoretische Überlegungen liefern obere Grenzen für die kleinstmöglichen Gitterabstände:

$$d_t \geq d_t^* = c_t m^{-1/t} \,. \tag{4.5.8}$$

Die Konstanten c_t sind von der Größenordnung Eins. Sie haben die Zahlwerte [2]

$$\begin{aligned} &c_2 = (4/3)^{-1/4}\,, \quad c_3 = 2^{-1/6}\,, \quad c_4 = 2^{-1/4}\,, \quad c_5 = 2^{-3/10}\,, \\ &c_6 = (64/3)^{-1/12}\,, \quad c_7 = 2^{-3/7}\,, \quad c_8 = 2^{-1/2}\,. \end{aligned} \tag{4.5.9}$$

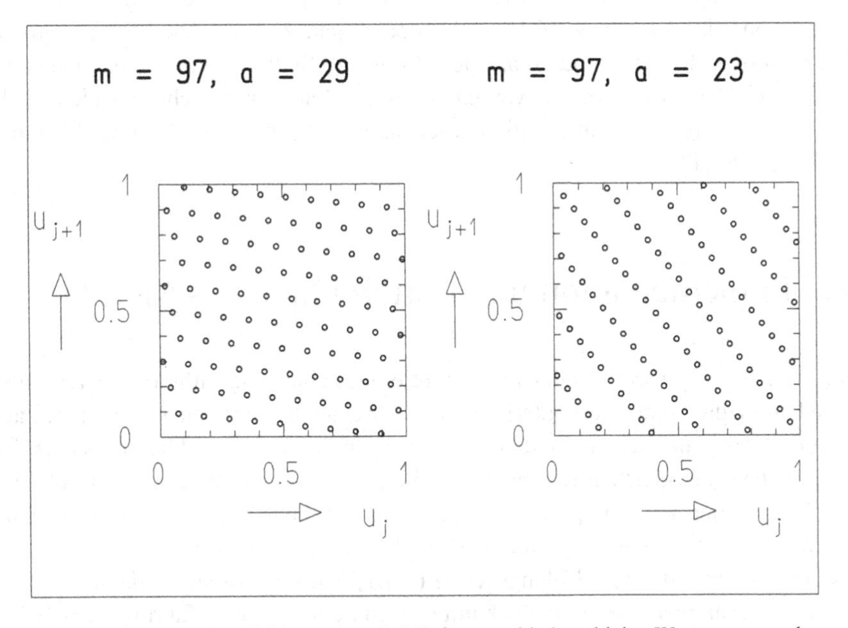

Bild 4.2: Diagramm von Zahlenpaaren (4.5.4) für verschiedene kleine Werte von a und m.

Tafel 4.1: Geeignete Moduli m und Multiplikatoren a für portable MLC-Generatoren auf Rechnern mit 32-Bit- bzw. 16-Bit-Ganzzahl-Arithmetik.

32 Bit		16 Bit	
m	a	m	a
2 147 483 647	39 373	32 749	162
2 147 483 563	40 014	32 363	157
2 147 483 399	40 692	32 143	160
2 147 482 811	41 546	32 119	172
2 147 482 801	42 024	31 727	146
2 147 482 739	45 742	31 657	142

Der *Spektraltest* kann nun wie folgt ausgeführt werden. Für gegebene Größen (m,a) von Modulus und Multiplikator eines MLCG bestimmt man mit einem Algorithmus [2] in Form eines Rechnerprogramms die Größen $d_t(m,a)$ für kleine t, etwa $t = 2,3,\ldots,6$. Man konstruiert die Testgrößen

$$S_t(m,a) = \frac{d_t^*(m)}{d_t(m,a)} \qquad (4.5.10)$$

und akzeptiert den Generator als brauchbar, wenn die $S_t(m,a)$ eine vorgegebene Schranke nicht unterschreiten. Die Tafel 4.1 gibt Ergebnisse umfangreicher Untersuchungen von L'ECUYER [3] wieder. Die Moduli m sind dabei Primzahlen nahe der größten mit 32 Bit bzw. 16 Bit darstellbaren ganzen Zahl. Die Multiplikatoren sind primitive Elemente modulo m. Sie erfüllen die Bedingung $a < \sqrt{m}$, siehe Abschnitt 4.6. Die Primzahlen m wurden so ausgewählt, daß a nicht viel kleiner als $\sqrt{m}$ sein muß und trotzdem für alle Zahlenpaare (m,a) in Tafel 4.1 $S_t(m,a) > 0.65$, $t = 2,3,\ldots,6$, gilt.

4.6 Implementation und Portabilität eines MLCG

Unter der *Implementation* (oder Implementierung) eines Algorithmus versteht man seine Umsetzung in ein Computerprogramm für einen bestimmten Rechnertyp. Läßt sich ein Programm leicht auf andere Rechnertypen übertragen und liefert es dort (im wesentlichen) die gleichen Ergebnisse, so heißt das Programm *portabel*. In diesem Abschnitt wollen wir eine portable Implementation eines MLCG angeben, wie sie von WICHMANN und HILL [4] und L'ECUYER [3] realisiert wurde.

Ein Programm, das das Bildungsgesetz (4.4.1) realisiert, ist sicher dann portabel, wenn die Rechnungen ausschließlich mit ganzen Zahlen durchgeführt werden, dabei alle Zahlen im Bereich zwischen $-m-1$ und m bleiben und $m < 2^{k-1}$ ist, wenn im Rechner k Bits zur Darstellung einer ganzen Zahl zur Verfügung stehen.

Wir wählen nun einen Multiplikator a mit

$$a^2 < m \tag{4.6.1}$$

und definieren

$$q = m \operatorname{div} a\,, \quad r = m \bmod a\,, \tag{4.6.2}$$

so daß

$$m = aq + r\,. \tag{4.6.3}$$

Der Ausdruck m div a, der über (4.6.2) und (4.6.3) definiert wird, ist der ganzzahlige Teil des Quotienten m/a. Wir berechnen nun die rechte Seite von (4.4.1), wobei wir den Index j weglassen und bedenken, daß $[(x \operatorname{div} q)m] \bmod m = 0$, weil x div q ganzzahlig ist,

$$\begin{aligned}
[ax] \bmod m &= [ax - (x \operatorname{div} q)m] \bmod m \\
&= [ax - (x \operatorname{div} q)(aq + r)] \bmod m \\
&= [a\{x - (x \operatorname{div} q)q\} - (x \operatorname{div} q)r] \bmod m \\
&= [a(x \bmod q) - (x \operatorname{div} q)r] \bmod m\,.
\end{aligned} \tag{4.6.4}$$

Da stets $0 < x < m$ gilt, ist

$$a(x \bmod q) < aq \leq m\,, \tag{4.6.5}$$

$$(x \operatorname{div} q)r < [(aq + r) \operatorname{div} q]r = ar < a^2 < m\,. \tag{4.6.6}$$

Damit sind beide Terme in der letzten eckigen Klammer von (4.6.4) kleiner als m, so daß der Klammerausdruck im Bereich zwischen $-m$ und m bleibt.

In der Java-Klasse `DatanRandom` haben wir der Ausdruck (4.6.4) in den folgenden 3 Zeilen realisiert, in denen alle Variablen ganzzahlig sind.

```
k = x / Q;
x = A * (x - k * Q) - k * R;
if(x < 0) x = x + M;
```

Man beachte, daß als Ergebnis der Division zweier ganzzahliger Variabler direkt der ganzzahlige Wert des Quotienten gebildet wird. Die erste Zeile liefert also x div q. Die letzte Zeile liefert ax mod m.

Die Methode `DatanRandom.mlcg` liefert bei einmaligem Aufruf eine Teilfolge von Zufallszahlen der Länge N. Bei jedem zusätzlichen Aufruf wird eine neue Teilfolge erzeugt. Die Periode der gesamten Folge ist $m - 1 = 2\,147\,483\,562$. Die Rechnung wird vollständig portabel in Ganzzahlarithmetik ausgeführt. Die Ausgabewerte sind allerdings Gleitkommazahlen, die durch Division durch m entstehen und so einer Gleichverteilung zwischen 0 und 1 entsprechen.

Oft möchte man Rechnungen, die viele Zufallszahlen benötigen, an irgendeiner Stelle abbrechen und später an der gleichen Stelle fortführen. Man kann dann unmittelbar vor dem Abbruch die zuletzt berechnete (ganzzahlige) Zufallszahl auslesen und später für die Erzeugung der nächsten Zufallszahl benutzen. In der Fachsprache nennt man eine solche Zahl *Saatzahl* (engl. *seed*) des Generators.

Manchmal ist es wünschenswert, nicht überlappende Teilfolgen von Zufallszahlen nicht nacheinander, sondern unabhängig voneinander erzeugen zu können. Man kann so z. B. Teile von größeren Simulationsaufgaben gleichzeitig auf mehreren Rechnern durchführen. Als Saatzahlen für solche Teilfolgen dienen Elemente der Gesamtfolge, die einen Abstand haben, der größer ist als die Länge jeder Teilfolge. Solche Saatzahlen können berechnet werden, ohne daß die ganze Folge durchlaufen werden muß. Aus (4.4.1) folgt

$$x_{j+n} = (a^n x_j) \bmod m = [(a^n \bmod m)x_j] \bmod m . \tag{4.6.7}$$

L'ECUYER [3] schlägt vor, $n = 2^d$ zu setzen und irgendeine Saatzahl x_0 zu wählen. Der Ausdruck $a^{2^d} \bmod m$ läßt sich berechnen, indem man mit a beginnt und d mal modulo m quadriert. Anschließend berechnet man x_n mit (4.6.7). Entsprechend erhält man $x_{2n}, x_{3n}, \ldots$.

4.7 Kombination mehrerer MLCG

Da die Periode eines MLCG höchstens gleich $m-1$ ist und da m durch die Anzahl k der Bits, die im Rechner zur Darstellung einer ganzen Zahl zur Verfügung steht, auf den Bereich $m < 2^{k-1} - 1$ beschränkt ist, kann mit einem einzelnen MLCG nur eine relativ kurze Periode erreicht werden. WICHMANN und HILL [4] und L'ECUYER [3] haben ein Verfahren zur Kombination mehrerer MLCG angegeben, das sehr lange Perioden ermöglicht und das wir zur Grundlage der Methode `ecuy` in der Klasse `DatanRandom` machen. Das Verfahren beruht auf den beiden folgenden Sätzen.

Satz über die Summe diskreter Zufallsvariabler, von denen eine einer diskreten Gleichverteilung folgt: Sind $\mathsf{x}_1, \ldots, \mathsf{x}_\ell$ unabhängige Zufallsvariable, die nur ganzzahlige Werte annehmen können, und folgt x_1 einer diskreten Gleichverteilung, so daß

$$P(\mathsf{x}_1 = n) = \frac{1}{d}\,, \quad n = 0, 1, \ldots, d-1\,,$$

dann folgt

$$\mathsf{x} = \left(\sum_{j=1}^{\ell} \mathsf{x}_j \right) \bmod d \tag{4.7.1}$$

ebenfalls dieser Verteilung.

Wir führen zunächst den Beweis für $\ell = 2$ und benutzen die Abkürzungen min $(\mathsf{x}_2) = a$, max $(\mathsf{x}_2) = b$. Es gilt

$$\begin{aligned} P(\mathsf{x}=n) &= \sum_{k=0}^{\infty} P(\mathsf{x}_1+\mathsf{x}_2=n+kd) = \sum_{i=a}^{b} P(\mathsf{x}_2=i)P(\mathsf{x}_1=(n-i) \bmod d) \\ &= \frac{1}{d}\sum_{i=a}^{b} P(\mathsf{x}_2=i) = \frac{1}{d}\,. \end{aligned}$$

Für $\ell = 3$ bilden wir zunächst die Variable, $\mathsf{x}_1' = \mathsf{x}_1 + \mathsf{x}_2$, die einer diskreten Gleichverteilung zwischen 0 und $d-1$ folgt und anschließend die Summe $\mathsf{x}_1' + \mathsf{x}_3$, die nur noch 2 Summanden besitzt und damit die gleiche Eigenschaft hat. Die Verallgemeinerung auf $\ell > 3$ ist offensichtlich.

Satz über die Periode einer Familie von Generatoren: Die Zufallszahlen $\mathsf{x}_{j,i}$ mögen einem Generator j entstammen, der die Periode p_j hat, so daß dieser Generator eine Folge $\mathsf{x}_{j,0}, \mathsf{x}_{j,1}, \ldots, \mathsf{x}_{j,p_j-1}$ liefert. Wir betrachten nun ℓ Generatoren $j = 1, 2, \ldots, \ell$ und die Folge aus ℓ-Tupeln

$$\mathbf{x}_i = \{\mathsf{x}_{1,i}, \mathsf{x}_{2,i}, \ldots, \mathsf{x}_{\ell,i}\}\,, \quad i = 0, 1, \ldots\,. \tag{4.7.2}$$

Ihre Periode p ist das kleinste gemeinsame Vielfache der Perioden $p_1, p_2, \ldots, p_\ell$ der einzelnen Generatoren. Der Beweis ergibt sich sofort daraus, daß p offenbar ein Vielfaches jedes p_j ist.

Wir bestimmen jetzt den größtmöglichen Wert der Periode p. Sind die einzelnen ℓ Generatoren MLCG mit Primzahlen m_j als Moduli, so sind ihre Perioden $p_j = m_j - 1$ und damit gerade. Damit gilt

$$p \le \frac{\prod_{j=1}^{\ell}(m_j - 1)}{2^{\ell-1}}\,. \tag{4.7.3}$$

Das Gleichheitszeichen wird erreicht, wenn die Größen $(m_j - 1)/2$ keinen gemeinsamen Teiler besitzen.

Der erste Satz dieses Abschnitts kann nun benutzt werden, um eine Folge der Periode (4.7.3) zu konstruieren. Man bildet zunächst die ganzzahlige Größe

$$z_i = \left(\sum_{j=1}^{\ell} (-1)^{j-1} x_{j,i} \right) \bmod (m_1 - 1)\,. \tag{4.7.4}$$

Das alternierende Vorzeichen in (4.7.4), das die Bildung der Modulo-Funktion erleichtert, widerspricht nicht der Vorschrift (4.7.1), weil man für die Variablen $x_2, x_4, \ldots$ auch $x_2' = -x_2$, $x_4' = -x_4$, ... setzen könnte. Die Größe z_i kann die ganzzahligen Werte

$$z_i \in \{0, 1, \ldots, m_1 - 2\} \tag{4.7.5}$$

annehmen. Die Umrechnung in Gleitkommazahlen

$$u_i = \begin{cases} z_i/m_1, & z_i > 0 \\ (m_1 - 1)/m_1, & z_i = 0 \end{cases} \tag{4.7.6}$$

liefert Werte $0 < u_i < 1$.

In der Methode `DatanRandom.ecuy` benutzen wir die oben zusammengestellten Methoden zur Erzeugung von gleichverteilten Zufallszahlen mit langer Periode. Wir kombinieren zwei MLCG mit $m_1 = 2\,147\,483\,563$, $a_1 = 40\,014$, $m_2 = 2\,147\,483\,399$, $a_2 = 40\,692$. Die Zahlen $(m_1 - 1)/2$ und $(m_2 - 1)/2$ haben keinen gemeinsamen Teiler. Damit ist die Periode des kombinierten Generators nach (4.7.3)

$$p = (m_1 - 1)(m_2 - 1)/2 \approx 2.3 \cdot 10^{18} \,.$$

Alle während der Rechnung auftretenden ganzen Zahlen bleiben dem Betrage nach $\leq 2^{31} - 85$. Die ausgegebenen Gleitkommazahlen u liegen im Bereich $0 < u < 1$. Die Werte 0 und 1 werden nicht angenommen. Das Programm mit den angegebenen Werten von m_1, m_2, a_1, a_2 wurde von L'ECUYER [3], der eine PASCAL-Version angibt, dem Spektraltest und vielen anderen Tests unterworfen. Er stellte fest, daß es allen in den Tests gestellten Anforderungen entspricht.

Bild 4.3 macht den Unterschied zwischen dem einfachen MLCG und dem kombinierten Generator deutlich. Für den einfachen MLCG ist (allerdings bei einer

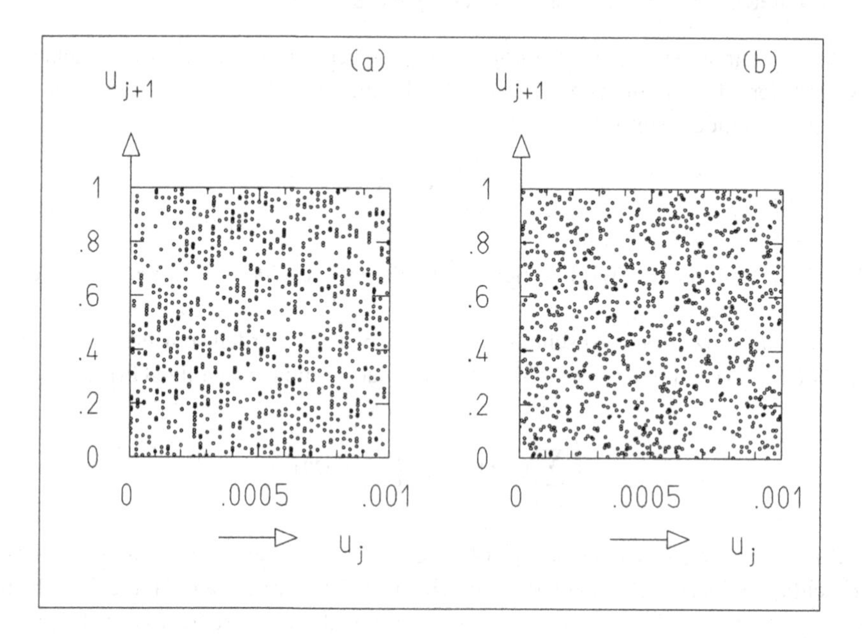

Bild 4.3: Diagramm von Zahlenpaaren (4.5.4) aus (a) dem MLC-Generator und (b) einem kombinierten Generator. Zur Erzeugung wurden die Methoden `DatanRandom.mlcg` bzw. `DatanRandom.ecuy` benutzt.

Streckung der Abszisse um einen Faktor 1000) noch deutlich eine Struktur in einem Diagramm der Zahlenpaare (4.5.4) zu erkennen. Das entsprechende Diagramm für den kombinierten Generator erscheint dagegen als völlig ungeordnet. Für jedes Diagramm wurden 1 Million Paare von Zufallszahlen erzeugt. Die Diagramme enthalten nur einen schmalen Streifen am linken Rand des Einheitsquadrats.

Um nichtüberlappende Teilfolgen zu initialisieren, kann man jetzt zwei Methoden verwenden.

(i) Man wendet das im Zusammenhang mit (4.6.7) diskutierte Verfahren auf beide MLCG an, natürlich mit dem gleichen Wert n, um für jede Teilfolge Paare von Saatzahlen zu konstruieren.

(ii) Wesentlich einfacher ist es, für jede Teilfolge für den ersten MLCG die gleiche Saatzahl zu verwenden. Für den zweiten MLCG verwendet man für die erste Teilfolge eine beliebige Saatzahl, für die zweite Teilfolge die auf diese Saatzahl im zweiten MLCG folgende Zufallszahl, usw. Dadurch erhält man Teilfolgen, die die Länge $(m_1 - 1)$ erreichen dürfen, ohne zu überlappen.

4.8 Erzeugung beliebig verteilter Zufallszahlen

4.8.1 Erzeugung durch Transformation der Gleichverteilung

Ist x eine Zufallsvariable, die der Gleichverteilung

$$f(x) = 1\,, \quad 0 \leq x < 1\,; \quad f(x) = 0\,, \quad x < 0\,, \quad x \geq 1\,, \tag{4.8.1}$$

folgt und y eine Zufallsvariable, die durch die Wahrscheinlichkeitsdichte $g(y)$ beschrieben wird, dann vereinfacht sich die Transformation (3.7.1) auf

$$g(y)\,\mathrm{d}y = \mathrm{d}x\,. \tag{4.8.2}$$

Wir benutzen die Verteilungsfunktion $G(y)$, die mit $g(y)$ durch $\mathrm{d}G(y)/\mathrm{d}y = g(y)$ verknüpft ist, und schreiben (4.8.2) in der Form

$$\mathrm{d}x = g(y)\,\mathrm{d}y = \mathrm{d}G(y) \tag{4.8.3}$$

oder nach Integration

$$x = G(y) = \int_{-\infty}^{y} g(t)\,\mathrm{d}t\,. \tag{4.8.4}$$

Diese Beziehung hat folgende Bedeutung. Wird eine Zufallszahl x aus einer Gleichverteilung zwischen 0 und 1 gezogen und wird anschließend die Funktion $\mathsf{x} = G(\mathsf{y})$ invertiert,

$$\mathsf{y} = G^{-1}(\mathsf{x}) \,, \tag{4.8.5}$$

so erhält man eine Zufallszahl y, die durch die Wahrscheinlichkeitsdichte $g(y)$ beschrieben wird. Der Zusammenhang ist in Bild 4.4(a) veranschaulicht. Die Wahrscheinlichkeit, eine Zufallszahl x zwischen x und $x + \mathrm{d}x$ auszuwählen, ist gleich der Wahrscheinlichkeit, einen Wert $\mathsf{y}(\mathsf{x})$ zwischen y und $y + \mathrm{d}y$ zu erhalten.

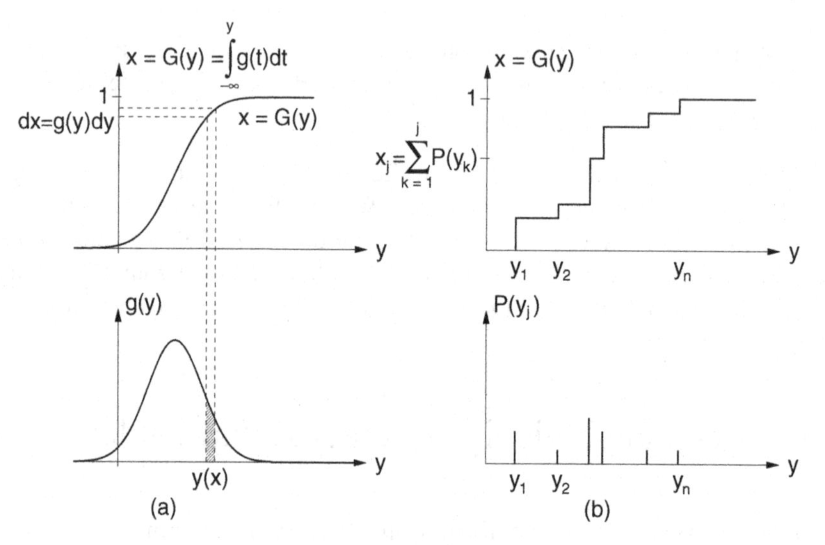

Bild 4.4: Transformation von einer gleichverteilten Variablen x in eine Variable y mit der Verteilungsfunktion $G(y)$. Die Variable y kann kontinuierlich (a) oder diskret (b) sein.

Die Beziehung (4.8.4) kann man auch zur Erzeugung diskreter Wahrscheinlichkeitsverteilungen benutzen. Ein Beispiel ist in Bild 4.4(b) dargestellt. Die Zufallsvariable y kann die Werte $y_1, y_2, \ldots, y_n$ mit den Wahrscheinlichkeiten $P(y_1), P(y_2), \ldots,$ $P(y_n)$ annehmen. Entsprechend (3.2.1) ist die Verteilungsfunktion $G(y) = P(\mathsf{y} < y)$. Die Konstruktion einer Stufenfunktion $x = G(y)$ nach dieser Gleichung liefert die Werte

$$x_j = G(y_j) = \sum_{k=1}^{j} P(y_k) \,, \tag{4.8.6}$$

die zwischen 0 und 1 liegen. Man kann daher Zufallszahlen, die einer diskreten Verteilung $G(y)$ folgen, erzeugen, indem man zunächst Zufallszahlen x, die zwischen 0 und 1 gleichverteilt sind, erzeugt und dann die Zahl y_j bildet, falls x in das Intervall $x_{j-1} < \mathsf{x} < x_j$ fällt.

Beispiel 4.1: Exponentiell verteilte Zufallszahlen

Wir wollen Zufallszahlen erzeugen, die der Wahrscheinlichkeitsdichte

$$g(t) = \begin{cases} \frac{1}{\tau} \mathrm{e}^{-t/\tau} , & t \geq 0 \\ 0 , & t < 0 \end{cases} \tag{4.8.7}$$

folgen. Dies ist die Wahrscheinlichkeitsdichte, die den Zerfall eines radioaktiven Kerns beschreibt, der zur Zeit $t = 0$ existiert und die mittlere Lebensdauer τ hat. Die Verteilungsfunktion ist

$$x = G(t) = \frac{1}{\tau} \int_{t'=0}^{t} g(t')\,\mathrm{d}t' = 1 - \mathrm{e}^{-t/\tau} . \tag{4.8.8}$$

Entsprechend (4.8.4), (4.8.5) können wir exponentiell verteilte Zufallszahlen t gewinnen, indem wir zunächst Zufallszahlen x bilden, die zwischen 0 und 1 gleichverteilt sind und dann die Umkehrfunktion $\mathsf{t} = G^{-1}(\mathsf{x})$ bilden, d. h.

$$\mathsf{t} = -\tau \ln(1 - \mathsf{x}) .$$

Bedenkt man, daß auch $1 - \mathsf{x}$ zwischen 0 und 1 gleichverteilt ist, so reicht es aus, einfach

$$\mathsf{t} = -\tau \ln \mathsf{x} \tag{4.8.9}$$

zu berechnen. ■

Beispiel 4.2: Erzeugung Breit–Wigner-verteilter Zufallszahlen

Um Zufallszahlen y zu erzeugen, die einer Breit–Wigner-Verteilung (3.3.32) folgen,

$$g(y) = \frac{2}{\pi \Gamma} \frac{\Gamma^2}{4(y-a)^2 + \Gamma^2} ,$$

gehen wir nach Abschnitt 4.8.1 folgendermaßen vor. Wir bilden die Verteilungsfunktion

$$x = G(y) = \int_{-\infty}^{y} g(y)\,\mathrm{d}y = \frac{2}{\pi \Gamma} \int_{-\infty}^{y} \frac{\Gamma^2}{4(y-a)^2 + \Gamma^2}\,\mathrm{d}y$$

und werten das Integral mit der Substitution

$$u = \frac{2(y-a)}{\Gamma} , \quad \mathrm{d}u = \frac{2}{\Gamma}\,\mathrm{d}y$$

aus,

$$\begin{aligned} x &= G(y) = \frac{1}{\pi} \int_{\theta=-\infty}^{\theta=2(y-a)/\Gamma} \frac{1}{1+u^2}\,\mathrm{d}u = \frac{1}{\pi} [\arctan u]_{-\infty}^{2(y-a)/\Gamma} , \\ x &= \frac{\arctan 2(y-a)/\Gamma}{\pi} + \frac{1}{2} . \end{aligned}$$

Durch Umkehrung erhalten wir

$$\begin{aligned} 2(y-a)/\Gamma &= \tan\left\{\pi\left(x-\frac{1}{2}\right)\right\}, \\ y &= a+\frac{\Gamma}{2}\tan\left\{\pi\left(x-\frac{1}{2}\right)\right\}. \end{aligned} \tag{4.8.10}$$

für Breit–Wigner-verteilte Zufallszahlen, wenn x gleichverteilte Zufallszahlen im Intervall $0 < \mathsf{x} < 1$ sind. ■

Beispiel 4.3: Erzeugung von Zufallszahlen mit Dreiecksverteilung

Zur Erzeugung von Zufallszahlen y, die einer Dreiecksverteilung wie in Aufgabe 3.2 folgen, bilden wir die Verteilungsfunktion

$$F(y) = \begin{cases} 0, & y < a, \\ \dfrac{(y-a)^2}{(b-a)(c-a)}, & a \le y < c, \\ 1 - \dfrac{(y-b)^2}{(b-a)(b-c)}, & c \le y < b, \\ 1, & b \le y. \end{cases}$$

Insbesondere gilt

$$F(c) = \frac{c-a}{b-a}.$$

Die Umkehrung von $x = F(y)$ ist

$$\begin{aligned} y &= a+\sqrt{(b-a)(c-a)x}, & x < (c-a)/(b-a), \\ y &= b-\sqrt{(b-a)(b-c)(1-x)}, & x \ge (c-a)/(b-a). \end{aligned}$$

Ist x gleichverteilt mit $0 < \mathsf{x} < 1$, so folgt y der Dreiecksverteilung. ■

4.8.2 Erzeugung nach dem von Neumannschen Rückweisungsverfahren

Das elegante Verfahren des letzten Abschnitts setzt voraus, daß man die Verteilungsfunktion $x = G(y)$ kennt und daß die Umkehrfunktion $y = G^{-1}(x)$ existiert und ebenfalls bekannt ist.

Oft kennt man nur die Wahrscheinlichkeitsdichte $g(y)$. Man benutzt dann das VON NEUMANNsche Rückweisungsverfahren, das wir zunächst an einem einfachen Beispiel einführen, bevor wir es in allgemeiner Form diskutieren.

Beispiel 4.4: Halbkreisverteilung mit der einfachen Rückweisungsmethode

Für ein einfaches Beispiel erzeugen wir Zufallszahlen, die einer halbkreisförmigen Wahrscheinlichkeitsdichte folgen,

$$g(y) = \begin{cases} (2/\pi R^2)\sqrt{R^2 - y^2}, & |y| \leq R \\ 0, & |y| > R \end{cases} . \tag{4.8.11}$$

Statt zu versuchen, die Verteilungsfunktion $G(y)$ zu bilden und umzukehren, erzeugen wir jetzt Paare $(\mathrm{y}_i, \mathrm{u}_i)$ von Zufallszahlen. Dabei ist y_i über den Variabilitätsbereich $-R \leq y \leq R$ gleichverteilt und u_i über den Variabilitätsbereich $0 \leq u \leq R$ der Funktion $g(y)$. Für jedes Paar prüfen wir, ob

$$\mathrm{u}_i \geq g(\mathrm{y}_i) . \tag{4.8.12}$$

Ist diese Ungleichung erfüllt, so verwerfen wir die Zufallszahl y_i. Die Menge der nicht verworfenen Zufallszahlen y_i folgt dann der Wahrscheinlichkeitsdichte $g(y)$, weil jede mit einer Wahrscheinlichkeit ausgewählt wurde, die proportional zu $g(\mathrm{y}_i)$ ist. ■

Das Verfahren des Beispiels 4.4 läßt sich sehr einfach geometrisch beschreiben. Will man Zufallszahlen erzeugen, die im Bereich $a \leq y \leq b$ entsprechend der Wahrscheinlichkeitsdichte $g(y)$ verteilt sind, so betrachtet man im Bereich $a \leq y \leq b$ die Kurve

$$u = g(y) \tag{4.8.13}$$

und eine Konstante

$$u = d\,, \quad d \geq g_{\max}\,, \tag{4.8.14}$$

die größer oder gleich dem Maximalwert von $g(y)$ in diesem Bereich ist. In der (y,u)-Ebene wird diese Konstante durch die Gerade $u = d$ beschrieben. Paare $(\mathrm{y}_i, \mathrm{u}_i)$ von Zufallszahlen, die in den Bereichen $a \leq \mathrm{y}_i \leq b$, $0 \leq \mathrm{u}_i \leq d$ gleichverteilt sind, entsprechen einer Gleichverteilung von Punkten in dem entsprechenden Rechteck der (y,u)-Ebene. Werden alle Punkte verworfen, für die (4.8.12) gilt, so verbleiben nur Punkte unterhalb der Kurve $u = g(y)$. Sie bevölkern die Fläche unterhalb der Kurve gleichmäßig, so daß die Anzahl der Punkte in einem kleinen Intervall Δy an der Stelle y proportional zu $g(y)$ ist. Bild 4.5 zeigt diese Situation für das Beispiel 4.4. (Es ist anschaulich klar, daß das Verfahren auch dann sinnvolle Ergebnisse liefert, wenn die Funktion nicht auf Eins normiert ist. Im Bild 4.5 ist einfach $g(y) = \sqrt{R^2 - y^2}$ und $R = 1$ gesetzt.)

Beim Transformationsverfahren, Abschnitt 4.8.1, brauchte für jede gewünschte Zufallszahl y_i nur genau eine Zufallszahl x_i aus einer Gleichverteilung erzeugt und anschließend nach (4.8.5) transformiert zu werden. Im Rückweisungsverfahren müs-

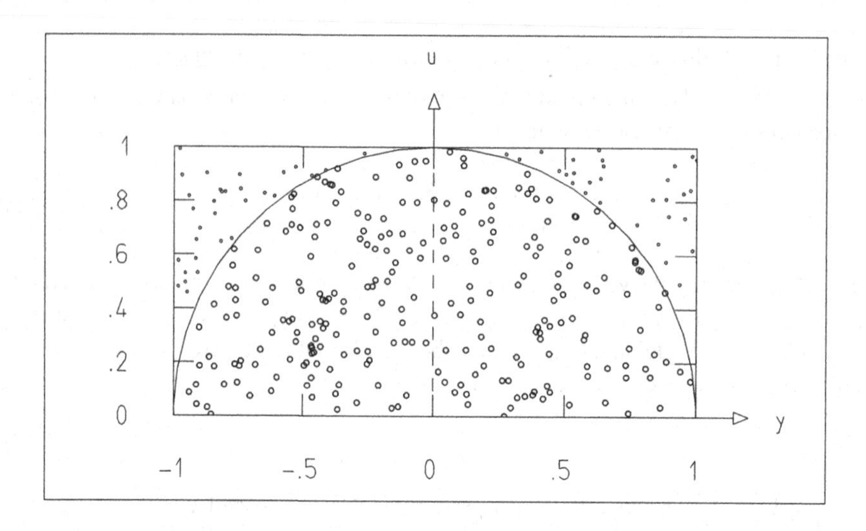

Bild 4.5: Alle Paare (y_i, u_i), die erzeugt werden, sind als Punkte in der (y, u)-Ebene markiert. Zurückgewiesen werden Punkte, die oberhalb der Kurve $u = g(y)$ liegen (kleine Punkte).

sen immer Paare y_i, u_i erzeugt werden, und ein erheblicher Bruchteil der Zahlen y_i wird – abhängig vom Wert von u_i entsprechend (4.8.12) – zurückgewiesen. Die Wahrscheinlichkeit dafür, daß y_i akzeptiert wird, ist

$$E = \frac{\int_a^b g(y)\,\mathrm{d}y}{(b-a)d} . \tag{4.8.15}$$

Wir können E als die *Effizienz* der Verfahrens bezeichnen. Umfaßt das Intervall $a \leq y \leq b$ den ganzen Variabilitätsbereich von y, so wird der Zähler von (4.8.15) gerade Eins, und man erhält

$$E = \frac{1}{(b-a)d} . \tag{4.8.16}$$

Zähler und Nenner von (4.8.15) sind einfach die Flächeninhalte im Bereich $a \leq y \leq b$ unter den Kurven (4.8.13) bzw. (4.8.14). Man verteilt Punkte (y_i, u_i) gleichmäßig unter der Kurve (4.8.14) und weist die Zufallszahlen y_i zurück, falls (4.8.12) gilt. Die Effizienz des Verfahrens wird sicher größer, wenn man als obere Kurve nicht die Konstante (4.8.14) benutzt, sondern eine Kurve, die sich weniger von $g(y)$ unterscheidet.

Auf diese Überlegung gründet sich das Rückweisungsverfahren in seiner allgemeinen Form:

(i) Man verschafft sich eine Wahrscheinlichkeitsdichte $s(y)$, die so einfach ist, daß man mit der Transformationsmethode Zufallszahlen entsprechend $s(y)$ erzeugen kann, und eine Konstante c, so daß

$$g(y) \le c \cdot s(y)\,, \quad a < y < b\,, \tag{4.8.17}$$

gilt.

(ii) Man erzeugt eine Zufallszahl y, die im Bereich $a < \mathsf{y} < b$ gleichverteilt ist und eine zweite Zufallszahl u, die im Bereich $0 < \mathsf{u} < 1$ gleichverteilt ist.

(iii) Man verwirft y, falls

$$\mathsf{u} \ge \frac{g(\mathsf{y})}{c \cdot s(\mathsf{y})}\,. \tag{4.8.18}$$

Nachdem die Punkte (ii) und (iii) hinreichend oft durchlaufen wurden, folgt die Menge der nicht verworfenen Zufallszahlen y der Wahrscheinlichkeitsdichte $g(y)$, denn

$$P(\mathsf{y} < y) = \int_a^y s(t) \frac{g(t)}{c \cdot s(t)}\,\mathrm{d}t = \frac{1}{c} \int_a^y g(t)\,\mathrm{d}t = \frac{1}{c}[G(y) - G(a)]\,.$$

Die Effizienz dieses verallgemeinerten Verfahrens ist offenbar

$$E = \frac{\int_a^b g(y)\,\mathrm{d}y}{c \int_a^b s(y)\,\mathrm{d}y}\,. \tag{4.8.19}$$

Umfaßt das Intervall $a \le y \le b$ den ganzen Variabilitätsbereich von y sowohl bezüglich $g(y)$ als auch bezüglich $s(y)$, so ist

$$E = \frac{1}{c}\,. \tag{4.8.20}$$

Beispiel 4.5: Halbkreisverteilung mit der allgemeinen Rückweisungsmethode
Man wählt für $c \cdot s(y)$ den Polygonzug

$$c \cdot s(y) = \begin{cases} 0\,, & y < -R\,, \\ 3R/2 + y\,, & -R \le y < -R/2\,, \\ R\,, & -R/2 \le y < R/2\,, \\ 3R/2 - y\,, & R/2 \le y < R\,, \\ 0\,, & R \le y\,. \end{cases}$$

Die Effizienz ist offenbar

$$E = \frac{\pi R^2}{2} \cdot \frac{1}{2R^2 - R^2/4} = \frac{2\pi}{7}$$

im Vergleich zu

$$E = \frac{\pi R^2}{2} \cdot \frac{1}{2R^2} = \frac{\pi}{4}$$

in Beispiel 4.4. ■

4.9 Erzeugung normalverteilter Zufallszahlen

Die mit Abstand wichtigste Verteilung für die Datenanalyse ist die Normalverteilung, die wir im Abschnitt 5.7 diskutieren werden. Schon hier wollen wir ein Verfahren und ein Programm angeben, mit dem Zufallszahlen x_i erzeugt werden können, die der standardisierten Normalverteilung mit der Wahrscheinlichkeitsdichte

$$f(x) = \frac{1}{\sqrt{2\pi}} \mathrm{e}^{-x^2/2} \tag{4.9.1}$$

folgen. Die zugehörige Verteilungsfunktion $F(x)$ läßt sich nur numerisch berechnen und umkehren (Anhang C). Damit scheidet die einfache Transformationsmethode des Abschnitts 4.8.1 aus. Die im folgenden beschriebene *Polar-Methode* von BOX und MULLER [5] kombiniert auf eindrucksvolle Weise Rückweisung mit Transformation. Der Algorithmus besteht aus den folgenden Teilschritten.

(i) Wahl zweier unabhängiger Zufallszahlen $\mathsf{u}_1, \mathsf{u}_2$ aus einer Gleichverteilung zwischen 0 und 1. Umformungen $\mathsf{v}_1 = 2\mathsf{u}_1 - 1$, $\mathsf{v}_2 = 2\mathsf{u}_2 - 1$.

(ii) $\mathsf{s} = \mathsf{v}_1^2 + \mathsf{v}_2^2$.

(iii) Falls $\mathsf{s} \geq 1$, zurück zu Schritt (i).

(iv) $\mathsf{x}_1 = \mathsf{v}_1\sqrt{-(2/\mathsf{s})\ln \mathsf{s}}$ und $\mathsf{x}_2 = \mathsf{v}_2\sqrt{-(2/\mathsf{s})\ln \mathsf{s}}$ sind zwei unabhängige Zufallszahlen, die der standardisierten Normalverteilung folgen.

Die Zahlenpaare $(\mathsf{v}_1, \mathsf{v}_2)$ sind die kartesischen Koordinaten einer Punktmenge, die gleichförmig über das Innere des Einheitskreises verteilt ist. Der Punkt $(\mathsf{v}_1, \mathsf{v}_2)$ hat die Polarkoordinaten $\mathsf{v}_1 = \mathsf{r}\cos\theta$, $\mathsf{v}_2 = \mathsf{r}\sin\theta$ mit $\mathsf{r} = \sqrt{\mathsf{s}}$, $\theta = \arctan(\mathsf{v}_2/\mathsf{v}_1)$. Der Punkt $(\mathsf{x}_1, \mathsf{x}_2)$ hat die kartesischen Koordinaten

$$\mathsf{x}_1 = \cos\theta\sqrt{-2\ln \mathsf{s}}\,, \quad \mathsf{x}_2 = \sin\theta\sqrt{-2\ln \mathsf{s}}\,.$$

Wir fragen jetzt nach der Wahrscheinlichkeit

$$F(r) = P(\sqrt{-2\ln \mathsf{s}} \leq r) = P(-2\ln \mathsf{s} \leq r^2) = P(\mathsf{s} > \mathrm{e}^{-r^2/2})\,.$$

Da $\mathsf{s} = \mathsf{r}^2$ nach Konstruktion gleichverteilt zwischen 0 und 1 ist, gilt

$$F(r) = P(\mathsf{s} > \mathrm{e}^{-r^2/2}) = 1 - \mathrm{e}^{-r^2/2}\,.$$

Die Wahrscheinlichkeitsdichte von r ist

$$f(r) = \frac{\mathrm{d}F(r)}{\mathrm{d}r} = r\mathrm{e}^{-r^2/2}\,.$$

Die gemeinsame Verteilungsfunktion von x_1 und x_2,

$$\begin{aligned} F(x_1,x_2) &= P(\mathsf{x}_1 \le x_1, \mathsf{x}_2 \le x_2) = P(\mathsf{r}\cos\theta \le x_1, \mathsf{r}\sin\theta \le x_2) \\ &= \frac{1}{2\pi}\iint_{(\mathsf{x}_1<x_1,\mathsf{x}_2<x_2)} r\mathrm{e}^{-r^2/2}\,\mathrm{d}r\,\mathrm{d}\varphi \\ &= \frac{1}{2\pi}\iint_{(\mathsf{x}_1<x_1,\mathsf{x}_2<x_2)} \mathrm{e}^{-(x_1^2+x_2^2)/2}\,\mathrm{d}x\,\mathrm{d}y \\ &= \left(\frac{1}{\sqrt{2\pi}}\int_{-\infty}^{x_1}\mathrm{e}^{-x_1^2/2}\,\mathrm{d}x_1\right)\left(\frac{1}{\sqrt{2\pi}}\int_{-\infty}^{x_2}\mathrm{e}^{-x_2^2/2}\,\mathrm{d}x_2\right), \end{aligned}$$

ist das Produkt aus zwei Verteilungsfunktionen der standardisierten Normalverteilung. Das Verfahren ist in der Java-Methode `DatanRandom.standardNormal` implementiert und in Bild 4.6 graphisch veranschaulicht. In der Literatur sind viele andere Wege zur Erzeugung normalverteilter Zufallszahlen beschrieben. Sie sind zum Teil effizienter, aber sämtlich schwieriger zu programmieren als das BOX-MULLER-Verfahren.

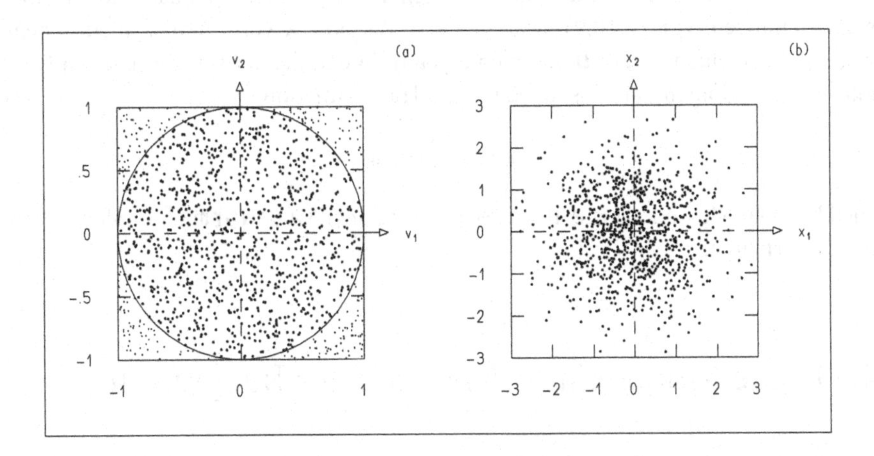

Bild 4.6: Illustration des Box-Muller-Verfahrens. (a) Es werden Zahlenpaare $(\mathsf{v}_1, \mathsf{v}_2)$ erzeugt, die das Quadrat gleichmäßig bevölkern. Anschließend werden diejenigen verworfen, die nicht innerhalb des Einheitskreises liegen (markiert durch kleine Punkte). (b) Anschließend erfolgt die Transformation $(\mathsf{v}_1, \mathsf{v}_2) \to (\mathsf{x}_1, \mathsf{x}_2)$.

4.10 Erzeugung von Zufallszahlen entsprechend einer n-dimensionalen Normalverteilung

Die Wahrscheinlichkeitsdichte einer Normalverteilung von n Variablen $\mathbf{x} = (x_1, x_2, \ldots, x_n)$ ist nach (5.10.1)

$$\phi(\mathbf{x}) = k \exp\left\{-\frac{1}{2}(\mathbf{x}-\mathbf{a})^{\mathrm{T}} B(\mathbf{x}-\mathbf{a})\right\} .$$

Dabei ist $\mathbf{a}$ der Vektor der Erwartungswerte und $B = C^{-1}$ die Inverse der positiv definiten symmetrischen Kovarianzmatrix. Mit der Cholesky-Zerlegung $B = D^{\mathrm{T}} D$ und der Ersetzung $\mathbf{u} = D(\mathbf{x}-\mathbf{a})$ nimmt der Exponent die einfache Form

$$-\frac{1}{2}\mathbf{u}^{\mathrm{T}} u = -\frac{1}{2}(u_1^2 + u_2^2 + \cdots + u_n^2)$$

an. Damit folgen die Elemente u_i der Vektoren $\mathbf{u}$ unabhängigen standardisierten Normalverteilungen, vgl. (5.10.9). Man gewinnt Vektoren $\mathbf{x}$ von Zufallszahlen, indem man zunächst einen Vektor $\mathbf{u}$ aus Elementen u_i bildet, die der standardisierten Normalverteilung folgen, und anschließend die Transformation

$$\mathbf{x} = D^{-1}\mathbf{u} + \mathbf{a}$$

ausführt. Die Methode `DatanRandom.multivariateNormal` implementiert dieses Verfahren.

4.11 Die Monte-Carlo-Methode zur Integration

Aus der Konstruktion des Rückweisungsverfahrens, Abschnitt 4.8.2, folgt unmittelbar, daß es eine sehr einfache Methode zur numerischen Berechnung von Integralen darstellt. Werden nämlich N Paare von Zufallszahlen (y_1, u_i), $i = 1, 2, \ldots, N$, nach den Vorschriften des allgemeinen Rückweisungsverfahrens erzeugt und werden davon $N - n$ verworfen, weil sie (4.8.18) erfüllen, so sind die Zahlen N bzw. n proportional zu den Flächen unter den Kurven $c \cdot s(y)$ bzw. $g(y)$, jedenfalls im Grenzwert großer N, also

$$\frac{\int_a^b g(y)\,\mathrm{d}y}{c\int_a^b s(y)\,\mathrm{d}y} = \lim_{N\to\infty} \frac{n}{N} . \tag{4.11.1}$$

Da die Funktion $s(y)$ als besonders einfach gewählt wurde, im einfachsten Fall ist $s(y) = 1/(b-a)$, ist der Quotient n/N direkt ein Maß für den Wert des Integrals

$$I = \int_a^b g(y)\,\mathrm{d}y = \left(\lim_{N\to\infty} \frac{n}{N}\right) c \int_a^b s(y)\,\mathrm{d}y\,. \qquad (4.11.2)$$

Dabei braucht der Integrand $g(y)$ nicht unbedingt normiert zu sein, d. h. es braucht nicht zu gelten

$$\int_{-\infty}^{\infty} g(y)\,\mathrm{d}y = 1$$

solange nur c so gewählt wird, daß (4.8.17) erfüllt ist.

Beispiel 4.6: Berechnung von π
In Anlehnung an Beispiel 4.4 berechnen wir das Integral über (4.8.11) mit $R = 1$:

$$I = \int_0^1 g(y)\,\mathrm{d}y = \pi/4\,.$$

Wir wählen $s(y) = 1$, $c = 1$ und erhalten

$$I = \lim_{N\to\infty} \frac{n}{N}\,.$$

Wir erwarten also, daß, wenn N Punkte entsprechend einer Gleichverteilung zufällig über das Quadrat $0 \le y \le 1$, $0 \le u \le 1$ verteilt sind, und wenn davon n innerhalb des Einheitskreises liegen, der Quotient n/N im Grenzwert $N \to \infty$ gegen den Wert $I = \pi/4$ geht. Die Tafel 4.2 zeigt das Ergebnis von Rechnungen für verschiedene Werte von n und verschiedene Folgen von Zufallszahlen. Natürlich hängt der genaue Wert von n/N von der speziellen Folge ab. In Abschnitt 6.8 werden wir feststellen, daß die typische Schwankung der Zahl n etwa $\Delta n = \sqrt{n}$ ist. Damit gilt für die relative Ungenauigkeit bei der Bestimmung des Integrals (4.11.2)

$$\frac{\Delta I}{I} = \frac{\Delta n}{n} = \frac{1}{\sqrt{n}}\,. \qquad (4.11.3)$$

Tafel 4.2: Zahlwerte von $4n/N$ für verschiedene Werte n. Die Einträge in einer Spalte entsprechen verschiedenen Folgen von Zufallszahlen.

$4n/N$		
$n = 10^2$	$n = 10^4$	$n = 10^6$
3.419	3.122	3.141
3.150	3.145	3.143
3.279	3.159	3.144
3.419	3.130	3.143

Damit erwarten wir in den Spalten der Tafel 4.2 die Zahl π angenähert auf 10 %, 1 % bzw. 0.1 % zu finden. Tatsächlich finden wir in den drei Spalten noch Schwankungen in der ersten, zweiten bzw. dritten Nachkommastelle. ∎

Die Monte-Carlo-Integration läßt sich nun durch sehr einfache Programme implementieren. Zwar ist es aus Gründen der Rechenzeit bei Integrationen über nur eine Variable meist günstiger, andere numerische Integrationsverfahren zu verwenden. Bei Integralen über viele Variable ist die Monte-Carlo-Integration jedoch viel übersichtlicher und oft auch schneller.

4.12 Die Monte-Carlo-Methode zur Simulation

Viele wirkliche Situationen, die durch statistische Prozesse bestimmt sind, können mit Hilfe von Zufallszahlen im Rechner simuliert werden. Beispiele sind der Kraftfahrzeugverkehr in einem vorgegebenen Straßennetz oder das Verhalten von Neutronen in einem Kernreaktor. Die sogenannte Monte-Carlo-Methode wurde ursprünglich für das letztgenannte Problem von VON NEUMANN und ULAM entwickelt. Eine Änderung der Parameter in den Verteilungen der Zufallszahlen entspricht dann einer Veränderung in der wirklichen Situation. Auf diese Weise können z. B. die Auswirkungen zusätzlicher Straßen oder Veränderungen im Reaktor untersucht werden, ohne daß man teure und zeitraubende Veränderungen an der Wirklichkeit vornimmt. Aber nicht nur die eigentlich interessierenden Vorgänge, die statistischen Gesetzen unterliegen, können mit der Monte-Carlo-Methode simuliert werden, sondern auch die bei jeder Einzelmessung auftretenden Meßfehler.

Beispiel 4.7: Simulation der Meßfehler von Punkten auf einer Geraden
Wir betrachten eine Gerade in der (t,y)-Ebene. Sie wird durch die Gleichung

$$y = at + b \tag{4.12.1}$$

beschrieben. Wählen wir diskrete t-Werte

$$t_0\,,\ t_1 = t_0 + \Delta t\,,\ t_2 = t_0 + 2\Delta t\,,\ldots\,, \tag{4.12.2}$$

so entsprechen ihnen y-Werte

$$y_i = at_i + b\,,\ i = 0,1,\ldots,n-1\,. \tag{4.12.3}$$

Wir nehmen an, daß die Werte t_0, t_1, ... der „kontrollierten Variablen" t fehlerfrei eingestellt werden können. Meßfehler führen jedoch dazu, daß statt der y_i veränderte Werte

$$y'_i = y_i + \varepsilon_i \tag{4.12.4}$$

gemessen werden. Die ε_i sind die Meßfehler, die einer Normalverteilung mit Mittelwert 0 und Standardabweichung σ_y entstammen, vgl. Abschnitt 5.7.Die Methode `DatanRandom.line` erzeugt Zahlenpaare (t_i, y'_i). Bild 4.7 zeigt als Beispiel eine Graphik mit 10 simulierten Punkten. ∎

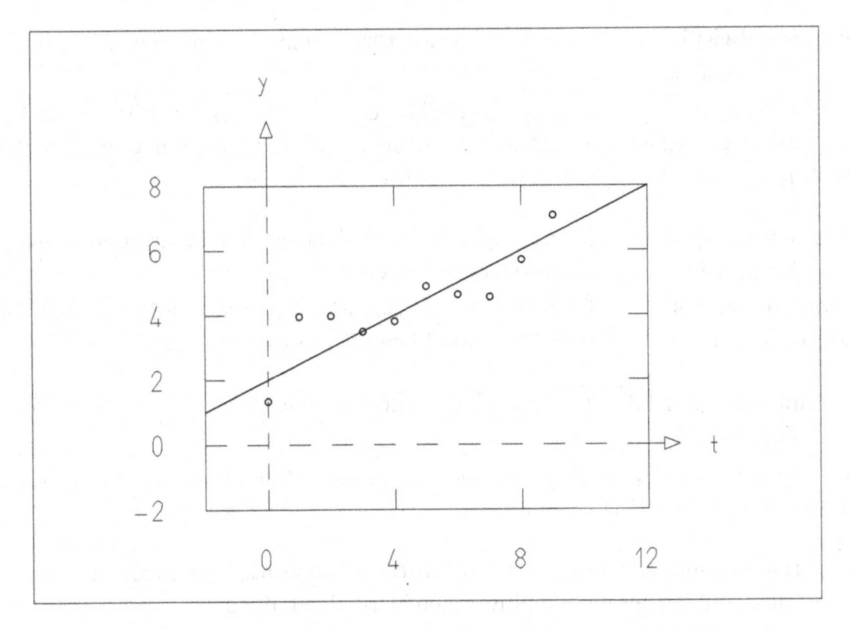

Bild 4.7: Gerade in der (t, y)-Ebene und simulierte Meßpunkte mit Meßfehlern in y.

Beispiel 4.8: Erzeugung von Zerfallszeiten, die für ein Gemisch zweier verschiedener radioaktiver Substanzen auftreten

Eine Quelle bestehe zur Zeit $t = 0$ aus N radioaktiven Kernen, von denen aN mit der mittleren Lebensdauer τ_1 und $(a-1)N$ mit der mittleren Lebensdauer τ_2 zerfallen, $0 \le a \le 1$. Bei der Simulation der auftretenden Zerfallszeiten müssen Zufallszahlen für zwei verschiedene Aufgaben eingesetzt werden, für die Auswahl der Kernsorte und für die Bestimmung der Zerfallszeiten des ausgewählten Kerns, vgl. (4.8.9). Diese Beispiel ist in der Methode `DatanRandom.radio` implementiert. ■

4.13 Java-Klasse und Programmbeispiele

Java-Klasse zur Erzeugung von Zufallszahlen

`DatanRandom` enthält Methoden zur Erzeugung Zufallszahlen nach verschiedenen Verteilungen, insbesondere `DatanRandom.ecuy` für gleichverteilte, `DatanRandom.standardNormal` für standard-normalverteilte und `DatanRandom.multivariateNormal` für multivariat-normalverteilte Zufallszahlen. Weitere Methoden werden zur Demonstration eines einfachen MLC-Generators und für die nachfolgenden Beispiele gebraucht.

Programmbeispiel 4.1: Die Klasse `E1Random` demonstriert die Erzeugung von Zufallszahlen

Interaktiv kann aus drei Generatoren ausgewählt werden. Nach klicken auf `Go` werden 100 Zufallszahlen erzeugt und ausgegeben. Die Saatzahlen vor und nach der Erzeugung werden angezeigt und können interaktiv verändert werden.

Programmbeispiel 4.2: Die Klasse `E2Random` demonstriert die Erzeugung von Messpunkten, die um eine Gerade streuen

Es wird das Beispiel 4.7 realisiert. Die Eingabe sämtlicher Parameter erfolgt interaktiv, die Ausgabe der simulierten Messpunkte sowohl numerisch als auch als Graphik.

Programmbeispiel 4.3: Die Klasse `E3Random` demonstriert die Simulation von Zerfallszeiten

Es wird das Beispiel 4.8 realisiert. Die Eingabe sämtlicher Parameter erfolgt interaktiv, die Ausgabe graphisch als Histogramm.

Programmbeispiel 4.4: Die Klasse `E4Random` demonstriert die Erzeugung von Zufallszahlen aus einer multivariaten Normalverteilung

Es wird das in Abschnitt 4.10 besprochene Verfahren für den Fall zweier Variabler realisiert. Alle Parameter können interaktiv gewählt werden. Die erzeugten Zahlenpaare werden numerisch ausgegeben.

5 Verschiedene wichtige Verteilungen und Sätze

Es werden nun einige besondere Verteilungen im einzelnen diskutiert. Man kann diesen Abschnitt als eine Sammlung von Beispielen betrachten. In der Tat haben aber alle diese Verteilungen eine große praktische Bedeutung. Man wird ihnen bei vielen Anwendungen wieder begegnen. Außerdem werden sich bei der Diskussion dieser Verteilungen einige wichtige Sätze zwanglos ergeben.

5.1 Binomial- und Multinomialverteilung

Ein Versuch bestehe aus der einfachen Zerlegung

$$E = A + \bar{A} \tag{5.1.1}$$

mit den Wahrscheinlichkeiten

$$P(A) = p\,, \quad P(\bar{A}) = 1 - p = q\,. \tag{5.1.2}$$

Es werden n unabhängige Versuche der Art (5.1.1) ausgeführt. Gefragt ist nach der Wahrscheinlichkeitsverteilung der Größe $\mathsf{x} = \sum_{i=1}^{n} \mathsf{x}_i$. Dabei ist $\mathsf{x}_i = 1$ bzw. $\mathsf{x}_i = 0$, wenn im i-ten Versuch A bzw. $\bar{A}$ auftritt.

Die Wahrscheinlichkeit, daß in den ersten k Versuchen A und in allen weiteren $\bar{A}$ vorliegt, ist nach (2.3.8)

$$p^k q^{n-k}\,.$$

Nach den Regeln der Kombinatorik kann das Ereignis „k mal A bei n Versuchen" aber je nach der Reihenfolge des Auftretens von A und $\bar{A}$ auf $\binom{n}{k} = \frac{n!}{k!(n-k)!}$ verschiedene Weisen auftreten, vgl. Anhang B. Die Wahrscheinlichkeit dieses Ereignisses ist also

$$P(k) = W_k^n = \binom{n}{k} p^k q^{n-k}\,. \tag{5.1.3}$$

Wir interessieren uns nun für den Mittelwert und Streuung von x. Wir finden zunächst diese Größen für die Variable x_i eines einzelnen Ereignisses. Nach (3.3.2) ist

$$E(\mathsf{x}_i) = 1 \cdot p + 0 \cdot q \tag{5.1.4}$$

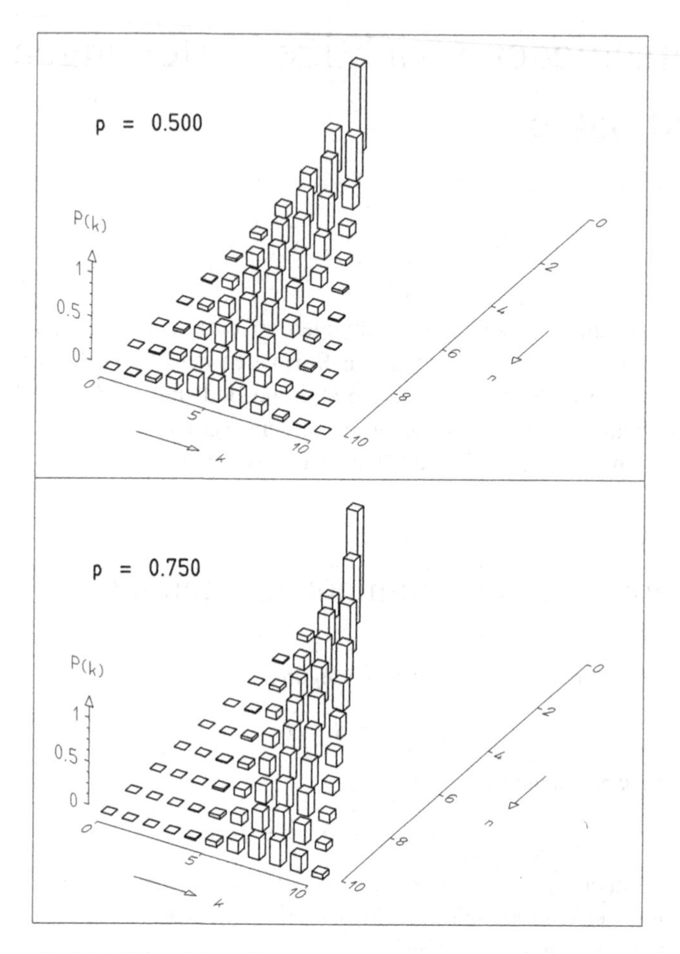

Bild 5.1: Binomialverteilungen zu verschiedenen n, aber festem p.

und

$$\begin{aligned}\sigma^2(\mathsf{x}_i) &= E\{(x_i - p)^2\} = (1-p)^2 p + (0-p)^2 q\,, \\ \sigma^2(\mathsf{x}_i) &= pq\,. \end{aligned} \qquad (5.1.5)$$

Für $\mathsf{x} = \sum \mathsf{x}_i$ folgt aus der Verallgemeinerung von (3.5.3)

$$E(\mathsf{x}) = \sum_{i=1}^{n} p = np \qquad (5.1.6)$$

und aus (3.5.10), weil wegen der Unabhängigkeit der x_i alle Kovarianzen verschwinden,

$$\sigma^2(\mathsf{x}) = npq\,. \qquad (5.1.7)$$

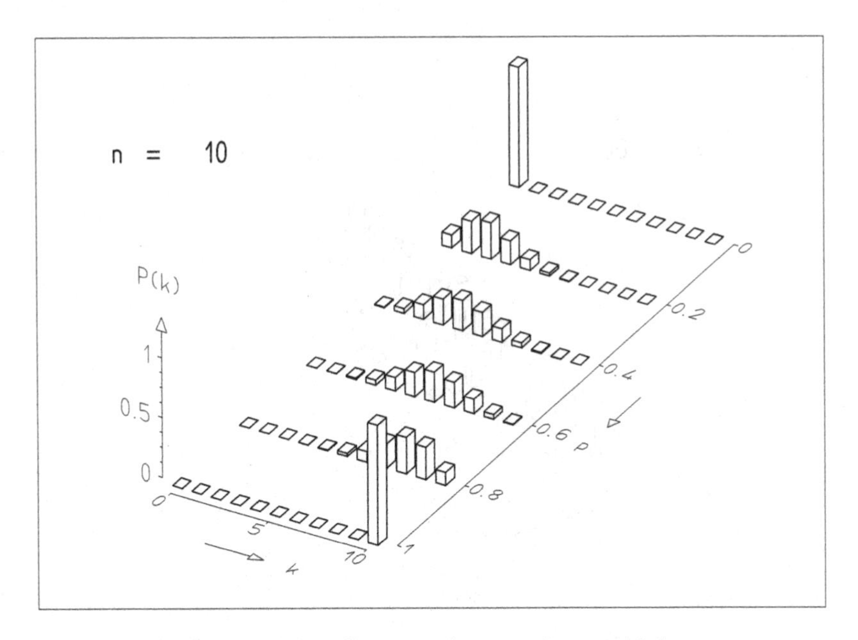

Bild 5.2: Binomialverteilungen zu festem n, aber verschiedenen p.

Bild 5.1 zeigt die Verteilung W_k^n für verschiedene n und festes p, Bild 5.2 für festes n und verschiedene p. In Bild 5.3 werden schließlich n und p variiert, aber np konstant gehalten. Die Abbildungen werden uns helfen, Verwandtschaften zwischen der *Binomialverteilung* (5.1.3) und anderen Verteilungen festzustellen.

Eine logische Erweiterung erfährt die Binomialverteilung, falls mehr als zwei verschiedene Ereignisse bei einem Versuch auftreten können. Gl. (5.1.1) wird dann durch

$$E = A_1 + A_2 + \cdots + A_\ell \tag{5.1.8}$$

ersetzt.

Die Wahrscheinlichkeiten für die A_j seien

$$P(A_j) = p_j \, , \quad \sum_{j=1}^{\ell} p_j = 1 \, . \tag{5.1.9}$$

Wieder seien n Versuche ausgeführt und die Wahrscheinlichkeiten von Interesse, daß jeweils k_j Ereignisse der Art A_j auftreten. Es ist dann

$$W^n_{(k_1,k_2,\ldots,k_\ell)} = \frac{n!}{\prod_{j=1}^{\ell} k_j!} \prod_{j=1}^{\ell} p_j^{k_j} \, , \quad \sum_{j=1}^{\ell} k_j = n \, . \tag{5.1.10}$$

Der Beweis sei dem Leser anheimgestellt. Die Wahrscheinlichkeitsverteilung (5.1.10) heißt *Multinomialverteilung*.

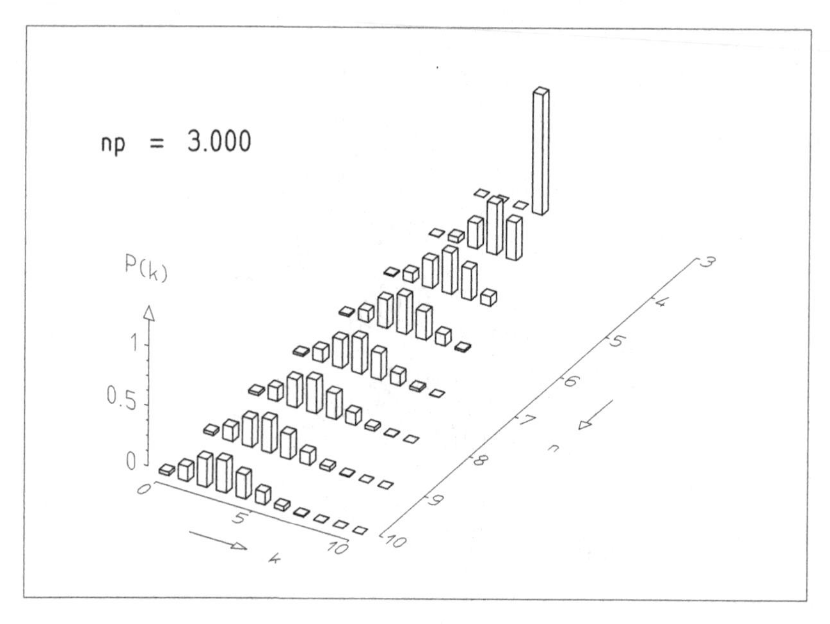

Bild 5.3: Binomialverteilungen zu verschiedenem n aber festgehaltenem Produkt np. Für hohe Werte von n verändert sich die Verteilung kaum noch.

Wir definieren eine Zufallsvariable x_{ij}, die den Wert 1 annimmt, wenn das i-te Experiment zum Ereignis A_j führt und sonst Null ist. Außerdem sei $\mathsf{x}_j = \sum_{i=1}^{n} \mathsf{x}_{ij}$. Der Erwartungswert von x_j ist dann

$$E(\mathsf{x}_j) = \widehat{x}_j = np_j \ . \tag{5.1.11}$$

Die Elemente der Kovarianzmatrix der x_j sind

$$c_{ij} = np_i(\delta_{ij} - p_j) \ . \tag{5.1.12}$$

Sie hat durchaus nichtverschwindende Nichtdiagonalelemente. Das war auch zu erwarten, da wegen (5.1.9) die Variablen x_j nicht unabhängig sind.

5.2 Häufigkeit. Das Gesetz der großen Zahl

Im allgemeinen sind die Wahrscheinlichkeiten, d. h. die p_j der verschiedenen Ereignisse, nicht bekannt, sondern sollen erst aus dem Experiment gewonnen werden. Man mißt zunächst die *Häufigkeit* der Ereignisse in n Versuchen,

$$\mathsf{h}_j = \frac{1}{n}\sum_{i=1}^{n} \mathsf{x}_{ij} = \frac{1}{n}\mathsf{x}_j \,. \tag{5.2.1}$$

Die Häufigkeit ist im Gegensatz zur Wahrscheinlichkeit eine Zufallsgröße, da sie von den einzelnen Ergebnissen der n Experimente abhängt. Unter Benutzung von (5.1.11), (5.1.12) und (3.3.15) erhalten wir

$$E(\mathsf{h}_j) = \widehat{h}_j = E\left(\frac{\mathsf{x}_j}{n}\right) = p_j \tag{5.2.2}$$

und

$$\sigma^2(\mathsf{h}_j) = \sigma^2\left(\frac{\mathsf{x}_j}{n}\right) = \frac{1}{n^2}\sigma^2(\mathsf{x}_j) = \frac{1}{n}p_j(1-p_j)\,. \tag{5.2.3}$$

Das Produkt $p_j(1-p_j)$ in (5.2.3) erreicht höchstens der Wert $1/4$. Man sieht, daß der Erwartungswert der Häufigkeit eines Ereignisses gerade gleich der Wahrscheinlichkeit für das Eintreten dieses Ereignisses ist und daß die Streuung um diesen Erwartungswert mit wachsender Zahl der Versuche beliebig klein wird. Da pq höchstens $1/4$ ist, kann man immer sagen, die Standardabweichung von h_j ist höchstens etwa $1/\sqrt{n}$. Diese Eigenschaft der Häufigkeit ist unter dem Namen *Gesetz der großen Zahl* bekannt. Sie führt offenbar zur Häufigkeitsdefinition der Wahrscheinlichkeit in Gl. (2.2.1).

Oft werden Experimente gerade zur Bestimmung der Wahrscheinlichkeit des Eintretens eines bestimmten Ereignisses ausgeführt. Nach (5.2.2) kann man die Häufigkeit als eine Näherung für die Wahrscheinlichkeit benutzen. Das Quadrat des Fehlers dieser Näherung ist dann umgekehrt proportional zur Zahl der einzelnen Experimente. Diese Art von Fehler, die daher rührt, daß nur endlich viele Experimente ausgeführt werden können, heißt *statistischer Fehler*. Er ist von grundlegender Bedeutung für viele Anwendungen, die sich etwa mit der Zählung von einzelnen Ereignissen, z. B. von Kernpartikeln, die durch einen Zähler hindurchtreten, von Versuchstieren mit besonderen Eigenschaften in zoologischen Experimenten, von fehlerhaften Werkstücken in der Produktionskontrolle, usw. befassen.

Beispiel 5.1: Statistischer Fehler

Aus früheren Experimenten sei in etwa bekannt, daß ein Bruchteil R von ungefähr $1/200$ aus einer Gruppe von Taufliegen (Drosophila) unter dem Einfluß einer gegebenen Dosis Röntgenstrahlen eine bestimmte Eigenschaft A entwickelt. Es wird ein Experiment geplant, das die Größe R mit einer Genauigkeit von 1 % bestimmten soll. Wieviel Taufliegen müssen untersucht werden, um diese Genauigkeit zu erreichen?

Wir benutzen (5.2.3) und finden $p_j = 0.005, (1-p_j) \approx 1$. Wir müssen nun n derart wählen, daß $\sigma(h_j)/h_j = 200\sigma(h_j) = 0.01$. Es ist also $\sigma(h_j) = 0.00005$ und $\sigma^2(h_j) = 0.25 \times 10^{-8}$. Gl. (5.2.3) liefert

$$0.25 \times 10^{-8} = \frac{1}{n} \times 0.005$$

und damit

$$n = 2 \times 10^6 .$$

Es müßten also 2 Millionen Taufliegen untersucht werden. Dies ist praktisch unmöglich. Die Bestimmung der Größe R auf 10% würde 20 000 Fliegen erfordern. ∎

5.3 Hypergeometrische Verteilung

Obwohl wir erst später den Begriff einer Stichprobe streng definieren werden, wollen wir jetzt schon eine typische Stichprobenentnahme untersuchen. Gegeben sei ein Gefäß mit K weißen und $L = N - K$ schwarzen Kugeln. Das Gefäß in einer solchen Anordnung wird – wahrscheinlich zur Wahrung der wissenschaftlichen Würde – immer eine *Urne* genannt. Gefragt ist nach der Wahrscheinlichkeit, bei n Entnahmen (ohne Zurücklegen) genau k weiße und $\ell = n - k$ schwarze Kugeln zu finden. Das Problem wird dadurch erschwert, daß die Entnahme etwa einer weißen Kugel das Mischungsverhältnis im Gefäß ändert und damit auch die Wahrscheinlichkeit, beim nächsten Zug ebenfalls eine weiße Kugel zu finden. Offenbar gibt es $\binom{N}{n}$ gleichwertige Möglichkeiten, n Kugeln aus N auszuwählen. Die Wahrscheinlichkeit, eine von diesen Möglichkeiten zu treffen, ist dann $1/\binom{N}{n}$. Nun gibt es aber $\binom{K}{k}$ bzw. $\binom{L}{\ell}$ gleichartige Möglichkeiten, k aus den K weißen bzw. ℓ aus den L schwarzen Kugeln zu wählen. Die gesuchte Wahrscheinlichkeit ist also

$$W_k = \frac{\binom{K}{k}\binom{L}{\ell}}{\binom{N}{n}} . \tag{5.3.1}$$

Wir definieren wie im Abschnitt 5.1 die Zufallsvariable $\mathsf{x} = \sum_{i=1}^{n} \mathsf{x}_i$ mit $\mathsf{x}_i = 1$ bzw. 0, wenn der i-te Zug das Ergebnis weiß bzw. schwarz liefert (mit anderen Worten: wir definieren k als Zufallsvariable x).

Zur Berechnung der Erwartungswerte von x können wir nun nicht einfach die Erwartungswerte der x_i addieren, weil diese nicht mehr unabhängig sind. Wir müssen vielmehr zur Definition (3.3.2) zurückkehren:

$$\begin{aligned} E(\mathsf{x}) &= \frac{1}{\binom{N}{n}} \sum_{i=1}^{n} i \binom{K}{i}\binom{N-K}{n-i} \\ &= \frac{(N-n)!n!}{N!} \sum_{i=1}^{n} \frac{iK!(N-K)!}{i!(K-i)!(n-i)!(N-K-n+i)!} \\ &= \frac{n(n-1)!(N-n)!}{N(N-1)!} \sum_{i=1}^{n} \frac{K!}{(i-1)!(K-1-(i-1))!} \times \\ &\quad \frac{(N-K)!}{(n-1-(i-1))!(N-K-(n-1)+(i-1))!} . \end{aligned}$$

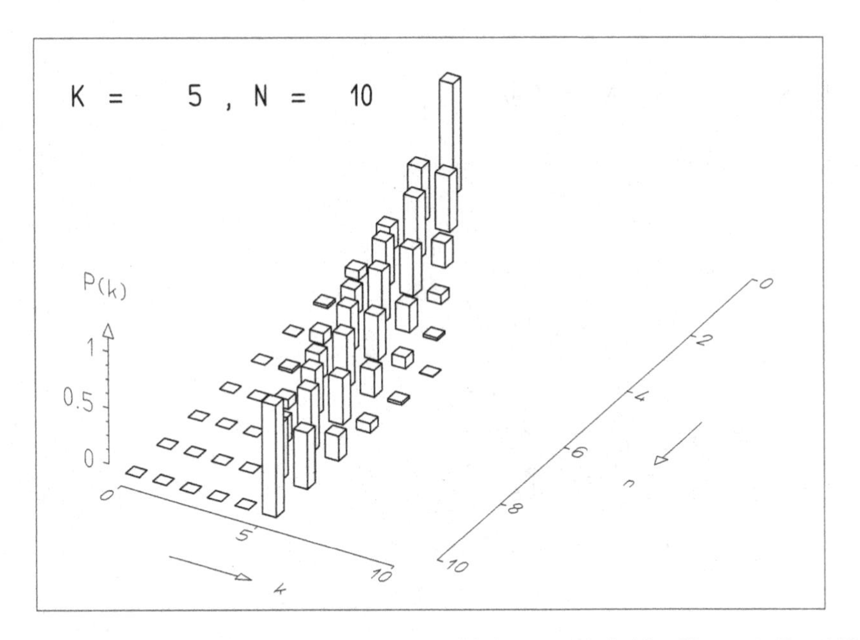

Bild 5.4: Hypergeometrische Verteilungen zu verschiedenen n für niedrige Werte von K und N.

Setzen wir $i-1=j$, so ist

$$\begin{aligned} E(\mathsf{x}) &= n\frac{K}{N}\frac{(n-1)!(N-n)!}{(N-1)!}\times \\ & \sum_{j=0}^{n-1}\frac{(K-1)!(N-K)!}{j!(K-1-j)!(n-1-j)!(N-K-(n-1)+j)!} \\ &= n\frac{K}{N}\frac{1}{\binom{N-1}{n-1}}\sum_{j=0}^{n-1}\binom{K-1}{j}\binom{N-K}{n-1-j}\,. \end{aligned}$$

Mit (B.5) erhalten wir

$$E(\mathsf{x}) = n\frac{K}{N}\,. \tag{5.3.2}$$

Die Berechnung der Streuung verläuft entsprechend, ist aber ziemlich langwierig. Man erhält

$$\sigma^2(\mathsf{x}) = \frac{n\,K(N-K)(N-n)}{N^2(N-1)}\,. \tag{5.3.3}$$

Die Bilder 5.4 und 5.5 enthalten einige Beispiele der Verteilung. Ist $n \ll N$, so wird der Zug einer weißen Kugel die Wahrscheinlichkeit des nächsten Zuges um wenig beeinflussen. Man wird dann erwarten, daß W_k den Wert der Binomialverteilung mit

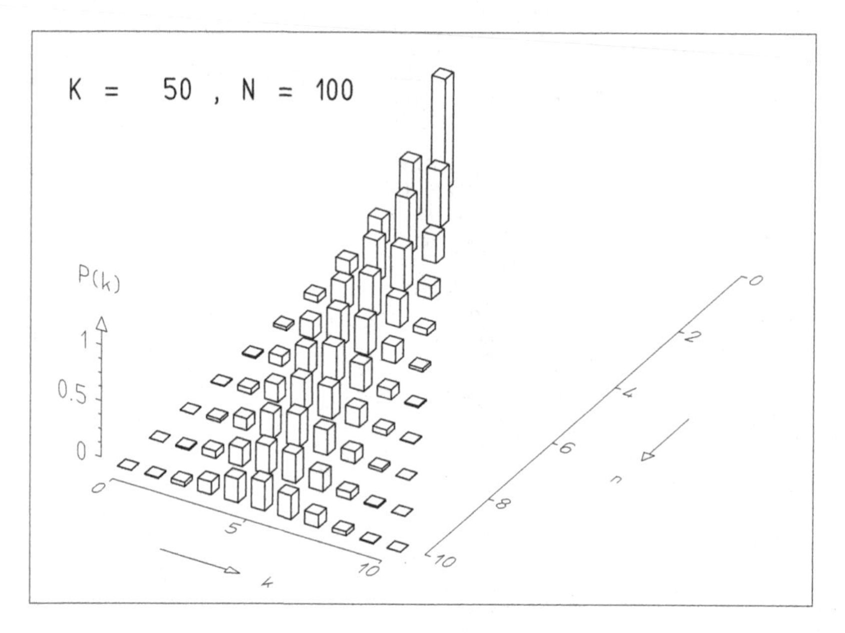

Bild 5.5: Hypergeometrische Verteilungen zu verschiedenem n für hohe Werte von K und N.

$p = \frac{K}{N}$ und $q = \frac{N-K}{N}$ annimmt. Das wird auch durch die Ähnlichkeit von Bild 5.5 mit Bild 5.1 deutlich. Man erhält in der Tat denselben Erwartungswert

$$E(\mathsf{x}) = n\frac{K}{N} = np$$

wie bei der Binomialverteilung und die Varianz

$$\sigma^2(\mathsf{x}) = \frac{npq(N-n)}{N-1} ,$$

die für $n \ll N$ in

$$\sigma^2 = npq$$

übergeht.

Die Anwendungen der hypergeometrischen Verteilung sind vielfältig. Meinungsumfragen, Qualitätskontrolle und dergleichen beruhen alle auf dem Versuchsschema der Entnahme (Befragung) eines Objekts ohne Zurücklegen in die *Ausgangsprobe*. Die Verteilung läßt sich in zwei Richtungen verallgemeinern. Zunächst kann man statt weißer und schwarzer Kugeln mehr Eigenschaften betrachten. Man vollzieht also einen ähnlichen Übergang wie den von der Binomial- zur Multinomialverteilung: Die ursprüngliche Probe enthalte N Elemente, die jeweils eine von ℓ Eigenschaften haben können,

$$N = N_1 + N_2 + \cdots + N_\ell .$$

Die Wahrscheinlichkeit bei n Entnahmen (ohne Zurücklegen), gerade die Aufteilung

$$n = n_1 + n_2 + \cdots + n_\ell$$

zu finden, ist analog zu (5.3.1)

$$W_{n_1,n_2,\ldots,n_\ell} = \frac{\binom{N_1}{n_1}\binom{N_2}{n_2}\cdots\binom{N_\ell}{n_\ell}}{\binom{N}{n}} . \tag{5.3.4}$$

Eine andere Erweiterung der hypergeometrischen Verteilung kann man auf folgende Weise vollziehen. Wir hatten festgestellt, daß die einzelnen Züge dadurch ihre Unabhängigkeit verloren, daß die entnommenen Kugeln nicht zurückgelegt wurden. Legen wir umgekehrt beim Zug einer weißen (schwarzen) Kugel noch weitere Kugeln der gleichen Art zusätzlich in die Urne, so kann man diese Abhängigkeit verstärken. Man gelangt dann zu *Polyaschen Verteilung*. Sie ist für die Untersuchung der Ausbreitung von Epidemien (bei der das Auftreten eines Krankheitsfalles dessen späteres Wiederauftreten begünstigt) von Bedeutung.

Beispiel 5.2: Anwendung der hypergeometrischen Verteilung
zur Größenbestimmung zoologischer Bevölkerungen

Eine interessante Anwendung der hypergeometrischen Verteilung ist die Bestimmung zoologischer Bevölkerungsdichten. Aus einem Teich werden K Fische entnommen, markiert und wieder ausgesetzt. Nach einer zur erneuten Durchmischung dienenden Zeit werden n Fische entnommen. Darunter finden sich k markierte . Vor der zweiten Entnahme enthält der Teich insgesamt N Fische, davon K markierte. Die Wahrscheinlichkeit, bei der Entnahme von n Fischen gerade k markierte zu finden, ist also durch (5.3.1) gegeben. Wir werden im Beispiel 7.3 auf dieses Problem zurückkommen. ■

5.4 Poisson-Verteilung

Das Bild 5.3 legt nahe, daß die Binomialverteilung im Falle $n \to \infty$, wobei gleichzeitig $np = \lambda$ konstant gehalten wird, sich einer festen Verteilung nähert. Wir schreiben (5.1.3) um:

$$\begin{aligned} W_k^n &= \binom{n}{k} p^k q^{n-k} = \frac{n!}{k!(n-k)!}\left(\frac{\lambda}{n}\right)^k \frac{\left(1-\frac{\lambda}{n}\right)^n}{\left(1-\frac{\lambda}{n}\right)^k} \\ &= \frac{\lambda^k}{k!}\frac{n(n-1)(n-2)\cdots(n-k+1)}{n^k}\frac{\left(1-\frac{\lambda}{n}\right)^n}{\left(1-\frac{\lambda}{n}\right)^k} \\ &= \frac{\lambda^k}{k!}\left(1-\frac{\lambda}{n}\right)^n \frac{\left(1-\frac{1}{n}\right)\left(1-\frac{2}{n}\right)\cdots\left(1-\frac{k-1}{n}\right)}{\left(1-\frac{\lambda}{n}\right)^k} . \end{aligned}$$

Beim Grenzübergang geht jeder einzelne der endlich vielen Faktoren des Gliedes ganz rechts gegen 1. Außerdem ist

$$\lim_{n\to\infty}\left(1-\frac{\lambda}{n}\right)^n = \mathrm{e}^{-\lambda}\,,$$

so daß im Grenzwert

$$\lim_{n\to\infty} W_k^n = f(k) = \frac{\lambda^k}{k!}\mathrm{e}^{-\lambda} \tag{5.4.1}$$

ist. Der Ausdruck $f(k)$ heißt Wahrscheinlichkeitsdichte der *Poisson-Verteilung*. Sie ist im Bild 5.6 für verschiedene Werte von λ angegeben. Die Poisson-Verteilung ist wie die übrigen Verteilungsfunktionen, die wir bisher kennengelernt haben, nur für ganzzahlige Werte von k definiert.

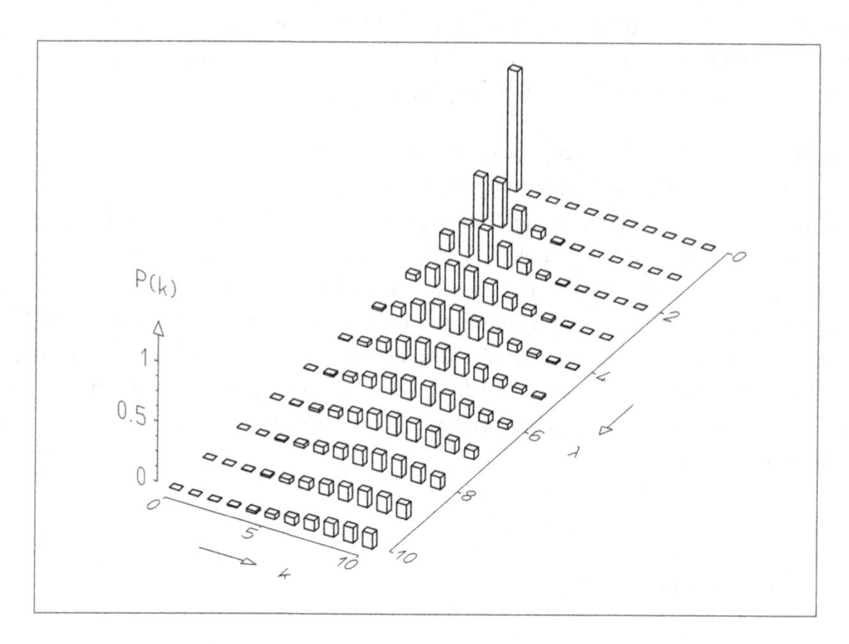

Bild 5.6: Poisson-Verteilungen für verschiedene Werte von λ.

Die Verteilung genügt der Normierung der Wahrscheinlichkeit auf 1,

$$\sum_{k=0}^{\infty} f(k) = \sum_{k=0}^{\infty}\frac{\mathrm{e}^{-\lambda}\lambda^k}{k!} = \mathrm{e}^{-\lambda}\left(1+\lambda+\frac{\lambda^2}{2!}+\frac{\lambda^3}{3!}+\cdots\right) = \mathrm{e}^{-\lambda}\mathrm{e}^{\lambda}\,,$$

$$\sum_{k=0}^{\infty} f(k) = 1\,. \tag{5.4.2}$$

Der Ausdruck in der Klammer ist nämlich nichts anderes als die Taylorentwicklung von e^{λ}.

Wir wollen jetzt Mittelwert, Streuung und Schiefe der Poisson-Verteilung ermitteln. Die Definition (3.3.2) liefert

$$\begin{aligned} E(\mathsf{k}) &= \sum_{k=0}^{\infty} k \frac{\lambda^k}{k!} e^{-\lambda} = \sum_{k=1}^{\infty} k \frac{\lambda^k}{k!} e^{-\lambda} \\ &= \sum_{k=1}^{\infty} \frac{\lambda \lambda^{k-1}}{(k-1)!} e^{-\lambda} = \lambda \sum_{j=0}^{\infty} \frac{\lambda^j}{j!} e^{-\lambda} \end{aligned}$$

und daher mit (5.4.2)

$$E(\mathsf{k}) = \lambda \,. \tag{5.4.3}$$

Wir interessieren uns nun für $E(\mathsf{k}^2)$. Man verfährt entsprechend,

$$\begin{aligned} E(\mathsf{k}^2) &= \sum_{k=1}^{\infty} k^2 \frac{\lambda^k}{k!} e^{-\lambda} = \lambda \sum_{k=1}^{\infty} k \frac{\lambda^{k-1}}{(k-1)!} e^{-\lambda} \\ &= \lambda \sum_{j=0}^{\infty} (j+1) \frac{\lambda^j}{j!} e^{-\lambda} = \lambda \left(\sum_{j=0}^{\infty} j \frac{\lambda^j}{j!} e^{-\lambda} + 1 \right) , \end{aligned}$$

also

$$E(\mathsf{k}^2) = \lambda(\lambda + 1) \,. \tag{5.4.4}$$

Wir verwenden (5.4.3) und (5.4.4), um die Varianz zu berechnen. Nach (3.3.16) ist

$$\sigma^2(\mathsf{k}) = E(\mathsf{k}^2) - \{E(\mathsf{k})\}^2 = \lambda(\lambda+1) - \lambda^2 \,, \tag{5.4.5}$$

also

$$\sigma^2(\mathsf{k}) = \lambda \,. \tag{5.4.6}$$

Betrachten wir jetzt die Schiefe (3.3.13) der Poisson-Verteilung. Nach Abschnitt 3.3 finden wir leicht, daß

$$\mu_3 = E\{(\mathsf{k} - \widehat{k})^3\} = \lambda \,.$$

Die Schiefe (3.3.13) wird nun

$$\gamma = \frac{\mu_3}{\sigma^3} = \frac{\lambda}{\lambda^{\frac{3}{2}}} = \lambda^{-\frac{1}{2}} \,, \tag{5.4.7}$$

d. h., die Poisson-Verteilung ist um so symmetrischer, je größer λ ist. Bild 5.6 zeigt die Verteilung für verschiedene Werte von λ. Man vergleiche insbesondere die Verteilung für $\lambda = 3$ mit Bild 5.3.

Wir haben die Poisson-Verteilung aus Binomialverteilung für sehr große n, aber konstantes $\lambda = np$, also kleine p, gewonnen. Wir werden also Anwendungen auf Prozesse erwarten, bei denen zwar sehr viele Ereignisse auftreten, aber nur sehr wenige eine bestimmte Eigenschaft haben.

Beispiel 5.3: Poisson-Verteilung und Unabhängigkeit radioaktiver Zerfälle

Wir betrachten einen radioaktiven Kern der mittleren Lebensdauer τ und beobachten ihn über einen Zeitraum $T \ll \tau$. Die Wahrscheinlichkeit, daß er irgendwann in diesem Zeitraum zerfällt, ist dann $W \ll 1$. Wir unterteilen nun die Beobachtungszeit T in n Zeitintervalle der Länge t, so daß $T = nt$. Dann ist die Wahrscheinlichkeit, daß der Kern in einem bestimmten Intervall zerfällt, $p \approx W/n$. Wir beobachten nun eine radioaktive Quelle, die N Kerne enthält, die unabhängig voneinander zerfallen, über den Gesamtzeitraum T, und registrieren dabei a_1 Zerfälle im Zeitintervall 1, a_2 Zerfälle im Intervall 2 etc. Es sei $h(k)$ die Häufigkeit, mit der wir in einem Intervall k Zerfälle beobachten ($k = 0, 1, \ldots$), d. h., ist n_k die Anzahl der Intervalle mit k Zerfällen, so ist $h(k) = n_k/n$. Im Grenzwert $N \to \infty$ und für große Werte von n geht die Häufigkeit $h(k)$ in die Wahrscheinlichkeit (5.4.1) über. Durch Messung der Häufigkeiten $h(k)$ wurde die statistische Natur des radioaktiven Zerfalls, insbesondere die Unabhängigkeit der Einzelzerfälle, in einem berühmten Experiment von RUTHERFORD und GEIGER nachgewiesen. ∎

Aus ähnlichen Beobachtungen folgt, daß die Wahrscheinlichkeit für die Beobachtung von k Sternen je Flächenelement der Himmelskugel oder für das Auffinden von k Rosinen je Volumenelement Englischen Kuchens durch die Poisson-Verteilung gegeben ist, nicht jedoch die Wahrscheinlichkeit, k Tiere einer bestimmten Art je Flächenelement Steppe zu beobachten, jedenfalls nicht, wenn diese Tiere in Rudeln leben, da kann die Annahme der Unabhängigkeit der Einzelereignisse nicht mehr zutrifft.

Als Zahlenbeispiel für die Realisierung einer Poisson-Verteilung wird seit 1898 [6] in vielen Lehrbüchern die Zahl der in einem Zeitraum von 20 Jahren jährlich durch Huftritt getöteten preußischen Kavalleristen angegeben. Wir wollen uns einem weniger makabren Beispiel zuwenden, das einem Vortrag von DE SOLLA PRICE [7] entnommen wurde.

Beispiel 5.4: Poisson-Verteilung und Unabhängigkeit wissenschaftlicher Entdeckungen

Der Autor bildet zunächst das Modell eines Apfelbaumes mit 1 000 Äpfeln und 1 000 Pflückern mit verbundenen Augen, die versuchen, gleichzeitig mit einem Griff einen Apfel zu erfassen. Da wir es mit einem Modell zu tun haben, behindern sich die Pflücker nicht gegenseitig, so daß es vorkommen kann, daß zwei oder mehrere gleichzeitig den gleichen Apfel greifen. Die Zahl der Äpfel, die von k Personen ($k = 0, 1, 2, \ldots$) ergriffen wird, folgt dann der Poisson-Verteilung. DE SOLLA PRICE stellt nun fest, daß auch die Zahl der doppelt, dreifach usw. gemachten wissenschaftlichen Entdeckungen nach Poisson verteilt ist, also ähnlich dem Prinzip der blinden Apfelpflücker entstanden sein kann (Tafel 5.1). Man gewinnt also den Eindruck, als ob Wissenschaftler sich nicht um die Aktivität ihrer Kollegen kümmerten.

Tafel 5.1: Gleichzeitige Entdeckung und Poisson-Verteilung.

Anzahl der gleichzeitigen Entdeckungen	Fälle von gleichzeitiger Entdeckung	Vorhersage aus Poisson-Verteilung
0	nicht definiert	368
1	unbekannt	368
2	179	184
3	51	61
4	17	15
5	6	3
≥ 6	8	1

DE SOLLA PRICE glaubt, dies durch die Beobachtung belegen zu können, daß Wissenschaftler zwar einen starken Drang zur eigenen Veröffentlichung hätten, jedoch nur ein geringes Bedürfnis verspürten, die Veröffentlichungen anderer zu lesen. ■

5.5 Die charakteristische Funktion einer Verteilung

Bisher haben wir nur reelle Zufallsgrößen betrachtet, ja in Abschnitt 3.1 hatten wir eine Zufallsgröße gerade als die einem Ereignis zugewiesene reelle Zahl definiert. Unter Beibehaltung dieser Definition können wir aber formal aus 2 reellen Zufallsgrößen x und y eine *komplexe Zufallsvariable*

$$\mathsf{z} = \mathsf{x} + \mathrm{i}\,\mathsf{y} \qquad (5.5.1)$$

bilden. Als Erwartungswert von z definieren wir

$$E(\mathsf{z}) = E(\mathsf{x}) + \mathrm{i}\,E(\mathsf{y})\,. \qquad (5.5.2)$$

Analog zu reellen Variablen sind komplexe Variable unabhängig, wenn Real- und Imaginärteile unter sich unabhängig sind.

Ist x eine reelle Zufallsvariable mit der Verteilungsfunktion $F(x) = P(\mathsf{x} < x)$ und Wahrscheinlichkeitsdichte $f(x)$, so bezeichnet man als ihre *charakteristische Funktion* den Erwartungswert der Größe $\exp(\mathrm{i}t\mathsf{x})$:

$$\varphi(t) = E\{\exp(\mathrm{i}t\mathsf{x})\}\,, \qquad (5.5.3)$$

also im Fall einer kontinuierlichen Variablen ein Fourier-Integral mit seinen bekannten Transformationseigenschaften:

$$\varphi(t) = \int_{-\infty}^{\infty} \exp(\mathrm{i}tx) f(x)\,\mathrm{d}x\,. \qquad (5.5.4)$$

Im Fall einer diskreten Variablen erhält man aus (3.3.2)

$$\varphi(t) = \sum_i \exp(\mathrm{i}tx_i)P(\mathsf{x} = x_i) \,. \tag{5.5.5}$$

Wir betrachten jetzt die zentralen Momente der Zufallsvariablen x,

$$\lambda_n = E(\mathsf{x}^n) = \int_{-\infty}^{\infty} x^n f(x)\,\mathrm{d}x \,, \tag{5.5.6}$$

und stellen fest, daß λ_n sich gerade durch n-fache Differentiation der charakteristischen Funktion an der Stelle $t = 0$ ergibt:

$$\varphi^{(n)}(t) = \frac{\mathrm{d}^n\varphi(t)}{\mathrm{d}t^n} = \mathrm{i}^n \int_{-\infty}^{\infty} x^n \exp(\mathrm{i}tx) f(x)\,\mathrm{d}x$$

und damit

$$\varphi^{(n)}(0) = \mathrm{i}^n \lambda_n \,. \tag{5.5.7}$$

Führen wir eine einfache Koordinatenverschiebung

$$\mathsf{y} = \mathsf{x} - \widehat{x} \tag{5.5.8}$$

aus und bestimmen die charakteristische Funktion

$$\varphi_y(t) = \int_{-\infty}^{\infty} \exp\{\mathrm{i}t(x - \widehat{x})\} f(x)\,\mathrm{d}x = \varphi(t)\exp(-\mathrm{i}t\widehat{x}) \,, \tag{5.5.9}$$

so ist deren n-te Ableitung das n-te Moment von x bezüglich des Erwartungswerts (siehe (3.3.8)):

$$\varphi_y^{(n)}(0) = \mathrm{i}^n \mu_n = \mathrm{i}^n E\{(\mathsf{x} - \widehat{x})^n\} \,, \tag{5.5.10}$$

also insbesondere

$$\sigma^2(x) = -\varphi_y''(0) \,. \tag{5.5.11}$$

Kehrt man die Fourier-Transformation (5.5.4) um, so erhält man aus der charakteristischen Funktion wieder die Wahrscheinlichkeitsdichte

$$f(x) = \frac{1}{2\pi} \int_{-\infty}^{\infty} \exp(-\mathrm{i}tx)\varphi(t)\,\mathrm{d}t \,. \tag{5.5.12}$$

Man kann zeigen, daß eine Verteilung durch ihre charakteristische Funktion *eindeutig* gegeben ist, sogar im Fall einer diskreten Variablen. Da dann keine Wahrscheinlichkeitsdichte definiert ist, gilt nur

$$F(b) - F(a) = \frac{\mathrm{i}}{2\pi} \int_{-\infty}^{\infty} \frac{\exp(\mathrm{i}tb) - \exp(\mathrm{i}ta)}{t} \varphi(t)\,\mathrm{d}t \,. \tag{5.5.13}$$

Es ist häufig bequemer, anstatt einer Verteilung die charakteristische Funktion zu betrachten. Wegen des eindeutigen Zusammenhangs zwischen beiden kann man im Laufe einer Schlußfolgerung beliebig von der einen zur anderen übergehen.

Betrachten wir jetzt eine Summe von zwei unabhängigen Zufallsgrößen

$$\mathsf{w} = \mathsf{x} + \mathsf{y} \, .$$

Die charakteristische Funktion ist

$$\varphi_w(t) = E[\exp\{\mathrm{i}t(\mathsf{x}+\mathsf{y})\}] = E\{\exp(\mathrm{i}t\mathsf{x})\exp(\mathrm{i}t\mathsf{y})\} \, .$$

Durch die Verallgemeinerung von (3.5.13) auf komplexe Größen folgt dann

$$\varphi_w(t) = E\{\exp(\mathrm{i}tx)\}E\{\exp(\mathrm{i}ty)\} = \varphi_x(t)\varphi_y(t) \, . \tag{5.5.14}$$

Die charakteristische Funktion einer Summe unabhängiger Zufallsgrößen ist also das Produkt ihrer einzelnen charakteristischen Funktionen.

Beispiel 5.5: Addition zweier Poisson-verteilter Variabler unter Benutzung der charakteristischen Funktion

Aus (5.5.5) und (5.4.1) folgt als charakteristische Funktion einer Poisson-Verteilung

$$\begin{aligned} \varphi(t) &= \sum_{k=0}^{\infty} \exp(\mathrm{i}tk)\frac{\lambda^k}{k!}\exp(-\lambda) = \exp(-\lambda)\sum_{k=0}^{\infty}\frac{(\lambda\exp(\mathrm{i}t))^k}{k!} \\ &= \exp(-\lambda)\exp(\lambda\,\mathrm{e}^{\mathrm{i}t}) = \exp\{\lambda(\mathrm{e}^{\mathrm{i}t}-1)\} \, . \end{aligned} \tag{5.5.15}$$

Wir bilden jetzt die charakteristische Funktion der Summe zweier unabhängiger Poisson-Verteilungen mit den Mittelwerten λ_1 und λ_2:

$$\begin{aligned} \varphi_{\mathrm{sum}}(t) &= \exp\{\lambda_1(\mathrm{e}^{\mathrm{i}t}-1)\}\exp\{\lambda_2(\mathrm{e}^{\mathrm{i}t}-1)\} \\ &= \exp\{(\lambda_1+\lambda_2)(\mathrm{e}^{\mathrm{i}t}-1)\} \, . \end{aligned} \tag{5.5.16}$$

Dieser Ausdruck ist wieder von der Form (5.5.15). Die Verteilung der Summe zweier unabhängiger Poisson-Verteilungen ist daher wieder eine Poisson-Verteilung. Ihr Mittelwert ist die Summe der Mittelwerte der Einzelverteilungen. ■

5.6 Die standardisierte Normalverteilung

Die Wahrscheinlichkeitsdichte der *standardisierten Normalverteilung* (oder *standardisierten Gauß-Verteilung*) ist als

$$f(x) = \phi_0(x) = \frac{1}{\sqrt{2\pi}}\mathrm{e}^{-x^2/2} \tag{5.6.1}$$

definiert.

Die Funktion ist in Bild 5.7a dargestellt. Sie hat Glockenform mit dem Maximum bei $x = 0$. Aus Anhang D.1 entnehmen wir die Beziehung

$$\int_{-\infty}^{\infty} \mathrm{e}^{-x^2/2}\,\mathrm{d}x = \sqrt{2\pi} \, . \tag{5.6.2}$$

Damit ist $\phi_0(x)$ vorschriftsmäßig auf Eins normiert.

Aus der Symmetrie von Bild 5.7a bzw. aus der Antisymmetrie des Integranden schließen wir für den Erwartungswert

$$\widehat{x} = \frac{1}{\sqrt{2\pi}} \int_{-\infty}^{\infty} x\,\mathrm{e}^{-x^2/2}\,\mathrm{d}x = 0\,. \tag{5.6.3}$$

Über eine partielle Integration berechnen wir die Varianz zu

$$\sigma^2 = \frac{1}{\sqrt{2\pi}} \int_{-\infty}^{\infty} x^2\,\mathrm{e}^{-x^2/2}\,\mathrm{d}x = \frac{1}{\sqrt{2\pi}} \left\{ \left[-x\,\mathrm{e}^{-x^2/2} \right]_{-\infty}^{\infty} + \int_{-\infty}^{\infty} \mathrm{e}^{-x^2/2}\,\mathrm{d}x \right\} = 1\,, \tag{5.6.4}$$

weil der Ausdruck in den eckigen Klammern an den Grenzen verschwindet und das Integral in der geschweiften Klammer durch (5.6.2) gegeben ist.

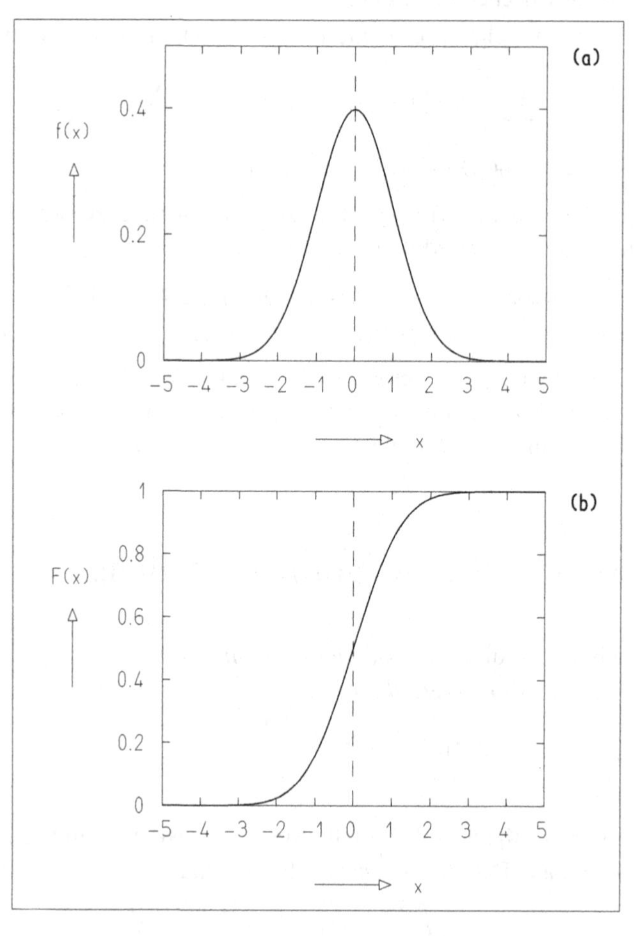

Bild 5.7: Wahrscheinlichkeitsdichte (a) und Verteilungsfunktion (b) der standardisierten Normalverteilung.

Die Verteilungsfunktion der standardisierten Normalverteilung

$$F(x) = \psi_0(x) = \frac{1}{\sqrt{2\pi}} \int_{-\infty}^{x} e^{-t^2/2} \, dt \tag{5.6.5}$$

ist in Bild 5.7b dargestellt. Sie läßt sich nicht in geschlossener Form berechnen. Die numerische Berechnung ist im Anhang C.4 dargestellt.

5.7 Die Normal- oder Gauß-Verteilung

Die standardisierte Verteilung des letzten Abschnitts hatte die Eigenschaften $\widehat{x} = E(\mathsf{x}) = 0$, $\sigma^2(\mathsf{x}) = 1$, d. h. die Variable x hatte die Eigenschaften der standardisierten Variablen u in (3.3.17). Ersetzen wir nun x durch $(\mathsf{x} - a)/b$ in (5.6.1), so erhalten wir die Wahrscheinlichkeitsdichte einer *Normalverteilung* oder *Gauß-Verteilung*

$$f(x) = \phi(x) = \frac{1}{\sqrt{2\pi}\, b} \exp\left\{-\frac{(x-a)^2}{2b^2}\right\} \tag{5.7.1}$$

mit

$$\widehat{x} = a \,, \quad \sigma^2(\mathsf{x}) = b^2 \,. \tag{5.7.2}$$

Die charakteristische Funktion der Normalverteilung (5.7.1) ist nach (5.5.4)

$$\varphi(t) = \frac{1}{\sqrt{2\pi}\, b} \int_{-\infty}^{\infty} \exp(\mathrm{i}tx) \exp\left(-\frac{(x-a)^2}{2b^2}\right) dx \,. \tag{5.7.3}$$

Mit $u = (x - a)/b$ ergibt sich

$$\begin{aligned} \varphi(t) &= \frac{1}{\sqrt{2\pi}} \int_{-\infty}^{\infty} \exp\{-\frac{1}{2}u^2 + \mathrm{i}t(bu + a)\} \, du \\ &= \frac{1}{\sqrt{2\pi}} \exp(\mathrm{i}ta) \int_{-\infty}^{\infty} \exp\{-\frac{1}{2}u^2 + \mathrm{i}tbu\} \, du \,. \end{aligned} \tag{5.7.4}$$

Das Integral läßt sich durch quadratische Ergänzung umformen,

$$\begin{aligned} \int_{-\infty}^{\infty} \exp\{-\frac{1}{2}u^2 + \mathrm{i}tbu\} \, du &= \int_{-\infty}^{\infty} \exp\{-\frac{1}{2}(u - \mathrm{i}tb)^2 - \frac{1}{2}t^2b^2\} \, du \\ &= \exp\{-\frac{1}{2}t^2b^2\} \int_{-\infty}^{\infty} \exp\{-\frac{1}{2}(u - \mathrm{i}tb)^2\} \, du \,. \end{aligned} \tag{5.7.5}$$

Mit $r = u - \mathrm{i}tb$ nimmt das letzte Integral die Form

$$\int_{-\infty-\mathrm{i}tb}^{\infty-\mathrm{i}tb} \exp\{-\frac{1}{2}r^2\} \, dr$$

an. Der Integrand hat nirgendwo in der komplexen r-Ebene eine Singularität. Damit verschwindet nach dem Residuensatz das Umlaufintegral über jeden geschlossenen

Weg. Wählen wir einen Weg, der auf der reellen Achse von $r = -L$ bis $r = L$ verläuft, dann parallel zur imaginären Achse von $r = L$ nach $r = L - itb$ und von dort antiparallel zur reellen Achse nach $r = -L - itb$ und schließlich zurück zum Ausgangspunkt $r = L$ und betrachten den Grenzfall $L \to \infty$, dann verschwindet der Integrand auf den Wegstücken, die parallel zur imaginären Achse sind. Damit gilt

$$\int_{-\infty - itb}^{\infty - itb} \exp\{-\frac{1}{2}r^2\}\,\mathrm{d}r = \int_{-\infty}^{\infty} \exp\{-\frac{1}{2}r^2\}\,\mathrm{d}r\,,$$

d. h. wir dürfen die Integration über die reelle Achse erstrecken. Das Integral ist im Anhang D.1 berechnet und hat den Wert

$$\int_{-\infty}^{\infty} \exp\{-\frac{1}{2}r^2\}\,\mathrm{d}r = \sqrt{2\pi}\,. \tag{5.7.6}$$

Durch Einsetzen in (5.7.5) und (5.7.4) erhalten wir schließlich als charakteristische Funktion der Normalverteilung

$$\varphi(t) = \exp(\mathrm{i}ta)\exp(-\frac{1}{2}b^2t^2)\,. \tag{5.7.7}$$

Für $a = 0$ folgt hieraus der interessante **Satz**:

> Eine Normalverteilung mit Mittelwert Null hat eine charakteristische Funktion, die (bis auf die Normierung) wieder eine Normalverteilung ist. Das Produkt der Streuungen beider Funktionen ist Eins.

Betrachten wir nun eine Summe zweier unabhängiger Normalverteilungen, so folgt durch Anwendung von (5.5.14) sofort, daß die charakteristische Funktion der Summe wieder von der Art (5.7.7) ist. Eine Summe unabhängig normalverteilter Größen ist also wieder normalverteilt. Ein ähnliches Verhalten zeigte die Poisson-Verteilung (Beispiel 5.5).

5.8 Zahlenmäßiges Verhalten der Normalverteilung

Das Bild 5.7a zeigte die Wahrscheinlichkeitsdichte der standardisierten Gauß-Verteilung $\phi_0(x)$ und die zugehörige Verteilungsfunktion. Durch Nachrechnen findet man leicht, daß die Wendepunkte von (5.6.1) bei ± 1 (im Fall einer allgemeinen Gauß-Verteilung (5.7.1) bei $a \pm b$) liegen. Die Verteilungsfunktion $\psi_0(x)$ gibt gerade die Wahrscheinlichkeit dafür an, daß eine Zufallsgröße kleiner als x ausfällt:

$$\psi_0(x) = P(\mathsf{x} < x)\,. \tag{5.8.1}$$

Wegen der Symmetrie ist

$$P(|\mathsf{x}| > x) = 2\psi_0(-|x|) = 2\{1 - \psi_0(|x|)\} \tag{5.8.2}$$

oder umgekehrt: Die Wahrscheinlichkeit, daß eine Zufallsgröße innerhalb eines Streifens der Breite $2x$ um (den Erwartungswert) Null liegt, ist

$$P(|\mathsf{x}| \le x) = 2\psi_0(|x|) - 1 . \tag{5.8.3}$$

Die Größen (5.8.1) und (5.8.3) findet man in statistischen Tafeln, z. B. in den Tafeln I.2 und I.3 des Anhangs, da das Integral (5.6.5) sich nicht elementar auswerten läßt.

Man kann diese Beziehung nun leicht auf eine beliebige Gauß-Verteilung (5.7.1) übertragen. Ihre Verteilungsfunktion ist

$$\psi(x) = \psi_0\left(\frac{x-a}{b}\right) . \tag{5.8.4}$$

Wir interessieren uns jetzt dafür, mit welcher Wahrscheinlichkeit eine Zufallsgröße innerhalb (außerhalb) eines Vielfachen von $\sigma = b$ um den Mittelwert liegt:

$$P(|\mathsf{x} - a| \le n\sigma) = 2\psi_0\left(\frac{nb}{b}\right) - 1 = 2\psi_0(n) - 1 . \tag{5.8.5}$$

Aus Tafel I.3 finden wir

$$\begin{aligned} P(|\mathsf{x}-a| \le \sigma) &= 68.3\%, & P(|\mathsf{x}-a| > \sigma) &= 31.7\%, \\ P(|\mathsf{x}-a| \le 2\sigma) &= 95.4\%, & P(|\mathsf{x}-a| > 2\sigma) &= 4.6\%, \\ P(|\mathsf{x}-a| \le 3\sigma) &= 99.8\%, & P(|\mathsf{x}-a| > 3\sigma) &= 0.2\%. \end{aligned} \tag{5.8.6}$$

Wie wir noch ausführlicher sehen werden, kann man häufig annehmen, daß der Meßfehler einer Größe um ihren wahren Wert a herum „gaußisch“, d. h. normalverteilt ist. Das bedeutet, daß die Wahrscheinlichkeit, einen Wert zwischen x und $x + \mathrm{d}x$ zu messen, gerade durch

$$P(x \le \mathsf{x} < x + \mathrm{d}x) = \phi(x)\,\mathrm{d}x$$

gegeben ist. Die Streuung σ der Verteilung $\phi(x)$ heißt *Standardabweichung* oder *einfacher Fehler*. Ist etwa der einfache Fehler eines Instruments bekannt und führt man eine einzige Messung aus, so sagt (5.8.6) aus, daß die Wahrscheinlichkeit, daß der wahre Wert innerhalb des einfachen Fehlers um den Meßwert liegt, gerade 68.3 % ist. Es ist daher ein häufig geübter Brauch, den einfachen Fehler mit einem mehr oder weniger willkürlichen Faktor zu multiplizieren, um diesen Prozentsatz zu verbessern (etwa auf 99.8 % für den Faktor 3). Dieses Verfahren ist jedoch irreführend und schädlich. Wird dieser Faktor nämlich nicht ausdrücklich angegeben, so wird dadurch ein Vergleich verschiedener Meßwerte oder deren gewichtete Mittelung verfälscht (siehe etwa Beispiel 9.1).

Auch die Quantile, vgl. (3.3.25), der standardisierten Normalverteilung sind von großem Interesse. Für die Verteilungsfunktion (5.6.5) gilt definitionsgemäß

$$P(x_p) = P(\mathsf{X} < x_p) = \phi_0(x_p) . \tag{5.8.7}$$

Das Quantil x_p ist damit durch die Umkehrfunktion

$$x_p = \Omega(P) \tag{5.8.8}$$

der Verteilungsfunktion $\phi_0(x_p)$ gegeben. Sie wird im Anhang C.4 numerisch berechnet und ist in Tafel I.4 tabelliert. Bild 5.8 zeigt eine graphische Darstellung.

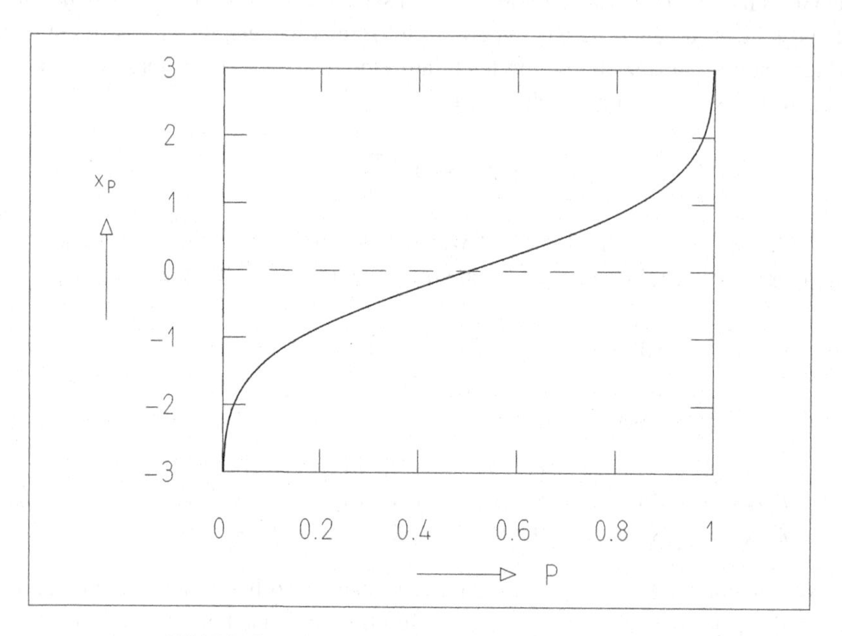

Bild 5.8: Quantil der standardisierten Normalverteilung.

Wir betrachten jetzt noch die Wahrscheinlichkeit

$$P'(x) = P(|\mathsf{X}| < x) , \quad x > 0 , \tag{5.8.9}$$

dafür, daß eine standardisiert normalverteilte Größe höchstens um den Betrag x von Null abweicht. Offenbar ist

$$\begin{aligned} P(x) &= P(\mathsf{X} < x) = \psi_0(x) = \int_{-\infty}^{x} \phi_0(x)\,\mathrm{d}x \\ &= \frac{1}{2} + \int_0^x \phi_0(x)\,\mathrm{d}x = \frac{1}{2} + \frac{1}{2}P'(x) = \frac{1}{2}(P'(x)+1) . \end{aligned}$$

Die Umkehrfunktion und damit das Quantil der Verteilungsfunktion $P'(x)$ erhält man also, indem man in die Umkehrfunktion von P das Argument $(P'(x)+1)/2$ einsetzt,

$$x_p = \Omega'(P') = \Omega((P'+1)/2) . \tag{5.8.10}$$

Diese Funktion ist in Tafel I.5 tabelliert.

5.9 Der zentrale Grenzwertsatz

Wir beweisen den folgenden wichtigen Satz. Sind die x_i unabhängige Zufallsvariable mit Mittelwert a und Varianz b^2, so ist die Variable

$$\mathsf{x} = \lim_{n\to\infty} \sum_{i=1}^{n} \mathsf{x}_i \tag{5.9.1}$$

normalverteilt mit

$$E(\mathsf{x}) = na\,, \quad \sigma^2(\mathsf{x}) = nb^2\,. \tag{5.9.2}$$

Für die Variable

$$\xi = \frac{1}{n}\mathsf{x} = \lim_{n\to\infty} \frac{1}{n} \sum_{i=1}^{n} \mathsf{x}_i \tag{5.9.3}$$

gilt dann wegen (3.3.15), daß sie normalverteilt ist mit

$$E(\xi) = a\,, \quad \sigma^2(\xi) = b^2/n\,. \tag{5.9.4}$$

Zum Beweis nehmen wir vereinfachend an, daß alle x_i der gleichen Verteilung entstammen. Bezeichnen wir die charakteristische Funktion eines x_i mit $\varphi(t)$, so hat die Summe von n Variablen die charakteristische Funktion $\{\varphi(t)\}^n$. Wir nehmen jetzt an, daß $a = 0$ sei (der allgemeine Fall läßt sich durch eine einfache Koordinatenverschiebung $\mathsf{x}'_i = \mathsf{x}_i - a$ auf diesen zurückführen). Durch (5.5.10) sind uns die ersten beiden Ableitungen von $\varphi(t)$ an der Stelle $t = 0$ gegeben:

$$\varphi'(0) = 0\,, \quad \varphi''(0) = -\sigma^2\,.$$

Wir können also entwickeln:

$$\varphi_{x'}(t) = 1 - \frac{1}{2}\sigma^2 t^2 + \cdots\,.$$

Statt x_i wählen wir jetzt

$$\mathsf{u}_i = \frac{\mathsf{x}'_i}{b\sqrt{n}} = \frac{\mathsf{x}_i - a}{b\sqrt{n}}$$

als Variable. Denken wir uns für den Moment n fest, so bedeutet das eine einfache Verschiebung und eine Maßstabsveränderung. Die zugehörige charakteristische Funktion ist

$$\varphi_{u_i}(t) = E\{\exp(\mathrm{i}tu_i)\} = E\left\{\exp\left(\mathrm{i}t\frac{x_i - a}{b\sqrt{n}}\right)\right\} = \varphi_{x'_i}\left(\frac{t}{b\sqrt{n}}\right)\,,$$

also

$$\varphi_{u_i}(t) = 1 - \frac{t^2}{2n} + \cdots\,.$$

Die höheren Glieder sind höchstens von der Größenordnung n^{-2}. Führen wir nun den Grenzprozeß durch und benutzen

$$\mathsf{u} = \lim_{n\to\infty} \sum_{i=1}^{n} \mathsf{u}_i = \lim_{n\to\infty} \sum_{i=1}^{n} \frac{\mathsf{x}_i - a}{b\sqrt{n}} = \lim_{n\to\infty} \frac{(\mathsf{x} - na)}{b\sqrt{n}} , \tag{5.9.5}$$

so erhalten wir

$$\varphi_u(t) = \lim_{n\to\infty} \{\varphi_{u_i}(t)\}^n = \lim_{n\to\infty} \left(1 - \frac{t^2}{2n} + \cdots\right)^n ,$$

d. h.

$$\varphi_u(t) = \exp\left(-\frac{1}{2}t^2\right) . \tag{5.9.6}$$

Das ist aber gerade die charakteristische Funktion der standardisierten Normalverteilung $\phi_0(u)$, also gilt $E(\mathsf{u}) = 0$, $\sigma^2(\mathsf{u}) = 1$. Unter Benutzung von (5.9.5) und (3.3.15) folgt daraus direkt die Aussage des Satzes.

Beispiel 5.6: Normalverteilung als Grenzverteilung der Binomialverteilung

Die einzelnen Variablen x_i in (5.9.1) mögen der einfachen durch (5.1.1) und (5.1.2) beschriebenen Verteilung folgen, d. h. sie können nur die Werte 1 (mit Wahrscheinlichkeit p) und 0 (mit Wahrscheinlichkeit $1 - p$) annehmen. Es gilt $E(\mathsf{x}_i) = p$, $\sigma^2(\mathsf{x}_i) = p(1 - p)$. Die Variable

$$\mathsf{x}^{(n)} = \sum_{i=1}^{n} \mathsf{x}_i \tag{5.9.7}$$

folgt dann der Binomialverteilung, $P(\mathsf{x}^{(n)} = k) = W_k^n$, vgl. (5.1.3), (5.1.6), (5.1.7). Entsprechend (5.9.5) betrachten wir die Verteilung von

$$\mathsf{u}^{(n)} = \sum_{i=1}^{n} \frac{\mathsf{x}_i - p}{\sqrt{np(1-p)}} = \frac{1}{\sqrt{np(1-p)}} \left(\sum_{i=1}^{n} \mathsf{x}_i - np\right) . \tag{5.9.8}$$

Offenbar gilt $P(\mathsf{x} = k) = P\left(\mathsf{u}^{(n)} = (k - np)/\sqrt{np(1-p)}\right) = W_k^n$. Die Variable $\mathsf{u}^{(n)}$ kann für endliche n nur diskrete Werte annehmen. Allerdings liegen diese Werte mit wachsendem n immer dichter auf der $\mathsf{u}^{(n)}$-Achse. Den Abstand zweier benachbarter $\mathsf{u}^{(n)}$-Werte nennen wir $\Delta\mathsf{u}^{(n)}$. Damit geht die Verteilung von $P(\mathsf{u}^{(n)})/\Delta\mathsf{u}^{(n)}$ einer diskreten Variablen schließlich in die Wahrscheinlichkeitsdichte einer kontinuierlichen Variablen über. Nach dem zentralen Grenzwertsatz ist sie gerade die standardisierte Normalverteilung. Das wird auch in Bild 5.9 deutlich, in dem die $P(\mathsf{u}^{(n)})/\Delta\mathsf{u}^{(n)}$ für die verschiedenen möglichen Werte von $\mathsf{u}^{(n)}$ für wachsendes n dargestellt sind. ■

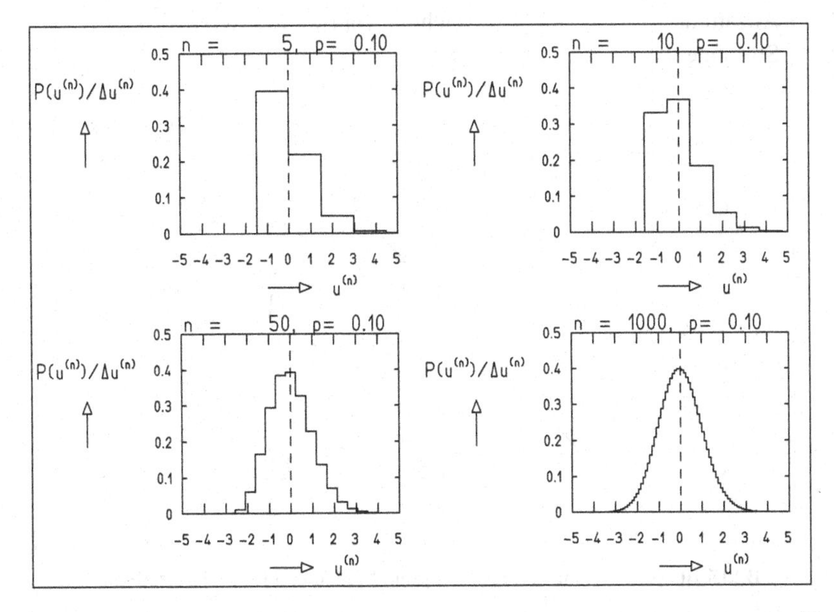

Bild 5.9: Die Größe $P(u^{(n)})/\Delta u^{(n)}$ für die verschiedenen Werte der diskreten Variablen $\mathrm{u}^{(n)}$ für wachsendes n.

Beispiel 5.7: Fehlermodell von Laplace

LAPLACE stellte 1783 etwa folgende Überlegungen zum Entstehen von Beobachtungsfehlern an. Es sei m_0 der wahre Wert einer zu messenden Größe. Durch n verschiedene Störungen, die jede den Betrag ε haben können, wird die Messung von m_0 verändert. Für jede Störung ist die Wahrscheinlichkeit, ob sie sich als $+\varepsilon$ oder $-\varepsilon$ auswirkt, gleich ($= 1/2$). Gefragt ist nach der gesamten Abweichung. Obwohl aufgrund der Fragestellung sofort entschieden werden kann, daß die Abweichung durch eine Binomialverteilung beschrieben wird, ist es interessant, das Modell etwas genauer zu verfolgen, da es direkt auf das berühmte Pascalsche Dreieck führt.

Im Bild 5.10 ist die Wahrscheinlichkeitsverteilung aufgrund des Modells entwickelt. Wir gehen davon aus, daß bei 0 Störungen die Wahrscheinlichkeit für die Beobachtung von m_0 gleich Eins ist. Bei einer Störung verteilt sich diese Wahrscheinlichkeit gleichmäßig auf die benachbarten Möglichkeiten $m_0 + \varepsilon$, $m_0 - \varepsilon$. Das gleiche geschieht bei jeder weiteren Störung, wobei die auf den gleichen Beobachtungswert entfallenden Einzelwahrscheinlichkeiten natürlich addiert werden müssen.

Jede Zeile des Dreiecks enthält die Verteilung W_k^n $(k = 0, 1, \ldots, n)$ der Gl. (5.1.3) für $p = q = 1/2$. Multipliziert man sie mit $1/(p^k q^{n-k}) = 2^n$, so erhält man direkt die Binomialkoeffizienten $\binom{n}{k}$ in der Pascalschen Anordnung (siehe Anhang B).

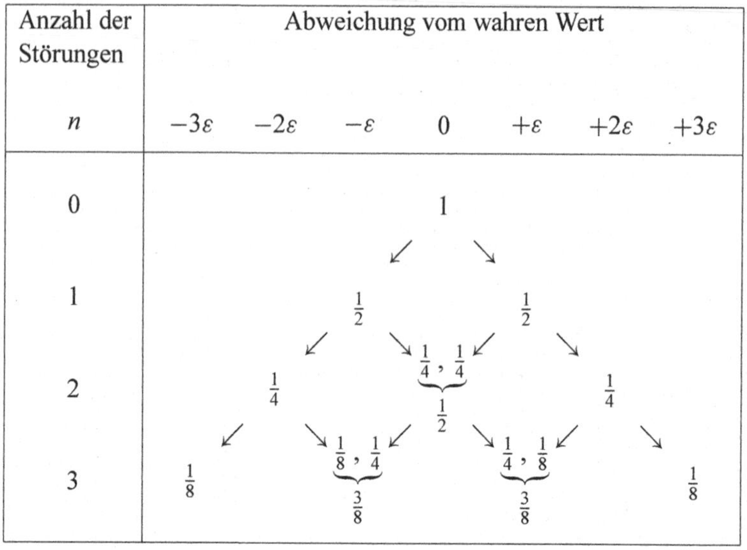

Anzahl der Störungen	Abweichung vom wahren Wert						
n	-3ε	-2ε	$-\varepsilon$	0	$+\varepsilon$	$+2\varepsilon$	$+3\varepsilon$
0				1			
1			$\frac{1}{2}$		$\frac{1}{2}$		
2		$\frac{1}{4}$		$\underbrace{\frac{1}{4},\frac{1}{4}}_{\frac{1}{2}}$		$\frac{1}{4}$	
3	$\frac{1}{8}$		$\underbrace{\frac{1}{8},\frac{1}{4}}_{\frac{3}{8}}$		$\underbrace{\frac{1}{4},\frac{1}{8}}_{\frac{3}{8}}$		$\frac{1}{8}$

Bild 5.10: Verknüpfung von Laplaceschem Modell und Binomialverteilung.

Der Übergang zu Beispiel 5.6 ist leicht vollzogen, wenn wir (5.9.8) erweitern und $p = 1/2$ einsetzen. Die Größe

$$\mathsf{u}^{(n)} = \frac{2\left(\sum_{i=1}^{n} \varepsilon \mathsf{x}_i - n\varepsilon/2\right)}{\sqrt{n}\varepsilon}$$

folgt für $n \to \infty$ der standardisierten Normalverteilung, der Meßfehler

$$\sum_{i=1}^{n} \varepsilon \mathsf{x}_i - n\varepsilon/2$$

folgt für $n \to \infty$ einer Normalverteilung mit Erwartungswert Null und Standardabweichung $\sqrt{n}\varepsilon/2$. Gaußisch verteilte Meßfehler können mit dem Laplaceschen Modell auf das Zusammenwirken sehr vieler unabhängiger kleiner Störungen zurückgeführt werden. ■

Die Identifizierung der Meßfehlerverteilung mit einer Gauß-Verteilung ist in der Tat von entscheidender Bedeutung für viele Rechnungen, insbesondere für die Methode der kleinsten Quadrate. Die Normalverteilung von Meßfehlern ist jedoch kein Naturgesetz. Die Ursachen experimenteller Fehler können im Einzelfall sehr komplex sein; es läßt sich daher keine Verteilungsfunktion finden, die das Verhalten von Meßfehlern für alle möglichen Experimente beschreibt. Insbesondere können auch Symmetrie und Unabhängigkeit nicht in jedem Fall sichergestellt werden. Man muß sich im Einzelfall davon überzeugen, ob die Meßfehler durch eine Gauß-Verteilung wiedergegeben werden. Dies kann z. B. durch einen χ^2-Test geschehen, der auf die Verteilung einer Meßgröße angewandt wird (Abschnitt 8.7). Eine solche Überprüfung der experimentellen Fehlerverteilung ist unbedingt notwendig, bevor langwierige Rechnungen angestellt werden, deren Ergebnis nur im Falle gaußisch verteilter Fehler eine sinnvolle Bedeutung hat.

5.10 Normalverteilung mehrerer Veränderlicher

Betrachten wir einen Vektor $\mathbf{x}$ von n Variablen

$$\mathbf{x} = (x_1, x_2, \ldots, x_n)\,,$$

so definieren wir die Wahrscheinlichkeitsdichte der gemeinsamen Normalverteilung der x_i zu

$$\phi(\mathbf{x}) = k\exp\{-\frac{1}{2}(\mathbf{x}-\mathbf{a})^{\mathrm{T}}B(\mathbf{x}-\mathbf{a})\} = k\exp\{-\frac{1}{2}g(\mathbf{x})\} \tag{5.10.1}$$

mit

$$g(\mathbf{x}) = (\mathbf{x}-\mathbf{a})^{\mathrm{T}}B(\mathbf{x}-\mathbf{a})\,. \tag{5.10.2}$$

Hier ist $\mathbf{a}$ ein n-komponentiger Vektor und B eine $(n\times n)$-Matrix, die symmetrisch und positiv definit ist. Da $\phi(\mathbf{x})$ offenbar um $\mathbf{x} = \mathbf{a}$ symmetrisch ist, ist

$$\int_{-\infty}^{\infty}\cdots\int_{-\infty}^{\infty}(\mathbf{x}-\mathbf{a})\phi(\mathbf{x})\,\mathrm{d}x_1\,\mathrm{d}x_2\cdots\mathrm{d}x_n = 0\,, \tag{5.10.3}$$

d. h.

$$E(\mathbf{x}-\mathbf{a}) = 0$$

oder

$$E(\mathbf{x}) = \mathbf{a}\,. \tag{5.10.4}$$

Der Vektor der Erwartungswerte ist also direkt $\mathbf{a}$.

Wir differenzieren jetzt (5.10.3) nach $\mathbf{a}$,

$$\int_{-\infty}^{\infty}\cdots\int_{-\infty}^{\infty}[I-(\mathbf{x}-\mathbf{a})(\mathbf{x}-\mathbf{a})^{\mathrm{T}}B]\phi(\mathbf{x})\,\mathrm{d}x_1\,\mathrm{d}x_2\cdots\mathrm{d}x_n = 0\,.$$

Das bedeutet, daß der Erwartungswert der eckigen Klammer verschwindet:

$$E\{(\mathbf{x}-\mathbf{a})(\mathbf{x}-\mathbf{a})^{\mathrm{T}}\}\,B = I$$

oder

$$C = E\{(\mathbf{x}-\mathbf{a})(\mathbf{x}-\mathbf{a})^{\mathrm{T}}\} = B^{-1}\,. \tag{5.10.5}$$

Vergleich mit (3.6.19) zeigt, daß C gerade die Kovarianzmatrix der Variablen $\mathsf{x} = (\mathsf{x}_1, \mathsf{x}_2, \ldots, \mathsf{x}_n)$ ist.

Wegen der praktischen Bedeutung der Normalverteilung wollen wir den Fall zweier Variabler etwas ausführlicher untersuchen. Insbesondere interessiert uns die Korrelation der Variablen. Wir schreiben

$$C = B^{-1} = \begin{pmatrix} \sigma_1^2 & \operatorname{cov}(\mathsf{x}_1, \mathsf{x}_2) \\ \operatorname{cov}(\mathsf{x}_1, \mathsf{x}_2) & \sigma_2^2 \end{pmatrix} . \tag{5.10.6}$$

Durch Inversion erhält man für B

$$B = \frac{1}{\sigma_1^2 \sigma_2^2 - \operatorname{cov}(\mathsf{x}_1, \mathsf{x}_2)^2} \begin{pmatrix} \sigma_2^2 & -\operatorname{cov}(\mathsf{x}_1, \mathsf{x}_2) \\ -\operatorname{cov}(\mathsf{x}_1, \mathsf{x}_2) & \sigma_1^2 \end{pmatrix} . \tag{5.10.7}$$

Man sieht, daß B dann eine Diagonalmatrix wird, wenn die Kovarianzen verschwinden. Dann ist

$$B_0 = \begin{pmatrix} 1/\sigma_1^2 & 0 \\ 0 & 1/\sigma_2^2 \end{pmatrix} . \tag{5.10.8}$$

Setzen wir B_0 in (5.10.1) ein, so erhalten wir – wie erwartet – die Wahrscheinlichkeitsdichte zweier *unabhängig* normalverteilter Variabler als Produkt zweier Normalverteilungen:

$$\phi = k \exp\left(-\frac{1}{2} \frac{(x_1 - a_1)^2}{\sigma_1^2} \right) \exp\left(-\frac{1}{2} \frac{(x_2 - a_2)^2}{\sigma_2^2} \right) . \tag{5.10.9}$$

In diesem einfachen Fall nimmt die Konstante k den Wert

$$k_0 = \frac{1}{2\pi \sigma_1 \sigma_2}$$

an, wie man durch Integration von (5.10.9) oder einfach durch Vergleich mit (5.7.1) feststellen kann. Im allgemeinen Fall von n Variablen mit nicht verschwindenden Kovarianzen ist

$$k = \left(\frac{\det B}{(2\pi)^n} \right)^{\frac{1}{2}} . \tag{5.10.10}$$

Hier ist $\det B$ die Determinante der Matrix B. Sind die Variablen nicht unabhängig, d. h. verschwindet die Kovarianz nicht, so ist der Ausdruck für die Normalverteilung zweier Variabler komplizierter.

Betrachten wir reduzierte Variable

$$\mathsf{u}_i = \frac{\mathsf{x}_i - a_i}{\sigma_i} , \quad i = 1, 2 ,$$

und benutzen wir den Korrelationskoeffizienten

$$\rho = \frac{\operatorname{cov}(\mathsf{x}_1, \mathsf{x}_2)}{\sigma_1 \sigma_2} = \operatorname{cov}(\mathsf{u}_1, \mathsf{u}_2) .$$

Die Gl. (5.10.1) erhält dadurch die einfache Form

$$\phi(u_1,u_2) = k\exp(-\frac{1}{2}\mathbf{u}^{\mathrm{T}}B\mathbf{u}) = k\exp\left(-\frac{1}{2}g(\mathbf{u})\right) \tag{5.10.11}$$

mit

$$B = \frac{1}{1-\rho^2}\begin{pmatrix} 1 & -\rho \\ -\rho & 1 \end{pmatrix} . \tag{5.10.12}$$

Linien gleicher Wahrscheinlichkeitsdichte zeichnen sich dadurch aus, daß der Exponent in (5.10.11) konstant ist:

$$-\frac{1}{2}\cdot\frac{1}{(1-\rho^2)}(u_1^2+u_2^2-2u_1u_2\rho) = -\frac{1}{2}g(\mathbf{u}) = \text{const} . \tag{5.10.13}$$

Betrachten wir für den Augenblick $g(\mathbf{u}) = 1$.

In den ursprünglichen Variablen wird (5.10.13) dann zu

$$\frac{(x_1-a_1)^2}{\sigma_1^2} - 2\rho\frac{x_1-a_1}{\sigma_1}\frac{x_2-a_2}{\sigma_2} + \frac{(x_2-a_2)^2}{\sigma_2^2} = 1-\rho^2 . \tag{5.10.14}$$

Dies ist die Gleichung einer Ellipse mit dem Mittelpunkt a_1, a_2. Die Hauptachsen der Ellipse haben einen Winkel α bezüglich der Achsen x_1 und x_2. Dieser Winkel und die Halbmesser p_1 und p_2 entlang der Hauptachsen lassen sich aus (5.10.14) bestimmen, wenn man die bekannten Eigenschaften der Kegelschnitte nutzt:

$$\tan 2\alpha = \frac{2\rho\sigma_1\sigma_2}{\sigma_1^2-\sigma_2^2} , \tag{5.10.15}$$

$$p_1^2 = \frac{\sigma_1^2\sigma_2^2(1-\rho^2)}{\sigma_2^2\cos^2\alpha - 2\rho\sigma_1\sigma_2\sin\alpha\cos\alpha + \sigma_1^2\sin^2\alpha} , \tag{5.10.16}$$

$$p_2^2 = \frac{\sigma_1^2\sigma_2^2(1-\rho^2)}{\sigma_2^2\sin^2\alpha + 2\rho\sigma_1\sigma_2\sin\alpha\cos\alpha + \sigma_1^2\cos^2\alpha} . \tag{5.10.17}$$

Die Ellipse mit den beschriebenen Eigenschaften heißt *Kovarianzellipse* einer Normalverteilung zweier Variabler. Einige solche Ellipsen sind in Bild 5.11 dargestellt. Die Kovarianzellipse liegt immer innerhalb eines Rechtecks, das durch den Punkt (a_1,a_2) und die Standardabweichungen σ_1, σ_2 bestimmt ist. Sie berührt dieses Rechteck in vier Punkten. Für die Randfälle $\rho = \pm 1$ entartet die Ellipse zu einer der Diagonalen dieses Rechtecks.

Aus (5.10.14) wird klar, daß auch andere Linien gleicher Wahrscheinlichkeit ($g \neq 1$) Ellipsen sind. Sie sind ähnlich und konzentrisch mit der Kovarianzellipse und liegen innerhalb (außerhalb) für größere (kleinere) Wahrscheinlichkeit. Die Normalverteilung zweier Variabler entspricht einer Fläche im dreidimensionalen (x_1,x_2,ϕ)-Raum (Bild 5.12). Horizontalschnitte durch diese Fläche sind konzentrische Ellipsen.

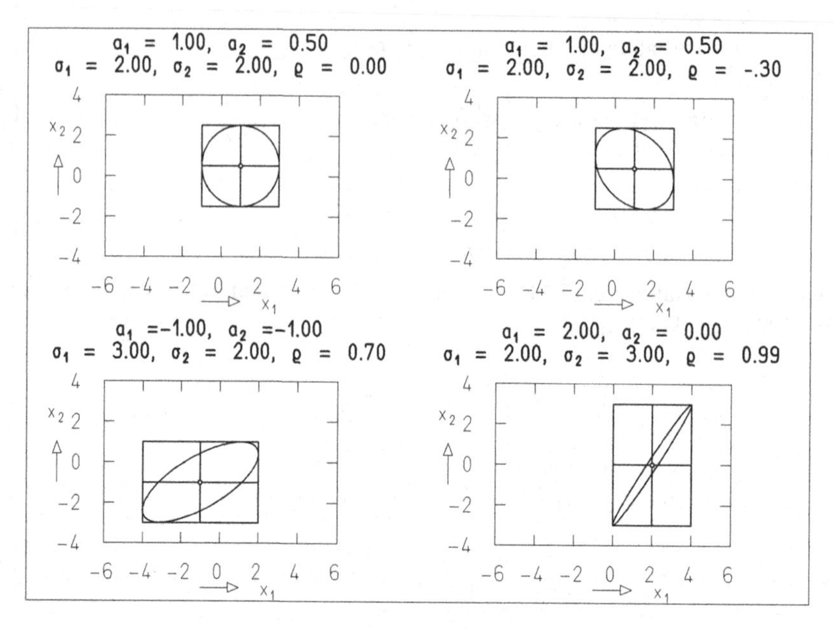

Bild 5.11: Kovarianzellipsen.

Die der größten Wahrscheinlichkeit entsprechende „Ellipse" ist der Punkt (a_1, a_2). Vertikalschnitte durch diesen Punkt haben die Form einer Gauß-Verteilung, deren Breite direkt proportional dem Durchmesser der Kovarianzellipse entlang der Schnittrichtung ist. Die Wahrscheinlichkeit, ein Paar x_1, x_2 von Zufallsvariablen innerhalb der Kovarianzellipse zu beobachten, ist gleich dem Integral

$$\int_A \phi(\mathbf{x})\,\mathrm{d}\mathbf{x} = 1 - \mathrm{e}^{-\frac{1}{2}} = \mathrm{const}\,, \tag{5.10.18}$$

wobei der Integrationsbereich A gleich der Oberfläche der Kovarianzellipse (5.10.14) ist. Die Beziehung (5.10.18) gewinnt man durch Anwendung der Variablentransformation $\mathbf{y} = T\mathbf{x}$ mit $T = B^{-1}$ auf die Verteilung $\phi(\mathbf{x})$. Die gewonnene Verteilung hat die Eigenschaften $\sigma(y_1) = \sigma(y_2) = 1$, $\mathrm{cov}(y_1, y_2) = 0$, d. h., sie ist von der Form (5.10.9). Auf diese Weise wird der Integrationsbereich in einen Einheitskreis um (a_1, a_2) transformiert.

In unseren Betrachtungen über die Normalverteilung von Meßfehlern einer Variablen fanden wir das Intervall $a - \sigma \leq x \leq a + \sigma$ als den Bereich, in dem die Wahrscheinlichkeitsdichte $f(x)$ einen vorgegebenen Bruchteil, nämlich $\mathrm{e}^{-1/2}$, ihres Maximalwerts überstieg. Das Integral über diesen Bereich war unabhängig von σ. Im Falle zweier Variabler wird die Rolle dieses Bereichs von der Kovarianzellipse übernommen, die durch σ_1, σ_2 und ρ bestimmt ist, und nicht – wie gelegentlich fälschlich angenommen wird – durch das die Ellipse umschreibende Rechteck im Bild 5.11. Die Bedeutung der Kovarianzellipse geht auch aus Bild 5.13 hervor. Punkte 1

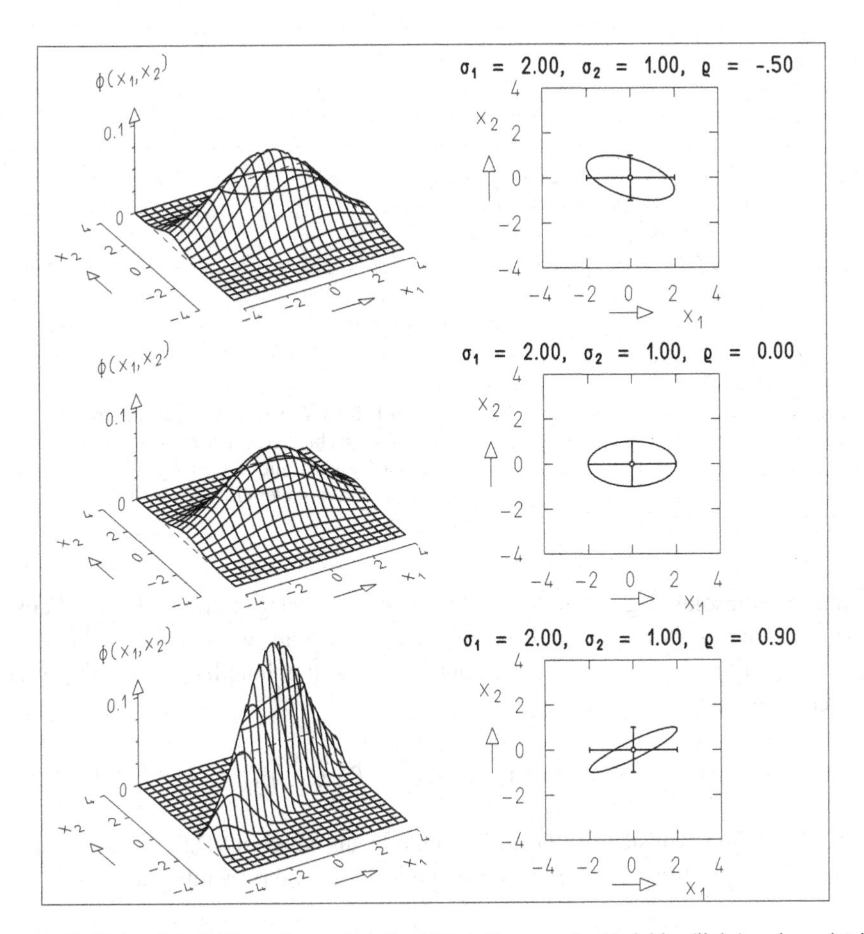

Bild 5.12: Wahrscheinlichkeitsdichte einer Gauß-Verteilung zweier Variabler (links) und zugehörige Kovarianzellipse (rechts). Die drei Zeilen des Bildes unterscheiden sich nur durch den Zahlwert des Korrelationskoeffizienten ρ.

und 2, die auf der Kovarianzellipse liegen, entsprechen gleicher Wahrscheinlichkeit ($P(1) = P(2) = P_e$), obwohl der Abstand des Punktes 1 vom Mittelpunkt in beiden Koordinatenrichtungen geringer ist. Darüber hinaus ist Punkt 3 wahrscheinlicher und Punkt 4 unwahrscheinlicher ($P(4) < P_e$, $P(3) > P_e$), obwohl Punkt 4 sogar weniger weit von (a_1, a_2) entfernt ist als Punkt 3.

Für 3 Variable erhält man statt der Kovarianzellipse ein *Kovarianzellipsoid*, für n Variable ein Hyperellipsoid im n-dimensionalen Raum, vgl. auch Abschnitt A.11. Nach unserer Konstruktion ist das Kovarianzellipsoid diejenige Hyperfläche im n-dimensionalen Raum, auf der die Funktion $g(\mathbf{x})$ im Exponenten der Normalverteilung (5.10.1) den konstanten Wert $g(\mathbf{x}) = 1$ hat. Für andere Werte $g(\mathbf{x}) = \text{const}$ erhält man achsenparallele Ellipsoide, die innerhalb ($g < 1$) oder außerhalb ($g > 1$) des

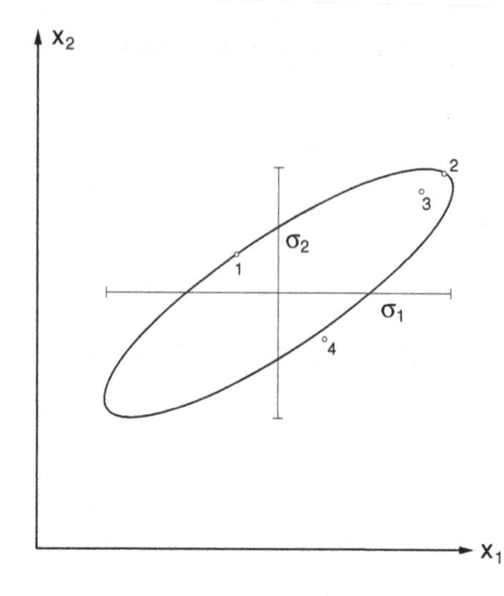

Bild 5.13: Relative Wahrscheinlichkeit für verschiedene Punkte nach einer Gauß-Verteilung zweier Variabler ($P_1 = P_2 = P_e$, $P_3 > P_e$, $P_4 < P_e$).

Kovarianzellipsoids liegen. Im Abschnitt 6.6 wird dargelegt werden, daß die Funktion $g(\mathbf{x})$ einer χ^2-Verteilung mit n Freiheitsgraden folgt, wenn $\mathbf{x}$ der Normalverteilung (5.10.1) folgt. Damit ist die Wahrscheinlichkeit, $\mathbf{x}$ innerhalb eines Ellipsoids $g = \text{const}$ zu finden,

$$W = \int_0^g f(\chi^2;n)\,\mathrm{d}\chi^2 = P\left(\frac{n}{2},\frac{g}{2}\right) . \qquad (5.10.19)$$

Dabei ist P die unvollständige Gamma-Funktion aus Abschnitt D.5. Für $g = 1$, also für das Kovarianzellipsoid in n Dimensionen ist diese Wahrscheinlichkeit

$$W_n = P\left(\frac{n}{2},\frac{1}{2}\right) . \qquad (5.10.20)$$

Zahlwerte für kleine n sind

$$W_1 = 0.68269\,,\quad W_2 = 0.39347\,,\quad W_3 = 0.19875\,,$$
$$W_4 = 0.09020\,,\quad W_5 = 0.03734\,,\quad W_6 = 0.01439\,.$$

Die Wahrscheinlichkeit nimmt mit wachsendem n rasch ab. Um trotzdem für verschiedene n Bereiche angeben zu können, die einer gleich großen Wahrscheinlichkeit entsprechen, gibt man einen Wert W auf der linken Seite von (5.10.19) vor und bestimmt den zugehörigen Wert von g. Dann ist g das Quantil zur Wahrscheinlichkeit W der χ^2-Verteilung mit n Freiheitsgraden, vgl. auch Anhang C.5,

$$g = \chi^2_W(n) . \qquad (5.10.21)$$

Das zu diesem Wert von g gehörende Ellipsoid, das $\mathbf{x}$ mit der Wahrscheinlichkeit W enthält, heißt *Konfidenzellipsoid* zur Wahrscheinlichkeit W. Dieser Ausdruck soll andeuten, daß man z. B. für $W = 0.9$ zu 90 % darauf vertrauen kann, daß $\mathbf{x}$ innerhalb des Konfidenzellipsoids liegt.

Aber auch die Varianzen σ_i^2 bzw. die Standardabweichungen $\Delta_i = \sigma_i$ behalten für n Variable ihre Bedeutung. Die Wahrscheinlichkeit, die Variable x_i im Bereich $a_i - \sigma_i < x_i < a_i + \sigma_i$ zu beobachten, ist nach wie vor 68.3 % unabhängig von der Zahl n der Variablen, allerdings nur dann, wenn man keine Forderung an die Lage der anderen Variablen x_j, $j \neq i$, stellt.

5.11 Faltung von Verteilungen

5.11.1 Faltungsintegrale

Wir haben wiederholt die Summenverteilung verschiedener Zufallsgrößen betrachtet und insbesondere bei der Diskussion des zentralen Grenzwertsatzes die Nützlichkeit der charakteristischen Funktion in diesem Zusammenhang gesehen. Wir wollen jetzt das einfache Problem der Summenverteilung zweier Größen erörtern und der größeren Anschaulichkeit wegen die charakteristische Funktion nicht heranziehen.

Eine Summe zweier Verteilungen wird experimentell häufig beobachtet. Es ist etwa die Winkelverteilung von Sekundärteilchen beim Zerfall eines Elementarteilchens von Interesse (sie kann häufig zur Bestimmung des Spins des Teilchens benutzt werden). Der beobachtete Winkel ist aber die Verteilung einer Summe von Zufallszahlen, des Zerfallswinkels und seines Meßfehlers. Man spricht von der *Faltung* zweier Verteilungen.

Die beiden ursprünglichen Größen seien x und y, die Summe

$$\mathsf{u} = \mathsf{x} + \mathsf{y} . \qquad (5.11.1)$$

Voraussetzung für die weitere Betrachtung ist die Unabhängigkeit der beiden ursprünglichen Verteilungen. In diesem Fall ist nämlich die gemeinsame Wahrscheinlichkeitsdichte das Produkt der einfachen Dichten,

$$f(x,y) = f_x(x) f_y(y) . \qquad (5.11.2)$$

Fragen wir nun nach der Verteilungsfunktion von u, d. h. nach

$$F(u) = P(\mathsf{u} < u) = P(\mathsf{x} + \mathsf{y} < u) , \qquad (5.11.3)$$

so erhalten wir sie offenbar gerade durch Integration von (5.11.2) über das in Bild 5.14 schraffierte Gebiet A,

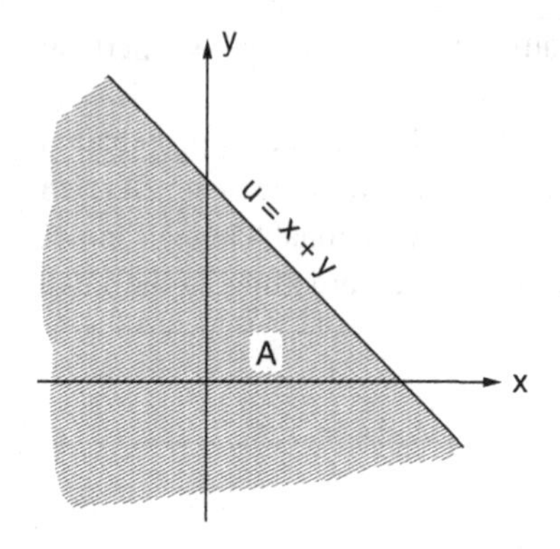

Bild 5.14: Integrationsgebiet von (5.11.4).

$$\begin{aligned} F(u) &= \iint_A f_x(x) f_y(y)\,\mathrm{d}x\,\mathrm{d}y = \int_{-\infty}^{\infty} f_x(x)\,\mathrm{d}x \int_{-\infty}^{u-x} f_y(y)\,\mathrm{d}y \\ &= \int_{-\infty}^{\infty} f_y(y)\,\mathrm{d}y \int_{-\infty}^{u-y} f_x(x)\,\mathrm{d}x\,. \end{aligned} \tag{5.11.4}$$

Durch Differentiation erhält man die Wahrscheinlichkeitsdichte von u,

$$f(u) = \frac{\mathrm{d}F(u)}{\mathrm{d}u} = \int_{-\infty}^{\infty} f_x(x) f_y(u-x)\,\mathrm{d}x = \int_{-\infty}^{\infty} f_y(y) f_x(u-y)\,\mathrm{d}y\,. \tag{5.11.5}$$

Sind x oder y oder beide nur in einem beschränkten Bereich definiert, so gilt (5.11.5) noch immer. Allerdings können die Integrationsgrenzen eingeschränkt werden. Wir betrachten verschiedene Fälle.

(a) $0 \le \mathsf{x} < \infty\,,\ -\infty < \mathsf{y} < \infty$:

$$f(u) = \int_{-\infty}^{u} f_x(u-y) f_y(y)\,\mathrm{d}y\,. \tag{5.11.6}$$

(Da $y = u - x$ und da für $x_{\min} = 0$ gerade $y_{\max} = u$ gilt.)

(b) $0 \le \mathsf{x} < \infty\,,\ 0 \le \mathsf{y} < \infty$:

$$f(u) = \int_{0}^{u} f_x(u-y) f_y(y)\,\mathrm{d}y\,. \tag{5.11.7}$$

(c) $a \le \mathsf{x} < b\,,\ -\infty < \mathsf{y} < \infty$:

$$f(u) = \int_{a}^{b} f_x(x) f_y(u-x)\,\mathrm{d}x\,. \tag{5.11.8}$$

Wir demonstrieren den Fall (d), in dem sowohl x als auch y nach oben und unten beschränkt sind, am folgenden Beispiel.

Beispiel 5.8: Faltung von Gleichverteilungen

Mit

$$f_x(x) = \begin{cases} 1, 0 \leq x < 1 \\ 0 \,\text{sonst} \end{cases} \quad \text{und} \quad f_y(y) = \begin{cases} 1, 0 \leq y < 1 \\ 0 \,\text{sonst} \end{cases}$$

und (5.11.8) erhalten wir

$$f(u) = \int_0^1 f_y(u-x)\,\mathrm{d}x \,.$$

Wir substituieren $v = u - x$, $\mathrm{d}v = -\mathrm{d}x$ und erhalten

$$f(u) = -\int_u^{u-1} f_y(v)\,\mathrm{d}v = \int_{u-1}^{u} f_y(v)\,\mathrm{d}v \,. \tag{5.11.9}$$

Offenbar ist $0 < u < 2$. Wir betrachten jetzt getrennt

$$\begin{aligned} &\text{(a) } 0 \leq \mathsf{u} < 1 : \ f_1(u) = \int_0^u f_y(v)\,\mathrm{d}v = \int_0^u \mathrm{d}v = u \,, \\ &\text{(b) } 1 \leq \mathsf{u} < 2 : \ f_2(u) = \int_{u-1}^1 f_y(v)\,\mathrm{d}v = \int_{u-1}^1 \mathrm{d}v = 2 - u \,. \end{aligned} \tag{5.11.10}$$

Man beachte, daß die untere (obere) Grenze der Integration den Wert 0 (1) nicht unter-(über-)schreitet, da $f_y(y)$ für $y < 0$ und $y > 1$ verschwindet. Das Ergebnis ist eine dreieckförmige Verteilung (Bild 5.15).

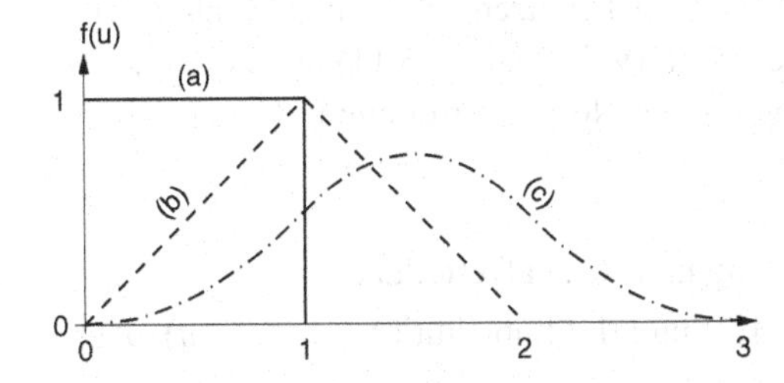

Bild 5.15: Faltung von Gleichverteilungen. Wahrscheinlichkeitsdichte von Summen u gleichverteilter Zufallsvariablen x (a) $\mathsf{u} = \mathsf{x}$, (b) $\mathsf{u} = \mathsf{x} + \mathsf{x}$, (c) $\mathsf{u} = \mathsf{x} + \mathsf{x} + \mathsf{x}$.

Faltet man dieses Ergebnis erneut mit einer Gleichverteilung, d. h. ist u die Summe von 3 unabhängig gleichverteilter Variablen, so erhält man

$$f(u) = \begin{cases} \frac{1}{2}u^2 \,, & 0 \leq \mathsf{u} < 1 \,, \\ \frac{1}{2}(-2u^2 + 6u - 3) \,, & 1 \leq \mathsf{u} < 2 \,, \\ \frac{1}{2}(u-3)^2 \,, & 2 \leq \mathsf{u} < 3 \,. \end{cases} \tag{5.11.11}$$

Der Beweis sei dem Leser überlassen. Die Verteilung besteht aus 3 Parabelschnitten (Bild 5.15) und ähnelt bereits der vom zentralen Grenzwertsatz vorausgesagten Gauß-Verteilung. ■

5.11.2 Faltungen mit der Normalverteilung

Die in einem Experiment interessierende Größe x sei eine Zufallsvariable mit der Wahrscheinlichkeitsdichte $f(x)$. Sie werde mit einem Meßfehler y gemessen, der einer Normalverteilung mit dem Mittelwert Null und der Varianz σ^2 folgt. Das Ergebnis der Messung ist dann die Summe

$$\mathsf{u} = \mathsf{x} + \mathsf{y} \, . \tag{5.11.12}$$

Ihre Wahrscheinlichkeitsdichte ist, vgl. (5.11.4),

$$f(u) = \frac{1}{\sqrt{2\pi}\sigma} \int_{-\infty}^{\infty} f(x) \exp[-(u-x)^2/2\sigma^2] \, \mathrm{d}x \, . \tag{5.11.13}$$

Durch Ausführung vieler Messungen kann $f(u)$ experimentell bestimmt werden. Der Experimentator ist allerdings an der Funktion $f(x)$ interessiert. Leider kann (5.11.13) im allgemeinen nicht nach $f(x)$ aufgelöst werden. Das ist nur für eine beschränkte Klasse von Funktionen $f(u)$ möglich. Man geht daher das Problem gewöhnlich anders an: Aus früheren Messungen oder theoretischen Überlegungen besitzt man Kenntnisse über die Form $f(x)$, z. B. mag man annehmen, daß $f(x)$ die Gleichverteilung beschreibt, ohne allerdings deren Grenzen a und b zu kennen. Man führt dann die Faltung (5.11.13) aus, vergleicht die resultierende Funktion $f(u)$ mit dem Experiment und bestimmt so gleichzeitig die unbekannten Parameter (in unserem Beispiel a und b).

In vielen Fällen kann man nicht einmal die Integration (5.11.13) algebraisch ausführen. Man muß dann numerische Verfahren benutzen, z. B. die Monte-Carlo-Methode. Manchmal liefern auch Näherungen (vgl. Beispiel 5.11) nützliche Ergebnisse. Wegen der Bedeutung der Faltung mit der Normalverteilung in vielen Experimenten betrachten wir einige Beispiele.

Beispiel 5.9: Faltung von Gleichverteilung und Normalverteilung

Unter Benutzung von (3.3.26) und (5.11.8) und der Substitution $v = (x-u)/\sigma$ erhalten wir

$$\begin{aligned} f(u) &= \frac{1}{b-a} \frac{1}{\sqrt{2\pi}\sigma} \int_a^b \exp[-(u-x)^2/2\sigma^2] \, \mathrm{d}x \\ &= \frac{1}{b-a} \frac{1}{\sqrt{2\pi}} \int_{(a-u)/\sigma}^{(b-u)/\sigma} \exp(-\frac{1}{2}v^2) \, \mathrm{d}v \, , \\ f(u) &= \frac{1}{b-a} \left\{ \psi_0\left(\frac{b-u}{\sigma}\right) - \psi_0\left(\frac{a-u}{\sigma}\right) \right\} \, . \end{aligned} \tag{5.11.14}$$

Die Funktion ψ wurde bereits in (5.6.5) definiert. Bild 5.16 zeigt das Ergebnis für $a = 0$, $b = 6$, $\sigma = 1$. Falls $|b-a| \gg \sigma$ (wie das in Bild 5.16 der Fall ist), ist immer einer der beiden Terme in der Klammer (5.11.14) entweder 0 oder 1. Die ansteigende

Flanke der Gleichverteilung bei $u = a$ wird dann durch die Verteilungsfunktion der Normalverteilung mit der Standardabweichung σ ersetzt (vgl. Bild 5.7). Die abfallende Flanke bei $u = b$ ist deren „Spiegelbild". ■

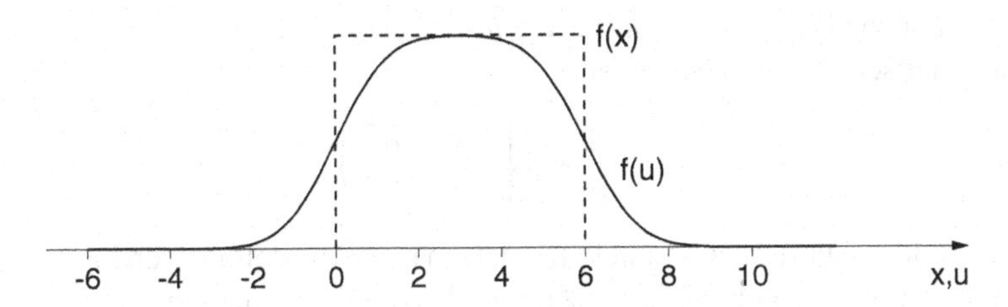

Bild 5.16: Faltung von Gleichverteilung und Gauß-Verteilung.

Beispiel 5.10: Faltung zweier Normalverteilungen. „Quadratische Fehleraddition"
Faltet man zwei Normalverteilungen mit den Mittelwerten 0 und den Varianzen σ_x^2 und σ_y^2, so erhält man

$$f(u) = \frac{1}{\sqrt{2\pi}\sigma} \exp(-u^2/2\sigma^2), \quad \sigma^2 = \sigma_x^2 + \sigma_y^2 . \tag{5.11.15}$$

Den Beweis haben wir mit Hilfe der charakteristischen Funktion bereits in Abschnitt 5.7 erbracht. Er läßt sich auch direkt durch Berechnung des Faltungsintegrals (5.11.5) führen. Beschreiben die Verteilungen $f_x(x)$ und $f_y(y)$ zwei unabhängige Quellen von Meßfehlern, so bezeichnet man (5.11.15) als die *„quadratische Fehleraddition"*. ■

Beispiel 5.11: Faltung von Exponential- und Normal-Verteilung
Mit

$$\begin{aligned} f(x) &= \frac{1}{\tau} \exp(-x/\tau), \quad x > 0 , \\ f(y) &= \frac{1}{\sqrt{2\pi}\sigma} \exp(-y^2/2\sigma^2) \end{aligned}$$

nimmt (5.11.6) folgende Form an:

$$f(u) = \frac{1}{\sqrt{2\pi}\sigma\tau} \int_{-\infty}^{u} \exp[-(u-y)/\tau] \exp(-y^2/2\sigma^2) \mathrm{d}y .$$

Wir können den Exponenten umschreiben,

$$\begin{aligned} -\frac{1}{2\sigma^2\tau}[2\sigma^2(u-y)+\tau y^2] &= -\frac{1}{2\sigma^2\tau}\left[2\sigma^2 u - 2\sigma^2 y + \tau y^2 + \frac{\sigma^4}{\tau} - \frac{\sigma^4}{\tau}\right] \\ &= -\frac{u}{\tau} + \frac{\sigma^2}{2\tau^2} - \frac{1}{2\sigma^2}\left(y - \frac{\sigma^2}{\tau}\right)^2 , \end{aligned}$$

und erhalten

$$f(u) = \frac{1}{\sqrt{2\pi}\sigma\tau} \exp\left\{\frac{\sigma^2}{2\tau^2} - \frac{u}{\tau}\right\} \int_{-\infty}^{u-\sigma^2/\tau} \exp\left(\frac{-v^2}{2\sigma^2}\right) \mathrm{d}v \,.$$

Wir nehmen nun an, daß $\sigma \ll \tau$ ist, d. h., daß der Meßfehler sehr viel geringer ist als die charakteristische Größe (Breite) der Exponentialverteilung. Wir betrachten außerdem nur solche Werte von u, für die $u - \sigma^2/\tau \gg \sigma$, d. h. $u \gg \sigma$. Dann ist das Integral praktisch gleich $\sqrt{2\pi}\sigma$ oder

$$f(u) \approx \frac{1}{\tau} \exp\left\{-\frac{u}{\tau} + \frac{\sigma^2}{2\tau^2}\right\} .$$

In einer halblogarithmischen Darstellung, d. h. in einer Darstellung von $\ln f(u)$ gegen u, liegt die Kurve $f(u)$ oberhalb der Kurve $f(x)$, und zwar um den Betrag $\sigma^2/2\tau^2$, weil

$$\ln f(u) = \ln \frac{1}{\tau} + \frac{\sigma^2}{2\tau^2} - \frac{u}{\tau} = \ln f(x) + \frac{\sigma^2}{2\tau^2} \,.$$

Das ist in Bild 5.17 skizziert. Das Ergebnis läßt sich qualitativ sofort verstehen. Für jedes kleine x-Intervall der Exponentialverteilung führt die Faltung mit gleicher Wahrscheinlichkeit zu einer Verschiebung nach links oder nach rechts. Da die Exponentialverteilung zu vorgegebenem u jedoch für kleine x-Werte größer ist, stammen Beiträge zur Faltung $f(u)$ mit größerer Wahrscheinlichkeit von links als von rechts. Das führt zu einer allgemeinen Rechtsverschiebung von $f(u)$ im Vergleich zu $f(x)$.

■

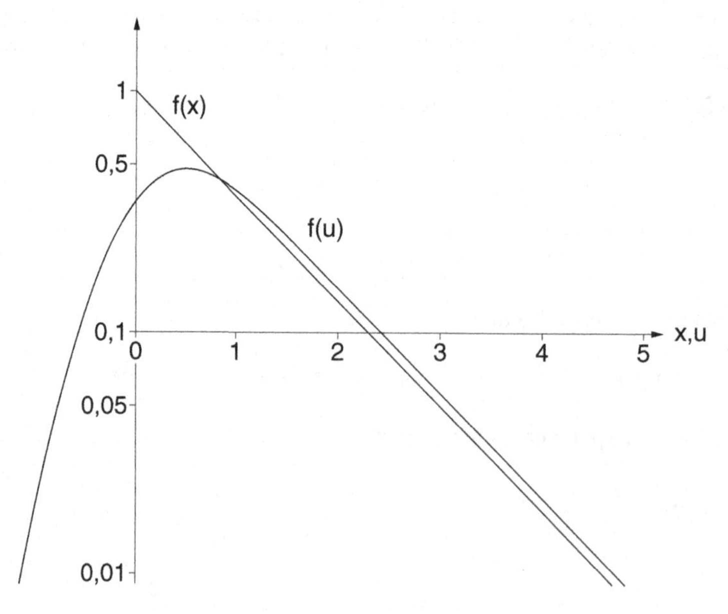

Bild 5.17: Faltung von Exponential- und Normalverteilung.

5.12 Programmbeispiele

Programmbeispiel 5.1: Die Klasse `E1Distrib` simuliert empirische Häufigkeit und demonstriert statistische Schwankungen

Das Programm simuliert das Problem aus Beispiel 5.1. Es erlaubt die Eingabe von n_{exp}, n_{fly} und $P(A)$ und führt n_{exp} Simulationsexperimente durch. In jedem Experiment werden n_{fly} Objekte untersucht. Jedes hat mit der Wahrscheinlichkeit $P(A)$ die Eigenschaft A. Für jedes Experiment wird eine Zeile ausgegeben. Sie enthält die Nummer i_{exp} des Experiments, die Anzahl N_A der Objekte mit der Eigenschaft A und die Häufigkeit $h_A = N_A/n_{\mathrm{fly}}$, mit der die Eigenschaft A gefunden wurde. Die Schwankung von h_A um den bekannten Wert $P(A)$ in den einzelnen Experimenten gibt einen guten Eindruck von dem statistischen Fehler eines Experiments.

Programmbeispiel 5.2: Die Klasse `E2Distrib` simuliert das Experiment von Rutherford und Geiger

Das Prinzip des Experiments von Rutherford und Geiger ist in Beispiel 5.3, dargestellt. Es wird wie folgt simuliert. Eingabegrößen sind die Anzahl N der beobachteten Zerfälle und die Anzahl n_{int} der Teilintervalle ΔT der gesamten Beobachtungszeit T. Die Länge jedes Teilintervalls wird der Einfachheit halber zu Eins gesetzt. Es werden N Zufallsereignisse simuliert, indem N Zufallszahlen aus einer Gleichverteilung mit den Grenzen 0 und T entnommen werden. Sie werden in ein Histogramm mit n_{int} Intervallen eingetragen. Das Histogramm wird zunächst graphisch ausgegeben und dann numerisch analysiert. Zu jeder ganzen Zahl $k = 0,1,\ldots,N_{\mathrm{int}}$ wird festgestellt, wie viele Intervalle $N(k)$ des Histogramms gerade den Inhalt k haben. Die Größen $N(k)$ werden als ein weiteres Histogramm ausgegeben.

Zeigen Sie, daß für den Prozeß, der in diesem Programmbeispiel simuliert wird, im Grenzfall $N \to \infty$

$$N(k) = n_{\mathrm{int}} W_k^N(p = 1/n_{\mathrm{int}})$$

gilt. Wird schrittweise N vergrößert und gleichzeitig $\lambda = N_p = N/n_{\mathrm{int}}$ konstant gehalten, so gilt für große N

$$W_k^N(p = \lambda/N) \to \frac{\lambda^k}{k!}\mathrm{e}^{-\lambda}$$

und im Grenzfall $N \to \infty$

$$N(k) = n_{\mathrm{int}}\frac{\lambda^k}{k!}\mathrm{e}^{-\lambda} .$$

Überprüfen Sie diese Aussagen, indem Sie das Programm mit geeigneten Zahlenpaaren betreiben, z. B. $(N, n_{\mathrm{int}}) = (4,2), (40,20), \ldots, (2000,1000)$, die Zahlwerte von $N(k)$ aus der Graphik ablesen und mit den obigen Aussagen vergleichen.

Programmbeispiel 5.3: Die Klasse `E3Distrib` simuliert das Galton-Brett

Das Galton-Brett ist eine einfache mechanische Anordnung zur Realisierung des Laplace-Modells aus Beispiel 5.7. In das aufrecht stehende Brett sind Nägel wie in Bild 5.18 eingeschlagen. Das Brett hat die Nagelreihen $j = 1,2,\ldots,n$. Jede Reihe j hat j Nägel. Nacheinander fallen N Kugeln durch einen Zuführungsschacht auf den Nagel der Reihe 1. Dabei wird jede Kugel mit der Wahrscheinlichkeit p nach rechts und mit der Wahrscheinlichkeit $(1-p)$ nach links abgelenkt. (Beim wirklichen Galton-Brett ist $p = 1/2$.) Der Nagelabstand ist so gewählt, daß die Kugel in jedem Fall einen der beiden Nägel in Reihe 2 trifft und dort wieder mit der Wahrscheinlichkeit p nach rechts abgelenkt wird. Nach dem Durchlaufen von n Reihen nimmt jede Kugel einen von $n+1$ Plätzen ein, die wir mit $k = 0$ (ganz links), $k = 1, \ldots, k = n$ (ganz rechts) bezeichnen. Bei N_{exp} Versuchen (Kugeldurchläufen) findet man $N(k)$ Kugeln zu jedem Wert k.

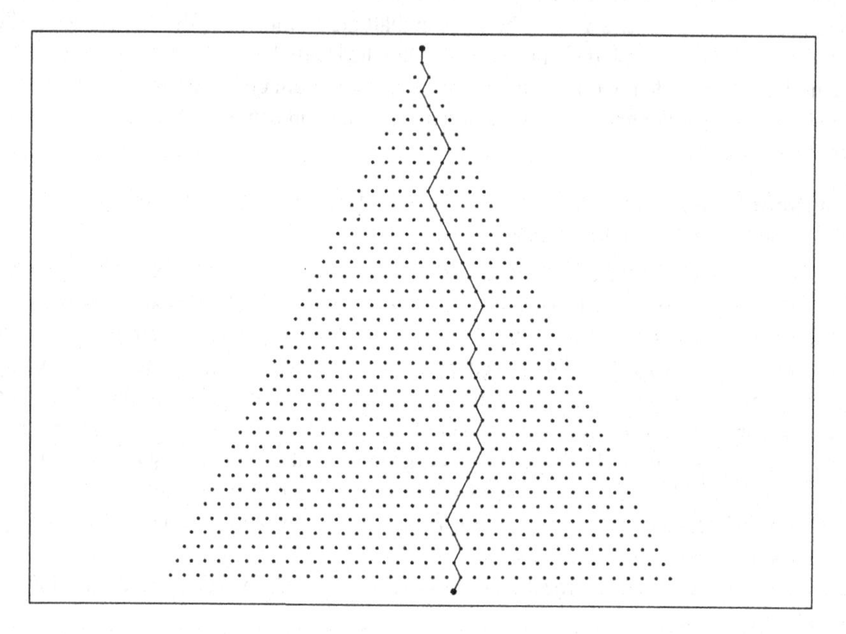

Bild 5.18: Anordnung der Nägel im Galton-Brett und mögliche Bahn einer Kugel.

Das Programm erlaubt die Eingabe von Zahlwerten für N_{exp}, n und p. Für jeden Versuch wird zunächst die Größe k zu Null gesetzt, und es werden n Zufallszahlen r_j aus einer Gleichverteilung entnommen und analysiert. Für jedes $r_j < p$ (entsprechend einer Ablenkung nach rechts in Reihe j) wird k um 1 erhöht. Anschließend wird k in ein Histogramm eingetragen, das nach der Simulation aller Versuche ausgegeben wird.

Zeigen Sie, daß im Grenzfall $N \to \infty$

$$N(k) = N\, W_k^n(p)$$

gilt. Nähern Sie sich durch Eingabe geeigneter Zahlenpaare (n, p), z. B. $(n, p) = (1, 0.5)$, $(2, 0.25)$, $(10, 0.05)$, $(100, 0.005)$ dem Poisson-Limes

$$N(k) = N \frac{\lambda^k}{k!} \mathrm{e}^{-\lambda} \,, \quad \lambda = np \,,$$

und vergleichen Sie diese Vorhersagen mit Ergebnissen von Rechnersimulationen.

6 Stichproben

Im vorigen Kapitel haben wir eine Anzahl von Verteilungen kennengelernt, aber nicht erklärt, wie solche Verteilungen im Einzelfall realisiert werden. Wir haben lediglich die Wahrscheinlichkeit dafür angegeben, daß eine Zufallsvariable in einem bestimmten Intervall mit den Grenzen x und $x + \mathrm{d}x$ liegt. Diese Wahrscheinlichkeit hängt noch von Parametern ab, die charakteristisch für die Verteilung sind (wie etwa λ im Falle der Poisson-Verteilung), und die im allgemeinen unbekannt sind. Wir haben daher keine direkte Kenntnis der Wahrscheinlichkeitsverteilung und müssen sie durch eine experimentell beschaffte *Häufigkeitsverteilung* annähern. Die Gesamtheit der Einzelexperimente, die zu diesem Zweck angestellt werden, heißt eine *Stichprobe*. Sie ist notwendigerweise endlich. Bevor wir die Grundzüge einer Theorie der Stichprobenentnahme kennenlernen, bedarf es zunächst einer Reihe neu zu definierender Begriffe und Größen.

6.1 Zufällige Stichprobe. Verteilungsfunktion einer Stichprobe. Schätzungen

Jede Stichprobe wird aus einer Menge von Elementen entnommen, die den möglichen Ergebnissen eines einzelnen Versuches entsprechen. Eine solche Menge, die gewöhnlich unendlich viele Elemente hat, nennen wir eine *Grundgesamtheit*. Wird eine Stichprobe von n Elementen aus ihr entnommen, so sagen wir, die Stichprobe habe den *Umfang n*. Die Verteilung der Zufallsvariablen x in der Grundgesamtheit sei durch die Wahrscheinlichkeitsdichte $f(x)$ gegeben. Wir interessieren uns jetzt für die Werte von x, die die einzelnen Elemente der Stichprobe annehmen. Wir stellen uns vor, daß wir ℓ Stichproben vom Umfang n entnehmen und jeweils die folgenden Werte für x finden:

$$\begin{array}{ll} \text{1-te Stichprobe:} & \mathsf{x}_1^{(1)}, \mathsf{x}_2^{(1)}, \ldots, \mathsf{x}_n^{(1)}, \\ \vdots & \\ j\text{-te Stichprobe:} & \mathsf{x}_1^{(j)}, \mathsf{x}_2^{(j)}, \ldots, \mathsf{x}_n^{(j)}, \\ \vdots & \\ \ell\text{-te Stichprobe:} & \mathsf{x}_1^{(\ell)}, \mathsf{x}_2^{(\ell)}, \ldots, \mathsf{x}_n^{(\ell)}. \end{array}$$

Wir fassen die Ergebnisse einer Stichprobe in dem Vektor

$$\mathbf{x}^{(j)} = (\mathrm{x}_1^{(j)}, \mathrm{x}_2^{(j)}, \ldots, \mathrm{x}_n^{(j)}) \tag{6.1.1}$$

zusammen, der als Ortsvektor in einem n-dimensionalen Stichprobenraum (Abschnitt 2.1) aufgefaßt werden kann. Seine Wahrscheinlichkeitsdichte ist

$$g(\mathbf{x}) = g(x_1, x_2, \ldots, x_n)\,. \tag{6.1.2}$$

Diese Funktion muß zwei Bedingungen erfüllen, damit die Stichprobe *zufällig* ist.

(a) Die verschiedenen x_i müssen unabhängig sein, d. h., es muß gelten

$$g(\mathbf{x}) = g_1(x_1) g_2(x_2) \cdots g_n(x_n)\,. \tag{6.1.3}$$

(b) Die einzelnen Randverteilungen müssen identisch und gleich der Wahrscheinlichkeitsdichte $f(x)$ der Grundgesamtheit sein,

$$g_1(x) = g_2(x) = \ldots = g_n(x) = f(x)\,. \tag{6.1.4}$$

Aus dem Vergleich dieser Bedingungen mit (6.1.2) wird offenbar, daß immer dann eine einfache Beziehung zwischen Grundgesamtheit und Stichprobe besteht, wenn sie erfüllt sind. Im weiteren meinen wir mit dem Wort Stichprobe immer eine zufällige Stichprobe, wenn nichts anderes gesagt ist.

Es sollte betont werden, daß es bei einer wirklichen Stichprobenentnahme keineswegs immer leicht ist, die Zufälligkeit zu gewährleisten. Wegen des großen Spektrums der Anwendungen kann auch keine allgemeine Vorschrift dafür gegeben werden. Größte Sorgfalt muß auf die Einhaltung der Bedingungen (6.1.3) und (6.1.4) verwandt werden, wenn man zuverlässige Ergebnisse als Stichprobenentnahmen erwartet. Während durch Vergleich der Häufigkeitsverteilungen des ersten, zweiten, ... Elements einer großen Anzahl von Stichproben die Unabhängigkeit (6.1.3) noch in gewisser Weise überprüft werden kann, ist es sehr schwierig, sicher zu gehen, daß die Stichproben in der Tat einer Grundgesamtheit mit der Wahrscheinlichkeitsdichte $f(x)$ entstammen. Wenn sich die Elemente der Grundgesamtheit numerieren lassen, ist es häufig vorteilhaft, Zufallszahlen zu benutzen, um Elemente für die Stichprobe auszuwählen.

Wir denken uns nun die aus einer Stichprobe resultierenden n Werte nach der Variablen geordnet, d. h. etwa auf einer x-Achse markiert, und fragen für einen beliebigen x-Wert nach der Zahl n_x, der Elemente der Stichprobe, für die $\mathrm{x} < x$. Die Funktion

$$W_n(x) = n_x / n \tag{6.1.5}$$

übernimmt dann die Rolle einer empirischen Verteilungsfunktion. Sie ist eine Treppenfunktion, die um $1/n$ anwächst, sobald x gleich einem der Werte x der Stichprobenelemente ist, und heißt *Verteilungsfunktion der Stichprobe*. Sie ist offenbar eine Näherung für $F(x)$, die Verteilungsfunktion der Grundgesamtheit, in die sie für $n \to \infty$ übergeht.

Eine Funktion der Elemente einer Stichprobe (6.1.1) heißt eine *Stichprobenfunktion.* Da x eine Zufallsvariable ist, ist jede Stichprobenfunktion selbst eine Zufallsvariable. Das wichtigste Beispiel ist der *Mittelwert einer Stichprobe (sample mean),*

$$\bar{\mathsf{x}} = \frac{1}{n}(\mathsf{x}_1 + \mathsf{x}_2 + \cdots + \mathsf{x}_n) . \tag{6.1.6}$$

In der englischsprachigen Literatur wird eine Stichprobenfunktion auch einfach eine *Statistik* genannt.

Eine typische Aufgabe ist nun die folgende. Das Verteilungsgesetz einer Grundgesamtheit ist bekannt. So ist etwa beim radioaktiven Zerfall die Zahl der bis zum Zeitpunkt $t = \tau$ zerfallenen Kerne $N_\tau = N_0(1 - \exp(-\lambda\tau))$, wenn zur Zeit $t = 0$ gerade N_0 Kerne vorhanden waren. Dabei ist aber die Zerfallskonstante λ im allgemeinen unbekannt. Durch Entnahme einer endlichen Stichprobe (Nachweis der Zerfallszeiten endlich vieler einzelner Kerne) soll der Parameter λ möglichst genau angegeben werden. Da eine solche Aufgabe wegen der Endlichkeit der Stichprobe nie exakt gelöst werden kann, spricht man von einer *Schätzung von Parametern.* Zur Schätzung eines Parameters λ einer Verteilungsfunktion dient eine Stichprobenfunktion (oder Schätzfunktion)

$$\mathsf{S} = \mathsf{S}(\mathsf{x}_1, \mathsf{x}_2, \ldots, \mathsf{x}_n) . \tag{6.1.7}$$

Eine Schätzung heißt *erwartungstreu* oder *unverzerrt*, wenn bei beliebigem Umfang der Stichprobe der Erwartungswert der (zufälligen) Größe S gleich dem zu schätzenden Parameter ist:

$$E\{\mathsf{S}(\mathsf{x}_1, \mathsf{x}_2, \ldots, \mathsf{x}_n)\} = \lambda \quad \text{für jedes } n. \tag{6.1.8}$$

Eine Schätzung heißt *konsistent*, wenn ihre Streuung für beliebig großen Stichprobenumfang verschwindet, d. h., wenn

$$\lim_{n \to \infty} \sigma(\mathsf{S}) = 0 . \tag{6.1.9}$$

Oft kann man eine untere Schranke für die Streuung der Schätzung eines Parameters angeben. Findet man eine Schätzung S_0, deren Streuung gleich dieser Schranke ist, so handelt es sich offenbar um die „beste aller möglichen“ Schätzungen. S_0 heißt *effektive Schätzung* von λ.

6.2 Stichproben aus kontinuierlichen Grundgesamtheiten. Mittelwert und Varianz einer Stichprobe

Betrachten wir zunächst den für die Anwendungen wichtigsten Fall einer Stichprobe aus einer unendlich großen mit der Wahrscheinlichkeitsdichte $f(x)$ kontinuierlich verteilten Grundgesamtheit. Wie jede Stichprobenfunktion ist der Mittelwert der Stichprobe (6.1.6) eine Zufallsgröße. Betrachten wir ihren Erwartungswert

$$E(\bar{\mathsf{x}}) = \frac{1}{n}\{E(\mathsf{x}_1) + E(\mathsf{x}_2) + \cdots + E(\mathsf{x}_n)\} = \widehat{x} \,. \tag{6.2.1}$$

Dieser Erwartungswert ist gleich dem Erwartungswert von x. Da (6.2.1) für jedes n gilt, ist – wie man gefühlsmäßig erwartet – das arithmetische Mittel einer Stichprobe eine unverzerrte Schätzung für den Mittelwert der Grundgesamtheit. Die charakteristische Funktion der Zufallsgröße $\bar{\mathsf{x}}$ ist

$$\varphi_{\bar{\mathsf{x}}}(t) = \left\{\varphi_{\frac{\mathsf{x}}{n}}(t)\right\}^n = \left\{\varphi_{\mathsf{x}}\left(\frac{t}{n}\right)\right\}^n . \tag{6.2.2}$$

Als nächstes interessiert uns die Varianz von $\bar{\mathsf{x}}$:

$$\begin{aligned} \sigma^2(\bar{\mathsf{x}}) &= E\{(\bar{\mathsf{x}} - E(\bar{\mathsf{x}}))^2\} = E\left\{\left(\frac{\mathsf{x}_1 + \mathsf{x}_2 + \cdots + \mathsf{x}_n}{n} - \widehat{x}\right)^2\right\} \\ &= \frac{1}{n^2} E\{[(\mathsf{x}_1 - \widehat{x}) + (\mathsf{x}_2 - \widehat{x}) + \cdots + (\mathsf{x}_n - \widehat{x})]^2\} \,. \end{aligned}$$

Da aber alle x_i unabhängig sind, so verschwinden alle gemischten Glieder der Art $E\{(\mathsf{x}_i - \widehat{x})(\mathsf{x}_j - \widehat{x})\}$, $i \neq j$, d. h. alle Kovarianzen, und wir erhalten

$$\sigma^2(\bar{\mathsf{x}}) = \frac{1}{n}\sigma^2(\mathsf{x}) \,. \tag{6.2.3}$$

Damit ist nun auch gezeigt, daß $\bar{\mathsf{x}}$ eine konsistente Schätzung für $\widehat{x}$ ist. Die Varianz (6.2.3) ist aber wiederum keine Stichprobenfunktion, uns also nicht direkt durch eine Versuch zugänglich. Wir definieren versuchsweise die *Varianz der Stichprobe* (the sample variance) als das arithmetische Mittel der quadratischen Abweichungen

$$\mathsf{s}'^2 = \frac{1}{n}\{(\mathsf{x}_1 - \bar{\mathsf{x}})^2 + (\mathsf{x}_2 - \bar{\mathsf{x}})^2 + \cdots + (\mathsf{x}_n - \bar{\mathsf{x}})^2\} \tag{6.2.4}$$

und betrachten ebenfalls ihren Erwartungswert

$$\begin{aligned}
E(\mathsf{s}'^2) &= \frac{1}{n}E\left\{\sum_{i=1}^{n}(\mathsf{x}_i-\bar{\mathsf{x}})^2\right\} = \frac{1}{n}E\left\{\sum_{i=1}^{n}(\mathsf{x}_i-\widehat{x}+\widehat{x}-\bar{\mathsf{x}})^2\right\} \\
&= \frac{1}{n}E\left\{\sum_{i=1}^{n}(\mathsf{x}_i-\widehat{x})^2+\sum_{i=1}^{n}(\widehat{x}-\bar{\mathsf{x}})^2+2\sum_{i=1}^{n}(\mathsf{x}_i-\widehat{x})(\widehat{x}-\bar{\mathsf{x}})\right\} \\
&= \frac{1}{n}\sum_{i=1}^{n}\{E((\mathsf{x}_i-\widehat{x})^2)-E((\bar{\mathsf{x}}-\widehat{x})^2)\} = \frac{1}{n}\left\{n\sigma^2(\mathsf{x})-n\left(\frac{1}{n}\sigma^2(\mathsf{x})\right)\right\}, \\
E(\mathsf{s}'^2) &= \frac{n-1}{n}\sigma^2(\mathsf{x}). \qquad (6.2.5)
\end{aligned}$$

Es zeigt sich also, daß die Varianz der Stichprobe einen Erwartungswert besitzt, der kleiner als die Varianz der Grundgesamtheit ist, so daß s'^2 keine unverzerrte Schätzung für σ^2 ist. Das Maß der Verzerrung geht jedoch aus (6.2.5) hervor. Wir ändern daher unsere Definition (6.2.4) und schreiben für die Varianz der Stichprobe

$$\mathsf{s}^2 = \frac{1}{n-1}\{(\mathsf{x}_1-\bar{\mathsf{x}})^2+(\mathsf{x}_2-\bar{\mathsf{x}})^2+\cdots+(\mathsf{x}_n-\bar{\mathsf{x}})^2\}. \qquad (6.2.6)$$

Dies ist jetzt eine unverzerrte Schätzung für $\sigma^2(\mathsf{x})$. Der Wert $(n-1)$ im Nenner erscheint zunächst etwas sonderbar. Man muß aber beachten, daß für $n=1$ der Mittelwert der Stichprobe gleich dem Wert x des einzigen Elements der Stichprobe ($\mathsf{x}=\bar{\mathsf{x}}$) ist und daß deswegen die Größe (6.2.4) verschwinden würde. Das liegt daran, daß in (6.2.4) – und auch in (6.2.6) – der Mittelwert der Stichprobe $\bar{\mathsf{x}}$ anstelle des Mittelwerts der Grundgesamtheit $\widehat{x}$ benutzt wurde, da letzterer unbekannt war. Ein Teil der Information, die in der Stichprobe enthalten war, mußte zunächst benutzt werden und ging für die Berechnung der Varianz verloren. Die für die Berechnung der Varianz verfügbare Zahl der Elemente der Stichprobe wurde dadurch verringert. Dies wurde durch die Verkleinerung des Nenners des arithmetischen Mittels (6.2.4) berücksichtigt. Der gleiche Gedankengang wird im Abschnitt 6.5 quantitativ wiederholt.

Setzen wir die Schätzung (6.2.6) für die Varianz der Grundgesamtheit in (6.2.3) ein, so erhalten wir eine Schätzung für die *Varianz des Mittelwertes*

$$\mathsf{s}^2(\bar{\mathsf{x}}) = \frac{1}{n}\mathsf{s}^2(\mathsf{x}) = \frac{1}{n(n-1)}\sum_{i=1}^{n}(\mathsf{x}_i-\bar{\mathsf{x}})^2. \qquad (6.2.7)$$

Die zugehörige Standardabweichung können wir als *Fehler des Mittelwertes* betrachten,

$$\Delta\bar{\mathsf{x}} = \sqrt{\mathsf{s}^2(\bar{\mathsf{x}})} = \mathsf{s}(\bar{\mathsf{x}}) = \frac{1}{\sqrt{n}}\mathsf{s}(\mathsf{x}). \qquad (6.2.8)$$

Natürlich interessiert auch der Fehler der Varianz (6.2.6) der Stichprobe. In Abschnitt 6.6 werden wir zeigen, daß sich diese Größe unter der Annahme bestimmen läßt, daß die Grundgesamtheit einer Normalverteilung folgt. Wir nehmen hier das Ergebnis vorweg. Die Varianz von s^2 ist

$$\mathrm{var}(\mathsf{s}^2) = \left(\frac{\sigma^2}{n-1}\right)^2 2(n-1)\,. \tag{6.2.9}$$

Setzen wir auf der rechten Seite für σ^2 die Schätzung (6.2.6) ein und ziehen die Wurzel, so erhalten wir für den Fehler der Varianz der Stichprobe

$$\Delta \mathsf{s}^2 = \mathsf{s}^2 \sqrt{\frac{2}{(n-1)}}\,. \tag{6.2.10}$$

Abschließend geben wir noch explizit die Ausdrücke für die Schätzungen der *Standardabweichung der Stichprobe* und deren Fehler an. Erstere ist einfach die Wurzel aus der Varianz der Stichprobe:

$$\mathsf{s} = \sqrt{\mathsf{s}^2} = \frac{1}{\sqrt{n-1}} \sqrt{\sum (\mathsf{x}_i - \bar{\mathsf{x}})^2}\,. \tag{6.2.11}$$

Der Fehler der Standardabweichung der Stichprobe ergibt sich durch Fehlerfortpflanzung aus (6.2.10) zu

$$\Delta \mathsf{s} = \frac{\mathsf{s}}{\sqrt{2(n-1)}}\,. \tag{6.2.12}$$

Beispiel 6.1: Berechnung von Mittelwert und Varianz einer Stichprobe aus gegebenen Daten

Über eine Größe (z. B. die Länge eines Objekts) liegen insgesamt $n = 7$ Messungen vor. Ihre Werte sind 10.5, 10.9, 9.2, 9.8, 9.0, 10.4, 10.7. Die Berechnung wird einfacher, wenn man die Tatsache benutzt, daß alle Meßwerte in der Gegend von $a = 10$ liegen, d. h. die Form $\mathsf{x}_i = a + \delta_i$ haben. Die Beziehung (6.1.6) liefert dann

$$\bar{\mathsf{x}} = \frac{1}{n} \sum_{i=1}^{n} \mathsf{x}_i = \frac{1}{n} \sum_{i=1}^{n} (a + \delta_i) = a + \frac{1}{n} \sum_{i=1}^{n} \delta_i = a + \Delta$$

mit

$$\Delta = \frac{1}{n} \sum_{i=1}^{n} \delta_i = \frac{1}{7}(0.5 + 0.9 - 0.8 - 0.2 - 1.0 + 0.4 + 0.7) = 0.5/7 = 0.07\,.$$

Damit haben wir $\bar{\mathsf{x}} = 10 + \Delta = 10.07$.

Die Varianz der Stichprobe berechnen wir nach (6.2.6) zu

$$\mathsf{s}^2 = \frac{1}{n-1} \sum_{i=1}^{n} (\mathsf{x}_i - \bar{\mathsf{x}})^2 = \frac{1}{n-1} \sum_{i=1}^{n} (\mathsf{x}_i^2 - 2\mathsf{x}_i \bar{\mathsf{x}} + \bar{\mathsf{x}}^2) = \frac{1}{n-1} \left\{ \sum_{i=1}^{n} \mathsf{x}_i^2 - n\bar{\mathsf{x}}^2 \right\}\,,$$

und zwar entweder nach der ersten oder der letzten Zeile der obigen Beziehung. Die letzte Zeile enthält nur eine und nicht n Differenzen. Allerdings sind die zu quadrierenden Zahlen gewöhnlich wesentlich größer, und es besteht die Gefahr von Rundungsfehlern. Wir benutzen daher den ursprünglichen Ausdruck

$$
\begin{aligned}
\mathsf{s}^2 &= \frac{1}{6}\{0.43^2+0.83^2+0.87^2+0.27^2+1.07^2+0.33^2+0.63^2\} \\
&= \frac{1}{6}\{0.1849+0.6889+0.7569+0.0729+1.1449+0.1089+0.3969\} \\
&= 3.3543/6 \approx 0.56 \,.
\end{aligned}
$$

Die Standardabweichung der Stichprobe ist $\mathsf{s} \approx 0.75$. Aus (6.2.8), (6.2.10) und (6.2.12) erhalten wir schließlich $\Delta\bar{\mathsf{x}} = 0.28$, $\Delta\mathsf{s}^2 = 0.32$ und $\Delta\mathsf{s} = 0.21$. ∎

Natürlich wird man die Berechnung von Mittelwert und Varianz einer Stichprobe im allgemeinen nicht mit der Hand ausführen, sondern etwa mit der Klasse `Sample` und ihren Methoden.

6.3 Graphische Darstellung von Stichproben. Histogramme und Streudiagramme

Nach den theoretischen Überlegungen der letzten Abschnitte wenden wir uns nun einigen sehr einfachen praktischen Aspekten der Analyse von Stichprobendaten zu. Ein wichtiges Hilfsmittel dafür ist die Darstellung der Daten in graphischer Form.

Eine Stichprobe

$$\mathsf{x}_1, \mathsf{x}_2, \ldots, \mathsf{x}_n \,,$$

die nur von einer einzelnen Variablen x abhängt, läßt sich in einfachster Form graphisch darstellen, indem man die Elemente als Striche auf einer x-Achse markiert. Eine solche Darstellung nennen wir ein *eindimensionales Streudiagramm*. Es enthält die gesamte Information über die Stichprobe. Die Tafel 6.1 enthält die Werte $\mathsf{x}_1, \mathsf{x}_2, \ldots, \mathsf{x}_n$ einer Stichprobe der Größe 100, die durch Messung des Widerstandswerts R von 100 einzelnen Widerständen mit dem Nominalwert $200\,\mathrm{k}\Omega$ gewonnen wurde. Nach der Stichprobenentnahme wurden die Meßwerte geordnet.

Das Bild 6.1a zeigt das zugehörige Streudiagramm. Qualitativ kann man Mittelwert und Varianz aus der Häufung der Striche in einem Bereich und der Breite dieser Häufung abschätzen.

Günstiger ist eine andere Darstellung, die auch die zweite auf dem Zeichenpapier zur Verfügung stehende Dimension benutzt. Die x-Achse dient als Abszisse und wird in r Intervalle gleicher Breite Δx,

$$\xi_1, \xi_2, \ldots, \xi_r \,,$$

unterteilt. Dem englischen Sprachgebrauch folgend bezeichnen wir jedes solche Intervall als *Bin*. Die Mittelpunkte der Bins sollen die x-Werte

Tafel 6.1: Widerstandswerte R von 100 einzelnen Widerständen mit dem Nominalwert 200 kΩ. Die Daten sind in Bild 6.1 graphisch dargestellt.

193.199	195.673	195.757	196.051	196.092
196.596	196.679	196.763	196.847	197.267
197.392	197.477	198.189	198.650	198.944
199.070	199.111	199.153	199.237	199.698
199.572	199.614	199.824	199.908	200.118
200.160	200.243	200.285	200.453	200.704
200.746	200.830	200.872	200.914	200.956
200.998	200.998	201.123	201.208	201.333
201.375	201.543	201.543	201.584	201.711
201.878	201.919	202.004	202.004	202.088
202.172	202.172	202.297	202.339	202.381
202.507	202.591	202.633	202.716	202.884
203.051	203.052	203.094	203.094	203.177
203.178	203.219	203.764	203.765	203.848
203.890	203.974	204.184	204.267	204.352
204.352	204.729	205.106	205.148	205.231
205.357	205.400	205.483	206.070	206.112
206.154	206.155	206.615	206.657	206.993
207.243	207.621	208.124	208.375	208.502
208.628	208.670	208.711	210.012	211.394

$$x_1, x_2, \ldots, x_r$$

haben. Auf der Ordinate werden die zugehörigen Anzahlen

$$n_1, n_2, \ldots, n_r$$

der Stichprobenelemente aufgetragen, die in die Bins $\xi_1, \xi_2, \ldots, \xi_r$ fallen. Das so entstehende Diagramm heißt *Histogramm* der Stichprobe. Es kann als Häufigkeitsverteilung aufgefaßt werden, da $h_k = n_k/n$ eine Häufigkeit ist, also ein Maß für die Wahrscheinlichkeit p_k, ein Stichprobenelement innerhalb des Intervalls ξ_k zu beobachten. Für die graphische Ausgestaltung von Histogrammen sind verschiedene Methoden gebräuchlich. In einem *Balkendiagramm* werden die Werte n_k durch Balken senkrecht zur x-Achse an den Werten x_k dargestellt (Bild 6.1b). In einem *Stufendiagramm* werden die n_k durch horizontale Linien dargestellt, die sich über die ganze Breite ξ_k des Intervalls erstrecken. Benachbarte horizontale Linien werden durch senkrechte Linien verbunden (Bild 6.1c). Die Teilfläche des Histogramms über jedem Intervall ξ_k der x-Achse ist dann proportional zur Anzahl n_k der Stichprobenelemente im Intervall. (Benutzt man die Fläche über der Intervallbreite zur graphischen Darstellung von n_k, dann dürfen die Intervalle auch verschiedene Breite besitzen.) In den Wirtschaftswissenschaften werden meist Balkendiagramme verwendet. (Manchmal sieht

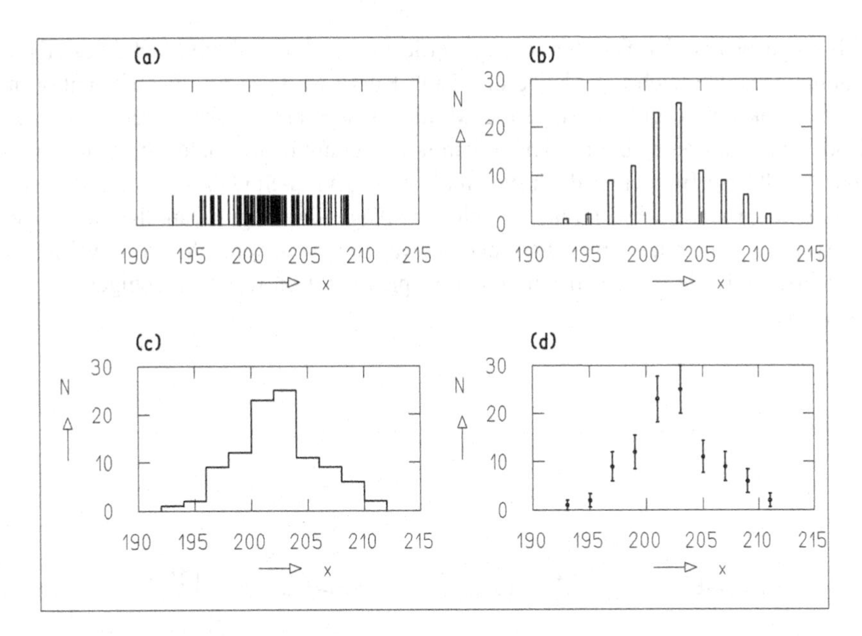

Bild 6.1: Darstellung der Daten aus Tafel 6.1 als eindimensionales Streudiagramm (a), Balkendiagramm (b), Stufendiagramm (c) und als Diagramm von Meßpunkten mit Fehlerbalken (d).

man auch Diagramme, in denen statt der Balken ein Streckenzug angegeben ist, der die Positionen der Balkenspitzen verbindet. Im Gegensatz zum Stufendiagramm besitzt die dabei entstehende Figur aber im allgemeinen einen Flächeninhalt, der der Stichprobengröße n nicht mehr proportional ist.) In den Naturwissenschaften sind Stufendiagramme gebräuchlicher.

In Abschnitt 6.8 werden wir feststellen, daß für den Fall nicht zu kleiner Werte n_k deren statistischer Fehler durch $\Delta n_k = \sqrt{n_k}$ gegeben ist. Um sie graphisch zu kennzeichnen, können die Beobachtungswerte n_k als Punkte mit *senkrechten Fehlerbalken* versehen werden, die an den Punkten $n_k \pm \sqrt{n_k}$ enden (Bild 6.1d).

Natürlich nehmen die relativen Fehler $\Delta n_k / n_k = 1/\sqrt{n_k}$ mit wachsendem n_k ab, d. h. für eine Stichprobe fester Größe n sinken sie mit zunehmender Breite der Histogrammintervalle. Andererseits werden natürlich durch Wahl größerer Intervallbreiten die feineren Strukturen der Daten bezüglich der Variablen x verwaschen. Die Aussagekraft eines Histogramms hängt daher ganz wesentlich von der richtigen Wahl der Intervallbreite ab, die gewöhnlich erst nach mehreren Versuchen gelingt.

Beispiel 6.2: Histogramme der gleichen Stichprobe zu verschiedenen Intervallbreiten

In Bild 6.2 sind vier verschiedene Histogramme der gleichen Stichprobe dargestellt. Die Grundgesamtheit ist eine Gauß-Verteilung, die als kontinuierliche Linie ebenfalls eingezeichnet ist. Die Skalierung wurde so gewählt, daß die Fläche des Histogramms jeweils gleich der Fläche der Gauß-Kurve ist. Obwohl die Information in der Graphik um so größer ist, je kleiner die Intervallbreite wird – bei verschwindender Intervallbreite geht das Histogramm in ein eindimensionales Streudiagramm über – fällt dem Betrachter doch die Ähnlichkeit zwischen Gauß-Kurve und Histogramm bei großer Intervallbreite viel eher ins Auge. Das liegt daran, daß bei großer Intervallbreite die relativen statistischen Schwankungen der einzelnen Intervallinhalte kleiner sind. Die einzelnen Stufen der Treppenfunktion weichen weniger von der Kurve ab. ■

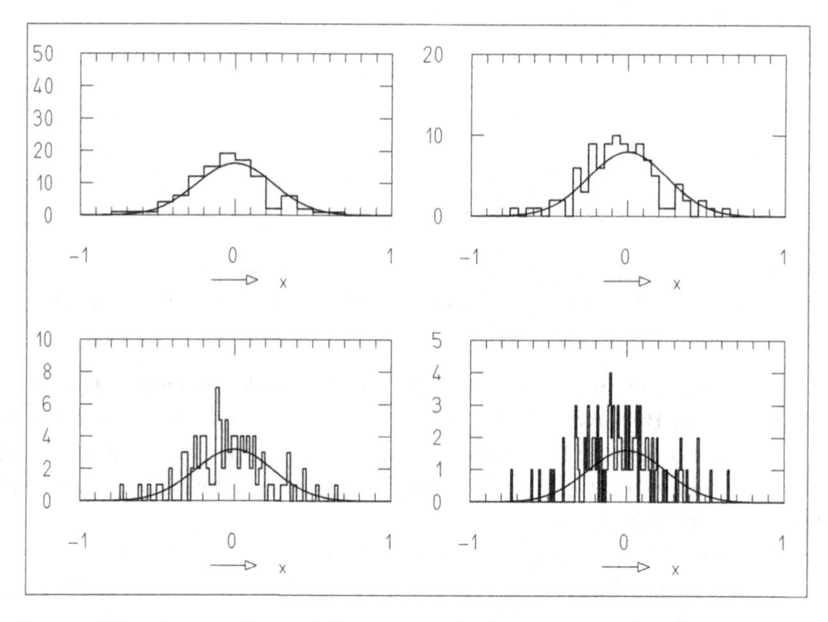

Bild 6.2: Histogramm der gleichen Stichprobe aus einer Gauß-Verteilung dargestellt mit vier verschiedenen Intervallbreiten.

Der Aufbau eines Histogramms aus einer Stichprobe ist eine sehr einfache Programmieraufgabe. Das Histogramm möge n_x Intervalle der Breite Δx haben, und das erste Intervall möge sich von $x = x_0$ bis $x = x_0 + \Delta x$ erstrecken. Der Inhalt des Histogramms soll in einem Feld `hist` abgelegt werden, und zwar der des ersten Intervalls in `hist[0]`, der des zweiten Intervalls in `hist[1]` usw. Das Histogramm ist also im Rechner durch das Feld `hist` und die drei Größen $x_0, \Delta x, n_x$ gekennzeichnet. Die Klasse `Histogram` erlaubt die Konstruktion und Verwaltung eines Histogramms.

Die graphische Ausgabe des Histogramms kann mit den Methoden der umfangreichen Klasse `DatanGraphics` (Anhang F) vorgenommen werden. Dabei kann der

Benutzer alle Parameter, die das äußere Erscheinungsbild der Graphik bestimmen wie Bildformat, Skalenfaktoren, Farben, Strichdicken usw., frei bestimmen. Nützlich ist auch die Klasse `GraphicsWithHistogram`, die dem Benutzer zwar diese Freiheit nimmt, dafür aber mit einem einzigen Aufruf die graphische Ausgabe eines im Rechner angelegten Histogramms bewirkt.

Ein Histogramm gibt einen ersten direkten Eindruck von der Natur der Daten. Es beantwortet Fragen wie „Sind die Daten einigermaßen gaußisch verteilt?“ oder „Gibt es Ausreißer, die unverhältnismäßig weit vom Mittelwert entfernt liegen?“. Läßt das Histogramm auf eine Gauß-Verteilung der Grundgesamtheit schließen, so kann man Mittelwert und Standardabweichung der Stichprobe direkt aus der Graphik abschätzen. Der Mittelwert ist der Schwerpunkt des Histogramms. Die Standardabweichung gewinnt man wie folgt:

Beispiel 6.3: Volle Breite bei halber Höhe (FWHM)

Läßt die Form eines Histogramms vermuten, daß die in ihm dargestellte Stichprobe einer Gauß-Verteilung entstammt, so zeichnet man von Hand eine Gaußsche Glockenkurve, die sich dem Histogramm möglichst gut anschmiegt. Die Lage des Maximums ist eine gute Schätzung für den Mittelwert der Stichprobe. Man zeichnet dann eine Horizontale auf der halben Höhe des Maximums. Sie schneidet die Glockenkurve an den Stellen x_a und x_b. Die Größe

$$f = x_b - x_a$$

heißt *volle Breite bei halber Höhe* (engl.: full width at half maximum FWHM). Man rechnet leicht nach, daß für eine Gauß-Verteilung der einfache Zusammenhang

$$\sigma = \frac{f}{\sqrt{-8\ln\frac{1}{2}}} \approx 0.4247\, f \tag{6.3.1}$$

zwischen Standardabweichung und FWHM besteht. Dieser Ausdruck kann auch als Schätzung für die Standardabweichung der Stichprobe dienen, wenn f aus dem Histogramm abgelesen wird. ■

Wir benutzen jetzt die Monte-Carlo-Methode, Kapitel 4, zusammen mit Histogrammen, um die Begriffe Mittelwert, Standardabweichung und Varianz einer Stichprobe und deren Fehler zu veranschaulichen, die im Abschnitt 6.2 eingeführt wurden.

Beispiel 6.4: Untersuchung der Kenngrößen von Stichproben
aus einer Gauß-Verteilung mit der Monte-Carlo-Methode

Wir entnehmen nacheinander 1000 Stichproben vom Umfang $N = 100$ aus der standardisierten Normalverteilung, berechnen Mittelwert $\bar{\mathsf{x}}$, Varianz s^2 und Standardabweichung s jeder Stichprobe sowie die Fehler $\Delta\bar{\mathsf{x}}$, $\Delta\mathsf{s}^2$ und $\Delta\mathsf{s}$ dieser Größen mit

Methoden der Klasse `Sample` und fertigen für jede der 6 Größen ein Histogramm an, Bild 6.3, das 1000 Einträge enthält. Da jede der Größen als eine Summe vieler Zufallsgrößen definiert ist, erwarten wir in allen Fällen Histogramme, die Gauß-Verteilungen ähneln. Aus dem Histogramm für $\bar{x}$, lesen wir eine volle Breite bei halber Höhe von ca. 0.25 ab und damit eine Standardabweichung von ca. 0.1. Tatsächlich zeigt das Histogramm für $\Delta\bar{x}$ eine etwa gaußische Verteilung mit Mittelwert $\Delta\bar{x} = 0.1$. (Aus der Breite dieses Histogramms könnte man den Fehler des Fehlers $\Delta\bar{x}$ des Mittelwerts $\bar{x}$ bestimmen!) Aus den beiden Histogrammen gewinnt man einen sehr anschaulichen Eindruck von der Bedeutung des Fehlers $\Delta\bar{x}$ des Mittelwertes $\bar{x}$ einer einzelnen Stichprobe, wie er mit Hilfe von (6.2.8) berechnet wurde. Er gibt (im Rahmen seines Fehlers) die Standardabweichung der Grundgesamtheit an, der der Mittelwert $\bar{x}$ entstammt. Werden nacheinander viele Stichproben entnommen

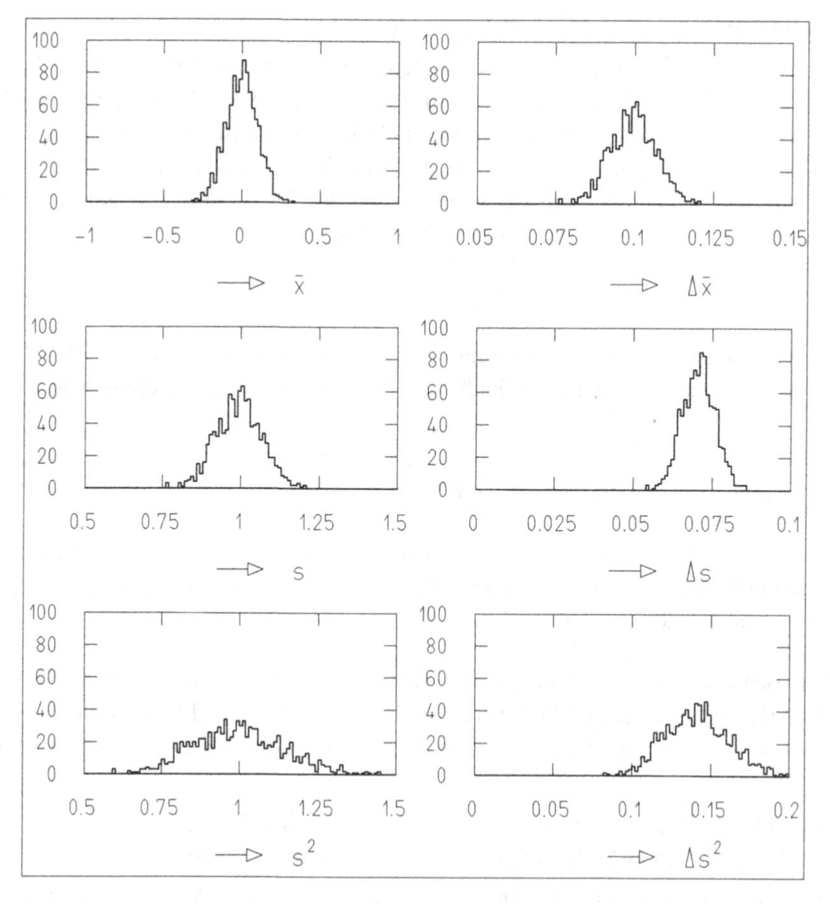

Bild 6.3: Histogramme der der Größen $\bar{x}$, $\Delta\bar{x}$, s, Δs, s^2 und Δs^2 von 1000 Stichproben vom Umfang 100 aus der standardisierten Normalverteilung.

(wird das Experiment häufig wiederholt), so beschreibt die Häufigkeitsverteilung der registrierten Werte $\bar{x}$ eine Gauß-Verteilung um den Mittelwert der Grundgesamtheit mit der Standardabweichung $\Delta\bar{x}$. Ganz Entsprechendes gilt für die Größen s^2 und Δs^2, bzw. s und Δs. ■

Hängen die Elemente einer Stichprobe von zwei Zufallsvariablen x und y ab, so kann man ein Streudiagramm konstruieren, indem man jedes Element als einen Punkt in einem kartesischen Koordinatensystem aufträgt, das von den Variablen x und y aufgespannt wird. Ein solches *zweidimensionales Streudiagramm* liefert nützliche qualitative Informationen über Beziehungen zwischen den zwei Variablen.

Die Klasse `GraphicsWith2DScatterDiagram` erzeugt ein solches Diagram mit einem einzigen Aufruf. (Es wird ein Bild des Formats DIN A5 quer erzeugt, in das das quadratisch gehaltene Streudiagramm eingepaßt wird. Die Klasse muß entsprechend verändert werden, wenn ein anderes Bildformat oder ein anderes Seitenverhältnis des Diagramms gewünscht wird.)

Beispiel 6.5: Zweidimensionales Streudiagramm: Dividende gegen Kurs von Industrieaktien

Die Tafel 6.2 enthält eine Auflistung der ersten 10 von insgesamt 226 Datensätzen, in denen die Dividende im Jahre 1967 (erste Spalte) und der Kurswert pro Stück am 31.12.1967 (zweite Spalte) sowie der Name der Gesellschaft (dritte Spalte) für alle deutschen Industrie-Aktiengesellschaften mit einem Aktienkapital über 10 Millionen DM angegeben ist. Das Streudiagramm der Wertepaare (Kurs, Dividende) ist im Bild 6.4 wiedergegeben.

Wie erwartet zeigt sich eine starke Korrelation zwischen Dividende und Kurswert. Man stellt aber auch fest, daß mit steigendem Kurswert die Dividende nicht linear anwächst. Es scheint, daß auch andere Gründe als unmittelbar bevorstehende Gewinne den Preis einer Aktie bestimmen.

Tafel 6.2: Dividende, Kurswert einer Aktie und Name der Gesellschaft.

```
12.  133.  ACKERMANN-GOEGGINGEN
08.  417.  ADLERWERKE KLEYER
17.  346.  AGROB AG FUER GROB U. FEINKERAMIK
25.  765.  AG.F.ENERGIEWIRTSCHAFT
16.  355.  AG F. LICHT- U. KRAFTVERS.,MCHN.
20.  315.  AG.F. IND.U.VERKEHRSW.
08.  138.  AG. WESER
16.  295.  AEG ALLG.ELEKTR.-GES.
20.  479.  ANDREAE-NORIS ZAHN
10.  201.  ANKERWERKE
```

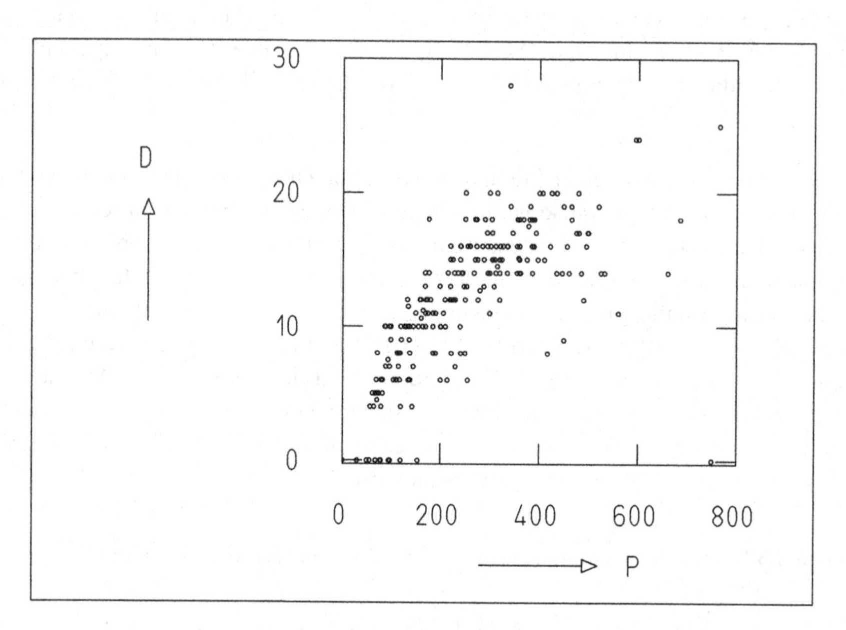

Bild 6.4: Streudiagramm Kurs P gegen Dividende D von Industrieaktien.

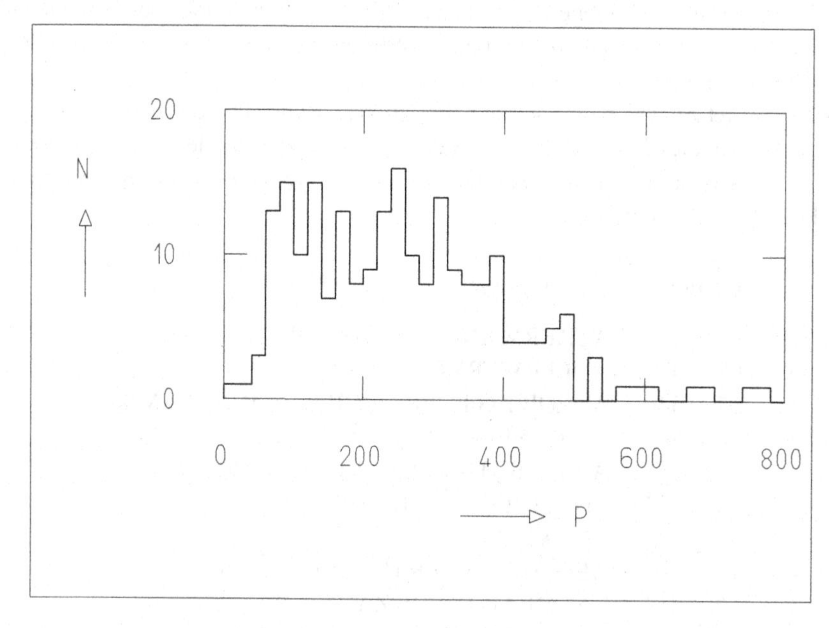

Bild 6.5: Histogramm des Kurses von Industrieaktien.

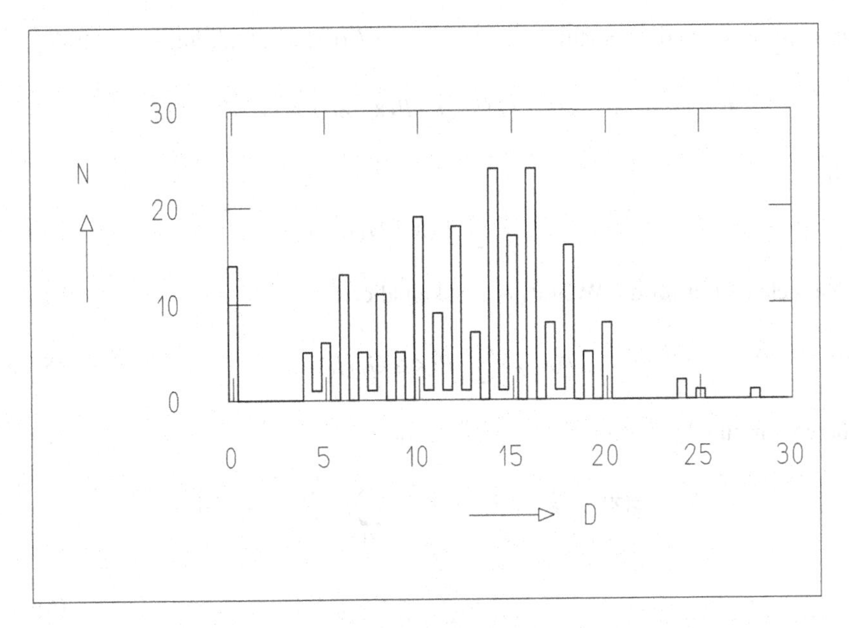

Bild 6.6: Histogramm der Dividende von Industrieaktien.

Außerdem werden Histogramme für den Kurs (Bild 6.5) und die Dividende (Bild 6.6) angegeben, die als Projektionen des Streudiagramms auf die Abszisse bzw. die Ordinate aufgefaßt werden können. Man beobachtet deutlich ein nichtstatistisches Verhalten der Dividende. Sie wird in Prozent des Nominalwerts angegeben und ist daher praktisch immer ganzzahlig. Man beobachtet, daß gerade Zahlen wesentlich häufiger auftreten als ungerade. ■

6.4 Stichproben aus zerlegten Grundgesamtheiten

Oft ist es vorteilhaft, eine Grundgesamtheit G (etwa die Gesamtheit aller Studenten Europas) in verschiedene *Teilgesamtheiten* $G_1, G_2, \ldots, G_t$ zu zerlegen (Studenten an den Hochschulen $1,2,\ldots,t$). Die interessierende Größe x folge in den Teilgesamtheiten den Wahrscheinlichkeitsdichten $f_1(x), f_2(x), \ldots, f_t(x)$. Die zu $f_i(x)$ gehörige Verteilungsfunktion

$$F_i(x) = \int_{-\infty}^{x} f_i(x)\,\mathrm{d}x = P(\mathsf{x} < x | \mathsf{x} \in G_i) \tag{6.4.1}$$

ist dann gleich der bedingten Wahrscheinlichkeit für $\mathsf{x} < x$, vorausgesetzt, x sei in der Teilgesamtheit G_i enthalten. Die Regel von der totalen Wahrscheinlichkeit (2.3.4) verknüpft uns nun die verschiedenen $F_i(x)$ zur Verteilungsfunktion $F(x)$ für G,

$$F(x) = P(\mathsf{x} < x | \mathsf{x} \in G) = \sum_{i=1}^{t} P(\mathsf{x} < x | \mathsf{x} \in G_i) P(\mathsf{x} \in G_i) ,$$

d. h.

$$F(x) = \sum_{i=1}^{t} P(\mathsf{x} \in G_i) F_i(x) . \tag{6.4.2}$$

Entsprechend gilt für die Wahrscheinlichkeitsdichten

$$f(x) = \sum_{i=1}^{t} P(\mathsf{x} \in G_i) f_i(x) . \tag{6.4.3}$$

Kürzen wir nun $P(\mathsf{x} \in G_i)$ durch p_i ab, so ist

$$\widehat{x} = E(\mathsf{x}) = \int_{-\infty}^{\infty} x f(x) \, \mathrm{d}x = \sum_{i=1}^{t} p_i \int_{-\infty}^{\infty} x f_i(x) \, \mathrm{d}x ,$$

$$\widehat{x} = \sum_{i=1}^{t} p_i \widehat{x}_i . \tag{6.4.4}$$

Der Mittelwert der Grundgesamtheit ist also das mit den Wahrscheinlichkeiten der Teilgesamtheiten gewichtete Mittel der Mittelwerte der Teilgesamtheiten. Für die Varianz der Grundgesamtheit ergibt sich

$$\begin{aligned} \sigma^2(\mathsf{x}) &= \int_{-\infty}^{\infty} (x - \widehat{x})^2 f(x) \, \mathrm{d}x = \int_{-\infty}^{\infty} (x - \widehat{x})^2 \sum_{i=1}^{t} p_i f_i(x) \, \mathrm{d}x \\ &= \sum_{i=1}^{t} p_i \int_{-\infty}^{\infty} \{(x - \widehat{x}_i) + (\widehat{x}_i - \widehat{x})\}^2 f_i(x) \, \mathrm{d}x . \end{aligned}$$

Da wegen der Unabhängigkeit der x_i wieder alle gemischten Glieder verschwinden, ist schließlich

$$\sigma^2(\mathsf{x}) = \sum_{i=1}^{t} p_i \left\{ \int_{-\infty}^{\infty} (x - \widehat{x}_i)^2 f_i(x) \, \mathrm{d}x + (\widehat{x}_i - \widehat{x})^2 \int_{-\infty}^{\infty} f_i(x) \, \mathrm{d}x \right\} ,$$

also

$$\sigma^2(\mathsf{x}) = \sum_{i=1}^{t} p_i \{ \sigma_i^2 + (\widehat{x}_i - \widehat{x})^2 \} . \tag{6.4.5}$$

Man erhält also das gewichtete Mittel einer Summe aus zwei Termen. Der eine gibt die Streuung einer Teilgesamtheit an, der andere die quadratische Abweichung des Mittelwertes dieser Teilgesamtheit vom Mittelwert der Grundgesamtheit.

Nachdem wir die Zerlegung in Teilgesamtheiten diskutiert haben, entnehmen wir jeder Teilgesamtheit G_i eine Stichprobe vom Umfang n_i (mit $\sum_{i=1}^{t} n_i = n$) und untersuchen das arithmetische Mittel der zerlegten Stichprobe

$$\bar{\mathrm{x}}_p = \frac{1}{n}\sum_{i=1}^{t}\sum_{j=1}^{n_i}\mathrm{x}_{ij} = \frac{1}{n}\sum_{i=1}^{t} n_i \bar{\mathrm{x}}_i \tag{6.4.6}$$

mit dem Erwartungswert bzw. der Varianz

$$E(\bar{\mathrm{x}}_p) = \frac{1}{n}\sum_{i=1}^{n} n_i \widehat{x}_i \,, \tag{6.4.7}$$

$$\begin{aligned} \sigma^2(\bar{\mathrm{x}}_p) &= E\{(\bar{\mathrm{x}}_p - E(\bar{\mathrm{x}}_p))^2\} = E\left\{\left(\sum_{i=1}^{t}\frac{n_i}{n}(\bar{\mathrm{x}}_i - \widehat{x}_i)\right)^2\right\} \\ &= \frac{1}{n^2}\sum_{i=1}^{t} n_i^2 E\{(\bar{\mathrm{x}}_i - \widehat{x}_i)^2\} \,, \end{aligned}$$

$$\sigma^2(\bar{\mathrm{x}}_p) = \frac{1}{n^2}\sum_{i=1}^{t} n_i^2 \sigma^2(\bar{\mathrm{x}}_i) \,. \tag{6.4.8}$$

Mit (6.2.3) ist das schließlich

$$\sigma^2(\bar{\mathrm{x}}_p) = \frac{1}{n}\sum_{i=1}^{t}\frac{n_i}{n}\sigma_i^2 \,. \tag{6.4.9}$$

Zu dem gleichen Ergebnis wäre man durch Anwendung des Fehlerfortpflanzungsgesetzes (3.8.7) auf Gl. (6.4.6) gekommen.

Es ist anschaulich klar, daß das arithmetische Mittel $\bar{\mathrm{x}}_p$ im allgemeinen keine Schätzfunktion für den Mittelwert $\widehat{x}$ der Grundgesamtheit sein kann, da es von der willkürlichen Wahl der Umfänge n_i der Teilgesamtheiten abhängt. Vergleich von (6.4.7) mit (6.4.4) zeigt, daß dies nur für den Spezialfall $p_i = n_i/n$ zutrifft.

Der Mittelwert der Grundgesamtheit $\widehat{x}$ läßt sich auf folgende Weise schätzen. Man bestimmt zunächst die Mittelwerte $\bar{\mathrm{x}}_i$ der Teilgesamtheiten und bildet dann den Ausdruck

$$\widetilde{\mathrm{x}} = \sum_{i=1}^{t} p_i \bar{\mathrm{x}}_i \tag{6.4.10}$$

analog zu (6.4.4). Durch Fehlerfortpflanzung erhält man für die Varianz von $\widetilde{\mathrm{x}}$

$$\sigma^2(\widetilde{\mathrm{x}}) = \sum_{i=1}^{t} p_i^2 \sigma^2(\bar{\mathrm{x}}_i) = \sum_{i=1}^{t}\frac{p_i^2}{n_i}\sigma_i^2 \,. \tag{6.4.11}$$

Beispiel 6.6: Optimale Wahl von Stichprobengrößen für Teilgesamtheiten

Um die Varianz $\sigma^2(\widetilde{\mathrm{x}})$ zu minimieren, können wir nicht einfach die Beziehung (6.4.11) nach allen n_i differenzieren, weil die n_i einer Bedingungsgleichung genügen müssen, nämlich

$$\sum_{i=1}^{t} n_i - n = 0 \,. \tag{6.4.12}$$

Wir müssen deshalb die Methode der *Lagrange-Multiplikatoren* benutzen, indem wir die Beziehung (6.4.12) mit einem Faktor μ multiplizieren, zur Gleichung (6.4.11) addieren und schließlich die partiellen Differentiale bezüglich der n_i und bezüglich μ Null setzen:

$$L = \sigma^2(\widetilde{\bar{x}}) + \mu(\sum n_i - n) = \sum (p_i^2/n_i)\sigma_i^2 + \mu(\sum n_i - n) ,$$

$$\frac{\partial L}{\partial n_i} = -\frac{p_i^2 \sigma_i^2}{n_i^2} + \mu = 0 , \qquad (6.4.13)$$

$$\frac{\partial L}{\partial \mu} = \sum n_i - n = 0 . \qquad (6.4.14)$$

Aus (6.4.13) erhalten wir

$$n_i = p_i \sigma_i / \sqrt{\mu} .$$

Zusammen mit (6.4.14) ergibt dies

$$1/\sqrt{\mu} = n / \sum p_i \sigma_i$$

und deshalb

$$n_i = n p_i \sigma_i / \sum p_i \sigma_i . \qquad (6.4.15)$$

Das Ergebnis (6.4.15) sagt aus, daß die Umfänge n_i der Stichproben aus den Teilgesamtheiten i so zu wählen sind, daß sie den mit den Standardabweichungen gewichteten Wahrscheinlichkeiten p_i der Teilgesamtheiten i proportional sind.

Als ein Beispiel wollen wir annehmen, daß ein wissenschaftlicher Verlag die gesamten Ausgaben für wissenschaftliche Bücher durch die zwei Teilgesamtheiten (1) Studenten und (2) wissenschaftliche Bibliotheken abschätzen will. Wir wollen ferner annehmen, daß es tausend Bibliotheken und 10^6 Studenten in der Grundgesamtheit gibt und daß die Standardabweichung der Studentenausgaben 100 DM beträgt und für Bibliotheken (die von ganz verschiedener Größe sind) $3 \cdot 10^5$ DM. Dann haben wir

$$p_1 \approx 1 , \quad p_2 \approx 10^{-3} , \quad \sigma_1 = 100 , \quad \sigma_2 = 3 \times 10^5$$

und aus (6.4.15)

$$n_1 = \text{const} \cdot 100 , \quad n_2 = \text{const} \cdot 300 , \quad n_2 = 3 n_1 .$$

Man beachte, daß das Ergebnis nicht von den Mittelwerten der Teilgesamtheiten abhängt. Die Größen p_i, x_i und σ_i sind im allgemeinen nicht bekannt. Sie müssen zunächst durch vorläufige Stichproben abgeschätzt werden. ■

Die Diskussion der zerlegten Grundgesamtheiten wird im Kapitel 11 wieder aufgenommen.

6.5 Stichproben ohne Zurücklegen aus endlichen diskreten Grundgesamtheiten. Mittlere quadratische Abweichung. Freiheitsgrade

Den Begriff einer Stichprobe haben wir erstmals in Zusammenhang mit der hypergeometrischen Verteilung (Abschnitt 5.3) kennengelernt und dabei festgestellt, daß die Unabhängigkeit der einzelnen Elemente der Stichprobe durch den Prozeß der Entnahme ohne Zurücklegen in die endliche (d. h. auch diskrete) Grundgesamtheit verloren ging. Wir haben es also nicht mehr mit einer rein zufälligen Stichprobe zu tun, wenn auch bei einer weiteren Entnahme keinerlei willkürliche Auswahl aus den verbleibenden Elementen getroffen wird.

Für die weitere Diskussion führen wir folgende Bezeichnungen ein. Die Grundgesamtheit bestehe aus N Elementen $y_1, y_2, \ldots, y_N$. Aus ihr werde eine Stichprobe vom Umfang n mit den Elementen $\mathrm{x}_1, \mathrm{x}_2, \ldots, \mathrm{x}_n$ entnommen. (In der hypergeometrischen Verteilung waren die y_j und damit die x_i nur der Werte 0 und 1 fähig.)

Da die Entnahme jedes noch verbleibenden Elements y_j gleich wahrscheinlich ist, erhalten wir für den Erwartungswert der Grundgesamtheit

$$E(y) = \widehat{y} = \bar{y} = \frac{1}{N} \sum_{j=1}^{N} y_j \,. \tag{6.5.1}$$

Obwohl $\widehat{y}$ keine Zufallsvariable ist, ist dieser Ausdruck das arithmetische Mittel der endlichen Zahl von Elementen der Grundgesamtheit. Eine Definition der Varianz der Grundgesamtheit stößt auf die Schwierigkeiten, die am Ende von Abschnitt 6.2 besprochen wurden. Wir definieren sie analog zu (6.2.6) als

$$\sigma^2(y) = \frac{1}{N-1} \sum_{j=1}^{N} (y_j - \bar{y})^2 = \frac{1}{N-1} \left\{ \sum_{j=1}^{N} y_j^2 - \frac{1}{N} \left(\sum_{j=1}^{N} y_j \right)^2 \right\} . \tag{6.5.2}$$

Betrachten wir jetzt die *Quadratsumme*

$$\sum_{j=1}^{N} (y_j - \bar{y})^2 \,. \tag{6.5.3}$$

Da wir die Grundgesamtheit in keiner Weise eingeschränkt haben, können die y_j jeden Wert annehmen. Also kann auch der erste Summand in (6.5.2) jeden Wert annehmen. Das gleiche gilt für den $2., 3., \ldots, (N-1)$-ten Summanden. Der N-te Summand liegt dann aber fest, da

$$\sum_{j=1}^{N} (y_j - \bar{y}) = 0 \,. \tag{6.5.4}$$

Wir sagen, daß *Anzahl der Freiheitsgrade* der Quadratsumme (6.5.3) sei $N-1$. Man kann diesen Zusammenhang geometrisch veranschaulichen. Wir betrachten den Fall $\bar{y}=0$ und spannen mit den y_j einen N-dimensionalen Vektorraum auf. Die Quadratsumme (6.5.3) ist dann das Quadrat des Betrages des Ortsvektors in diesem Vektorraum. Wegen der Beschränkungsgleichung (6.5.4) kann sich die Spitze des Ortsvektors aber nur in einem Raum der Dimension $(N-1)$ bewegen. Die Dimension eines solchen eingeschränkten Raumes heißt in der Mechanik Anzahl der Freiheitsgrade. Der Fall $N=2$ ist im Bild 6.7 skizziert. Hier ist der Ortsvektor auf die Gerade $y_2=-y_1$ beschränkt.

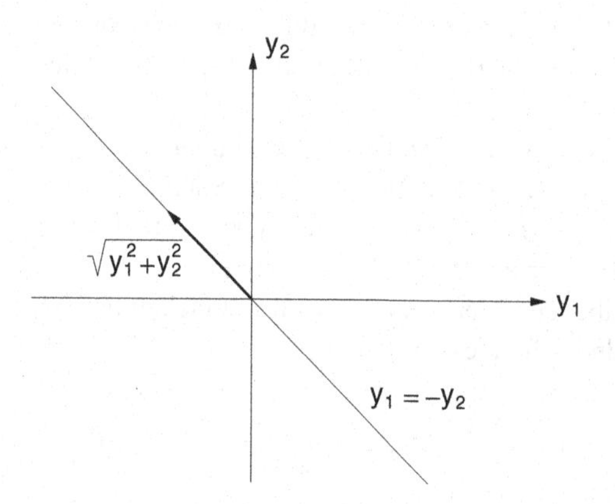

Bild 6.7: Eine Stichprobe vom Umfang 2 ergibt eine Quadratsumme mit 1 Freiheitsgrad.

Eine Quadratsumme dividiert durch die Anzahl der Freiheitsgrade, also einen Ausdruck von der Form (6.5.2), nennen wir *mittleres Quadrat* oder ausführlicher – da es sich um die Abweichung der Einzelwerte vom Erwartungs- oder Mittelwert handelt – *mittlere quadratische Abweichung*. Die Wurzel dieses Ausdrucks, die dann ein Maß für die Streuung liefert, wird in der englischsprachigen Literatur als „root-mean-square-deviation“, abgekürzt RMS-deviation, bezeichnet.

Wir wenden uns jetzt wieder der Stichprobe $\mathrm{x}_1,\mathrm{x}_2,\ldots,\mathrm{x}_n$ zu. Zur Vereinfachung der Schreibweise führen wir zunächst ein *Kronecker-Symbol* ein, das die Auswahlvorgänge der Stichprobe beschreibt. Es sei

$$\delta_i^j = \begin{cases} 1, \text{ wenn } \mathrm{x}_i \text{ das Element } y_j \text{ ist}, \\ 0 \text{ sonst}. \end{cases} \tag{6.5.5}$$

Damit wird insbesondere

$$\mathrm{x}_i = \sum_{j=1}^{N} \delta_i^j y_j \,. \tag{6.5.6}$$

Da die Auswahl jedes der y_j als i-tes Element der Stichprobe gleich wahrscheinlich ist, ist

$$P(\delta_i^j = 1) = 1/N\,. \tag{6.5.7}$$

Da δ_i^j einen zufälligen Vorgang beschreibt, ist es natürlich selbst eine Zufallsvariable. Sein Erwartungswert ergibt sich aus (3.3.2) (wobei $n = 2$, $x_1 = 0$, $x_2 = 1$) zu

$$E(\delta_i^j) = P(\delta_i^j = 1) = 1/N\,. \tag{6.5.8}$$

Ist nun das i-te Element der Stichprobe bestimmt, so gibt es für ein weiteres, etwa das k-te, nur noch $(N-1)$ Auswahlmöglichkeiten aus der Grundgesamtheit, d. h.

$$P(\delta_i^j \delta_k^\ell = 1) = \frac{1}{N}\frac{1}{N-1} = E(\delta_i^j \delta_k^\ell)\,. \tag{6.5.9}$$

Da die Stichprobe ohne Zurücklegen vorgenommen wird, muß $j \neq \ell$ sein, d. h.

$$\delta_i^j \delta_k^j = 0\,. \tag{6.5.10}$$

Ebenso ist

$$\delta_i^j \delta_i^\ell = 0\,, \tag{6.5.11}$$

da nicht gleichzeitig 2 Elemente der Grundgesamtheit als i-tes Element der Stichprobe auftreten können.

Wir betrachten jetzt den Erwartungswert von x_1,

$$E(\mathsf{x}_1) = E\left\{\sum_{j=1}^{N} \delta_1^j y_j\right\} = \sum_{j=1}^{N} y_j E(\delta_1^j) = \frac{1}{N}\sum_{j=1}^{N} y_j = \bar{y}\,. \tag{6.5.12}$$

Da x_1 in keiner Weise ausgezeichnet ist, hat der Erwartungswert jedes Elements der Stichprobe und deshalb auch deren arithmetisches Mittel den gleichen Wert

$$E(\bar{\mathsf{x}}) = \frac{1}{n}\sum_{i=1}^{n} E(\mathsf{x}_i) = \bar{y}\,. \tag{6.5.13}$$

Das arithmetische Mittel der Stichprobe ist also eine unverzerrte Schätzung für den Erwartungswert der Grundgesamtheit.

Als nächstes interessiert uns die *Varianz der Stichprobe*

$$\mathsf{s}_x^2 = \frac{1}{n-1}\sum_{i=1}^{n} (\mathsf{x}_i - \bar{\mathsf{x}})^2\,. \tag{6.5.14}$$

Durch eine etwas längere Rechnung läßt sich für ihren Erwartungswert zeigen

$$E(\mathsf{s}_x^2) = \sigma^2(y)\,. \tag{6.5.15}$$

Die Varianz der Stichprobe ist also eine unverzerrte Schätzung für die Varianz der Grundgesamtheit.

Von Interesse ist auch die *Varianz des Mittelwerts*

$$\sigma^2(\bar{\mathrm{x}}) = E\{(\bar{\mathrm{x}} - E(\bar{\mathrm{x}}))^2\}\,.$$

Es ist aber $E(\bar{\mathrm{x}}) = \bar{y}$ eine genau bekannte, *nicht* zufällige Größe, während $\bar{\mathrm{x}}$ von der einzelnen Stichprobe abhängt, also eine Zufallsgröße ist. Damit ist

$$\begin{aligned}
\sigma^2(\bar{\mathrm{x}}) &= E(\bar{\mathrm{x}}^2) - \bar{y}^2 = \frac{1}{n}\left\{\left(1 - \frac{n}{N}\right)\sigma^2(y) + n\bar{y}^2\right\} - \bar{y}^2\,, \\
\sigma^2(\bar{\mathrm{x}}) &= \frac{\sigma^2(y)}{n}\left(1 - \frac{n}{N}\right)\,. \qquad (6.5.16)
\end{aligned}$$

Der Vergleich mit dem Fall einer unendlich großen kontinuierlichen Grundgesamtheit (6.2.3) zeigt den zusätzlichen Faktor $(1 - n/N)$. Er sorgt dafür, daß im Falle $n = N$, in dem die „Stichprobe" die ganze Grundgesamtheit umfaßt und in welchem exakt $\bar{\mathrm{x}} = \bar{y}$ ist, die Varianz von $\bar{\mathrm{x}}$ verschwindet.

6.6 Stichproben aus Gauß-Verteilungen. χ^2-Verteilung

Wir kehren jetzt zu kontinuierlich verteilten Grundgesamtheiten zurück und betrachten insbesondere eine Gauß-Verteilung mit Mittelwert a und Varianz σ^2. Nach (5.7.7) ist die charakteristische Funktion einer solchen Gauß-Verteilung

$$\varphi_{\mathrm{x}}(t) = \exp(\mathrm{i}ta)\exp(-\frac{1}{2}\sigma^2 t^2)\,. \qquad (6.6.1)$$

Wir entnehmen jetzt eine Stichprobe vom Umfang n aus der Grundgesamtheit. Die charakteristische Funktion des Erwartungswerts der Stichprobe wurde in (6.2.2) durch die charakteristische Funktion der Grundgesamtheit ausgedrückt. Wir haben daher

$$\varphi_{\bar{\mathrm{x}}}(t) = \left\{\exp\left(\mathrm{i}\frac{t}{n}a - \frac{\sigma^2}{2}\left(\frac{t}{n}\right)^2\right)\right\}^n\,. \qquad (6.6.2)$$

Betrachten wir $(\bar{\mathrm{x}} - a) = (\bar{\mathrm{x}} - \widehat{x})$ anstelle von x, so ergibt sich

$$\varphi_{\bar{\mathrm{x}}-a}(t) = \exp\left(-\frac{\sigma^2 t^2}{2n}\right)\,. \qquad (6.6.3)$$

Dies ist wieder die charakteristische Funktion einer Normalverteilung, nur daß sich jetzt die Varianz geändert hat,

$$\sigma^2(\bar{\mathrm{x}}) = \sigma^2(\mathrm{x})/n\,. \qquad (6.6.4)$$

Für den einfachen Fall einer standardisierten Gauß-Verteilung ($a = 0, \sigma^2 = 1$) haben wir

$$\varphi_{\bar{\mathsf{x}}}(t) = \exp(-t^2/2n) . \tag{6.6.5}$$

Wir entnehmen eine Stichprobe

$$\mathsf{x}_1, \mathsf{x}_2, \ldots, \mathsf{x}_n$$

aus dieser Verteilung, interessieren uns aber besonders für die Summe der Quadrate der Elemente der Stichprobe

$$\mathsf{x}^2 = \mathsf{x}_1^2 + \mathsf{x}_2^2 + \cdots + \mathsf{x}_n^2 . \tag{6.6.6}$$

Wir wollen zeigen, daß die Größe x^2 der Verteilungsfunktion

$$F(\chi^2) = \frac{1}{\Gamma(\lambda)2^\lambda} \int_0^{\chi^2} u^{\lambda-1} \mathrm{e}^{-\frac{1}{2}u} \, \mathrm{d}u \tag{6.6.7}$$

folgt.* Dabei ist

$$\lambda = \frac{1}{2} n . \tag{6.6.8}$$

Die Größe n heißt *Zahl der Freiheitsgrade.*

Wir schreiben zunächst abkürzend

$$\frac{1}{\Gamma(\lambda)2^\lambda} = k \tag{6.6.9}$$

und finden die Wahrscheinlichkeitsdichte

$$f(\chi^2) = k(\chi^2)^{\lambda-1} \mathrm{e}^{-\frac{1}{2}\chi^2} . \tag{6.6.10}$$

Für zwei Freiheitsgrade ist die Wahrscheinlichkeitsdichte offenbar gerade eine Exponentialfunktion. Wir wollen die Behauptung (6.6.7) zunächst für einen Freiheitsgrad ($\lambda = 1/2$) beweisen. Wir fragen also nach der Wahrscheinlichkeit, daß $\mathsf{x}^2 < \chi^2$ bzw. daß $-\sqrt{\chi^2} < \mathsf{x} < +\sqrt{\chi^2}$ ist. Es ist

$$\begin{aligned} F(\chi^2) &= P(\mathsf{x}^2 < \chi^2) = P(-\sqrt{\chi^2} < \mathsf{x} < +\sqrt{\chi^2}) \\ &= \frac{1}{\sqrt{2\pi}} \int_{-\sqrt{\chi^2}}^{\sqrt{\chi^2}} \mathrm{e}^{-\frac{1}{2}x^2} \, \mathrm{d}x = \frac{2}{\sqrt{2\pi}} \int_0^{\sqrt{\chi^2}} \mathrm{e}^{-\frac{1}{2}x^2} \, \mathrm{d}x . \end{aligned}$$

Setzen wir $x^2 = u$, $\mathrm{d}u = 2x \, \mathrm{d}x$, so ist direkt

$$F(\chi^2) = \frac{1}{\sqrt{2\pi}} \int_0^{\chi^2} u^{-\frac{1}{2}} \mathrm{e}^{-\frac{1}{2}u} \, \mathrm{d}u . \tag{6.6.11}$$

*Das Symbol χ^2 (Chi-Quadrat) wurde von K. Pearson eingeführt. Obwohl es einen Exponenten enthält, der an seinen Ursprung als Quadratsumme erinnert, wird es wie eine gewöhnliche Variable behandelt.

Zum Beweis des allgemeinen Falles suchen wir zunächst die charakteristische Funktion der χ^2-Verteilung auf,

$$\varphi_{\chi^2}(t) = \int_0^\infty k(\chi^2)^{\lambda-1} \exp(-\frac{1}{2}\chi^2 + \mathrm{i}t\chi^2)\,\mathrm{d}\chi^2 \,, \tag{6.6.12}$$

oder mit $(1/2 - \mathrm{i}t)\chi^2 = \nu$

$$\varphi_{\chi^2}(t) = 2^\lambda (1-2\mathrm{i}t)^{-\lambda} k \int_0^\infty \nu^{\lambda-1} \mathrm{e}^{-\nu}\,\mathrm{d}\nu \,.$$

Das Integral auf der rechten Seite ist nach (D.1.1) gleich $\Gamma(\lambda)$. Damit ist

$$\varphi_{\chi^2}(t) = (1-2\mathrm{i}t)^{-\lambda} \,. \tag{6.6.13}$$

Betrachten wir nun eine zweite Verteilung mit λ', so ist

$$\varphi'_{\chi^2}(t) = (1-2\mathrm{i}t)^{-\lambda'} \,.$$

Da die charakteristische Funktion einer Summe gleich dem Produkt der charakteristischen Funktionen ist, gilt der wichtige Satz:

> Die Summenverteilung zweier unabhängiger χ^2-Verteilungen mit n_1, n_2 Freiheitsgraden ist wieder eine χ^2-Verteilung mit $n = n_1 + n_2$ Freiheitsgraden.

Dieser Satz kann nun einfach benutzt werden, um die bisher nur für $n = 1$ bewiesene Behauptung (6.6.7) allgemein gültig zu machen, da die einzelnen Terme der Quadratsumme unabhängig sind und daher (6.6.6) als Summe von n verschiedenen χ^2-Verteilungen mit je einem Freiheitsgrad aufgefaßt werden kann.

Um uns Erwartungswert und Varianz der χ^2-Verteilung zu verschaffen, benutzen wir die charakteristische Funktion, deren Ableitungen (5.5.7) die zentralen Momente liefern. Wir erhalten

$$\begin{aligned} E(\mathsf{x}^2) &= -\mathrm{i}\varphi'(0) = 2\lambda \,, \\ E(\mathsf{x}^2) &= n \end{aligned} \tag{6.6.14}$$

und

$$\begin{aligned} E\{(\mathsf{x}^2)^2\} &= -\varphi''(0) = 4\lambda^2 + 4\lambda \,, \\ \sigma^2(\mathsf{x}^2) &= E\{(\mathsf{x}^2)^2\} - \{E(\mathsf{x}^2)\}^2 = 4\lambda \,, \\ \sigma^2(\mathsf{x}^2) &= 2n \,. \end{aligned} \tag{6.6.15}$$

Der Erwartungswert der χ^2-Verteilung ist also gleich der Zahl der Freiheitsgrade, die Varianz doppelt so groß. Bild 6.8 zeigt die Wahrscheinlichkeitsdichte der χ^2-Verteilung für verschiedene Werte von n. Man sieht (wie man auch direkt aus (6.6.10) ablesen kann), daß die Funktion für $n = 1$ bei $\chi^2 = 0$ einen Pol hat, für $n = 2$ gleich $1/2$ ist und für $n \geq 3$ dort verschwindet. Eine kurze Tafel der χ^2-Verteilung ist im Anhang (Tafel I.6) wiedergegeben.

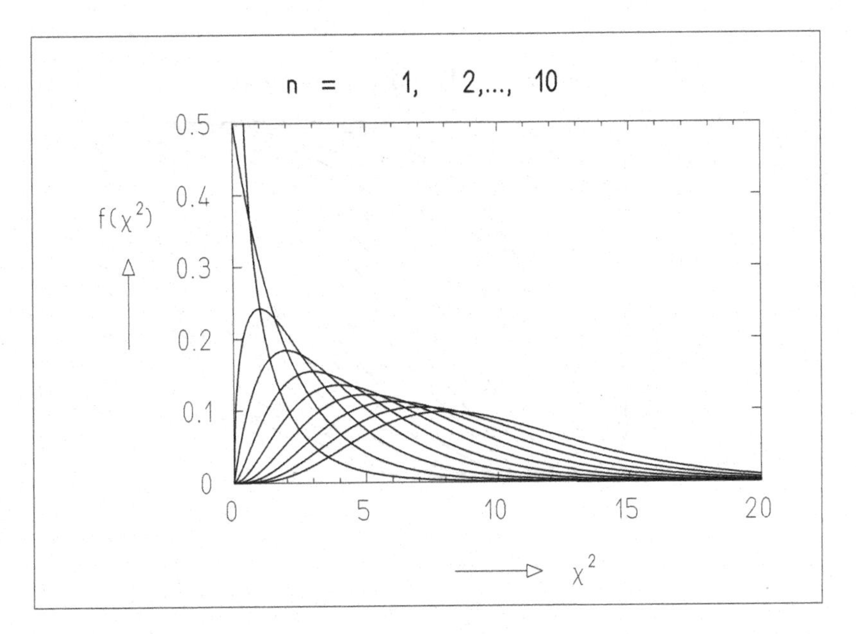

Bild 6.8: Wahrscheinlichkeitsdichte von χ^2 für die Freiheitsgrade $n = 1, 2, \ldots, 10$. Mit wachsendem n verschiebt sich der Erwartungswert $E(\chi^2) = n$ nach rechts.

Die χ^2-Verteilung ist von eminenter Bedeutung in vielen Anwendungen, in denen die Größe χ^2 als ein Maß für das Vertrauen in ein bestimmtes Ergebnis benutzt wird. Je geringer der Wert von χ^2, (χ^2 wurde ja als Quadratsumme von Abweichungen der Elemente einer Stichprobe von Mittelwert der Grundgesamtheit definiert), desto glaubhafter wird ein Ergebnis erscheinen (siehe Abschnitt 8.7). Die Verteilungsfunktion

$$F(\chi^2) = P(\mathrm{x}^2 < \chi^2) \tag{6.6.16}$$

gibt die Wahrscheinlichkeit an, daß die Zufallsvariable x^2 nicht größer ist als χ^2. In der Praxis wird häufig die Größe

$$W(\chi^2) = 1 - F(\chi^2) \tag{6.6.17}$$

als ein Maß für das Vertrauen in ein Ergebnis benutzt. $W(\chi^2)$ wird oft auch als *Signifikanzniveau* bezeichnet. $W(\chi^2)$ ist groß für kleinere Werte von χ^2 und fällt mit wachsendem χ^2 ab. Die Verteilungsfunktion (6.6.16) ist im Bild 6.9 für eine Reihe von Freiheitsgraden n gezeichnet. Die Umkehrfunktion, die die Quantile der χ^2-Verteilung beschreibt,

$$\chi_F^2 = \chi^2(F) = \chi^2(1 - W)\,, \tag{6.6.18}$$

wird besonders zur „Prüfung von Hypothesen" benutzt (siehe Abschnitt 8.7). Sie ist im Anhang (Tafel I.7) tabelliert.

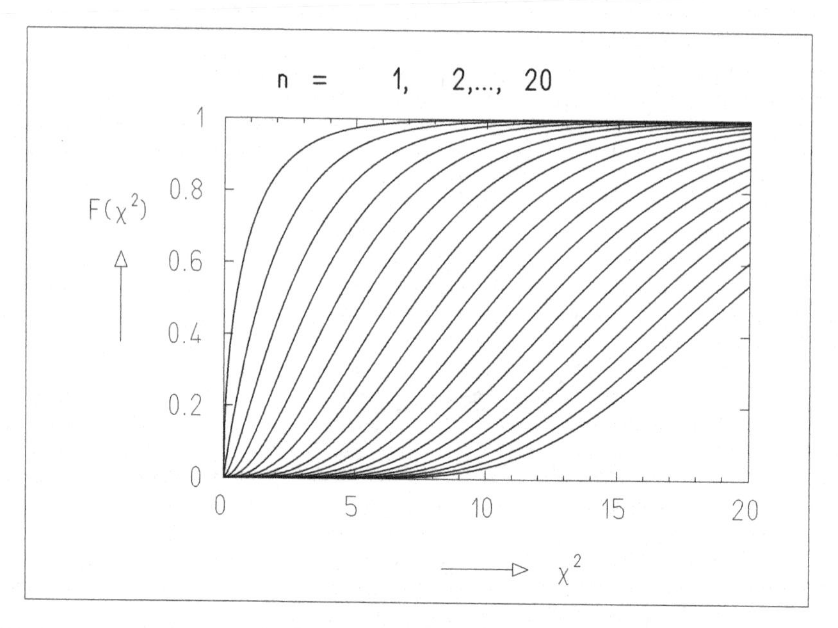

Bild 6.9: Verteilungsfunktion von χ^2 für die Freiheitsgrade $n = 1, 2, \ldots, 20$. Die Funktion für $n = 1$ entspricht der Kurve ganz links, die für $n = 20$ der Kurve ganz rechts.

Wir haben uns bisher auf den Fall beschränkt, daß die Grundgesamtheit durch eine standardisierte Normalverteilung beschrieben wird. Gewöhnlich wird aber eine Normalverteilung allgemeinerer Form mit Mittelwert a und Varianz σ^2 vorliegen. Dann wird natürlich die Quadratsumme (6.6.6) nicht mehr direkt durch eine χ^2-Verteilung beschrieben. Man erhält jedoch sofort eine χ^2-Verteilung, wenn man die Größe

$$\mathrm{x}^2 = \frac{(\mathrm{x}_1 - a)^2 + (\mathrm{x}_2 - a)^2 + \cdots + (\mathrm{x}_n - a)^2}{\sigma^2} \tag{6.6.19}$$

betrachtet. Dies geht sofort aus der Gl. (5.8.4) hervor.

Sind die Erwartungswerte a_i und die Varianzen σ_i der einzelnen Variablen verschieden, so ist

$$\mathrm{x}^2 = \frac{(\mathrm{x}_1 - a_1)^2}{\sigma_1^2} + \frac{(\mathrm{x}_2 - a_2)^2}{\sigma_2^2} + \cdots + \frac{(\mathrm{x}_n - a_n)^2}{\sigma_n^2} \,. \tag{6.6.20}$$

Sind schließlich die n Variablen nicht mehr unabhängig, aber werden sie durch eine gemeinsame Normalverteilung (5.10.1) mit dem Vektor $\mathbf{a}$ der Erwartungswerte und der Kovarianzmatrix $C = B^{-1}$ beschrieben, so gilt

$$\mathrm{x}^2 = (\mathbf{x} - \mathbf{a})^{\mathrm{T}} B (\mathbf{x} - \mathbf{a}) \,. \tag{6.6.21}$$

6.7 χ^2 und empirische Varianz

In Gl. (6.2.6) hatten wir

$$s^2 = \frac{1}{n-1}\sum_{i=1}^{n}(x_i - \bar{x})^2 \tag{6.7.1}$$

als konsistente, unverzerrte Schätzung für die Varianz σ^2 einer Grundgesamtheit gefunden. Es seien die x_i unabhängig normalverteilt mit der Streuung σ. Wir wollen zeigen, daß die Größe

$$\frac{n-1}{\sigma^2}s^2 \tag{6.7.2}$$

der χ^2-Verteilung mit $f = n-1$ Freiheitsgraden folgt. Wir führen zunächst eine orthogonale Transformation der n Variablen x_i durch (siehe Abschnitt 3.8):

$$\begin{aligned}
y_1 &= \frac{1}{\sqrt{1\cdot 2}}(x_1 - x_2)\,, \\
y_2 &= \frac{1}{\sqrt{2\cdot 3}}(x_1 + x_2 - 2x_3)\,, \\
y_3 &= \frac{1}{\sqrt{3\cdot 4}}(x_1 + x_2 + x_3 - 3x_4)\,, \\
&\vdots \\
y_{n-1} &= \frac{1}{\sqrt{(n-1)n}}(x_1 + x_2 + \cdots + x_{n-1} - (n-1)x_n)\,, \\
y_n &= \frac{1}{\sqrt{n}}(x_1 + x_2 + \cdots + x_n) = \sqrt{n}\bar{x}\,.
\end{aligned} \tag{6.7.3}$$

Durch Nachrechnen findet man, daß diese Transformation in der Tat orthogonal ist, d. h., daß insbesondere

$$\sum_{i=1}^{n} x_i^2 = \sum_{i=1}^{n} y_i^2\,. \tag{6.7.4}$$

Da eine Summe oder Differenz von unabhängig normalverteilten Größen wieder normalverteilt ist, sind alle y_i normalverteilt. Die Faktoren in (6.7.3) sorgen dafür, daß die y_i Mittelwert Null und Streuung σ haben.

Wegen (6.7.1) und (6.7.2) ist dann

$$\begin{aligned}
(n-1)s^2 &= \sum_{i=1}^{n}(x_i - \bar{x})^2 = \sum_{i=1}^{n} x_i^2 - 2\bar{x}\sum_{i=1}^{n} x_i + n\bar{x}^2 \\
&= \sum_{i=1}^{n} x_i^2 - n\bar{x}^2 = \sum_{i=1}^{n} y_i^2 - y_n^2 = \sum_{i=1}^{n-1} y_i^2\,.
\end{aligned}$$

Dieser Ausdruck ist eine Summe von nur $(n-1)$ unabhängigen Quadraten. Vergleich mit (6.6.19) zeigt, daß die Größe (6.7.2) in der Tat einer χ^2-Verteilung mit nur $(n-1)$ Freiheitsgraden folgt.

Die Quadrate $(\mathrm{x}_i - \bar{\mathrm{x}})^2$ sind nicht linear unabhängig. Zwischen ihnen besteht die Beziehung

$$\sum_{i=1}^{n} (\mathrm{x}_i - \bar{\mathrm{x}}) = 0 \, .$$

Es läßt sich zeigen, daß jede zusätzliche Beziehung zwischen diesen Quadraten die Zahl der Freiheitsgrade um 1 erniedrigt. Wir werden von diesem Ergebnis, das wir hier nur ohne Beweis angeben, später häufig Gebrauch machen.

6.8 Abzählung als Stichprobe. Kleine Stichproben

Oft entstehen Stichproben auf folgende Weise: Man entnimmt n Elemente einer Grundgesamtheit, überprüft sie alle daraufhin, ob sie eine bestimmte Eigenschaft besitzen und faßt nur die k Elemente zu einer Stichprobe zusammen, die diese Eigenschaft haben. Die übrigen $n - \mathrm{k}$ Ereignisse werden verworfen, d. h. ihre Eigenschaften werden nicht weiter registriert. Dieser Vorgang der Stichprobenentnahme reduziert sich also auf die Abzählung von k Elementen aus insgesamt n entnommenen.

Dieser Vorgang entspricht genau der Stichprobenentnahme aus einer binomischen Verteilung. Die Parameter p bzw. q dieser Verteilung entsprechen dann dem Vorliegen bzw. Nichtvorliegen der interessierenden Eigenschaften. Wie in Beispiel 7.5 gezeigt wird, ist

$$\mathrm{S}(p) = \frac{\mathrm{k}}{n} \tag{6.8.1}$$

die Maximum-Likelihood-Schätzung des Parameters p. Die Varianz der Verteilung von S ist

$$\sigma^2(\mathrm{S}(p)) = \frac{p(1-p)}{n} \, . \tag{6.8.2}$$

Mit Hilfe von (6.8.1) kann sie aus der Stichprobe durch

$$\mathrm{s}^2(\mathrm{S}(p)) = \frac{1}{n}\frac{\mathrm{k}}{n}\left(1 - \frac{\mathrm{k}}{n}\right) \tag{6.8.3}$$

geschätzt werden. Wir definieren den Fehler $\Delta\mathrm{k}$ als

$$\Delta\mathrm{k} = \sqrt{[\mathrm{s}^2(\mathrm{S}(np))]} \, . \tag{6.8.4}$$

Unter Benutzung von (6.8.3) erhalten wir

$$\Delta \mathsf{k} = \sqrt{\left[\mathsf{k}\left(1 - \frac{\mathsf{k}}{n}\right)\right]} . \qquad (6.8.5)$$

Der Fehler $\Delta\mathsf{k}$ hängt nur von der Anzahl der gezählten Elemente und der Größe der Stichprobe ab. Er heißt *statistischer Fehler*. Besonders wichtig ist der Fall kleiner k, genauer gesagt der Fall $\mathsf{k} \ll n$. In diesem Grenzfall können wir $\lambda = np$ definieren und nach Abschnitt 5.4 die Abzählung k als ein einzelnes Element einer Stichprobe betrachten, die einer mit dem Parameter λ Poisson-verteilten Grundgesamtheit entnommen wurde. Aus (6.8.1) und (6.8.5) erhalten wir

$$S(\lambda) = S(np) = \mathsf{k} , \qquad (6.8.6)$$

$$\Delta\lambda = \sqrt{\mathsf{k}} . \qquad (6.8.7)$$

(Man kann zur Herleitung auch das Ergebnis von Beispiel 7.4 mit $N = 1$ benutzen.) Das Ergebnis (6.8.7) wird oft auch in der eigentlich nicht korrekten aber einprägsamen Form

$$\Delta\mathsf{k} = \sqrt{\mathsf{k}}$$

geschrieben und in der Form ausgesprochen: Der *statistische Fehler* der *Abzählung* k ist $\sqrt{\mathsf{k}}$.

Zur Interpretation des statistischen Fehlers $\Delta\lambda = \sqrt{\mathsf{k}}$ müssen wir die Poisson-Verteilung etwas genauer betrachten. Beginnen wir mit dem Fall nicht zu kleiner k (vielleicht $\mathsf{k} > 20$). Für große Werte von λ nähert sich die Poisson-Verteilung der Normalverteilung mit dem Mittelwert λ und der Varianz $\sigma^2 = \lambda$. Das geht qualitativ aus Bild 5.6 hervor. Deshalb können wir für nicht zu kleine k, also $\mathsf{k} \gg 1$, anstelle der Poisson-Verteilung in k mit dem Parameter λ die Normalverteilung in x mit Mittelwert λ und Varianz $\sigma^2 = \lambda$ betrachten und die diskrete Variable k durch die kontinuierliche Variable x ersetzen. Die Wahrscheinlichkeitsdichte von x ist

$$f(x;\lambda) = \frac{1}{\sigma\sqrt{2\pi}} \exp\left\{-\frac{(x-\lambda)^2}{2\sigma^2}\right\} = \frac{1}{\sqrt{2\pi\lambda}} \exp\left\{-\frac{(x-\lambda)^2}{2\lambda}\right\} . \qquad (6.8.8)$$

Die Beobachtung von k Ereignissen entspricht dann der einmaligen Beobachtung eines Wertes der Zufallsvariablen $\mathsf{x} = \mathsf{k}$.

Mit Hilfe der Wahrscheinlichkeitsdichte (6.8.8) wollen wir nun *Konfidenzgrenzen* einem vorgegebenem *Konfidenzniveau* $\beta = 1 - \alpha$ festlegen, derart, daß

$$P(\lambda_- \le \lambda \le \lambda_+) = 1 - \alpha , \qquad (6.8.9)$$

daß sich also die Wahrscheinlichkeit dafür, daß der wahre Wert von λ sich innerhalb der Konfidenzgrenzen λ_- und λ_+ befindet, gerade gleich dem Konfidenzniveau $1-\alpha$ ist. Die Grenzfälle $\lambda = \lambda_-$ und $\lambda = \lambda_+$ sind im Bild 6.10 dargestellt. Sie sind so festgelegt, daß

$$P(x > \mathsf{k}|\lambda = \lambda_+) = 1 - \alpha/2 , \quad P(x < \mathsf{k}|\lambda = \lambda_-) = 1 - \alpha/2 . \qquad (6.8.10)$$

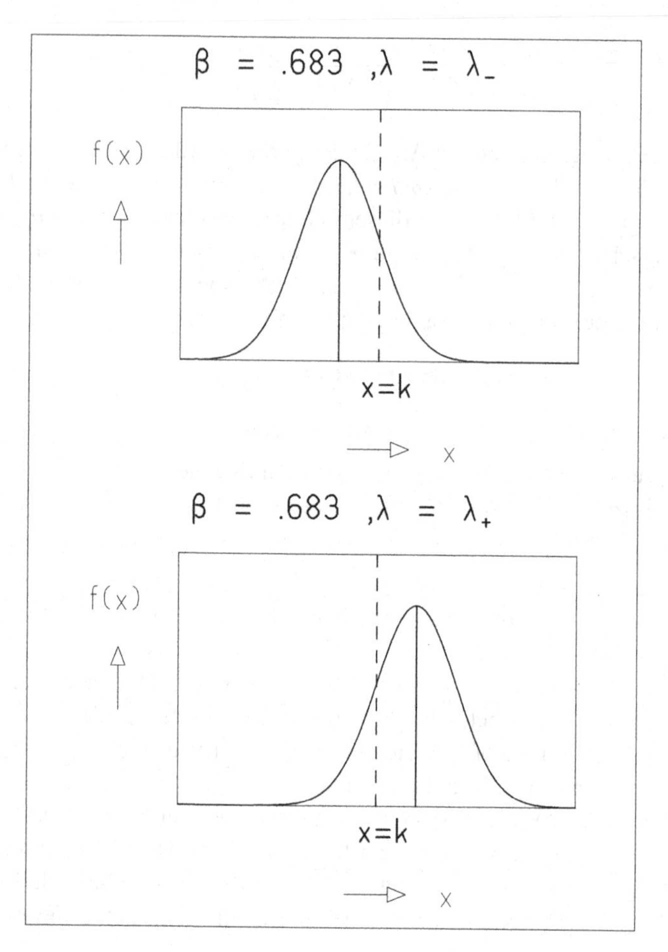

Bild 6.10: Normalverteilung mit Erwartungswert λ und Standardabweichung σ für $\lambda = \lambda_-$ und $\lambda = \lambda_+$.

Offenbar gilt

$$\begin{aligned} \alpha/2 &= \int_{x=-\infty}^{x=\mathsf{k}} f(x;\lambda_+)\,\mathrm{d}x = \frac{1}{\sigma\sqrt{2\pi}} \int_{-\infty}^{x=\mathsf{k}} \exp\left\{-\frac{(x-\lambda_+)^2}{2\sigma^2}\right\} \\ &= \int_{u=-\infty}^{u=(\mathsf{k}-\lambda_+)/\sigma} \phi_0(u)\,\mathrm{d}u = \psi_0\left(\frac{\mathsf{k}-\lambda_+}{\sigma}\right) \qquad (6.8.11) \end{aligned}$$

und entsprechend

$$1-\alpha/2 = \int_{-\infty}^{x=\mathsf{k}} f(x;\lambda_-)\,\mathrm{d}x = \psi_0\left(\frac{\mathsf{k}-\lambda_-}{\sigma}\right) . \qquad (6.8.12)$$

Dabei sind ϕ_0 und ψ_0 die in Abschnitt 5.8 eingeführten Bezeichnungen für die Wahrscheinlichkeitsdichte und die Verteilungsfunktion der standardisierten Normalverteilung. Unter Benutzung der Umkehrfunktion Ω der Verteilungsfunktion ψ_0, vgl. (5.8.8), ist dann

$$\frac{\mathsf{k}-\lambda_-}{\sigma} = \Omega(1-\alpha/2)\,, \quad \frac{\mathsf{k}-\lambda_+}{\sigma} = \Omega(\alpha/2)\,. \tag{6.8.13}$$

Wegen (5.8.10) ist $\Omega(1-\alpha/2) = \Omega'(1-\alpha)$ und wegen der Symmetrieeigenschaft der Funktion Ω ist $\Omega(1-\alpha/2) = -\Omega(\alpha/2)$ und, da $\alpha < 1$, ist $\Omega(1-\alpha/2) > 0$, $\Omega(\alpha/2) < 0$. Damit erhalten wir schließlich

$$\lambda_- = \mathsf{k}-\sigma\Omega'(1-\alpha)\,, \quad \lambda_+ = \mathsf{k}+\sigma\Omega'(1-\alpha)\,. \tag{6.8.14}$$

Nach (6.8.6) ist k die beste Schätzung für λ. Wegen $\sigma^2 = \lambda$ ist die beste Schätzung für σ durch $\mathsf{s} = \sqrt{\mathsf{k}}$ gegeben. Da nach Voraussetzung $\mathsf{k} \gg 1$, ist die Unsicherheit von s wesentlich kleiner als die Unsicherheit von k. Wir können daher $x = k$ und $\mathsf{s} = \sqrt{\mathsf{k}}$ in (6.8.9) einsetzen und erhalten für das Konfidenzintervall zum Konfidenzniveau $1-\alpha$

$$\lambda_- = \mathsf{k}-\sqrt{\mathsf{k}}\Omega'(1-\alpha) \leq \lambda \leq \mathsf{k}+\sqrt{\mathsf{k}}\Omega'(1-\alpha) = \lambda_+\,. \tag{6.8.15}$$

Für $1-\alpha = 68.3\,\%$ finden wir aus Abschnitt 5.8 oder Tafel I.5 gerade $\Omega'(\alpha) = 1$. Die übliche Angabe

$$\lambda = \mathsf{k} \pm \sqrt{\mathsf{k}}\,,$$

die schon die Aussage von (6.8.6) und (6.8.7) war, gibt also die Konfidenzgrenzen zum Konfidenzniveau 68.3 % und nur für den Fall $\mathsf{k} \gg 1$ wieder. Zum Konfidenzniveau 90 %, also für $\alpha = 0.1$, finden wir $\Omega'(0.1) = 1.65$ und zum Konfidenzniveau 99 % ist $\Omega'(0.01) = 2.57$.

Für sehr kleine Werte von k kann nun aber die Poisson-Verteilung keineswegs mehr durch die Normalverteilung ersetzt werden. Wir verfahren deshalb wie folgt [25]. Wir gehen wieder von den Beziehungen (6.8.10) aus, benutzen aber statt der Wahrscheinlichkeitsdichte (6.8.8) für die Beobachtung der kontinuierlichen Zufallsvariablen x bei vorgegebenem Parameter λ die Poisson-Wahrscheinlichkeit zur Beobachtung der diskreten Zufallsvariablen n bei vorgegebenem Parameter λ,

$$f(n;\lambda) = \frac{\lambda^n}{n!}\mathrm{e}^{-\lambda}\,. \tag{6.8.16}$$

Zu einer Beobachtung k bestimmen wir nun Konfidenzgrenzen λ_- und λ_+, die (6.8.10) mit $x = n$ erfüllen, Bild 6.11, und erhalten in Analogie zu (6.8.11) bzw. (6.8.12)

$$\begin{aligned}
1-\alpha/2 &= \sum_{n=\mathsf{k}+1}^{\infty} f(n;\lambda_+) = 1-\sum_{n=0}^{\mathsf{k}} f(n;\lambda_+) = 1-F(\mathsf{k}+1;\lambda_+)\,,\\
1-\alpha/2 &= \sum_{n=0}^{\mathsf{k}-1} f(n;\lambda_-) = F(\mathsf{k};\lambda_-)
\end{aligned}$$

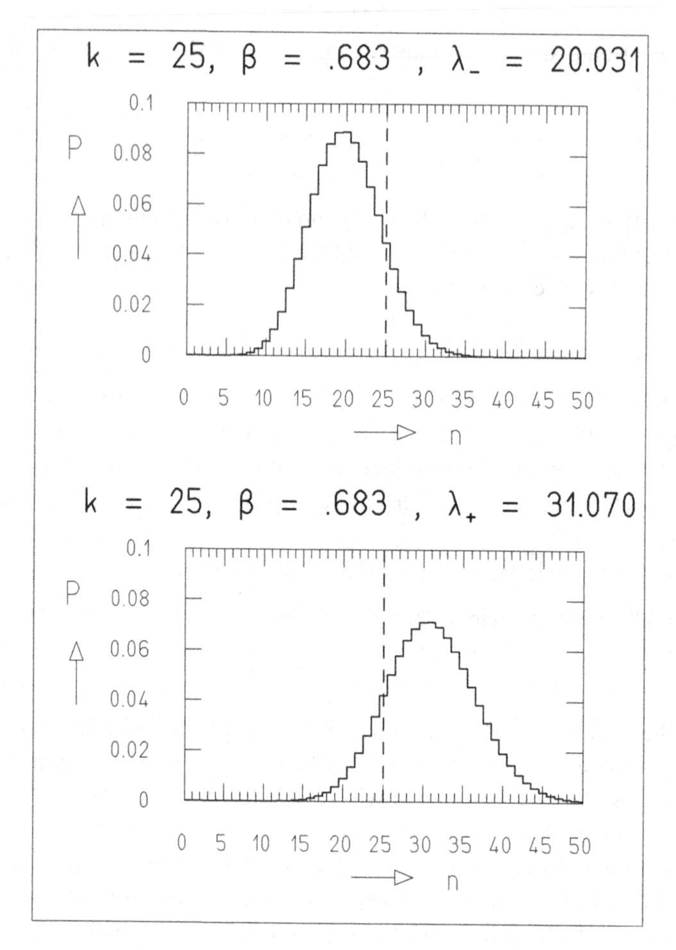

Bild 6.11: Poisson-Verteilung mit Parameter λ für $\lambda = \lambda_-$ und $\lambda = \lambda_+$.

oder

$$\alpha/2 = F(\mathsf{k}+1;\lambda_+)\,, \qquad (6.8.17)$$

$$1-\alpha/2 = F(\mathsf{k};\lambda_-)\,. \qquad (6.8.18)$$

Dabei ist

$$F(k;\lambda) = \sum_{n=0}^{k-1} f(n;\lambda) = P(\mathsf{k} < k)$$

die Verteilungsfunktion der Poisson-Verteilung.

Um numerische Werte für die Konfidenzgrenzen λ_+ und λ_- bestimmen zu können, müssen wir die Beziehung (6.8.17) bzw. (6.8.18) nach λ_+ bzw. λ_- auflösen, also die Umkehrfunktion der Poisson-Verteilung für festes k und vorgegebene Wahrscheinlichkeit P (in unserem Fall $\alpha/2$ bzw. $1-\alpha/2$) bilden,

$$\lambda = \lambda_P(k)\,. \tag{6.8.19}$$

Für häufig vorkommende Werte von P ist die Funktion (6.8.19) in Tafel I.1 tabelliert.

Bei extrem kleinen Stichproben ist oft nur eine *obere Konfidenzgrenze* zum Konfidenzniveau $\beta = 1-\alpha$ von Interesse. Man erhält sie, wenn man statt (6.8.10)

$$P(n > \mathsf{k}|\lambda = \lambda^{(\mathrm{up})}) = \beta = 1-\alpha \tag{6.8.20}$$

fordert, also

$$\alpha = \sum_{n=0}^{\mathsf{k}} f(n;\lambda^{(\mathrm{up})}) = F(\mathsf{k}+1;\lambda^{(\mathrm{up})})\,. \tag{6.8.21}$$

Für den Extremfall $\mathsf{k} = 0$, also für eine Stichprobe, in der gar kein Ereignis registriert wurde, erhält man die obere Grenze $\lambda^{(\mathrm{up})}$ durch Umkehrung von $\alpha = F(1;\lambda^{(\mathrm{up})})$. Damit hat die obere Grenze folgende Bedeutung: Wäre tatsächlich $\lambda = \lambda^{(\mathrm{up})}$ und würden wir das Experiment wiederholen, so würden wir mit der Wahrscheinlichkeit β wenigstens 1 Ereignis beobachten. Der Befund $\mathsf{k} = 0$ wird dann so ausgedrückt: Es ist $\lambda < \lambda^{(\mathrm{up})}$ zum Konfidenzniveau $1-\alpha$. Aus der Tafel I.1 liest man ab, daß $k = 0$ gleichbedeutend ist mit $\lambda < 2.996 \approx 3$ zum Konfidenzniveau 95 %.

Beispiel 6.7: Bestimmung einer unteren Grenze für die Lebensdauer des Protons aus der Nichtbeobachtung auch nur eines Zerfalls

Wie schon mehrmals erwähnt, ist die Wahrscheinlichkeit für den Zerfall eines radioaktiven Kerns innerhalb der Zeit t

$$P(t) = \frac{1}{\tau}\int_0^t \mathrm{e}^{-x/\tau}\,\mathrm{d}x\,.$$

Dabei ist τ die mittlere Lebensdauer des Kerns. Für $t \ll \tau$ vereinfacht sich die Beziehung auf

$$P(t) = t/\tau\,.$$

Bei insgesamt N Kernen erwartet man, daß

$$k = N\,P(t) = N\cdot t/\tau$$

innerhalb der Zeit t zerfallen. Die mittlere Lebensdauer τ wird nun durch Abzählung solcher Zerfälle gewonnen. Beobachtet man k Zerfälle von insgesamt N Kernen in der Zeit t, so erhält man als Meßwert für τ

$$\tilde{\tau} = \frac{N}{\mathsf{k}}t\,.$$

Von besonderem Interesse ist die mittlere Lebensdauer des Protons, eines der Grundbausteine der Materie. In den entsprechenden Experimenten, die in jüngster Zeit mit großem Aufwand betrieben werden, beobachtet man große Zahlen von Protonen mit Detektoren, die jeden einzelnen Zerfall registrieren würden. Bisher ist jedoch kein einziger Zerfall festgestellt worden. Entsprechend Tafel I.9 überschreitet die wahre Zahl λ der Zerfälle dann nicht die Zahl 3 (bei einem Konfidenzniveau von 95 %). Deshalb gilt

$$\tau > \frac{N}{3}t$$

bei diesem Konfidenzniveau. Typische experimentelle Werte sind $t = 0.3$ Jahre, $N = 10^{33}$, d. h.

$$\tau > 10^{32}\,\text{Jahre}\,.$$

Das Proton kann daher auch über kosmologische Zeiträume hinweg als stabil angesehen werden, wenn man bedenkt, daß das Alter des Universums auf nur etwa 10^{10} Jahre geschätzt wird. ■

6.9 Kleine Stichproben mit Untergrund

In manchen Experimenten liegt folgende Situation vor: Für die registrierten Ereignisse kann nicht entschieden werden, ob sie zu dem eigentlich interessierenden Ereignis-Typ gehören (*Signal*-Ereignisse) oder zu einem anderen Typ (*Untergrund*-Ereignisse). Für die im Experiment erwartete Zahl von Ereignissen gilt dann eine Poisson-Verteilung mit dem Parameter $\lambda = \lambda_S + \lambda_B$. Dabei ist λ_S der gesuchte Parameter der Signal-Ereignisse und λ_B der Parameter der Untergrund-Ereignisse, der natürlich bekannt sein muß, wenn man weitere Aussagen machen will. (In einem Experiment wie in Beispiel 6.7 mag etwa eine Beimischung von radioaktiven Kernen, deren Zerfall nicht vom Proton-Zerfall unterschieden werden kann, vorliegen. Ist die Anzahl der beigemischten Kerne und ihre Lebensdauer bekannt, so kann daraus λ_B berechnet werden.)

Wir sind nun versucht, einfach die Ergebnisse des letzten Abschnitts zu übernehmen, die Konfidenzgrenzen $\lambda_\pm$ und die obere Grenze $\lambda^{(\mathrm{up})}$ zu bestimmen und $\lambda_{S\pm} = \lambda_\pm - \lambda_B$, $\lambda_S^{(\mathrm{up})} = \lambda^{(\mathrm{up})} - \lambda_B$ zu setzen. Dieses Verfahren kann jedoch unsinnige Ergebnisse liefern. (Wie in Beispiel 6.7 gesehen, ist $\lambda^{(\mathrm{up})} = 3$ bei einem Konfidenzniveau von 95 %, falls $k = 0$. Für $\lambda_B = 4$, $k = 0$ erhielten wie $\lambda_S^{(\mathrm{up})} = -1$, obwohl jeder Wert $\lambda_S < 0$ unsinnig ist.)

Die bisherigen Überlegungen beruhen auf folgenden Aussagen. Die Wahrscheinlichkeit für die Beobachtung von n Ereignissen, $n = n_S + n_B$, ist

$$f(n; \lambda_S + \lambda_B) = \frac{1}{n!}\mathrm{e}^{-(\lambda_S+\lambda_B)}(\lambda_S + \lambda_B)^n\,, \qquad (6.9.1)$$

und die Wahrscheinlichkeiten für das Auftreten von n_S Signal-Ereignissen bzw. n_B Untergrund-Ereignissen sind

$$f(n_S;\lambda_S) = \frac{1}{n_S!} e^{-\lambda_S} \lambda_S^{n_S}, \qquad (6.9.2)$$

$$f(n_B;\lambda_B) = \frac{1}{n_B!} e^{-\lambda_B} \lambda_B^{n_B}. \qquad (6.9.3)$$

Die Gültigkeit von (6.9.1) haben wir, ausgehend von der Unabhängigkeit der beiden Poisson-Verteilungen (6.9.2) und (6.9.3), in Beispiel 5.5 mit Hilfe der charakteristischen Funktion gezeigt. Man erhält sie auch direkt durch Summation aller Produkte der Wahrscheinlichkeiten (6.9.2) und (6.9.3), die zu $n = n_S + n_B$ gehören, unter Verwendung von (B.4) und (B.6):

$$\begin{aligned}
&\sum_{n_S=0}^{n} f(n_S;\lambda_S) f(n-n_S;\lambda_B) \\
&= e^{-(\lambda_S+\lambda_B)} \sum_{n_S=0}^{n} \frac{1}{n_S!(n-n_S)!} \lambda_S^{n_S} \lambda_B^{n-n_S} = \frac{1}{n!} e^{-(\lambda_S+\lambda_B)} \sum_{n_S=0}^{n} \binom{n}{n_S} \lambda_S^{n_S} \lambda_B^{n-n_S} \\
&= \frac{1}{n!} e^{-(\lambda_S+\lambda_B)} (\lambda_S+\lambda_B)^n = f(n;\lambda_S+\lambda_B).
\end{aligned}$$

Die eingangs geschilderten Schwierigkeiten werden nach ZECH [26] überwunden, wenn man beachtet, daß in einem Experiment, in dem k Ereignisse registriert wurden, die Anzahl der Untergrund-Ereignisse nicht einfach durch (6.9.3) gegeben sein kann, weil aus dem Ergebnis des Experiments bekannt ist, daß $n_B \leq \mathsf{k}$. Man muß daher (6.9.3) ersetzen durch

$$f'(n_B;\lambda) = f(n_B;\lambda_B) \Bigg/ \sum_{n_B=0}^{\mathsf{k}} f(n_B;\lambda_B), \quad n_B \leq \mathsf{k}. \qquad (6.9.4)$$

Diese Verteilung ist im Bereich $0 \leq n_B \leq k$ wieder auf Eins normiert. Ganz entsprechend tritt an die Stelle von (6.9.1)

$$f'(n;\lambda_S+\lambda_B) = f(n;\lambda_S+\lambda_B) \Bigg/ \sum_{n_B=0}^{\mathsf{k}} f(n_B;\lambda_B). \qquad (6.9.5)$$

Damit erhält man analog zu (6.8.17) und (6.8.18) für die Grenzen des Konfidenzbereichs $\lambda_{S-} \leq \lambda_S \leq \lambda_{S+}$ zum Konfidenzniveau $1-\alpha$

$$\alpha/2 = F'(\mathsf{k}+1, \lambda_{S+}+\lambda_B), \qquad (6.9.6)$$

$$1-\alpha/2 = F'(\mathsf{k}, \lambda_{S-}+\lambda_B). \qquad (6.9.7)$$

Dabei ist

$$F'(\mathsf{k};\lambda_S+\lambda_B)=\sum_{n=0}^{\mathsf{k}-1} f'(n;\lambda_S+\lambda_B)=P(\mathsf{k}<k) \tag{6.9.8}$$

die Verteilungsfunktion der umnormierten Verteilung (6.9.4). Wird nur eine obere Konfidenzgrenze zum Konfidenzniveau $1-\alpha$ gesucht, so gilt offenbar in Analogie zu (6.8.21)

$$\alpha = F'(\mathsf{k}+1,\lambda_S^{(\mathrm{up})}+\lambda_B)\,. \tag{6.9.9}$$

Die Tafel 6.3 enthält einige Zahlwerte. Sie wurden mit Mthoden der Klasse `SmallSample` berechnet. Man beachte, daß für $\mathsf{k}=0$ die Beziehung (6.9.7) keine Bedeutung hat, so daß λ_{S-} nicht definiert werden kann. Damit ist auch (6.9.6) und damit die Angabe von λ_{S+} nicht sinnvoll. Von Bedeutung bleibt nur die Größe $\lambda_S^{(\mathrm{up})}$. (In der Tabelle sind jedoch auch für $k=0$ die Werte λ_{S-} und λ_{S+} so wiedergegeben, wie sie vom Programm berechnet werden. Es wird $\lambda_{S-}=0$ gesetzt und λ_{S+} nach (6.9.6) berechnet.)

Tafel 6.3: Grenzen λ_{S-} und λ_{S+} des Konfidenzbereichs und obere Konfidenzgrenze $\lambda_S^{(\mathrm{up})}$ für verschiedene Werte von λ_B und verschiedene sehr kleine Stichprobengrößen k bei festgehaltenem Konfidenzniveau von 90%.

$\beta = 0.90$				
k	λ_B	λ_{S-}	λ_{S+}	$\lambda_S^{(\mathrm{up})}$
0	0.0	0.000	2.996	2.303
0	1.0	0.000	2.996	2.303
0	2.0	0.000	2.996	2.303
1	0.0	0.051	4.744	3.890
1	1.0	0.051	4.113	3.272
1	2.0	0.051	3.816	2.995
2	0.0	0.355	6.296	5.322
2	1.0	0.100	5.410	4.443
2	2.0	0.076	4.824	3.877
3	0.0	0.818	7.754	6.681
3	1.0	0.226	6.782	5.711
3	2.0	0.125	5.983	4.926
4	0.0	1.366	9.154	7.994
4	1.0	0.519	8.159	7.000
4	2.0	0.226	7.241	6.087
5	0.0	1.970	10.513	9.275
5	1.0	1.009	9.514	8.276
5	2.0	0.433	8.542	7.306

6.10 Bestimmung eines Quotienten kleiner Ereigniszahlen

Oft wird eine Zahl k von *Signal*-Ereignissen im Vergleich zu einer Zahl d von *Referenz*-Ereignissen gemessen. Von Interesse ist der wahre Wert r des Quotienten aus der Zahl der Signalereignisse und der Zahl der Referenzereignisse, genauer gesagt, der Quotient aus der Wahrscheinlichkeit für das Eintreten eines Signalereignisses und der für das Eintreten eines Referenzereignisses. Als Schätzung für diesen Quotienten dient natürlich

$$\widetilde{r} = \mathsf{k}/\mathsf{d}\,.$$

Wir fragen jetzt nach den Konfidenzgrenzen von r. Sind k und d so groß, daß wir sie angenähert als normalverteilt mit den Standardabweichungen $\sigma_k = \sqrt{\mathsf{k}}$, $\sigma_d = \sqrt{\mathsf{d}}$ betrachten dürfen, so ist nach dem Gesetz der Fehlerfortpflanzung

$$\Delta r = \sqrt{\left(\frac{\partial r}{\partial \mathsf{k}}\right)^2 \mathsf{k} + \left(\frac{\partial r}{\partial \mathsf{d}}\right)^2 \mathsf{d}} = R\sqrt{\frac{1}{\mathsf{k}} + \frac{1}{\mathsf{d}}}\,. \tag{6.10.1}$$

Gilt zusätzlich $\mathsf{d} \gg \mathsf{k}$, so ist einfach

$$\Delta r = \frac{R}{\sqrt{\mathsf{k}}}\,. \tag{6.10.2}$$

Sind die Voraussetzungen für die Gültigkeit von (6.10.1) oder gar (6.10.2) nicht erfüllt, d. h. sind k und d kleine Zahlen, so muß man Überlegungen anstellen, die auf JAMES und ROOS [23] zurückgeben. Offenbar ist bei der Beobachtung eines beliebigen Ereignisses die Wahrscheinlichkeit dafür, daß es ein Signal-Ereignis ist, gerade

$$p = \frac{r}{1+r}\,, \tag{6.10.3}$$

und die Wahrscheinlichkeit dafür, daß es ein Referenz-Ereignis ist, ist

$$q = 1 - p = \frac{1}{1+r}\,. \tag{6.10.4}$$

In einem Experiment, in dem insgesamt $\mathsf{N} = \mathsf{k} + \mathsf{d}$ Ereignisse beobachtet werden, folgt die Wahrscheinlichkeit dafür, daß gerade n Signal-Ereignisse vorliegen, der Binomialverteilung (5.1.3). Sie ist

$$f(n;r) = \binom{\mathsf{N}}{n} p^n q^{N-n} = \binom{\mathsf{N}}{n} \left(\frac{r}{1+r}\right)^n \left(\frac{1}{1+r}\right)^{\mathsf{N}-n}\,. \tag{6.10.5}$$

Die Wahrscheinlichkeit dafür, daß $n < \mathsf{k}$ ist, ist dann

$$P(n < \mathsf{k}) = \sum_{n=0}^{\mathsf{k}-1} f(n;r) = F(\mathsf{k};r) \tag{6.10.6}$$

mit

$$F(\mathsf{k};r) = \sum_{n=0}^{\mathsf{k}-1} \binom{\mathsf{N}}{n} \left(\frac{r}{1+r}\right)^n \left(\frac{1}{1+r}\right)^{\mathsf{N}-n}, \tag{6.10.7}$$

also die Verteilungsfunktion der Binomialverteilung. Zur Festlegung von den Grenzen r_- und r_+ des Konfidenzbereichs zum Konfidenzniveau $\beta = 1-\alpha$ benutzen wir nun, ganz in Analogie zu (6.8.17) und (6.8.18),

$$\alpha/2 = F(\mathsf{k}+1;r_+)\,, \tag{6.10.8}$$

$$1-\alpha/2 = F(\mathsf{k};r_-)\,. \tag{6.10.9}$$

Wird nur eine obere Grenze zum Konfidenzniveau $\beta = 1-\alpha$ gesucht, so kann sie, vgl. (6.8.21), aus

$$\alpha = F(\mathsf{k}+1;r^{(\mathrm{up})}) \tag{6.10.10}$$

bestimmt werden.

Die Größen r_+, r_- und $r^{(\mathrm{up})}$ können zu gegebenen Werten von k, d und β mit Methoden der Klasse `SmallSample` berechnet werden.

6.11 Quotient kleiner Ereigniszahlen mit Untergrund

Kombiniert man nach SWARTZ [24] die Überlegungen der Abschnitte 6.9 und 6.10, so kann man folgende Situation behandeln. In einem Experiment treten drei Arten von Ereignissen auf: *Signal*-Ereignisse, *Untergrund*-Ereignisse und *Referenz*-Ereignisse. Signal- und Untergrund-Ereignisse lassen sich nicht unterscheiden. Im vorliegenden Experiment seien insgesamt k Signal- und Untergrund-Ereignisse registriert worden sowie d Referenz-Ereignisse. Bezeichnen wir mit r_S bzw. r_B die wahren Werte (im Sinne der Definition zu Beginn des vorigen Abschnitts) der Quotienten aus den Anzahlen von Signal- und Referenzereignissen bzw. von Untergrund- und Referenzereignissen, so sind p_S und p_B die Wahrscheinlichkeiten dafür, daß ein beliebig herausgegriffenes Ereignis ein Signal- bzw. ein Untergrund-Ereignis ist mit

$$p_\mathrm{S} = \frac{r_\mathrm{S}}{1+r_\mathrm{S}+r_\mathrm{B}}\,, \quad p_\mathrm{B} = \frac{r_\mathrm{B}}{1+r_\mathrm{S}+r_\mathrm{B}}\,. \tag{6.11.1}$$

Die Wahrscheinlichkeit dafür, daß es sich um ein Referenz-Ereignis handelt, ist dann

$$p_R = 1 - p_S - p_B = \frac{1}{1 + r_S + r_B} . \qquad (6.11.2)$$

Liegen im Experiment insgesamt $\mathsf{N} = \mathsf{k} + \mathsf{d}$ Ereignisse vor, so sind die einzelnen Wahrscheinlichkeiten dafür, daß es sich dabei gerade um n_S Signal-Ereignisse, n_B Untergrund-Ereignisse und $n_R = \mathsf{N} - n_S - n_B$ Referenz-Ereignisse handelt,

$$f_S(n_S; p_S) = \binom{\mathsf{N}}{n_S} p_S^{n_S} (1 - p_S)^{\mathsf{N} - n_S} , \qquad (6.11.3)$$

$$f_B(n_B; p_B) = \binom{\mathsf{N}}{n_B} p_B^{n_B} (1 - p_B)^{\mathsf{N} - n_B} , \qquad (6.11.4)$$

$$f_R(n_R; p_R) = \binom{\mathsf{N}}{n_R} p_R^{n_R} (1 - p_R)^{\mathsf{N} - n_R} . \qquad (6.11.5)$$

Da es jetzt drei sich gegenseitig ausschließende Ereignis-Typen gibt, tritt an die Stelle der Binomial-Verteilung (6.10.5) eine Trinomialverteilung, also eine Multinomialverteilung (5.1.10) mit $\ell = 3$. Die Wahrscheinlichkeit dafür, daß in einem Experiment mit einer Gesamtzahl von N Ereignissen gerade n_S Signal-Ereignisse, n_B Untergrund-Ereignisse und $\mathsf{N} - n_S - n_B$ Referenzereignisse auftreten, ist also

$$f(n_S, n_B; r_S, r_B) = \frac{\mathsf{N}!}{n_S! n_B! (\mathsf{N} - n_S - n_B)!} p_S^{n_S} p_B^{n_B} (1 - p_S - p_B)^{\mathsf{N} - n_S - n_B} . \qquad (6.11.6)$$

Dabei wurde allerdings noch nicht berücksichtigt, daß die Zahl der Untergrund-Ereignisse nicht größer als k sein kann. Ähnlich wie in (6.9.4) tritt daher

$$f'_B(n_B; p_B) = f_B(n_B; p_B) \Big/ \sum_{n_B=0}^{\mathsf{k}} f(n_B; p_B) , \quad n_B \le \mathsf{k} , \qquad (6.11.7)$$

an die Stelle von f_B. Damit muß auch (6.11.6) ersetzt werden, und zwar durch

$$f'(n_S, n_B; r_S, r_B) = f(n_S, n_B; r_S, r_B) \Big/ \sum_{n_B=0}^{\mathsf{k}} f(n_B; p_B) . \qquad (6.11.8)$$

Die Wahrscheinlichkeit für das Vorliegen von n_S Signalereignissen unabhängig von der Zahl der Untergrundereignisse ist

$$f'(n_S; r_S, r_B) = \sum_{n_B=0}^{\mathsf{k}} f'(n_S, n_B; r_S, r_B) ,$$

und die Wahrscheinlichkeit dafür, daß $n_S \le \mathsf{k}$, ist schließlich

$$F'(\mathsf{k};r_\mathrm{S},r_\mathrm{B}) = \sum_{n_\mathrm{S}=0}^{\mathsf{k}-n_\mathrm{B}-1} f'(n_\mathrm{S};r_\mathrm{S},r_\mathrm{B})$$

$$= \frac{\sum\limits_{n_\mathrm{S}=0}^{\mathsf{k}-n_\mathrm{B}-1}\sum\limits_{n_\mathrm{B}=0}^{\mathsf{k}-1} \frac{\mathsf{N}!}{n_\mathrm{S}!n_\mathrm{B}!(\mathsf{N}-n_\mathrm{S}-n_\mathrm{B})!} p_\mathrm{S}^{n_\mathrm{S}} p_\mathrm{B}^{n_\mathrm{B}} (1-p_\mathrm{S}-p_\mathrm{B})^{\mathsf{N}-n_\mathrm{S}-n_\mathrm{B}}}{\sum\limits_{n_\mathrm{B}=0}^{\mathsf{k}} \frac{\mathsf{N}!}{n_\mathrm{B}!(N-n_\mathrm{B})!} p_\mathrm{B}^{n_\mathrm{B}} (1-p_\mathrm{B})^{\mathsf{N}-n_\mathrm{B}}} .$$

Da r_B als bekannt vorausgesetzt wurde, hängt die Größe F' zu gegebenem k nur noch von r_S ab. Ganz entsprechend zu (6.9.6) und (6.9.7) kann man die Grenzen $r_{\mathrm{S}+}$ bzw. $r_{\mathrm{S}-}$ des Konfidenzbereichs von r_S zum Konfidenzniveau $\beta = 1-\alpha$ aus den Forderungen

$$\alpha/2 = F'(\mathsf{k}+1;r_{\mathrm{S}+},r_\mathrm{B}) , \tag{6.11.9}$$

$$1-\alpha/2 = F'(\mathsf{k};r_{\mathrm{S}-},r_\mathrm{B}) \tag{6.11.10}$$

bestimmen. Wird aber nur eine obere Grenze zum Konfidenzniveau $\beta = 1-\alpha$ gesucht, so kann sie entsprechend (6.9.9) aus

$$\alpha = F'(\mathsf{k}+1;r_\mathrm{S}^{(\mathrm{up})},r_\mathrm{B}) \tag{6.11.11}$$

gefunden werden.

Die Tafel 6.4 enthält einige Zahlwerte, die mit Methoden der Klasse `SmallSample` berechnet wurden. Für $\mathsf{k} = 0$ hat allerdings (6.11.10) und damit die Angabe von $r_{\mathrm{S}-}$ keine Bedeutung. Damit ist auch (6.11.9), also die Angabe von $r_{\mathrm{S}+}$ für $\mathsf{k} = 0$ nicht sinnvoll. (In der Tabelle sind jedoch $r_{\mathrm{S}-}$ und $r_{\mathrm{S}+}$ auch für $\mathsf{k} = 0$ so angegeben, wie das Programm sie liefert. Für $\mathsf{k} = 0$ wird $r_{\mathrm{S}-} = 0$ gesetzt und $r_{\mathrm{S}+}$ nach (6.11.9) berechnet.)

6.12 Java-Klassen und Programmbeispiele

Java-Klassen zum Thema Stichproben

`Sample` enthält Methoden zur Berechnung von Kenngrößen einer Stichprobe, von Mittelwert, Varianz und Standardabweichung, sowie der Fehler dieser Größen.

`SmallSample` enthält Methoden zur Berechnung von Konfidenzgrenzen für kleine Stichproben.

`Histogram` erlaubt Anlage und Verwaltung eines Histogramms.

Tafel 6.4: Grenzen r_{S-} und r_{S+} des Konfidenzbereichs und obere Konfidenzgrenze $r_S^{(up)}$ für verschiedene Werte von r_B und verschiedene sehr kleine Werte von k bei festgehaltener Zahl d von Referenzereignissen und festgehaltenem Konfidenzniveau von 90 %.

$\beta = 0.90, \mathsf{d} = 10$				
k	r_B	r_{S-}	r_{S+}	$r_S^{(up)}$
0	0.0	0.000	0.349	0.259
0	0.1	0.000	0.349	0.259
0	0.2	0.000	0.349	0.259
1	0.0	0.005	0.573	0.450
1	0.1	0.005	0.502	0.382
1	0.2	0.005	0.464	0.348
2	0.0	0.034	0.780	0.627
2	0.1	0.010	0.686	0.535
2	0.2	0.007	0.613	0.467
3	0.0	0.077	0.979	0.799
3	0.1	0.020	0.880	0.701
3	0.2	0.012	0.788	0.612
4	0.0	0.127	1.174	0.968
4	0.1	0.044	1.074	0.869
4	0.2	0.019	0.976	0.771
5	0.0	0.180	1.367	1.135
5	0.1	0.085	1.267	1.035
5	0.2	0.034	1.167	0.936

Programmbeispiel 6.1: Die Klasse `E2SM` demonstriert die Benutzung der Klasse `Sample`

Das kurze Programm erzeugt eine Stichprobe vom Umfang N aus der standardisierten Normalverteilung, berechnet für jede die 6 Größen Mittelwert, Fehler des Mittelwertes, Varianz, Fehler der Varianz, Standardabweichung und Fehler der Standardabweichung und gibt jede dieser Größen in einer Zeile aus.

Programmbeispiel 6.2: Die Klasse `E2Sample` demonstriert die Benutzung der Klassen `Histogram` und `GraphicsWithHistogram`

Es werden Initialisierung, Anlage und graphische Ausgabe eines Histogramms demonstriert. Dargestellt wird das Histogramm einer Stichprobe mit N Elementen aus der standardisierten Normalverteilung. Es werden interaktiv Zahlwerte für N sowie für die untere Grenze x_0, die Intervallbreite Δx und die Intervallzahl n_x des Histogramms erfragt. Anschließend wird das Histogramm initialisiert und es werden die Stichprobenelemente generiert und ins Histogramm eingetragen. Schließlich wird eine Graphik des Histogramms erzeugt.

Programmbeispiel 6.3: Die Klasse `E3Sample` demonstriert die Benutzung der Klasse `GraphicsWith2DScatterDiagram`

Es wird ein Streudiagramm angelegt und anschließend als Graphik dargestellt, dessen Punkte durch Paare von Zufallszahlen aus einer zweidimensionalen Gauß-Verteilung gegeben sind, vgl. Abschnitt 4.10. Das Programm erlaubt dem Benutzer die Eingabe der Parameter der Gauß-Verteilung (Mittelwerte a_1, a_2, Standardabweichungen σ_1, σ_2, Korrelationskoeffizient ρ) und der Anzahl der zu erzeugenden Zahlenpaare. Es erzeugt die Paare von Zufallszahlen, bereitet Überschrift, Achsenbeschriftungen und Skalen vor und gibt die Graphik aus, Bild 6.12.

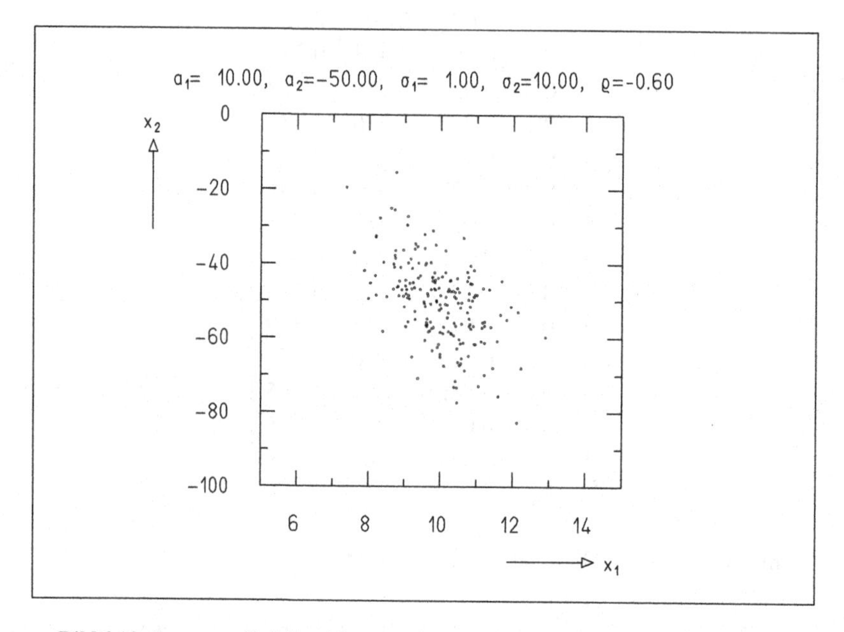

Bild 6.12: Paare von Zufallszahlen aus einer zweidimensionalen Gauß-Verteilung.

Programmbeispiel 6.4: Die Klasse `E4Sample` demonstriert die Benutzung von Methoden der Klasse `SmallSample` zur Berechnung von Konfidenzgrenzen

Das Programm liefert die Grenzen λ_{S-}, λ_{S+} und $\lambda_S^{(up)}$ für den Poisson-Parameter des Signals; der Benutzer kann die beobachtete Ereigniszahl k, das Konfidenzniveau $\beta = 1 - \alpha$ und den Poisson-Parameter λ_B für den Untergrund eingeben.

Anregungen: (a) Verifizieren Sie einige Zeilen aus Tafel 6.3.

(b) Wählen Sie $\beta = 0.683$, $\lambda_B = 0$ und vergleichen Sie für verschiedene Werte k die Werte λ_{S-} und λ_{S+} mit der naiven Aussage $\lambda = k \pm \sqrt{k}$.

Programmbeispiel 6.5: Die Klasse `E5Sample` demonstriert die Benutzung von Methoden der Klasse `SmallSample` zur Berechnung von Konfidenzgrenzen von Verhältnissen

Das Programm liefert die Grenzen r_{S-}, r_{S+} und $r_S^{(up)}$ für den Quotienten r der Zahl der Signal- und Referenzereignisse im Grenzwert großer Ereigniszahlen. Besser gesagt, ist r der Quotient aus den Poisson-Parametern λ_S und λ_R der Signal- bzw. Referenzereignisse. Das Programm erfragt interaktiv die Anzahl k der beobachteten (Signal- und Untergrund-)Ereignisse, die Anzahl d der Referenz-Ereignisse, das Konfidenzniveau $\beta = 1 - \alpha$ und den erwarteten Quotienten $r_B = \lambda_B/\lambda_R$ für Untergrund-Ereignisse.

Anregung: Verifizieren Sie einige Zeilen aus Tafel 6.4.

Programmbeispiel 6.6: Die Klasse `E6Sample` simuliert Experimente mit wenigen Ereignissen und Untergrund

Es werden n_{exp} Experimente simuliert. In jedem Experiment werden N Objekte untersucht. Jedes Objekt liefert mit der Wahrscheinlichkeit $p_S = \lambda_S/N$ ein Signal-Ereignis und mit der Wahrscheinlichkeit $p_B = \lambda_B/N$ ein Untergrund-Ereignis. Die im Simulationsexperiment gefundenen Ereigniszahlen sind k_S, k_B und $\mathsf{k} = \mathsf{k}_S + \mathsf{k}_B$. Im wirklichen Experiment kennt man nur k. Zu vorgegebenem Konfidenzniveau $\beta = 1 - \alpha$ und vorgegebenem λ_B werden zu k die Grenzen λ_{S-}, λ_{S+} und $\lambda_S^{(up)}$ berechnet und für jedes Experiment ausgegeben.

Anregung: Wählen Sie z. B. $n_{exp} = 20$, $N = 1000$, $\lambda_S = 5$, $\lambda_B = 2$, $\beta = 0.9$ und vergleichen Sie, ob die Auswertung, wie erwartet, in 10% aller Experimente im Intervall $(\lambda_{S-}, \lambda_{S+})$ liefert, das den Wert λ_S nicht enthält. Beachten Sie die Bedeutung des statistischen Fehlers Ihrer Beobachtung bei nur 20 Experimenten.

Programmbeispiel 6.7: Die Klasse `E7Sample` simuliert Experimente mit wenigen Signal-Ereignissen und mit Referenz-Ereignissen

Das Programm erfragt interaktiv die Größen n_{exp}, N, λ_S, λ_B, λ_R und das Konfidenzniveau $\beta = 1 - \alpha$. Es berechnet die Wahrscheinlichkeiten $p_S = \lambda_S/N$, $p_B = \lambda_B/N$, $p_R = \lambda_R/N$, sowie die Quotienten $r_S = p_S/p_R$ und $r_B = p_B/p_R$ von insgesamt n_{exp} simulierten Experimenten, in denen jeweils N Objekte untersucht werden. Jedes Objekt führt mit der Wahrscheinlichkeit p_S zu einem Signal-Ereignis, mit p_B zu einem Untergrund-Ereignis und mit p_R zu einem Referenz-Ereignis. (Dabei wird $p_S + p_B + p_R \ll 1$ vorausgesetzt.) Das Ergebnis der Simulation sind die Ereigniszahlen k_S und k_B bzw. d für Signal, Untergrund und Referenz. Im wirklichen Experiment sind nur $\mathsf{k} = \mathsf{k}_S + \mathsf{k}_B$ und d bekannt, da Signal- und Untergrund-Ereignisse nicht unterschieden werden können. Zu den vorgegebenen Werten von β und r_B sowie den im Simulationsexperiment bestimmten Größen k und d werden dann die Grenzen r_{S-}, r_{S+} und $r_S^{(up)}$ berechnet und ausgegeben.

Anregung: Wandeln Sie die Anregung aus Programmbeispiel 6.6 ab, indem Sie als zusätzlichen Eingabeparameter $\lambda_S = 20$ wählen und das Intervall (r_{S-}, r_{S+}) mit dem der Simulation zugrunde liegenden Wert von r_S vergleichen.

7 Die Methode der „Maximum Likelihood"

7.1 Likelihood-Quotient. Likelihood-Funktion

Wir hatten uns bereits im letzten Kapitel mit dem Problem der Schätzung der Parameter einer Verteilung durch Stichproben beschäftigt und dabei die wünschenswerten Eigenschaften von Schätzfunktionen diskutiert, ohne jedoch eine Vorschrift anzugeben, wie man im Einzelfall solche Schätzfunktionen findet. Lediglich für die wichtigen Spezialfälle Erwartungswert und Varianz hatten wir Schätzfunktionen angegeben. Wir nehmen jetzt das allgemeine Problem in Angriff.

Um die Parameter

$$\boldsymbol{\lambda} = (\lambda_1, \lambda_2, \ldots, \lambda_p)$$

besonders hervorzuheben, schreiben wir die Wahrscheinlichkeitsdichte der Zufallsgrößen

$$\mathbf{x} = (\mathrm{x}_1, \mathrm{x}_2, \ldots, \mathrm{x}_n)$$

jetzt in der Form

$$f = f(\mathbf{x}; \boldsymbol{\lambda}) \,. \tag{7.1.1}$$

Führen wir jetzt eine Reihe – sagen wir N – Versuche aus bzw. entnehmen wir aus einer Grundgesamtheit eine Stichprobe vom Umfang N, so können wir für jeden Versuch j eine Zahl

$$\mathrm{d}P^{(j)} = f(\mathbf{x}^{(j)}; \boldsymbol{\lambda})\,\mathrm{d}\mathrm{x} \tag{7.1.2}$$

angeben. Die Zahl $\mathrm{d}P^{(j)}$ hat den Charakter einer *a-posteriori-Wahrscheinlichkeit*, d. h. wir geben also *nach* dem Versuch an, wie wahrscheinlich es war, gerade (innerhalb eines kleinen Intervalls) das Ergebnis $\mathbf{x}^{(j)}$ zu finden. Die Gesamtwahrscheinlichkeit, gerade alle beobachteten Ergebnisse

$$\mathbf{x}^{(1)}, \mathbf{x}^{(2)}, \ldots, \mathbf{x}^{(j)}, \ldots, \mathbf{x}^{(N)}$$

zu finden, ist dann das Produkt

$$\mathrm{d}P = \prod_{j=1}^{N} f(\mathbf{x}^{(j)}; \boldsymbol{\lambda})\,\mathrm{d}\mathbf{x} \,. \tag{7.1.3}$$

Diese Wahrscheinlichkeit hängt nun offenbar noch von $\boldsymbol{\lambda}$ ab. Es gibt Fälle, in denen die Grundgesamtheit durch einen von nur zwei möglichen Parametersätzen $\boldsymbol{\lambda}_1$ und $\boldsymbol{\lambda}_2$ bestimmt ist. Solche Fälle treten z. B. in der Kernphysik auf, wo die Parität eines Zustandes zwangsläufig entweder „gerade“ oder „ungerade“ ist. Man kann dann einen Quotienten

$$Q = \frac{\prod_{j=1}^{N} f(\mathbf{x}^{(j)};\boldsymbol{\lambda}_1)}{\prod_{j=1}^{N} f(\mathbf{x}^{(j)};\boldsymbol{\lambda}_2)} \tag{7.1.4}$$

bilden und sagen, daß die Werte $\boldsymbol{\lambda}_1$ „um den Faktor Q wahrscheinlicher“ seien als die Werte $\boldsymbol{\lambda}_2$. Dieser Faktor heißt *Likelihood-Quotient**.

Ein Produkt der Form

$$L = \prod_{j=1}^{N} f(\mathbf{x}^{(j)};\boldsymbol{\lambda}) \tag{7.1.5}$$

heißt *Likelihood-Funktion*. Eine deutsche Übersetzung wird dadurch erschwert, daß *likelihood* ebenso wie *probability* einfach Wahrscheinlichkeit heißt. Man kann aber nicht deutlich genug den Unterschied zwischen einer Wahrscheinlichkeitsdichte (einer echten analytischen Funktion) und einer Likelihood-Funktion, die eine Stichprobenfunktion und damit eine Zufallsgröße ist, hervorheben. Insbesondere ist der a-posteriori-Charakter der Wahrscheinlichkeit in (7.1.5) von Bedeutung bei vielen Diskussionen.

Beispiel 7.1: Likelihood-Quotient

Es sei durch einige Würfe zu entscheiden, ob eine Münze zur Sorte A oder B gehört. Diese Münzensorten sind asymmetrisch derart, daß A mit Wahrscheinlichkeit $1/3$, B dagegen mit $2/3$ Kopf zeigt.

	A	B
Kopf	1/3	2/3
Zahl	2/3	1/3

Liefert ein Versuch etwa einmal Kopf und viermal Zahl, so ist $L_A = \frac{1}{3}\cdot(\frac{2}{3})^4$ und $L_B = \frac{2}{3}\cdot(\frac{1}{3})^4$,

$$Q = \frac{L_A}{L_B} = 8\,.$$

Man wird also eher der Ansicht zuneigen, daß die Münze zur Sorte A gehört. ■

*Obwohl der Likelihood-Quotient Q und die weiter unten eingeführten Likelihood-Funktionen L und ℓ als Funktionen von Stichproben Zufallsvariable sind, heben wir sie nicht durch besondere Drucktypen hervor.

7.2 Die Maximum-Likelihood-Methode

Die Verallgemeinerung der Betrachtung von Likelihood-Quotienten liegt nun auf der Hand. Man wird derjenigen Wahl der Parameter $\boldsymbol{\lambda}$ das größte Vertrauen schenken, für die die Likelihood-Funktion (7.1.5) maximal wird. Bild 7.1 zeigt die Situation für verschiedene Formen der Likelihood-Funktion für den Fall eines einzigen Parameters λ.

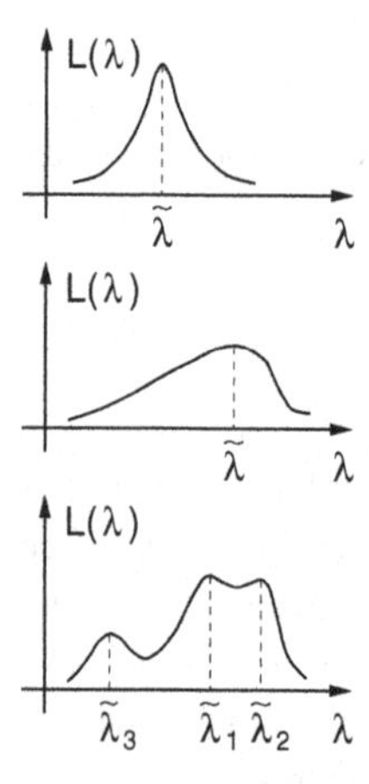

Bild 7.1: Likelihood-Funktionen.

Die Auffindung des Maximums kann nun einfach durch Nullsetzen der ersten Ableitung der Likelihood-Funktion nach dem Parameter λ_i geschehen. Die Ableitung eines Produkts mit vielen Faktoren ist aber unangenehm zu handhaben. Man bildet daher zunächst den Logarithmus der Likelihood-Funktion

$$\ell = \ln L = \sum_{j=1}^{N} \ln f(\mathbf{x}^{(j)}; \boldsymbol{\lambda}) . \tag{7.2.1}$$

Auch die Funktion ℓ wird oft als Likelihood-Funktion bezeichnet. Manchmal werden wir explizit „*logarithmische Likelihood-Funktion*“ sagen. Offenbar sind die Maxima von (7.2.1) mit denen von (7.1.5) identisch. Für den Fall eines Parameters bilden wir nun

$$\ell' = \mathrm{d}\ell/\mathrm{d}\lambda = 0 . \tag{7.2.2}$$

Das Problem der Schätzung eines Parameters reduziert sich also auf die Lösung dieser *Likelihood-Gleichung*. Unter Verwendung von (7.2.1) können wir schreiben:

$$\ell' = \sum_{j=1}^{N} \frac{\mathrm{d}}{\mathrm{d}\lambda} \ln f(\mathbf{x}^{(j)}; \lambda) = \sum_{j=1}^{N} \frac{f'}{f} = \sum_{j=1}^{N} \varphi(\mathbf{x}^{(j)}; \lambda) . \tag{7.2.3}$$

Dabei ist

$$\varphi(\mathbf{x}^{(j)};\lambda) = \left(\frac{\mathrm{d}}{\mathrm{d}\lambda} f(\mathbf{x}^{(j)};\lambda)\right) \Big/ f(\mathbf{x}^{(j)};\lambda) \tag{7.2.4}$$

die *logarithmische Ableitung* der Dichte f nach λ.

Im allgemeinen Fall von p Parametern wird die Likelihood-Gleichung (7.2.2) durch das System von p simultanen Gleichungen

$$\frac{\partial \ell}{\partial \lambda_i} = 0\,, \quad i = 1,2,\ldots,p\,, \tag{7.2.5}$$

ersetzt.

Beispiel 7.2: Wiederholte Messungen verschiedener Genauigkeit

Wird eine Größe mit verschiedenen Instrumenten gemessen, so sind die Meßfehler im allgemeinen verschieden. Die Messungen $\mathbf{x}^{(j)}$ streuen um den wahren Wert λ. Die Fehler seien gaußisch verteilt, so daß eine Messung der Entnahme einer Stichprobe aus einer Gauß-Verteilung mit Mittelwert λ und Streuung σ_j entspricht. Die a-posteriori-Wahrscheinlichkeit für einen Meßwert $\mathbf{x}^{(j)}$ ist dann

$$f(\mathbf{x}^{(j)};\lambda)\,\mathrm{d}x = \frac{1}{\sqrt{2\pi}\sigma_j} \exp\left(-\frac{(\mathbf{x}^{(j)}-\lambda)^2}{2\sigma_j^2}\right) \mathrm{d}x\,.$$

Alle N Messungen liefern die Likelihood-Funktion

$$L = \prod_{j=1}^{N} \frac{1}{\sqrt{2\pi}\sigma_j} \exp\left(-\frac{(\mathbf{x}^{(j)}-\lambda)^2}{2\sigma_j^2}\right) \tag{7.2.6}$$

mit dem Logarithmus

$$\ell = -\frac{1}{2} \sum_{j=1}^{N} \frac{(\mathbf{x}^{(j)}-\lambda)^2}{\sigma_j^2} + \text{const}\,. \tag{7.2.7}$$

Damit wird die Likelihood-Gleichung

$$\frac{\mathrm{d}\ell}{\mathrm{d}\lambda} = \sum_{j=1}^{N} \frac{\mathbf{x}^{(j)}-\lambda}{\sigma_j^2} = 0\,.$$

Sie hat die Lösung

$$\widetilde{\lambda} = \frac{\displaystyle\sum_{j=1}^{N} \frac{\mathbf{x}^{(j)}}{\sigma_j^2}}{\displaystyle\sum_{j=1}^{N} \frac{1}{\sigma_j^2}}\,. \tag{7.2.8}$$

Wegen $\mathrm{d}^2\ell/\mathrm{d}\lambda^2 = -\sum \sigma_j^{-2} < 0$ liegt auch tatsächlich ein Maximum vor. Wir sehen also, daß wir als Maximum-Likelihood-Schätzung den mit den Kehrwerten der Varianzen der Einzelmessungen gewichteten Mittelwert der N Messungen erhalten.

■

Beispiel 7.3: Schätzung für den Parameter N der hypergeometrischen Verteilung

Ähnlich wie in dem Münzenproblem zu Beginn dieses Kapitels sind die zu schätzenden Parameter manchmal nur diskreter Werte fähig. Im Beispiel 5.2 haben wir auf die Möglichkeit der Schätzung zoologischer Bevölkerungsdichten mit Hilfe von Markierung und Wiedereinfang hingewiesen. Nach (5.3.1) ist die Wahrscheinlichkeit, genau n Fische, darunter k markierte, aus einem Teich zu fangen, der die (unbekannte) Zahl von N Fischen enthält, von denen K markiert sind, durch

$$L(k;n,K,N) = \frac{\binom{K}{k}\binom{N-K}{n-k}}{\binom{N}{n}}$$

gegeben. Wir müssen jetzt den Wert von N finden, für welchen die Funktion L ein Maximum annimmt. Dazu benutzen wir den Quotienten

$$\frac{L(k;n,k,N)}{L(k;n,k,N-1)} = \frac{(N-n)(N-k)}{(N-n-K+k)N} \begin{cases} >1, & Nk < nK\,, \\ <1, & Nk > nK\,. \end{cases}$$

Die Funktion L ist also am größten, wenn N diejenige Zahl ist, die am nächsten bei nK/k liegt. ∎

7.3 Informationsungleichung. Schätzungen kleinster Varianz. Erschöpfende Schätzungen

Wir wollen jetzt noch einmal die Qualität einer Schätzung diskutieren. Im Abschnitt 6.1 hatten wir eine Schätzung als erwartungstreu oder verzerrungsfrei definiert, wenn für jede Stichprobe die *Verzerrung* (Englisch: *bias*) verschwand,

$$B(\lambda) = E(\mathsf{S}) - \lambda = 0\,. \tag{7.3.1}$$

Nun ist die Erwartungstreue nicht die einzige Forderung, die wir an eine „gute“ Schätzung stellen. Es soll vielmehr auch die Varianz

$$\sigma^2(\mathsf{S})$$

möglichst klein sein. Häufig gilt es hier, einen Kompromiß zu schließen, da ein Zusammenhang zwischen B und σ^2 besteht, der durch die *Informationsungleichung*[†] beschrieben wird.

[†]Diese Ungleichung wurde unabhängig von H. Cramer, M. Fréchet und C. R. Rao sowie anderen Autoren gefunden. Sie wird auch Cramer–Rao- oder Fréchet-Ungleichung genannt.

Man sieht sofort, daß es leicht ist, $\sigma^2(\mathsf{S}) = 0$ zu erreichen, indem man für S eine Konstante verwendet. Wir betrachten eine Schätzung $\mathsf{S}(\mathbf{x}^{(1)}, \mathbf{x}^{(2)}, \dots, \mathbf{x}^{(N)})$, die eine Funktion der Stichprobe $\mathbf{x}^{(1)}, \mathbf{x}^{(2)}, \dots, \mathbf{x}^{(N)}$ ist. Die gemeinsame Wahrscheinlichkeitsdichte der Elemente der Stichprobe ist nach (6.1.3) und (6.1.4)

$$f(x^{(1)}, x^{(2)}, \dots, x^{(N)}; \lambda) = f(x^{(1)}; \lambda) f(x^{(2)}; \lambda) \cdots f(x^{(N)}; \lambda) .$$

Der Erwartungswert von S ist also

$$E(\mathsf{S}) = \int \mathsf{S}(\mathbf{x}^{(1)}, \dots, \mathbf{x}^{(N)}) f(x^{(1)}; \lambda) \cdots f(x^{(N)}; \lambda) \, \mathrm{d}x^{(1)} \mathrm{d}x^{(2)} \cdots \mathrm{d}x^{(N)} . \qquad (7.3.2)$$

Nach (7.3.1) ist aber auch

$$E(\mathsf{S}) = B(\lambda) + \lambda .$$

Wir nehmen jetzt an, daß wir unter dem Integral bezüglich λ differenzieren dürfen. Wir erhalten dann

$$1 + B'(\lambda) = \int \mathsf{S} \left(\sum_{j=1}^{N} \frac{f'(x^{(j)}; \lambda)}{f(x^{(j)}; \lambda)} \right) f(x^{(1)}; \lambda) \cdots f(x^{(N)}; \lambda) \, \mathrm{d}x^{(1)} \cdots \mathrm{d}x^{(N)} ,$$

das ist gleichbedeutend mit

$$1 + B'(\lambda) = E \left\{ \mathsf{S} \sum_{j=1}^{N} \frac{f'(x^{(j)}; \lambda)}{f(x^{(j)}; \lambda)} \right\} = E \left\{ \mathsf{S} \sum_{j=1}^{N} \varphi(x^{(j)}; \lambda) \right\} .$$

Aus (7.2.3) haben wir

$$\ell' = \sum_{j=1}^{N} \varphi(x^{(j)}; \lambda)$$

und deshalb

$$1 + B'(\lambda) = E\{\mathsf{S}\ell'\} . \qquad (7.3.3)$$

Es gilt natürlich

$$\int f(x^{(1)}; \lambda) \cdots f(x^{(N)}; \lambda) \, \mathrm{d}x^{(1)} \cdots \mathrm{d}x^{(N)} = 1 .$$

Bilden wir auch hier die Ableitung bezüglich λ, so erhalten wir

$$\int \sum_{j=1}^{N} \frac{f'(x^{(j)}; \lambda)}{f(x^{(j)}; \lambda)} f(x^{(1)}; \lambda) \cdots f(x^{(N)}; \lambda) \, \mathrm{d}x^{(1)} \cdots \mathrm{d}x^{(N)} = E(\ell') = 0 .$$

Durch Multiplikation dieser Gleichung mit $E(\mathsf{S})$ und Subtraktion des Ergebnisses von (7.3.3) ergibt sich

$$1 + B'(\lambda) = E\{\mathsf{S}\ell'\} - E(\mathsf{S}) E(\ell') = E\{[\mathsf{S} - E(\mathsf{S})]\ell'\} . \qquad (7.3.4)$$

Um die Bedeutung dieses Ausdrucks zu erkennen, brauchen wir noch eine Cauchy–Schwarzsche Ungleichung in der folgenden Form:

Sind x und y Zufallsgrößen und besitzen x^2 und y^2 endliche Erwartungswerte, so ist

$$\{E(\mathsf{xy})\}^2 \le E(\mathsf{x}^2)E(\mathsf{y}^2)\,. \tag{7.3.5}$$

Zum Beweis dieser Ungleichung betrachten wir den Ausdruck

$$E((a\mathsf{x}+\mathsf{y})^2) = a^2E(\mathsf{x}^2)+2a\,E(\mathsf{xy})+E(\mathsf{y}^2) \ge 0\,. \tag{7.3.6}$$

Er ist eine nicht negative Zahl für alle Werte von a. Betrachten wir für den Augenblick das Gleichheitszeichen als gegeben, so ist das eine quadratische Gleichung für a mit den Lösungen

$$a_{1,2} = -\frac{E(\mathsf{xy})}{E(\mathsf{x}^2)} \pm \sqrt{\left(\frac{E(\mathsf{xy})}{E(\mathsf{x}^2)}\right)^2 - \frac{E(\mathsf{y}^2)}{E(\mathsf{x}^2)}}\,. \tag{7.3.7}$$

Die Ungleichung (7.3.6) ist dann für alle a gültig, wenn der *Radikand* unter der Wurzel (Diskriminante) negativ oder 0 ist. Daraus folgt die Behauptung

$$\frac{\{E(\mathsf{xy})\}^2}{\{E(\mathsf{x}^2)\}^2} - \frac{E(\mathsf{y}^2)}{E(\mathsf{x}^2)} \le 0\,.$$

Wenden wir nun die Ungleichung (7.3.5) auf (7.3.4) an, so wird

$$\{1+B'(\lambda)\}^2 \le E\{[\mathsf{S}-E(\mathsf{S})]^2\}E(\ell'^2)\,. \tag{7.3.8}$$

Wir benutzen jetzt (7.2.3), um den Ausdruck $E(\ell'^2)$ umzuschreiben:

$$\begin{aligned} E(\ell'^2) &= E\left\{\left(\sum_{j=1}^{N}\varphi(\mathsf{x}^{(j)};\lambda)\right)^2\right\} \\ &= E\left\{\sum_{j=1}^{N}(\varphi(\mathsf{x}^{(j)};\lambda))^2\right\} + E\left\{\sum_{i\neq j}\varphi(\mathsf{x}^{(i)};\lambda)\varphi(\mathsf{x}^{(j)};\lambda)\right\}\,. \end{aligned}$$

Alle Terme auf der rechten Seite verschwinden, weil für $i \neq j$

$$\begin{aligned} E\{\varphi(\mathsf{x}^{(i)};\lambda)\varphi(\mathsf{x}^{(j)};\lambda)\} &= E\{\varphi(\mathsf{x}^{(i)};\lambda)\}E\{\varphi(\mathsf{x}^{(j)};\lambda)\}\,, \\ E\{\varphi(\mathsf{x};\lambda)\} &= \int_{-\infty}^{\infty}\frac{f'(x;\lambda)}{f(x;\lambda)}f(x;\lambda)\,\mathrm{d}x = \int f'(x;\lambda)\,\mathrm{d}x \end{aligned}$$

und

$$\int_{-\infty}^{\infty} f(x;\lambda)\,\mathrm{d}x = 1\,.$$

Durch Differentiation der letzten Zeile bezüglich λ erhält man

$$\int_{-\infty}^{\infty} f'(x;\lambda)\,\mathrm{d}x = 0\,.$$

Damit wird einfach

$$E(\ell'^2) = E\left\{\sum_{j=1}^{N} (\varphi(\mathbf{x}^{(j)};\lambda))^2\right\} = E\left\{\sum_{j=1}^{N}\left(\frac{f'(\mathbf{x}^{(j)};\lambda)}{f(\mathbf{x}^{(j)};\lambda)}\right)^2\right\}.$$

Da die einzelnen Glieder der Summe unabhängig sind, ist der Erwartungswert der Summe einfach eine Summe von Erwartungswerten. Die einzelnen Erwartungswerte hängen nicht von den Elementen der Stichprobe ab. Deshalb ist

$$I(\lambda) = E(\ell'^2) = N E\left\{\left(\frac{f'(x;\lambda)}{f(x;\lambda)}\right)^2\right\}.$$

Dieser Ausdruck heißt *Information der Stichprobe bezüglich* λ. Sie ist eine nicht negative Zahl, die dann verschwindet, wenn die Likelihood-Funktion nicht vom Parameter λ abhängt.

Es ist manchmal bequem, die Information in etwas anderer Form zu schreiben. Dazu leiten wir den Ausdruck

$$E\left(\frac{f'(x;\lambda)}{f(x;\lambda)}\right) = \int_{-\infty}^{\infty} \frac{f'(x;\lambda)}{f(x;\lambda)} f(x;\lambda)\,\mathrm{d}x = 0$$

nochmals bezüglich λ ab und erhalten

$$\begin{aligned} 0 &= \int_{-\infty}^{\infty}\left\{\frac{f'^2}{f} + f\left(\frac{f'}{f}\right)'\right\}\mathrm{d}x = \int_{-\infty}^{\infty}\left\{\left(\frac{f'}{f}\right)^2 + \left(\frac{f'}{f}\right)'\right\} f\,\mathrm{d}x \\ &= E\left\{\left(\frac{f'}{f}\right)^2\right\} + E\left\{\left(\frac{f'}{f}\right)'\right\}. \end{aligned}$$

Die Information läßt sich dann schreiben:

$$I(\lambda) = N E\left\{\left(\frac{f'(x;\lambda)}{f(x;\lambda)}\right)^2\right\} = -N E\left\{\left(\frac{f'(x;\lambda)}{f(x;\lambda)}\right)'\right\}$$

oder

$$I(\lambda) = E(\ell'^2) = -E(\ell'')\,. \tag{7.3.9}$$

Die Ungleichung (7.3.8) kann jetzt wie folgt geschrieben werden:

$$\{1 + B'(\lambda)\}^2 \le \sigma^2(\mathsf{S}) I(\lambda)$$

oder

$$\sigma^2(\mathsf{S}) \ge \frac{\{1 + B'(\lambda)\}^2}{I(\lambda)}\,. \tag{7.3.10}$$

Dies ist die *Informationsungleichung*. Sie gibt einen Zusammenhang zwischen der Verzerrung und der Varianz einer Schätzung und der Information einer Stichprobe an. Es ist zu beachten, daß bei ihrer Herleitung keine Annahme über die Schätzfunktion gemacht wurde. Die rechte Seite der Ungleichung (7.3.10) ist daher eine untere Schranke für die Varianz einer Schätzfunktion. Sie heißt *Schranke minimaler Varianz* oder Cramer–Rao-Schranke. In Fällen, in denen die Verzerrung nicht von λ abhängt, insbesondere also in Fällen verschwindender Verzerrung, vereinfacht sich die Ungleichung (7.3.10) auf

$$\sigma^2(\mathsf{S}) \geq 1/I(\lambda)\,. \tag{7.3.11}$$

Diese Beziehung rechtfertigt nachträglich die Bezeichnung Information: Je größer die Information einer Stichprobe ist, desto kleiner kann die Varianz der Schätzung sein.

Wir fragen jetzt, unter welchen Umständen die Schranke kleinster Varianz erreicht wird, oder explizit, wann das Gleichheitszeichen in der Beziehung (7.3.10) gilt. In der Ungleichung (7.3.6) ist das dann der Fall, wenn $(a\mathsf{x}+\mathsf{y})$ verschwindet, da nur dann $E\{(a\mathsf{x}+\mathsf{y})^2\} = 0$ für alle Werte von a, x und y zutrifft. Angewandt auf (7.3.8) bedeutet das, daß

$$\ell' + a(\mathsf{S} - E(\mathsf{S})) = 0$$

oder

$$\ell' = A(\lambda)(\mathsf{S} - E(\mathsf{S}))\,. \tag{7.3.12}$$

Hier bedeutet A eine beliebige Größe, die nicht von der Stichprobe $\mathsf{x}^{(1)}, \mathsf{x}^{(2)}, \ldots, \mathsf{x}^{(N)}$ abhängt, jedoch eine Funktion von λ sein darf. Durch die Integration erhalten wir

$$\ell = \int \ell' \,\mathrm{d}\lambda = B(\lambda)\mathsf{S} + C(\lambda) + D \tag{7.3.13}$$

und schließlich

$$L = d\exp\{B(\lambda)\mathsf{S} + C(\lambda)\}\,. \tag{7.3.14}$$

Die Größen d und D hängen nicht von λ ab.

Wir sehen also, daß Schätzfunktionen, die von Likelihood-Funktionen der besonderen Art (7.3.14) begleitet werden, die Schranke minimaler Varianz erreichen. Sie heißen deshalb *Minimalschätzungen*.

Für den Fall einer unverzerrten Minimalschätzung erhalten wir aus (7.3.11)

$$\sigma^2(\mathsf{S}) = \frac{1}{I(\lambda)} = \frac{1}{E(\ell'^2)}\,. \tag{7.3.15}$$

Durch Einsetzen von (7.3.12) ergibt sich

$$\sigma^2(\mathsf{S}) = \frac{1}{(A(\lambda))^2 E\{(\mathsf{S} - E(\mathsf{S}))^2\}} = \frac{1}{(A(\lambda))^2 \sigma^2(\mathsf{S})}$$

oder

$$\sigma^2(\mathsf{S}) = \frac{1}{|A(\lambda)|} . \tag{7.3.16}$$

Gilt anstelle von (7.3.14) nur die schwächere Bedingung

$$L = g(\mathsf{S},\lambda)c(\mathsf{x}^{(1)},\mathsf{x}^{(2)},\ldots,\mathsf{x}^{(N)}) , \tag{7.3.17}$$

so heißt die Schätzfunktion S *erschöpfend* bezüglich λ. Man kann zeigen (siehe z. B. Kendall und Stuart, Band 2 (1967)), daß keine andere Schätzfunktion Information über die Kenntnis von λ beitragen kann, die nicht schon in S enthalten ist, wenn die Bedingung (7.3.17) erfüllt ist. Daher der Name „erschöpfende Schätzung".

Beispiel 7.4: Schätzung für den Parameter der Poisson-Verteilung

Betrachten wir die *Poisson-Verteilung* (5.4.1)

$$f(k) = \frac{\lambda^k}{k!} \mathrm{e}^{-\lambda} .$$

Die Likelihood-Funktion einer Stichprobe $\mathsf{k}^{(1)},\mathsf{k}^{(2)},\ldots,\mathsf{k}^{(N)}$ ist

$$\ell = \sum_{j=1}^{N} \{\mathsf{k}^{(j)} \ln\lambda - \ln(\mathsf{k}^{(j)}!) - \lambda\}$$

und ihre Ableitung bezüglich λ

$$\frac{\mathrm{d}\ell}{\mathrm{d}\lambda} = \ell' = \sum_{j=1}^{N} \left\{ \frac{\mathsf{k}^{(j)}}{\lambda} - 1 \right\} = \frac{1}{\lambda} \sum_{j=1}^{N} \{\mathsf{k}^{(j)} - \lambda\} ,$$

$$\ell' = \frac{N}{\lambda}(\bar{\mathsf{k}} - \lambda) . \tag{7.3.18}$$

Der Vergleich mit (7.3.12) und (7.3.16) zeigt, daß das arithmetische Mittel $\bar{k}$ eine unverzerrte Minimalschätzung darstellt, die die Varianz λ/N hat. ■

Beispiel 7.5: Schätzung für den Parameter der Binomialverteilung

Die Likelihood-Funktion einer Stichprobe aus der *Binomial-Verteilung* mit den Parametern $p = \lambda$, $q = 1 - \lambda$ ist direkt durch (5.1.3) gegeben,

$$L(\mathsf{k},\lambda) = \binom{n}{\mathsf{k}} \lambda^{\mathsf{k}}(1-\lambda)^{n-\mathsf{k}} .$$

(Das Ergebnis der Stichprobe kann in der Feststellung zusammengefaßt werden, daß bei n Versuchen k mal das Ereignis A auftrat, vgl. Abschnitt 5.1). Dann ist

$$\begin{aligned} \ell &= \ln L = \mathsf{k}\ln\lambda + (n-\mathsf{k})\ln(1-\lambda) + \ln\binom{n}{\mathsf{k}} , \\ \ell' &= \frac{\mathsf{k}}{\lambda} - \frac{n-\mathsf{k}}{1-\lambda} = \frac{n}{\lambda(1-\lambda)}\left(\frac{\mathsf{k}}{n} - \lambda\right) . \end{aligned}$$

Aus dem Vergleich mit (7.3.12) und (7.3.16) ergibt sich k/n als Minimalschätzung mit der Varianz $\lambda(1-\lambda)/n$. ■

Beispiel 7.6: Gesetz der Fehlerkombination („Quadratische Mittelung der Einzelfehler“)

Wir kommen jetzt auf die Aufgabe des Beispiels 7.2 zurück, d. h. auf die wiederholten Messungen derselben Größe mit verschiedener Genauigkeit oder, anders ausgedrückt, auf die Stichprobenentnahme aus Normalverteilungen gleichen Mittelwertes λ und verschiedener, aber bekannter Varianzen σ_j. Aus (7.2.7) entnehmen wir

$$\frac{\mathrm{d}\ell}{\mathrm{d}\lambda} = \ell' = \sum_{j=1}^{N} \frac{\mathsf{x}^{(j)} - \lambda}{\sigma_j^2} \,.$$

Wir können diesen Ausdruck umschreiben:

$$\ell' = \sum \frac{\mathsf{x}^{(j)}}{\sigma_j^2} - \sum \frac{\lambda}{\sigma_j^2} = \sum_{j=1}^{N} \frac{1}{\sigma_j^2} \left\{ \frac{\sum \frac{\mathsf{x}^{(j)}}{\sigma_j^2}}{\sum \frac{1}{\sigma_j^2}} - \lambda \right\} .$$

Wie in Beispiel 7.2 erkennen wir

$$\mathsf{S} = \widetilde{\lambda} = \frac{\sum \frac{\mathsf{x}^{(j)}}{\sigma_j^2}}{\sum \frac{1}{\sigma_j^2}} \tag{7.3.19}$$

als unverzerrte Schätzung von λ. Der Vergleich mit (7.3.12) zeigt, daß sie auch eine Minimalschätzung ist. Aus (7.3.16) läßt sich ihre Varianz als

$$\sigma^2(\widetilde{\lambda}) = \left(\sum_{j=1}^{N} \frac{1}{\sigma_j^2} \right)^{-1} \tag{7.3.20}$$

ablesen. Die Beziehung (7.3.20) wird häufig mit dem Namen *Gesetz der Fehlerkombination* oder als *quadratische Mittelung der Einzelfehler* bezeichnet. Man hätte sie auch durch Anwendung der Fehlerfortpflanzung (3.8.7) auf (7.3.19) gewinnen können. Identifizieren wir wiederum $\sigma(\widetilde{\lambda})$ mit dem Fehler der Schätzung $\widetilde{\lambda}$ und σ_j mit dem Fehler der j-ten Messung, so können wir sie in der gewöhnlich benutzten Form

$$\Delta\widetilde{\lambda} = \left(\frac{1}{(\Delta x_1)^2} + \frac{1}{(\Delta x_2)^2} + \cdots + \frac{1}{(\Delta x_n)^2} \right)^{-\frac{1}{2}} \tag{7.3.21}$$

schreiben. Sind alle Messungen von gleicher Genauigkeit $\sigma = \sigma_j$, so vereinfachen sich die Gleichungen (7.3.19), (7.3.20) zu den Beziehungen

$$\widetilde{\lambda} = \bar{\mathsf{x}} \,, \quad \sigma^2(\widetilde{\lambda}) = \sigma^2/n \,,$$

die wir schon in Abschnitt 6.2 gefunden haben. ■

7.4 Asymptotische Eigenschaften von Likelihood-Funktion und Maximum-Likelihood-Schätzung

Wir wollen jetzt heuristisch einige wichtige Eigenschaften von Likelihood-Funktion und Maximum-Likelihood-Schätzungen für sehr große Stichproben aufzeigen, d. h. für die Grenze $N \to \infty$. Die Schätzung $\mathsf{S} = \widetilde{\lambda}$ war als Lösung der Likelihood-Gleichung

$$\ell'(\lambda) = \sum_{j=1}^{N} \left(\frac{f'(\mathbf{x}^{(j)};\lambda)}{f(\mathbf{x}^{(j)};\lambda)} \right)_{\widetilde{\lambda}} = 0 \tag{7.4.1}$$

definiert worden. Nehmen wir an, daß die Ableitung $\ell'(\lambda)$ nochmals bezüglich λ differenziert werden kann und entwickeln wir sie in eine Reihe am Punkt $\lambda = \widetilde{\lambda}$:

$$\ell'(\lambda) = \ell'(\widetilde{\lambda}) + (\lambda - \widetilde{\lambda})\ell''(\widetilde{\lambda}) + \cdots \,. \tag{7.4.2}$$

Der erste Term auf der rechten Seite verschwindet wegen (7.4.1). Im zweiten Term schreiben wir explizit

$$\ell''(\widetilde{\lambda}) = \sum_{j=1}^{N} \left(\frac{f'(\mathbf{x}^{(j)};\lambda)}{f(\mathbf{x}^{(j)};\lambda)} \right)'_{\widetilde{\lambda}} \,.$$

Dieser Ausdruck hat die Form des Mittelwerts einer Stichprobe. Für sehr große N können wir ihn durch den Erwartungswert der Grundgesamtheit (Abschnitt 6.2) ersetzen:

$$\ell''(\widetilde{\lambda}) = N E \left\{ \left(\frac{f'(x;\lambda)}{f(x;\lambda)} \right)'_{\widetilde{\lambda}} \right\} \,. \tag{7.4.3}$$

Unter Benutzung von (7.3.9) können wir jetzt schreiben

$$\ell''(\widetilde{\lambda}) = E(\ell''(\widetilde{\lambda})) = -E(\ell'^2(\widetilde{\lambda})) = -I(\widetilde{\lambda}) = -1/b^2 \,. \tag{7.4.4}$$

Auf diese Weise haben wir den Ausdruck $\ell''(\widetilde{\lambda})$, der eine Funktion der Stichprobe $\mathbf{x}^{(1)}, \mathbf{x}^{(2)}, \ldots, \mathbf{x}^{(N)}$ war, durch die Zahl $-1/b^2$ ersetzen können, die nur noch von der Wahrscheinlichkeitsdichte f und der Schätzung $\widetilde{\lambda}$ abhängt. Vernachlässigen wir Glieder höherer Ordnung, so läßt sich (7.4.2) umformen:

$$\ell'(\lambda) = -\frac{1}{b^2}(\lambda - \widetilde{\lambda}) \,. \tag{7.4.5}$$

Durch Integration erhalten wir

$$\ell(\lambda) = -\frac{1}{2b^2}(\lambda - \widetilde{\lambda})^2 + c \,.$$

Einsetzen von $\lambda = \widetilde{\lambda}$ liefert $c = \ell(\widetilde{\lambda})$, also

$$\ell(\lambda) - \ell(\widetilde{\lambda}) = -\frac{1}{2}\frac{(\lambda - \widetilde{\lambda})^2}{b^2} . \tag{7.4.6}$$

Durch Exponentiation erhalten wir

$$L(\lambda) = k \exp\{-(\lambda - \widetilde{\lambda})^2/2b^2\} . \tag{7.4.7}$$

Dabei ist k konstant. Die Likelihood-Funktion $L(\lambda)$ hat die Form einer Normalverteilung mit dem Mittelwert $\widetilde{\lambda}$ und der Varianz b^2. An den Stellen $\lambda = \widetilde{\lambda} \pm b$, an denen λ um eine Standardabweichung von $\widetilde{\lambda}$ verschieden ist, ist gerade

$$-(\ell(\lambda) - \ell(\widetilde{\lambda})) = \frac{1}{2} . \tag{7.4.8}$$

Wir können jetzt (7.4.7) mit den Gleichungen (7.3.12) und (7.3.16) vergleichen. Da wir den Parameter λ schätzen, müssen wir $\mathsf{S} = \widetilde{\lambda}$ und damit $E(\mathsf{S}) = \lambda$ schreiben. Die Schätzung $\widetilde{\lambda}$ ist daher eine unverzerrte Minimalschätzung mit der Varianz

$$\sigma^2(\widetilde{\lambda}) = b^2 = \frac{1}{I(\widetilde{\lambda})} = \frac{1}{E(\ell'^2(\widetilde{\lambda}))} = -\frac{1}{E(\ell''(\widetilde{\lambda}))} . \tag{7.4.9}$$

Da die Schätzung $\widetilde{\lambda}$ diese Eigenschaft nur für den Grenzwert $N \to \infty$ hat, nennen wir sie *asymptotisch unverzerrt*. Dies ist gleichbedeutend mit der Aussage, daß die Maximum-Likelihood-Schätzung konsistent (Abschnitt 6.1) ist. Aus dem gleichen Grund heißt die Likelihood-Funktion *asymptotisch normal*.

Im Abschnitt 7.2 fanden wir die Likelihood-Funktion $L(\lambda)$ als ein Maß für die Wahrscheinlichkeit, daß der wahre Wert λ_0 eines Parameters gleich λ ist. Das Ergebnis einer Schätzung wird oft in abgekürzter Form

$$\lambda = \widetilde{\lambda} \pm \sigma(\widetilde{\lambda}) = \widetilde{\lambda} \pm \Delta\widetilde{\lambda}$$

dargestellt. Da die Likelihood-Funktion asymptotisch normal ist, kann dies, wenigstens im Falle großer Stichproben, d. h. vieler Messungen, wie folgt interpretiert werden (Abschnitt 5.8): Die Wahrscheinlichkeit, daß der wahre Wert λ_0 im Intervall

$$\widetilde{\lambda} - \Delta\widetilde{\lambda} < \lambda_0 < \widetilde{\lambda} + \Delta\widetilde{\lambda}$$

liegt, ist 68.3 %. In der Praxis wird die obige Beziehung für große, aber endliche Stichproben benutzt. Leider läßt sich keine allgemeine Regel dafür aufstellen, wann eine Stichprobe groß genug ist, damit dieses Verfahren zulässig ist. Natürlich ist (7.4.3) für endliche N lediglich eine Näherung, deren Genauigkeit nicht nur von N, sondern auch von der speziellen Wahrscheinlichkeitsdichte $f(x;\lambda)$ abhängt.

Beispiel 7.7: Bestimmung der mittleren Lebensdauer aus wenigen Zerfällen

Die Wahrscheinlichkeit dafür, daß ein radioaktiver Kern, der zur Zeit $t = 0$ noch existiert, im Zeitintervall zwischen t und $t + \mathrm{d}t$ zerfällt, ist

$$f(t)\,\mathrm{d}t = \frac{1}{\tau}\exp(-t/\tau)\,\mathrm{d}t\,.$$

Für beobachtete Zerfallszeiten $t_1, t_2, \ldots, t_N$ ist die Likelihood-Funktion

$$L = \frac{1}{\tau^N}\exp\left\{-\frac{1}{\tau}\sum_{i=1}^{N} t_i\right\} = \frac{1}{\tau^N}\exp\left\{-\frac{N}{\tau}\bar{t}\right\}\,,$$

und ihr Logarithmus

$$\ell = \ln L = -\frac{N}{\tau}\bar{t} - N\ln\tau$$

hat die Ableitung

$$\ell' = \frac{N}{\tau}\left(\frac{\bar{t}}{\tau} - 1\right) = \frac{N}{\tau^2}(\bar{t} - \tau)\,.$$

Der Vergleich mit (7.3.12) zeigt, daß $\tilde{\tau} = \bar{t}$ die Maximum-Likelihood-Lösung ist und daß sie die Varianz $\sigma^2(\tau) = \tau^2/N$ hat. Für $\tau = \tilde{\tau} = \bar{t}$ ergibt sich $\Delta\tilde{\tau} = \bar{t}/\sqrt{N}$.

Für $\tilde{\tau} = \bar{t}$ ist

$$\ell(\tilde{\tau}) = \ell_{\max} = -N(1 + \ln\bar{t})\,.$$

Wir können schreiben

$$-(\ell(\tau) - \ell(\tilde{\tau})) = N\left(\frac{\bar{t}}{\tau} + \ln\frac{\tau}{\bar{t}} - 1\right)\,.$$

Diesem Ausdruck für die logarithmische Likelihood-Funktion sieht man die asymptotische Form (7.4.6) für $N \to \infty$ nicht ohne weiteres an. Für kleine Werte von N hat sie natürlich auch nicht diese Form. Entsprechend (7.4.8) wollen wir die Werte $\tau_+ = \tilde{\tau} + \Delta_+$ und $\tau_- = \tilde{\tau} - \Delta_-$, an denen

$$-(\ell(\tau_\pm) - \ell(\tilde{\tau})) = \frac{1}{2}$$

gilt, zur Kennzeichnung von *unsymmetrischen Fehlern* Δ_+, Δ_- benutzen. Natürlich erwarten wir für $N \to \infty$, daß Δ_+, $\Delta_- \to \Delta\tilde{\tau} = \sigma(\tilde{\tau})$.

Im Bild 7.2 sind für verschiedene kleine Werte von N als senkrechte Striche auf der Abszisse die N beobachteten Zerfallszeiten t_i markiert. Außerdem ist die Funktion $-(\ell - \ell_{\max}) = -(\ell(\tau) - \ell(\tilde{\tau}))$ aufgetragen. Dort, wo sie die Horizontale $-(\ell - \ell_{\max}) = 1/2$ schneidet, befinden sich die Stellen τ_+ und τ_-. Die Stelle $\tilde{\tau}$ ist durch eine zusätzliche Markierung auf dieser Horizontalen gekennzeichnet. Man beobachtet, daß sich mit wachsendem N die Funktion $-(\ell - \ell_{\max})$ immer mehr der symmetrischen Parabelform annähert und daß die Fehler Δ_+, Δ_- und $\Delta\tilde{\tau}$ immer ähnlicher werden. ∎

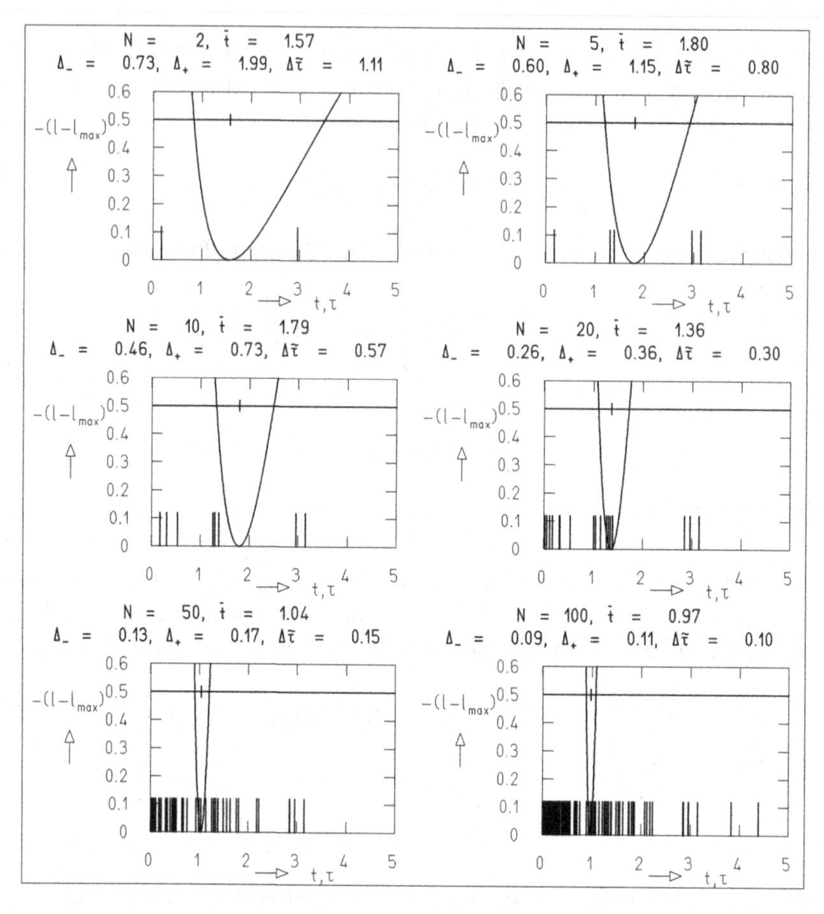

Bild 7.2: Daten und logarithmische Likelihood-Funktion für Beispiel 7.7.

7.5 Gleichzeitige Schätzung mehrerer Parameter. Konfidenzbereich

Mit (7.2.5) hatten wir bereits ein System von Gleichungen angegeben, das die gleichzeitige Bestimmung von p Parametern $\lambda = (\lambda_1, \lambda_2, \ldots, \lambda_p)$ ermöglicht. Es stellt sich heraus, daß nicht die Bestimmung der Parameter selbst, als vielmehr die Abschätzung ihrer Fehler wesentlich komplizierter als im Fall eines einzelnen Parameters ist. Insbesondere werden wir neben den Fehlern der Parameter auch noch Korrelationen berücksichtigen müssen.

Wir erweitern unsere Betrachtungen aus Abschnitt 7.4 über die Eigenschaften der Likelihood-Funktion auf den Fall mehrerer Parameter. Die logarithmische Likelihood-Funktion

$$\ell(\mathbf{x}^{(1)},\mathbf{x}^{(2)},\ldots,\mathbf{x}^{(N)};\boldsymbol{\lambda}) = \sum_{j=1}^{N} \ln f(\mathbf{x}^{(j)};\boldsymbol{\lambda}) \tag{7.5.1}$$

läßt sich am Punkt

$$\widetilde{\boldsymbol{\lambda}} = (\widetilde{\lambda}_1,\widetilde{\lambda}_2,\ldots,\widetilde{\lambda}_p) \tag{7.5.2}$$

in eine Reihe entwickeln,

$$\begin{aligned}\ell(\boldsymbol{\lambda}) = \ell(\widetilde{\boldsymbol{\lambda}}) &+ \sum_{k=1}^{p}\left(\frac{\partial \ell}{\partial \lambda_k}\right)_{\widetilde{\boldsymbol{\lambda}}}(\lambda_k-\widetilde{\lambda}_k)\\ &+\frac{1}{2}\sum_{\ell=1}^{p}\sum_{m=1}^{p}\left(\frac{\partial^2 \ell}{\partial \lambda_\ell \partial \lambda_m}\right)_{\widetilde{\boldsymbol{\lambda}}}(\lambda_\ell-\widetilde{\lambda}_\ell)(\lambda_m-\widetilde{\lambda}_m)+\cdots .\end{aligned} \tag{7.5.3}$$

Da aus der Definition von $\widetilde{\boldsymbol{\lambda}}$

$$\left(\frac{\partial \ell}{\partial \lambda_k}\right)_{\widetilde{\boldsymbol{\lambda}}} = 0\,,\quad k=1,2,\ldots,p\,, \tag{7.5.4}$$

für alle k gilt, vereinfacht sich die Reihe auf

$$-\left(\ell(\boldsymbol{\lambda})-\ell(\widetilde{\boldsymbol{\lambda}})\right) = \frac{1}{2}(\boldsymbol{\lambda}-\widetilde{\boldsymbol{\lambda}})^{\mathrm{T}} A(\boldsymbol{\lambda}-\widetilde{\boldsymbol{\lambda}})+\cdots \tag{7.5.5}$$

mit

$$-A = \begin{pmatrix} \dfrac{\partial^2 \ell}{\partial \lambda_1^2} & \dfrac{\partial^2 \ell}{\partial \lambda_1 \partial \lambda_2} & \cdots & \dfrac{\partial^2 \ell}{\partial \lambda_1 \partial \lambda_p} \\ \dfrac{\partial^2 \ell}{\partial \lambda_1 \partial \lambda_2} & \dfrac{\partial^2 \ell}{\partial \lambda_2^2} & \cdots & \dfrac{\partial^2 \ell}{\partial \lambda_2 \partial \lambda_p} \\ \vdots & & & \\ \dfrac{\partial^2 \ell}{\partial \lambda_1 \partial \lambda_p} & \dfrac{\partial^2 \ell}{\partial \lambda_2 \partial \lambda_p} & \cdots & \dfrac{\partial^2 \ell}{\partial \lambda_p^2} \end{pmatrix}_{\boldsymbol{\lambda}=\widetilde{\boldsymbol{\lambda}}} . \tag{7.5.6}$$

Beim Grenzübergang $N \to \infty$ können wir die Elemente von A, die noch von der spezifischen Stichprobe abhängen, durch die entsprechenden Erwartungswerte ersetzen,

$$\begin{aligned} B &= E(A) \\ &= -\begin{pmatrix} E\left(\dfrac{\partial^2 \ell}{\partial \lambda_1^2}\right) & E\left(\dfrac{\partial^2 \ell}{\partial \lambda_1 \partial \lambda_2}\right) & \cdots & E\left(\dfrac{\partial^2 \ell}{\partial \lambda_1 \partial \lambda_p}\right) \\ E\left(\dfrac{\partial^2 \ell}{\partial \lambda_1 \partial \lambda_2}\right) & E\left(\dfrac{\partial^2 \ell}{\partial \lambda_2^2}\right) & \cdots & E\left(\dfrac{\partial^2 \ell}{\partial \lambda_2 \partial \lambda_p}\right) \\ \vdots & & & \\ E\left(\dfrac{\partial^2 \ell}{\partial \lambda_1 \partial \lambda_p}\right) & E\left(\dfrac{\partial^2 \ell}{\partial \lambda_2 \partial \lambda_p}\right) & \cdots & E\left(\dfrac{\partial^2 \ell}{\partial \lambda_p^2}\right) \end{pmatrix}_{\boldsymbol{\lambda}=\widetilde{\boldsymbol{\lambda}}} . \end{aligned} \tag{7.5.7}$$

Vernachlässigen wir wieder Glieder höherer Ordnung, so können wir die nichtlogarithmische Likelihood-Funktion angeben,

$$L = k \exp\{-\frac{1}{2}(\boldsymbol{\lambda} - \widetilde{\boldsymbol{\lambda}})^{\mathrm{T}} B(\boldsymbol{\lambda} - \widetilde{\boldsymbol{\lambda}})\} . \tag{7.5.8}$$

Der Vergleich mit (5.10.1) zeigt, daß dies eine p-dimensionale Normalverteilung mit Mittelwert $\widetilde{\boldsymbol{\lambda}}$ und Kovarianzmatrix

$$C = B^{-1} \tag{7.5.9}$$

ist. Die Varianzen der Maximum-Likelihood-Schätzungen $\widetilde{\lambda}_1, \widetilde{\lambda}_2, \ldots, \widetilde{\lambda}_p$ werden durch die Diagonalelemente der Matrix (7.5.9) gegeben. Die Nichtdiagonalelemente sind die Kovarianzen zwischen allen möglichen Paaren von Schätzungen,

$$\sigma^2(\widetilde{\lambda}_i) = c_{ii} , \tag{7.5.10}$$

$$\mathrm{cov}(\widetilde{\lambda}_j, \widetilde{\lambda}_k) = c_{jk} . \tag{7.5.11}$$

Als Korrelationskoeffizienten zwischen den Schätzungen $\widetilde{\lambda}_j, \widetilde{\lambda}_k$ können wir definieren:

$$\varrho(\widetilde{\lambda}_j, \widetilde{\lambda}_k) = \frac{\mathrm{cov}(\widetilde{\lambda}_j, \widetilde{\lambda}_k)}{\sigma(\widetilde{\lambda}_j)\sigma(\widetilde{\lambda}_k)} . \tag{7.5.12}$$

Wie im Fall eines einzelnen Parameters werden die Quadratwurzeln der Varianzen als die Fehler oder die Standardabweichungen der Schätzungen bezeichnet,

$$\Delta\widetilde{\lambda}_i = \sigma(\widetilde{\lambda}_i) = \sqrt{c_{ii}} . \tag{7.5.13}$$

Im Abschnitt 7.4 haben wir festgestellt, daß durch Angabe der Maximum-Likelihood-Schätzung und ihres Fehlers ein Bereich definiert wurde, der mit 68.3 % Wahrscheinlichkeit den wahren Wert des Parameters enthielt. Da im Fall mehrerer Parameter die Likelihood-Funktion asymptotisch eine Gauß-Verteilung mehrerer Variabler ist, wird dieser Bereich nicht allein durch die Fehler, sondern vielmehr durch die gesamte Kovarianzmatrix bestimmt. Im Spezialfall zweier Parameter ist dieser Bereich die Kovarianzellipse, die wir im Abschnitt 5.10 eingeführt haben.

Der Ausdruck (7.5.8) hat (mit der Ersetzung $\mathbf{x} = \boldsymbol{\lambda}$) genau die Form (5.10.1). Wir können auf ihn daher alle Ergebnisse des Abschnitts 5.10 anwenden. Für den Exponenten gilt

$$-\frac{1}{2}(\boldsymbol{\lambda} - \widetilde{\boldsymbol{\lambda}})^{\mathrm{T}} B(\boldsymbol{\lambda} - \widetilde{\boldsymbol{\lambda}}) = -\frac{1}{2} g(\boldsymbol{\lambda}) = -\left\{\ell(\boldsymbol{\lambda}) - \ell(\widetilde{\boldsymbol{\lambda}})\right\} . \tag{7.5.14}$$

In dem von den Parametern $\lambda_1, \ldots, \lambda_p$ aufgespannten Raum ist dann das Kovarianzellipsoid der Verteilung (7.5.8) durch die Forderung

$$g(\boldsymbol{\lambda}) = 1 = 2\left\{\ell(\boldsymbol{\lambda}) - \ell(\widetilde{\boldsymbol{\lambda}})\right\} \tag{7.5.15}$$

gegeben. Für andere Werte von $g(\boldsymbol{\lambda})$ erhält man die in Abschnitt 5.10 eingeführten Konfidenzellipsoide. Für kleinere Werte von N darf die Reihe (7.5.3) nicht abgebrochen und die Näherung (7.5.7) nicht gemacht werden. Trotzdem kann natürlich die Lösung (7.5.4) berechnet werden. Zu vorgegebener Wahrscheinlichkeit W erhält man statt des Konfidenzellipsoids einen *Konfidenzbereich*, der von einer Hyperfläche

$$g(\boldsymbol{\lambda}) = 2\left\{\ell(\boldsymbol{\lambda}) - \ell(\widetilde{\boldsymbol{\lambda}})\right\} = \text{const} \tag{7.5.16}$$

umschlossen ist, wobei man den Zahlwert von g nach der Vorschrift für das Konfidenzellipsoid, Abschnitt 5.10, bestimmt.

Im Beispiel 7.7 haben wir für nur eine Variable den Bereich $\widetilde{\lambda} - \Delta_- < \lambda < \widetilde{\lambda} + \Delta_+$ berechnet. Dabei handelt es sich offenbar um den Konfidenzbereich zur Wahrscheinlichkeit 68.3 %.

Beispiel 7.8: Schätzungen für Mittelwert und Varianz der Normalverteilung

Aus einer Stichprobe vom Umfang N sollen Mittelwert λ_1 und Varianz λ_2 einer Normalverteilung bestimmt werden. Diese Aufgabe entsteht z. B. bei der Messung der Reichweite von α-Teilchen in Materie. Wegen der statistischen Natur des Energieverlustes durch eine große Zahl von unabhängigen Einzelstößen ist die Reichweite der einzelnen Teilchen normal um einen Mittelwert herum verteilt. Durch die Messung der Reichweiten $\mathsf{x}^{(j)}$ von N verschiedenen Teilchen kann der Mittelwert λ_1 und die „Straggling-Konstante“ $\lambda_2 = \sigma$ geschätzt werden. Wir erhalten die Likelihood-Funktionen

$$L = \prod_{j=1}^{N} \frac{1}{\lambda_2\sqrt{2\pi}} \exp\left(-\frac{(\mathsf{x}^{(j)} - \lambda_1)^2}{2\lambda_2^2}\right)$$

und

$$\ell = -\frac{1}{2}\sum_{j=1}^{N} \frac{(\mathsf{x}^{(j)} - \lambda_1)^2}{\lambda_2^2} - N\ln\lambda_2 - \text{const}\,.$$

Das System der Likelihood-Gleichungen wird

$$\begin{aligned}
\frac{\partial \ell}{\partial \lambda_1} &= \sum_{j=1}^{N} \frac{\mathsf{x}^{(j)} - \lambda_1}{\lambda_2^2} = 0\,, \\
\frac{\partial \ell}{\partial \lambda_2} &= \frac{1}{\lambda_2^3}\sum_{j=1}^{N}(\mathsf{x}^{(j)} - \lambda_1)^2 - \frac{N}{\lambda_2} = 0\,.
\end{aligned}$$

Seine Lösung ist

$$\widetilde{\lambda}_1 = \frac{1}{N}\sum_{j=1}^{N} \mathsf{x}^{(j)}\,,$$

$$\widetilde{\lambda}_2 = \sqrt{\frac{\sum_{j=1}^{N}(\mathrm{x}^{(j)} - \widetilde{\lambda}_1)^2}{N}} \, .$$

Die Maximum-Likelihood-Methode liefert als Erwartungswert das arithmetische Mittel der Einzelmessungen; als Varianz gibt sie die Größe s'^2 (6.2.4), welche etwas verzerrt ist, und nicht s^2, die unverzerrte Schätzung (6.2.6).

Bestimmen wir jetzt die Matrix B. Die zweiten Ableitungen sind

$$\begin{aligned}
\frac{\partial^2 \ell}{\partial \lambda_1^2} &= -\frac{N}{\lambda_2^2}\,, \\
\frac{\partial^2 \ell}{\partial \lambda_1 \partial \lambda_2} &= -\frac{2\sum(\mathrm{x}^{(j)} - \lambda_1)}{\lambda_2^3}\,, \\
\frac{\partial^2 \ell}{\partial \lambda_2^2} &= -\frac{3\sum(\mathrm{x}^{(j)} - \lambda_1)^2}{\lambda_2^4} + \frac{N}{\lambda_2^2}\,.
\end{aligned}$$

Wir benutzen das Verfahren von (7.5.7), ersetzen λ_1, λ_2 durch $\widetilde{\lambda}_1, \widetilde{\lambda}_2$ und finden

$$B = \begin{pmatrix} N/\widetilde{\lambda}_2^2 & 0 \\ 0 & 2N/\widetilde{\lambda}_2^2 \end{pmatrix}$$

oder die Kovarianzmatrix

$$C = B^{-1} = \begin{pmatrix} \widetilde{\lambda}_2^2/N & 0 \\ 0 & \widetilde{\lambda}_2^2/2N \end{pmatrix} .$$

Wir interpretieren die Diagonalelemente als Fehler der entsprechenden Parameter, d. h.

$$\Delta\widetilde{\lambda}_1 = \widetilde{\lambda}_2/\sqrt{N}\,, \quad \Delta\widetilde{\lambda}_2 = \widetilde{\lambda}_2/\sqrt{2N}\,.$$

Es gibt keine Korrelation zwischen λ_1 und λ_2. ■

Beispiel 7.9: Schätzungen für die Parameter einer zweifachen Normalverteilung

Zum Abschluß wollen wir eine Grundgesamtheit betrachten, die durch eine Normalverteilung zweier Variabler beschrieben wird (Abschnitt 5.10):

$$f(x_1,x_2) = \frac{1}{2\pi\sigma_1\sigma_2\sqrt{1-\varrho^2}} \exp\left[-\frac{1}{2(1-\varrho^2)} \times \left\{\frac{(x_1-a_1)^2}{\sigma_1^2} + \frac{(x_2-a_2)^2}{\sigma_2^2} - 2\varrho\frac{(x_1-a_1)(x_2-a_2)}{\sigma_1\sigma_2}\right\}\right] .$$

Durch Aufstellung und Lösung eines Systems von 5 simultanen Likelihood-Gleichungen für die 5 Parameter $a_1, a_2, \sigma_1^2, \sigma_2^2, \varrho$ lassen sich

$$\bar{\mathsf{x}}_1 = \frac{1}{N}\sum_{j=1}^{N}\mathsf{x}_1^{(j)}\,, \qquad \bar{\mathsf{x}}_2 = \frac{1}{N}\sum_{j=1}^{N}\mathsf{x}_2^{(j)}\,,$$

$$\mathsf{s}_1'^2 = \frac{1}{N}\sum_{j=1}^{N}(\mathsf{x}_1^{(j)} - \bar{\mathsf{x}}_1)^2\,, \quad \mathsf{s}_2'^2 = \frac{1}{N}\sum_{j=1}^{N}(\mathsf{x}_2^{(j)} - \bar{\mathsf{x}}_2)^2\,,$$

$$\mathsf{r} = \frac{\sum_{j=1}^{N}(\mathsf{x}_1^{(j)} - \bar{\mathsf{x}}_1)(\mathsf{x}_2^{(j)} - \bar{\mathsf{x}}_2)}{N\mathsf{s}_1'\mathsf{s}_2'} \tag{7.5.17}$$

als deren Maximum-Likelihood-Schätzungen finden. Genau wie im Beispiel 7.8 sind die Schätzungen $\mathsf{s}_1'^2$ und $\mathsf{s}_2'^2$ der Varianzen verzerrt. Dies gilt auch für den Ausdruck (7.5.17), den *Korrelationskoeffizienten* r *der Stichprobe*. Wie alle Maximum-Likelihood-Schätzungen ist r aber konsistent, d. h., er liefert eine gute Schätzung von ϱ für sehr große Stichproben. Für $N \to \infty$ erreicht die Wahrscheinlichkeitsdichte der Zufallsvariablen r eine Normalverteilung mit Mittelwert ϱ und Varianz

$$\sigma^2(\mathsf{r}) = (1 - \varrho^2)^2/N\,. \tag{7.5.18}$$

Für endliche Stichproben ist die Verteilung unsymmetrisch. Es ist daher wichtig, für eine hinreichend große Stichprobe zu sorgen, bevor die Gleichung (7.5.17) angewandt wird. Als Faustregel wird gewöhnlich $N \geq 500$ empfohlen. ■

7.6 Programmbeispiele

Programmbeispiel 7.1: Die Klasse `E1MaxLlike` berechnet
die mittlere Lebensdauer und deren unsymmetrische Fehler
für wenige radioaktive Zerfälle

Das Programm führt Rechnungen und graphische Ausgabe für die in Beispiel 7.7 beschriebene Aufgabe durch. Zunächst werden nach der Monte-Carlo-Methode insgesamt N Zerfallszeiten t_i von radioaktiven Kernen der mittleren Lebensdauer $\tau = 1$ simuliert. Die Anzahl N der Zerfälle wird interaktiv erfragt.

Programmbeispiel 7.2: Die Klasse `E2MaxLike` berechnet
die Maximum-Likelihood-Schätzungen der Parameter
einer zweidimensionalen Gauß-Verteilung aus simulierten Stichproben

Das Programm erfragt interaktiv die Anzahl n_{exp} der Simulationsexperimente (d. h. der nacheinander zu behandelnden Stichproben), den Umfang n der Stichprobe sowie die Mittelwerte x_{10}, x_{20}, die Standardabweichungen σ_{x1}, σ_{x2} und den Korrelationskoeffizienten ρ einer Gauß-Verteilung von zwei Variablen.

Es wird zunächst die Kovarianzmatrix C der Gauß-Verteilung aufgestellt, und danach der Generator für Sätze von Zufallszahlen aus einer Gauß-Verteilung mehrerer Variabler initialisiert. In einer Schleife über alle Stichproben wird jede Stichprobe erzeugt und anschließend analysiert, d. h. es werden die Größen $\bar{x}_1$, $\bar{x}_2$, s'_1, s'_2 und r berechnet, die Schätzungen von x_{10}, x_{20}, σ_{x1}, σ_{x2} und ρ sind, vgl. (7.5.17). Diese Größen werden für jede Stichprobe ausgegeben.

Anregungen: Wählen Sie $n_{\mathrm{exp}} = 20$, halten Sie alle anderen Parameter fest und studieren Sie die statistischen Schwankungen von r für $n_{=}5$, 50, 500. Wählen Sie nacheinander $\rho = 0, 0.5, 0.95$.

8 Prüfung statistischer Hypothesen (Tests)

8.1 Einführung

Oft liegt das Problem einer statistischen Analyse einer Stichprobe nicht in der Bestimmung ursprünglich völlig unbekannter Parameter. Man hat vielmehr eine genau vorgefaßte Meinung über den Wert dieser Parameter: eine *Hypothese*. So wird man etwa bei einer zur Produktionskontrolle entnommenen Stichprobe zunächst annehmen, daß bestimmte kritische Größen innerhalb der Toleranzgrenzen um ihren Sollwert herum normalverteilt seien. Es gilt nun, eine solche Hypothese zu prüfen. Zur Erläuterung solcher Prüfverfahren, die man *statistische Tests* nennt, wollen wir das obige Beispiel weiter betrachten und der Einfachheit halber annehmen, die Hypothese sei, daß eine Stichprobe vom Umfang 10 aus einer Grundgesamtheit mit normalisierter Normalverteilung stamme.

Die Analyse der Stichprobe mag den arithmetischen Mittelwert $\bar{\mathsf{x}} = 0.154$ ergeben haben. Nun ist unter der Annahme der Richtigkeit unserer Hypothese die Zufallsgröße $\bar{\mathsf{x}}$ normalverteilt mit Mittelwert 0 und Streuung $\frac{1}{\sqrt{10}}$. Wir fragen nun nach der Wahrscheinlichkeit, in einer solchen Verteilung den Wert $|\bar{\mathsf{x}}| \geq 0.154$ zu beobachten. Nach (5.8.5) und Tafel I.3 ist:

$$P(|\bar{\mathsf{x}}| \geq 0.154) = 2\{1 - \psi_0(0.154\sqrt{10})\} = 0.62\,.$$

Wir sehen also, daß, auch wenn unsere Hypothese richtig ist, eine Wahrscheinlichkeit von 62 % dafür besteht, daß eine Stichprobe vom Umfang 10 einen Mittelwert liefert, der um 0.154 oder mehr vom Erwartungswert der Grundgesamtheit abweicht.

Wir sehen uns nun in Schwierigkeiten bei der Beantwortung der simplen Frage: „Ist unsere Hypothese richtig oder falsch?“ Einen Ausweg liefert hier der Begriff des *Signifikanzniveaus*: Man gibt sich zu Beginn des Tests eine (geringe) Testwahrscheinlichkeit α vor. Ist, um bei unserem Beispiel zu bleiben, $P(|\bar{\mathsf{x}}| \geq 0.154) < \alpha$, so wird man das Eintreten von $\bar{\mathsf{x}} = 0.154$ als unwahrscheinlich ansehen oder sagen, $\bar{\mathsf{x}}$ weiche signifikant vom hypothetischen Wert ab und wird die Hypothese ablehnen. Der umgekehrte Schluß gilt nicht. Wird α nicht unterschritten, so können wir nicht sagen „die Hypothese gilt“, sondern nur „sie steht nicht im Widerspruch zum Ergebnis der Stichprobe“. Die Wahl des Signifikanzniveaus hängt vom Problem ab, mit dem man es zu tun hat. Bei der Qualitätskontrolle etwa von Bleistiften wird man mit 1 % zufrieden sein. Will man aber etwa Versicherungsprämien derart festlegen, daß die Wahrscheinlichkeit, die Gesellschaft mache bankrott, geringer wird als α, so wird man 0.01 % noch als hoch empfinden. Bei der Analyse wissenschaftlicher Daten verwendet man gewöhnlich α-Werte von 5 %, 1 % oder 0.1 %. Aus Tafel I.3 können wir Grenzwerte für $|\bar{x}|$ entnehmen, bei deren Übersteigen diese Wahrscheinlichkeiten unterschritten werden. Es ist

$$\begin{aligned} 0.05 &= 2\{1-\psi_0(1.96)\} = 2\{1-\psi_0(0.62\sqrt{10})\}\,, \\ 0.01 &= 2\{1-\psi_0(2.58)\} = 2\{1-\psi_0(0.82\sqrt{10})\}\,, \\ 0.001 &= 2\{1-\psi_0(3.29)\} = 2\{1-\psi_0(1.04\sqrt{10})\}\,. \end{aligned}$$

Bei diesen Signifikanzniveaus müßte also $|\bar{x}|$ den Wert 0.62, 0.82 bzw. 1.04 übersteigen, ehe wir die Hypothese ablehnen dürften.

In manchen Fällen ist das Vorzeichen $\bar{x}$ von Bedeutung. In vielen Produktionsprozessen sind Abweichungen nach oben oder unten verschieden schwerwiegend (zu schwere Brötchen kosten einen Bäcker Gewinn, zu leichte die Handelserlaubnis). Wird also etwa

$$P(\bar{x} \geq x'_\alpha) < \alpha$$

gesetzt, so spricht man von einem *einseitigen Test* im Gegensatz zum bereits betrachteten *zweiseitigen* (Bild 8.1).

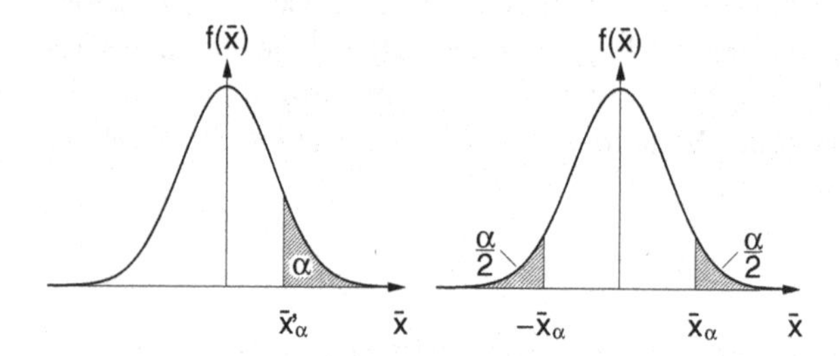

Bild 8.1: Einseitiger und zweiseitiger Test.

Für viele Tests konstruiert man anstelle des Mittelwerts besonders geeignete Stichprobenfunktionen, sogenannte *Testgrößen*, die zur Nachprüfung bestimmter Hypothesen besonders geeignet erscheinen. Wie oben gibt man sich ein Signifikanzniveau α vor und sucht einen Bereich U aus dem Variabilitätsgebiet der Testgröße T, für welchen

$$P_H(T \in U) = \alpha\,.$$

Der Index H bedeutet, daß die Wahrscheinlichkeit unter Annahme der Gültigkeit der Hypothese H berechnet wurde. Jetzt entnimmt man eine Stichprobe, die den speziellen Wert T' für die Testgröße liefert. Liegt T' in U, der *kritischen Region* des Tests, so wird die Hypothese abgelehnt.

In den nächsten Abschnitten werden wir einige wichtige Tests im einzelnen diskutieren und uns dann einer etwas strengeren Behandlung der Testtheorie zuwenden.

8.2 F-Test über die Gleichheit zweier Streuungen

Das Problem des Vergleichs zweier Streuungen kommt häufig bei der Entwicklung von Meßmethoden oder Produktionsverfahren vor: Zwei Grundgesamtheiten haben den gleichen Erwartungswert (Messung der gleichen Größe mit zwei verschiedenen Geräten ohne systematische Fehler); haben sie auch dieselbe Streuung?

Zur Prüfung dieser Hypothese entnehmen wir den beiden als normalverteilt angesehenen Grundgesamtheiten Stichproben vom Umfang N_1 bzw. N_2. Wir bilden die empirische Varianz (6.2.6) der Stichproben und betrachten den Quotienten

$$F = \mathrm{s}_1^2/\mathrm{s}_2^2 \,. \tag{8.2.1}$$

Ist die Hypothese wahr, so wird F in der Nähe von Eins liegen. Aus Abschnitt 6.6 ist bekannt, daß sich für jede Stichprobe eine Größe konstruieren läßt, die der χ^2-Verteilung folgt:

$$\begin{aligned} X_1^2 &= \frac{(N_1-1)\mathrm{s}_1^2}{\sigma_1^2} = \frac{f_1\mathrm{s}_1^2}{\sigma_1^2} \,, \\ X_2^2 &= \frac{(N_2-1)\mathrm{s}_2^2}{\sigma_2^2} = \frac{f_2\mathrm{s}_2^2}{\sigma_2^2} \,. \end{aligned}$$

Die beiden Verteilungen haben $f_1 = (N_1-1)$ bzw. $f_2 = (N_2-1)$ Freiheitsgrade.

Unter Annahme der Gültigkeit der Hypothese ($\sigma_1^2 = \sigma_2^2$) ist also

$$F = \frac{f_2}{f_1}\frac{X_1^2}{X_2^2} \,.$$

Nun ist die Wahrscheinlichkeitsdichte einer χ^2-Verteilung mit f Freiheitsgraden (siehe (6.6.10))

$$f(\chi^2) = \frac{1}{\Gamma(\frac{1}{2}f)2^{\frac{1}{2}f}}(\chi^2)^{\frac{1}{2}(f-2)}\mathrm{e}^{-\frac{1}{2}\chi^2} \,.$$

Wir berechnen jetzt die Wahrscheinlichkeit*

$$W(Q) = P\left(\frac{X_1^2}{X_2^2} < Q\right)$$

dafür, daß der Quotient X_1^2/X_2^2 kleiner als Q ist:

$$W(Q) = \frac{1}{\Gamma(\frac{1}{2}f_1)\Gamma(\frac{1}{2}f_2)2^{\frac{1}{2}(f_1+f_2)}} \iint_{\substack{x>0\\ y>0\\ x/y<Q}} x^{\frac{1}{2}f_1-1}\mathrm{e}^{-\frac{1}{2}x} y^{\frac{1}{2}f_2-1}\mathrm{e}^{-\frac{1}{2}y}\,\mathrm{d}x\,\mathrm{d}y \,.$$

*Wir verwenden hier das Symbol W für eine Verteilungsfunktion, um Verwechslung mit dem Quotienten F zu vermeiden.

Die Integration führt zu

$$W(Q) = \frac{\Gamma(\frac{1}{2}f)}{\Gamma(\frac{1}{2}f_1)\Gamma(\frac{1}{2}f_2)} \int_0^Q t^{\frac{1}{2}f_1-1}(t+1)^{-\frac{1}{2}f}\,\mathrm{d}t\,. \tag{8.2.2}$$

Dabei ist

$$f = f_1 + f_2\,.$$

Setzt man schließlich wieder

$$F = Q\,f_2/f_1\,,$$

so kann man die Verteilungsfunktion des Quotienten F,

$$W(F) = P\left(\frac{s_1^2}{s_2^2} < F\right)\,,$$

aus (8.2.2) entnehmen. Diese Verteilung heißt Fishers F-Verteilung†. Sie hängt von den Parametern f_1 und f_2 ab. Die Wahrscheinlichkeitsdichte der F-Verteilung ist

$$f(F) = \left(\frac{f_1}{f_2}\right)^{\frac{1}{2}f_1} \frac{\Gamma(\frac{1}{2}(f_1+f_2))}{\Gamma(\frac{1}{2}f_1)\Gamma(\frac{1}{2}f_2)} F^{\frac{1}{2}f_1-1}\left(1+\frac{f_1}{f_2}F\right)^{-\frac{1}{2}(f_1+f_2)}\,. \tag{8.2.3}$$

Sie ist in Bild 8.2 für feste Werte von f_1 und f_2 aufgetragen. Die Verteilung erinnert an die χ^2-Verteilung; sie ist nur für positive Werte von F verschieden von Null und hat einen langen Ausläufer für $F \to \infty$. Sie kann daher nicht symmetrisch sein. Man kann leicht zeigen, daß für $f_2 > 2$ der Erwartungswert einfach

$$E(F) = f_2/(f_2-2)$$

ist.

Wir können nun eine Schranke F'_α durch die Forderung

$$P\left(\frac{s_1^2}{s_2^2} > F'_\alpha\right) = \alpha \tag{8.2.4}$$

bestimmen. Dieser Ausdruck bedeutet, daß die Schranke F'_α gleich dem *Quantil* (siehe Abschnitt 3.3) $F_{1-\alpha}$ der F-Verteilung ist, weil

$$P\left(\frac{s_1^2}{s_2^2} < F'_\alpha\right) = P\left(\frac{s_1^2}{s_2^2} < F_{1-\alpha}\right) = 1-\alpha\,. \tag{8.2.5}$$

Wird diese Schranke überschritten, so sagen wir, daß $\sigma_1^2 > \sigma_2^2$ mit Signifikanzniveau α. In der Tafel I.8 sind die Quantile $F_{1-\alpha}$ für verschiedene Paare (f_1, f_2) tabelliert.

---

†Andere manchmal gebräuchliche Bezeichnungen sind ν^2-Verteilung, ω^2-Verteilung und Snedecor-Verteilung.

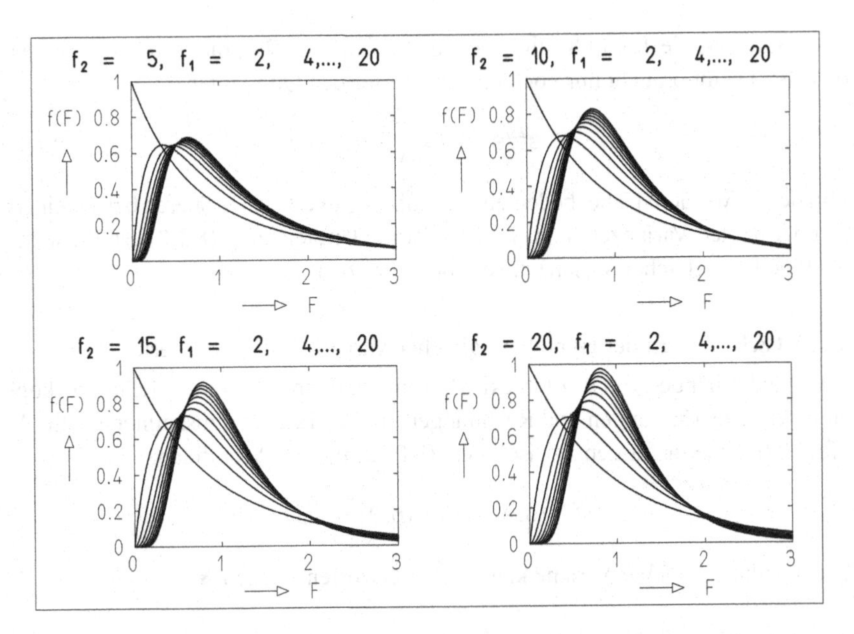

Bild 8.2: Wahrscheinlichkeitsdichte der F-Verteilung für festgehaltene Werte von $f_1 = 2,4,\ldots,20$. Für $f_1 = 2$ ist $f(F) = \mathrm{e}^{-F}$. Für $f_1 > 2$ hat die Funktion ein Maximum, das sich mit wachsendem f_1 nach rechts verschiebt.

Im allgemeinen wird man einen zweiseitigen Test anwenden, d. h. prüfen, ob der Quotient F innerhalb zweier Schranken F''_α und F'''_α fällt, die durch

$$P\left(\frac{s_1^2}{s_2^2} > F''_\alpha\right) = \frac{1}{2}\alpha, \quad P\left(\frac{s_1^2}{s_2^2} < F'''_\alpha\right) = \frac{1}{2}\alpha \tag{8.2.6}$$

bestimmt sind. Wegen der Quotientennatur der Größe F ist aber offenbar

$$s_1^2/s_2^2 < F'''_\alpha(f_1, f_2)$$

gleichbedeutend mit

$$s_2^2/s_1^2 > F'''_\alpha(f_2, f_1)\,.$$

Hier gibt das erste Argument jeweils die Zahl der Freiheitsgrade im Zähler, das zweite der im Nenner an. Die Forderung (8.2.6) kann also geschrieben werden:

$$P\left(\frac{s_1^2}{s_2^2} > F''_\alpha(f_1, f_2)\right) = \frac{1}{2}\alpha\,, \quad P\left(\frac{s_2^2}{s_1^2} > F''_\alpha(f_2, f_1)\right) = \frac{1}{2}\alpha\,. \tag{8.2.7}$$

Die Tafel I.8 kann daher sowohl für den einseitigen wie für den zweiseitigen F-Test benutzt werden.

Ein Blick auf die Tafel I.8 zeigt auch, daß $F_{1-\alpha/2} > 1$ für praktisch benutzte Werte von α ist. Damit braucht nur noch die Grenze für den Quotienten

$$s_g^2/s_k^2 > F_{1-\frac{1}{2}\alpha}(f_g, f_k) \tag{8.2.8}$$

gefunden zu werden. Dabei bedeuten die Indizes g und k den größeren bzw. kleineren Wert der beiden Varianzen, d. h. $s_g^2 > s_k^2$. Ist die Ungleichung (8.2.8) erfüllt, so muß die Hypothese gleicher Varianzen verworfen werden.

Beispiel 8.1: F-Test der Hypothese gleicher Varianz zweier Meßserien

Eine Standardlänge (100 μm Objekt-Mikrometer) wird mit zwei Meßmikroskopen gemessen. Die Messungen und Rechnungen sind in Tafel 8.1 zusammengefaßt. Aus Tafel I.8 finden wir für den zweiseitigen F-Test mit 10 % Signifikanz

$$F''_{0.1}(6,9) = F_{0.95}(6,9) = 3.37 .$$

Die Hypothese gleicher Varianz kann nicht verworfen werden. ■

Tafel 8.1: F-Test über die Gleichheit von Varianzen. Daten aus Beispiel 8.1.

	Meßergebnis mit	
Nummer der Messung	Instrument 1 [μm]	Instrument 2 [μm]
1	100	97
2	101	102
3	103	103
4	98	96
5	97	100
6	98	101
7	102	100
8	101	
9	99	
10	101	
Mittel	100	99.8
Freiheitsgrade	9	6
s^2	$34/9 = 3.7$	$39/6 = 6.5$
$F = 6.5/3.7 = 1.8$		

8.3 Students Test. Vergleich von Mittelwerten

Wir betrachten eine Grundgesamtheit, die der standardisierten Normalverteilung folgt. Nun sei $\bar{\mathrm{x}}$ das arithmetische Mittel einer Stichprobe vom Umfang N. Nach (6.2.3) ist die Varianz von $\bar{\mathrm{x}}$ mit der Varianz der Grundgesamtheit durch

$$\sigma^2(\bar{\mathrm{x}}) = \sigma^2(\mathrm{x})/N \tag{8.3.1}$$

verknüpft. Ist N hinreichend groß, so ist $\bar{\mathrm{x}}$ wegen des zentralen Grenzwertsatzes normalverteilt mit Mittelwert $\widehat{x}$ und Streuung $\sigma^2(\bar{\mathrm{x}})$, d. h.

$$\mathrm{y} = (\bar{\mathrm{x}} - \widehat{x})/\sigma(\bar{\mathrm{x}}) \tag{8.3.2}$$

wird durch die standardisierte Normalverteilung beschrieben. Nun ist aber $\sigma(\mathrm{x})$ nicht bekannt. Wir kennen lediglich die Schätzung

$$\mathrm{s}_x^2 = \frac{1}{N-1}\sum_{j=1}^{N}(\mathrm{x}_j - \widehat{\mathrm{x}})^2 \tag{8.3.3}$$

für $\sigma^2(\mathrm{x})$. Mit (8.3.1) können wir dann auch eine Schätzung von $\sigma^2(\bar{\mathrm{x}})$ angeben,

$$\mathrm{s}_{\bar{\mathrm{x}}}^2 = \frac{1}{N(N-1)}\sum_{j=1}^{N}(\mathrm{x}_j - \bar{\mathrm{x}})^2 \,. \tag{8.3.4}$$

Wir fragen jetzt: Wie stark weicht (8.3.2) von der standardisierten Gauß-Verteilung ab, wenn $\sigma(\bar{\mathrm{x}})$ durch $\mathrm{s}_{\bar{\mathrm{x}}}$ ersetzt wird? Durch eine einfache Koordinatenverschiebung können wir immer $\widehat{x} = 0$ erreichen. Wir betrachten daher nur die Verteilung von

$$\mathrm{t} = \bar{\mathrm{x}}/\mathrm{s}_{\bar{\mathrm{x}}} = \bar{\mathrm{x}}\sqrt{N}/\mathrm{s}_{\mathrm{x}} \,. \tag{8.3.5}$$

Da $(N-1)\mathrm{s}_{\mathrm{x}}^2 = f\,\mathrm{s}_{\mathrm{x}}^2$ einer χ^2-Verteilung mit $f = N-1$ Freiheitsgraden folgt, können wir schreiben:

$$\mathrm{t} = \bar{\mathrm{x}}\sqrt{N}\sqrt{f}/\chi \,.$$

Die Verteilungsfunktion von t wird durch die Wahrscheinlichkeit

$$F(t) = P(\mathrm{t} < t) = P\left(\frac{\bar{\mathrm{x}}\sqrt{N}\sqrt{f}}{\chi} < t\right) \tag{8.3.6}$$

beschrieben. Nach einer etwas mühsamen Rechnung findet man

$$F(t) = \frac{\Gamma(\frac{1}{2}(f+1))}{\Gamma(\frac{1}{2}f)\sqrt{\pi}\sqrt{f}}\int_{-\infty}^{t}\left(1+\frac{t^2}{f}\right)^{-\frac{1}{2}(f+1)} \mathrm{d}t \,.$$

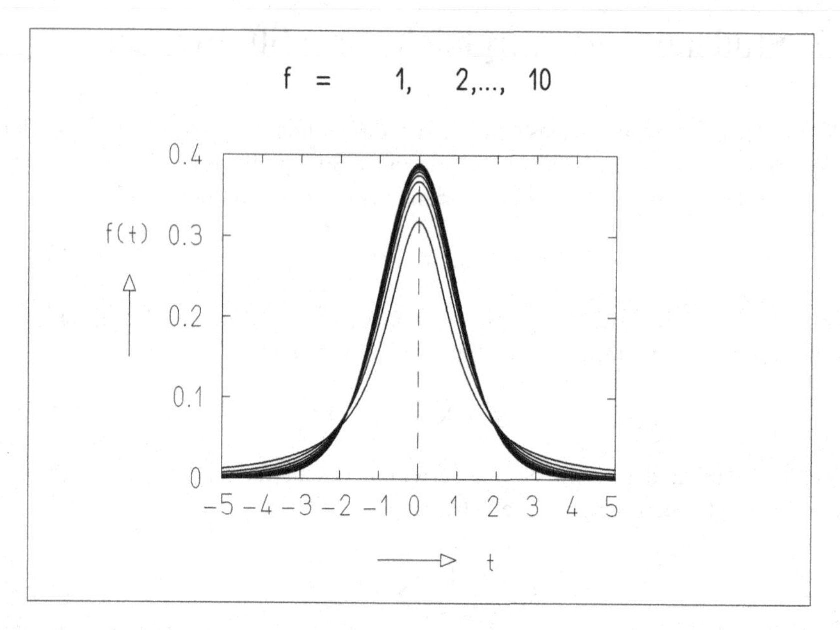

Bild 8.3: Students Verteilung $f(t)$ für $f = 1,2,\ldots,10$ Freiheitsgrade. Für $f = 1$ ist das Maximum am niedrigsten, die Seitenausläufer treten besonders hervor.

Die zugehörige Wahrscheinlichkeitsdichte ist

$$f(t) = \frac{\Gamma(\frac{1}{2}(f+1))}{\Gamma(\frac{1}{2}f)\sqrt{\pi}\sqrt{f}} \left(1 + \frac{t^2}{f}\right)^{-\frac{1}{2}(f+1)} . \qquad (8.3.7)$$

Das Bild 8.3 erlaubt einen Vergleich der Funktion $f(t)$ mit der standardisierten Normalverteilung aus Bild 5.7. Für $N \to \infty$ geht (8.3.7), wie erwartet, in die standardisierte Normalverteilung $\phi_0(t)$ über. Wie diese ist $f(t)$ symmetrisch um 0 und hat eine Glockenform. Entsprechend zu (5.8.3) ist

$$P(|t| \leq t) = 2F(|t|) - 1 . \qquad (8.3.8)$$

Durch die Forderung

$$\int_0^{t'_\alpha} f(t)\,\mathrm{d}t = \frac{1}{2}(1-\alpha) \qquad (8.3.9)$$

können wir jetzt wieder Schranken $\pm t'_\alpha$ zu vorgegebenem Signifikanzniveau α bestimmen. Dabei ist

$$t'_\alpha = t_{1-\frac{1}{2}\alpha} .$$

Die Quantile $t_{1-\frac{1}{2}\alpha}$ sind in Tafel I.9 für verschiedene α und f tabelliert.

Die Anwendung von Students Test[‡] läßt sich wie folgt beschreiben: Es besteht eine Hypothese λ_0 für den Erwartungswert einer normalverteilten Grundgesamtheit. Eine Stichprobe vom Umfang N liefert den Mittelwert $\bar{\mathsf{x}}$ und die empirische Varianz $\mathsf{s}_{\bar{\mathsf{x}}}^2$. Ist bei vorgegebenem Signifikanzniveau α die Ungleichung

$$|t| = \frac{|\bar{\mathsf{x}} - \lambda_0|\sqrt{N}}{\mathsf{s}_{\mathsf{x}}} > t'_\alpha = t_{1-\frac{1}{2}\alpha} \tag{8.3.10}$$

erfüllt, so muß die Hypothese verworfen werden.

Dies ist offenbar ein zweiseitiger Test. Kommt es uns nur auf Abweichungen in einer Richtung an, so lautet der Test mit Signifikanzniveau α

$$t = \frac{(\bar{\mathsf{x}} \pm \lambda_0)\sqrt{N}}{\mathsf{s}_{\mathsf{x}}} > t'_{2\alpha} = t_{1-\alpha} \,. \tag{8.3.11}$$

Wir wollen den Test noch weiter verallgemeinern und auf das Problem des Vergleichs zweier Mittelwerte anwenden: Aus zwei Grundgesamtheiten X und Y sind Stichproben vom Umfang N_1 bzw. N_2 entnommen worden. Welches Maß kann man für die Richtigkeit der Hypothese gleicher Erwartungswerte

$$\widehat{x} = \widehat{y}$$

angeben?

Wegen des zentralen Grenzwertsatzes sind die Mittelwerte nahezu normalverteilt. Ihre Varianzen sind

$$\sigma^2(\bar{\mathsf{x}}) = \frac{1}{N_1}\sigma^2(\mathsf{x}) \,, \quad \sigma^2(\bar{\mathsf{y}}) = \frac{1}{N_2}\sigma^2(\mathsf{y}) \tag{8.3.12}$$

und die Schätzungen für diese Größen

$$\begin{aligned} \mathsf{s}_{\bar{\mathsf{x}}}^2 &= \frac{1}{N_1(N_1-1)}\sum_{j=1}^{N_1}(\mathsf{x} - \bar{\mathsf{x}})^2 \,, \\ \mathsf{s}_{\bar{\mathsf{y}}}^2 &= \frac{1}{N_2(N_2-1)}\sum_{j=1}^{N_2}(\mathsf{y} - \bar{\mathsf{y}})^2 \,. \end{aligned} \tag{8.3.13}$$

Nach der Diskussion in Beispiel 5.10 hat dann auch die Differenz

$$\Delta = \bar{\mathsf{x}} - \bar{\mathsf{y}} \tag{8.3.14}$$

eine praktisch normale Verteilung mit

$$\sigma^2(\Delta) = \sigma^2(\bar{\mathsf{x}}) + \sigma^2(\bar{\mathsf{y}}) \,. \tag{8.3.15}$$

Ist die Hypothese gleicher Mittelwerte wahr, d. h. $\widehat{\Delta} = 0$, so folgt der Quotient

$$\Delta/\sigma(\Delta) \tag{8.3.16}$$

[‡] Die t-Verteilung wurde von W. S. Gosset eingeführt und unter dem Pseudonym „Student" publiziert.

der standardisierten Normalverteilung. Man könnte also nach (5.8.2) sofort eine Wahrscheinlichkeit für die Erfüllung der Hypothese angeben, wenn $\sigma(\Delta)$ bekannt wäre. Es ist aber nur s_Δ bekannt. Der entsprechende Quotient

$$\Delta / s_\Delta \tag{8.3.17}$$

wird im allgemeinen etwas größer ausfallen.

Gewöhnlich bedeutet die Hypothese $\widehat{x} = \widehat{y}$, daß $\bar{x}$ und $\bar{y}$ derselben Grundgesamtheit entstammen. Dann sind aber $\sigma^2(x)$ und $\sigma^2(y)$ gleich, und wir können als beste Schätzung für $s_{\bar{x}}^2$ bzw. $s_{\bar{y}}^2$ das gewichtete Mittel von beiden nehmen. Die Gewichte werden durch $(N_1 - 1)$ bzw. $(N_2 - 1)$ gegeben:

$$s^2 = \frac{(N_1 - 1)s_x^2 + (N_2 - 1)s_y^2}{(N_1 - 1) + (N_2 - 1)} \,. \tag{8.3.18}$$

Daraus bilden wir

$$s_{\bar{x}}^2 = \frac{s^2}{N_1} \,, \quad s_{\bar{y}}^2 = \frac{s^2}{N_2}$$

und

$$s_\Delta^2 = s_{\bar{x}}^2 + s_{\bar{y}}^2 = \frac{N_1 + N_2}{N_1 N_2} s^2 \,. \tag{8.3.19}$$

Es läßt sich nun zeigen [8], daß der Quotient (8.3.17) gerade der Studentschen t-Verteilung mit $f = N_1 + N_2 - 2$ Freiheitsgraden folgt. Damit kann man nun den *Studentschen Differenztest* ausführen:

Aus den Ergebnissen zweier Stichproben wird die Größe (8.3.17) berechnet. Ihr Betrag wird mit einem Quantil der Studentschen Verteilung mit $f = N_1 + N_2 - 2$ Freiheitsgraden verglichen, das zum Signifikanzniveau α gehört. Ist

$$|t| = \frac{|\Delta|}{s_\Delta} = \frac{|\bar{x} - \bar{y}|}{s_\Delta} \geq t'_\alpha = t_{1-\frac{1}{2}\alpha} \,, \tag{8.3.20}$$

so muß die Hypothese gleicher Mittelwerte verworfen werden. Man wird dann vielmehr $\widehat{x} > \widehat{y}$ bzw. $\widehat{x} < \widehat{y}$ annehmen, je nachdem ob $\bar{x} > \bar{y}$ oder $\bar{x} < \bar{y}$ ist.

Beispiel 8.2: Student's Test der Hypothese gleicher Mittelwerte zweier Meßserien

Die Tafel 8.2 enthält Messungen (in willkürlichen Einheiten) der Konzentration von Neuraminsäure in den roten Blutkörperchen von Patienten, die an einer bestimmten Blutkrankheit leiden, in Spalte x und von einer Gruppe gesunder Personen in Spalte y. Aus den Mittelwerten und Varianzen der beiden Stichproben findet man

$$\begin{aligned}
|\Delta| &= |\bar{x} - \bar{y}| = 1.3 \,, \\
s^2 &= \frac{15 s_x^2 + 6 s_y^2}{21} = 9.15 \,, \\
s_\Delta^2 &= \frac{23}{112} s^2 = 1.88 \,.
\end{aligned}$$

Tafel 8.2: Students Differenztest über die Gleichheit von Mittelwerten. Daten aus Beispiel 8.2.

x	y
21	16
24	20
18	22
19	19
25	18
17	19
18	19
22	
21	
23	
18	
13	
16	
23	
22	
24	
$N_1 = 16$	$N_2 = 7$
$\bar{\mathrm{x}} = 20.3$	$\bar{\mathrm{y}} = 19.0$
$\mathrm{s}_\mathrm{x}^2 = 171.8/15$	$\mathrm{s}_\mathrm{y}^2 = 20/6$

Für $\alpha = 5\,\%$ und $f = 21$ finden wir $t_{1-\alpha/2} = 2.08$. Wir müssen daher schließen, daß das experimentelle Material nicht ausreicht, um einen Einfluß der Krankheit auf die Konzentration festzustellen. ■

8.4 Begriffe der allgemeinen Testtheorie

Die bisher besprochenen Testvorschriften wurden eher intuitiv und ohne strenge Begründung gewonnen. Insbesondere haben wir keine ausdrücklichen Gründe für die Wahl der jeweiligen kritischen Regionen angegeben. Wir wollen uns jetzt etwas kritischer mit der Theorie der statistischen Tests auseinandersetzen. Eine ausführliche Behandlung dieses Themas würde allerdings den Rahmen dieses Buches sprengen.

Jede Stichprobe vom Umfang N kann durch N Punkte im Stichprobenraum des Abschnitts 2.1 charakterisiert werden. Der Einfachheit halber beschränken wir uns auf eine kontinuierliche Zufallsvariable x, so daß die Stichprobe durch N Punkte $(\mathrm{x}^{(1)}, \mathrm{x}^{(2)}, \ldots, \mathrm{x}^{(N)})$ auf der x-Achse beschrieben werden kann. Im Fall von r Zufallsvariablen hätten wir N Punkte in einem r-dimensionalen Raum. Das Ergebnis einer solchen Stichprobe könnte aber auch durch einen einzigen Punkt in einem Raum der Dimension rN wiedergegeben werden. Eine Stichprobe vom Umfang 2 mit einer einzigen Variablen könnte z. B. durch eine Punkt in einer zweidimensionalen Ebene, die durch $\mathbf{x}^{(1)}, \mathbf{x}^{(2)}$ aufgespannt wird, veranschaulicht werden. Wir wollen einen solchen Raum als E-Raum bezeichnen. Jede *Hypothese* H besteht aus einer Annahme über die Wahrscheinlichkeitsdichte

$$f(x;\lambda_1,\lambda_2,\ldots,\lambda_p) = f(x;\boldsymbol{\lambda}) \tag{8.4.1}$$

der Variablen. Die Hypothese heißt *einfach*, wenn die Funktion f vollkommen durch sie beschrieben wird, d. h., wenn die Hypothese alle Parameter λ_i vorgibt; sie heißt *zusammengesetzt*, wenn zwar die allgemeine mathematische Form von f bekannt ist, aber der genaue Wert von mindestens einem Parameter unbestimmt bleibt. Eine einfache Hypothese könnte z. B. eine standardisierte Gauß-Verteilung für f vorschreiben, während eine zusammengesetzte Hypothese lediglich eine Gauß-Verteilung mit Mittelwert Null, aber unbestimmter Varianz angeben würde. Die Hypothese H_0 heißt *Nullhypothese*. Wir werden manchmal ausdrücklich

$$H_0(\boldsymbol{\lambda} = \boldsymbol{\lambda}_0) = H_0(\lambda_1 = \lambda_{10}, \lambda_2 = \lambda_{20}, \ldots, \lambda_p = \lambda_{p0}) \tag{8.4.2}$$

schreiben. Andere mögliche Hypothese heißen *Alternativhypothesen*, z. B.

$$H_1(\boldsymbol{\lambda} = \boldsymbol{\lambda}_1) = H_1(\lambda_1 = \lambda_{11}, \lambda_2 = \lambda_{21}, \ldots, \lambda_p = \lambda_{p1}) \,. \tag{8.4.3}$$

Häufig ist eine einfache Nullhypothese der Art (8.4.2) gegen eine zusammengesetzte Alternativhypothese

$$H_1(\lambda \neq \lambda_0) = H_1(\lambda_1 \neq \lambda_{10}, \lambda_2 \neq \lambda_{20}, \ldots, \lambda_p \neq \lambda_{p0}) \tag{8.4.4}$$

zu testen. Da die Nullhypothese eine Aussage über die Wahrscheinlichkeitsdichte im Stichprobenraum macht, sagt sie auch die Wahrscheinlichkeit für die Beobachtung eines beliebigen Punktes $X = (\mathbf{x}^{(1)}, \mathbf{x}^{(2)}, \ldots, \mathbf{x}^{(N)})$ im E-Raum voraus[§]. Wir definieren jetzt eine *kritische Region* S_c mit dem Signifikanzniveau α durch die Forderung

$$P(X \in S_c | H_0) = \alpha \,, \tag{8.4.5}$$

d. h., wir legen S_c so fest, daß die Wahrscheinlichkeit für die Beobachtung eines Punktes X innerhalb S_c – unter der Voraussetzung, daß H_0 wahr ist – gerade α ist. Fällt der der Stichprobe entstammende Punkt X nun in der Tat in den Bereich S_c, so wird die Hypothese H_0 verworfen. Es ist zu beachten, daß die Forderung (8.4.5) eine kritische Region S_c nicht notwendigerweise eindeutig festlegt.

[§]Obwohl X und auch die weiter unten eingeführte Funktion $T(x)$ Zufallsvariable sind, heben wie sie nicht durch besondere Drucktypen hervor.

Obwohl die Benutzung des E-Raumes begrifflich elegant ist, ist sie für die Durchführung von Tests gewöhnlich nicht sehr bequem. Man bildet vielmehr eine *Teststatistik*

$$T = T(X) = T(\mathbf{x}^{(1)}, \mathbf{x}^{(2)}, \ldots, \mathbf{x}^{(N)}) \tag{8.4.6}$$

und bestimmt einen Bereich U der Variablen T derart, daß er der kritischen Region S_c entspricht, d. h., man führt eine Abbildung

$$X \to T(X), \quad S_c(X) \to U(X) \tag{8.4.7}$$

durch. Die Nullhypothese wird verworfen, wenn $T \in U$.

Wegen der statistischen Natur der Stichprobe ist es natürlich möglich, daß die Nullhypothese zutrifft, obwohl sie verworfen wurde, weil $X \in S_c$. Die Wahrscheinlichkeit für einen solchen Fehler, einen *Fehler erster Art*, ist gerade gleich α. Es gibt aber noch eine andere Möglichkeit einer falschen Entscheidung, nämlich die Hypothese H_0 nicht zu verwerfen, weil X nicht in die kritische Region S_c fällt, obwohl sie in der Tat falsch ist und eine Alternativhypothese H_1 zutrifft. Dies ist ein *Fehler zweiter Art*. Seine Wahrscheinlichkeit

$$P(X \notin S_c | H_1) = \beta \tag{8.4.8}$$

hängt natürlich von der speziellen Alternativhypothese H_1 ab. Dieser Zusammenhang gibt uns jetzt eine Handhabe, die kritische Region S_c festzulegen. Offenbar wird ein Test dann besonders sinnvoll sein, wenn zu vorgegebenem Signifikanzniveau α die kritische Region derart gewählt wird, daß die Wahrscheinlichkeit β für einen Fehler zweiter Art zum Minimum wird. Natürlich hängt die kritische Region und damit der Test selbst von der Alternativhypothese ab, die in Betracht gezogen wird.

Ist einmal die kritische Region S_c festgelegt, so können wir die Wahrscheinlichkeit für die Ablehnung der Nullhypothese als eine Funktion der „wahren" Hypothese betrachten bzw. als eine Funktion der Parameter, die sie beschreiben. In Analogie zu (8.4.5) ist das

$$M(S_c, \boldsymbol{\lambda}) = P(X \in S_c | H) = P(X \in S_c | \boldsymbol{\lambda}) \,. \tag{8.4.9}$$

Diese Wahrscheinlichkeit ist eine Funktion von S_c und den Parametern $\boldsymbol{\lambda}$. Sie heißt *Mächtigkeit* oder *Gütefunktion* eines Tests. Die inverse Wahrscheinlichkeit

$$L(S_c, \boldsymbol{\lambda}) = 1 - M(S_c, \boldsymbol{\lambda}) \tag{8.4.10}$$

heißt *Annahmewahrscheinlichkeit* oder *Operationscharakteristik* des Tests. Sie gibt die Wahrscheinlichkeit für die Annahme[¶] der Nullhypothese an. Es gilt offenbar

$$\begin{aligned} M(S_c, \boldsymbol{\lambda}_0) &= \alpha \,, \quad & M(S_c, \boldsymbol{\lambda}_1) &= 1 - \beta \,, \\ L(S_c, \boldsymbol{\lambda}_0) &= 1 - \alpha \,, \quad & L(S_c, \boldsymbol{\lambda}_1) &= \beta \,. \end{aligned} \tag{8.4.11}$$

[¶]Man benutzt hier das Wort „Annehmen" einer Hypothese, obwohl man exakter sagen müßte: „Es liegt kein Grund für die Ablehnung dieser Hypothese vor".

Der *beste Test* einer einfachen Hypothese H_0 bezüglich der einfachen Alternativhypothese wird durch die Forderung

$$M(S_c, \boldsymbol{\lambda}_1) = 1 - \beta = \max \tag{8.4.12}$$

definiert. Manchmal existiert ein *gleichmäßig bester Test*, für den dann die Forderung (8.4.12) bezüglich aller möglichen Alternativhypothesen gilt.

Ein Test ist *unverzerrt*, wenn seine Mächtigkeit für jede Alternativhypothese größer oder gleich α ist,

$$M(S_c, \boldsymbol{\lambda}_1) \geq \alpha \; . \tag{8.4.13}$$

Diese Definition ist sinnvoll, weil die Wahrscheinlichkeit, die Nullhypothese zu verwerfen, dann am kleinsten wird, wenn die Nullhypothese wahr ist. Ein *unverzerrter bester Test* ist der beste unter allen unverzerrten Tests. Entsprechend kann man *unverzerrte gleichmäßig beste Tests* definieren. In den nächsten Abschnitten werden wir Vorschriften kennenlernen, die es manchmal gestatten, Tests mit solch wünschenswerten Eigenschaften zu konstruieren. Bevor wir uns dieser Aufgabe zuwenden, wollen wir aber die gerade getroffenen Definitionen an einem Beispiel verdeutlichen.

Beispiel 8.3: Test der Hypothese, daß eine Normalverteilung vorgegebener Varianz σ^2 den Mittelwert $\lambda = \lambda_0$ besitzt

Die Hypothese $H_0(\lambda = \lambda_0)$ soll geprüft werden. Als Testgröße benutzen wir das arithmetische Mittel $\bar{\mathrm{x}} = \frac{1}{n}(\mathrm{x}_1 + \mathrm{x}_2 + \cdots + \mathrm{x}_n)$. (Wir werden im Beispiel 8.4 feststellen, daß dies die für unsere Zwecke geeignetste Testgröße ist.) Aus Abschnitt 6.2 wissen wir, daß $\bar{\mathrm{x}}$ mit Mittelwert λ und Varianz σ^2/n normalverteilt ist, d. h. daß die Wahrscheinlichkeitsdichte von $\bar{\mathrm{x}}$ für den Fall $\lambda = \lambda_0$ durch

$$f(\bar{x}; \lambda_0) = \frac{\sqrt{n}}{\sqrt{2\pi}\sigma} \exp\left(-\frac{n}{2\sigma^2}(\bar{x} - \lambda_0)^2\right) \tag{8.4.14}$$

gegeben ist. Sie ist im Bild 8.4 zusammen mit 4 verschiedenen kritischen Regionen gezeichnet, die dem gleichen Signifikanzniveau α entsprechen.

Es sind dies die Regionen

$$\begin{array}{ll}
U_1 : \bar{x} < \lambda^{\mathrm{I}} \text{ und } \bar{x} > \lambda^{\mathrm{II}} & \text{mit } \int_{-\infty}^{\lambda^{\mathrm{I}}} f(\bar{x})\,\mathrm{d}\bar{x} = \int_{\lambda^{\mathrm{II}}}^{\infty} f(\bar{x})\,\mathrm{d}\bar{x} = \frac{1}{2}\alpha \; ; \\
U_2 : \bar{x} > \lambda^{\mathrm{III}} & \text{mit } \int_{\lambda^{\mathrm{III}}}^{\infty} f(\bar{x})\,\mathrm{d}\bar{x} = \alpha \; ; \\
U_3 : \bar{x} < \lambda^{\mathrm{IV}} & \text{mit } \int_{-\infty}^{\lambda^{\mathrm{IV}}} f(\bar{x})\,\mathrm{d}\bar{x} = \alpha \; ; \\
U_4 : \lambda^{\mathrm{V}} \leq \bar{x} < \lambda^{\mathrm{VI}} & \text{mit } \int_{\lambda^{\mathrm{V}}}^{\lambda_0} f(\bar{x})\,\mathrm{d}\bar{x} = \int_{\lambda_0}^{\lambda^{\mathrm{VI}}} f(\bar{x})\,\mathrm{d}\bar{x} = \frac{1}{2}\alpha \; .
\end{array}$$

Um die Gütefunktion zu jeder dieser Regionen zu erhalten, müssen wir den Mittelwert λ variieren. Die Wahrscheinlichkeitsdichte von $\bar{\mathrm{x}}$ für einen beliebigen Wert von λ ist analog zu (8.4.14) durch

$$f(\bar{x}; \lambda) = \frac{\sqrt{n}}{\sqrt{2\pi}\sigma} \exp\left[-\frac{n}{2\sigma^2}(\bar{x} - \lambda)^2\right] \tag{8.4.15}$$

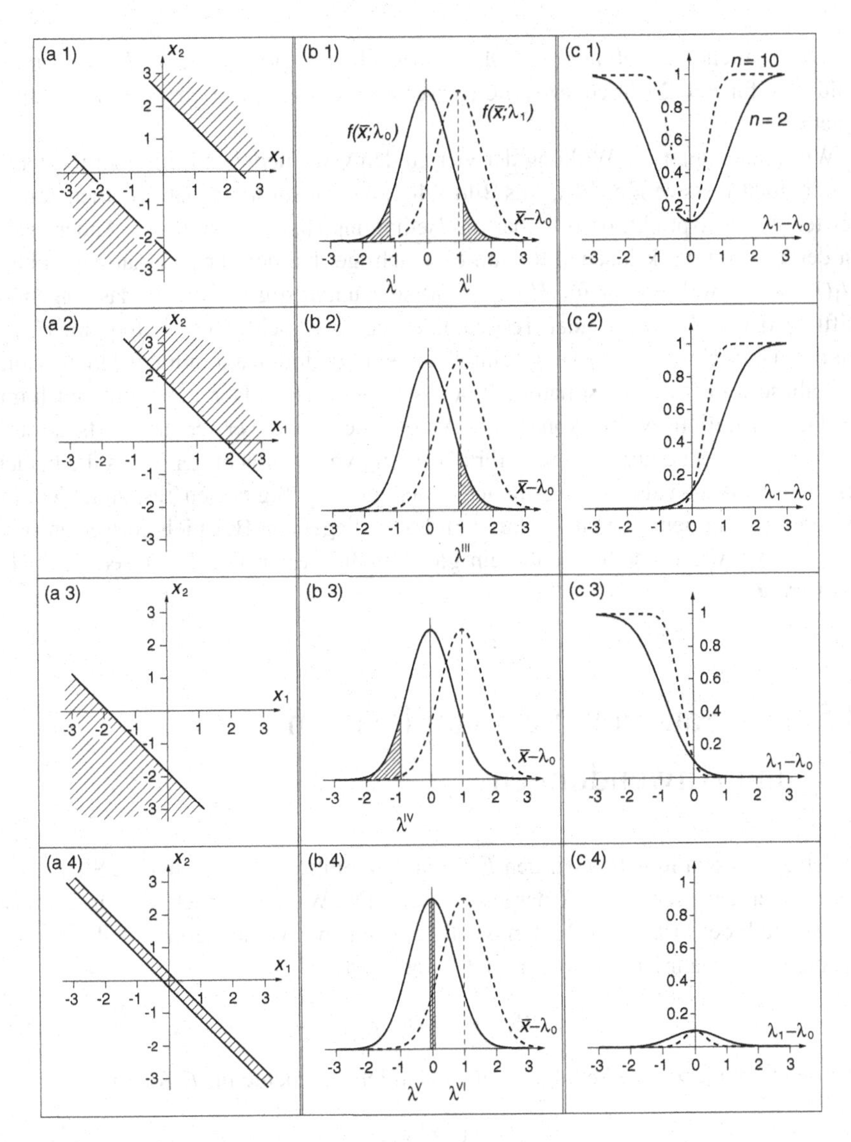

Bild 8.4: Kritische Region im Raum E (a), kritische Region der Testfunktion (b) und Gütefunktion (c) des Tests aus Beispiel 8.3.

gegeben. Die gestrichelte Kurve in Bild 8.4b stellt die Wahrscheinlichkeitsdichte für $\lambda = \lambda_1 = \lambda_0 + 1$ dar. Die Gütefunktion (8.4.9) ist nun einfach

$$P(\bar{\mathbf{x}} \in U|\lambda) = \int_U f(\bar{x};\lambda)\,\mathrm{d}\bar{x}\,. \tag{8.4.16}$$

Die so erhaltenen Gütefunktionen für die kritischen Regionen U_1, U_2, U_3, U_4 sind in Bild 8.4c für $n = 2$ (durchgezogene Kurve) und $n = 10$ (gestrichelte Kurve) eingezeichnet.

Wir können jetzt die Wirkung der vier zu den verschiedenen kritischen Regionen gehörenden Tests vergleichen. Aus Bild 8.4c lesen wir sofort ab, daß U_1 einem unverzerrten Test entspricht, da offenbar die Bedingung (8.4.13) erfüllt ist. Andererseits ist der Test mit der kritischen Region U_2 mächtiger bei der der Alternativhypothese $H_1(\lambda_1 > \lambda_0)$, während er für $H_1(\lambda_1 < \lambda_0)$ sehr ungünstig ist. Genau das Gegenteil trifft für den zu U_3 gehörenden Test zu. Die Region U_4 schließlich liefert einen Test, für den die Rückweisungswahrscheinlichkeit ein Maximum annimmt, wenn die Nullhypothese wahr ist. Das ist natürlich höchst unerwünscht. Der Test wurde auch nur für Demonstrationszwecke konstruiert. Vergleichen wir die ersten drei Tests, so stellen wir fest, daß keiner von ihnen für alle Werte von λ_1 mächtiger ist als die beiden anderen. Es ist uns also nicht gelungen, einen gleichmäßig besten Test zu finden. Im Beispiel 8.4, in dem wir die Diskussion des vorliegenden Beispiels fortsetzen werden, werden wir feststellen, daß kein gleichmäßig bester Test für unsere Aufgabe existiert. ■

8.5 Der Satz von Neyman–Pearson und Anwendungen

Im letzten Abschnitt haben wir den E-Raum eingeführt, in welchem eine Stichprobe durch einen einzigen Punkt X dargestellt wird. Die Wahrscheinlichkeit, einen Punkt X innerhalb der kritischen Region S_c zu beobachten – vorausgesetzt, daß die Nullhypothese H_0 wahr ist –, wurde in (8.4.5) definiert,

$$P(X \in S_c | H_0) = \alpha \,. \tag{8.5.1}$$

Wir definieren jetzt eine bedingte Wahrscheinlichkeitsdichte im E-Raum:

$$f(X|H_0) \,.$$

Offenbar haben wir

$$\int_{S_c} f(X|H_0)\,\mathrm{d}X = P(X \in S_c | H_0) = \alpha \,. \tag{8.5.2}$$

Der **Satz von** NEYMAN und PEARSON lautet nun folgendermaßen:

> Ein Test der einfachen Hypothese H_0 bezüglich der einfachen Alternativhypothese H_1 ist ein bester Test, wenn die kritische Region S_c im E-Raum derart gewählt wurde, daß

$$\frac{f(X|H_0)}{f(X|H_1)} \begin{cases} \leq c \text{ für jedes } X \in S_c\,, \\ \geq c \text{ für jedes } X \notin S_c\,. \end{cases} \tag{8.5.3}$$

Dabei ist c eine Konstante, die vom Signifikanzniveau abhängt.

Wir beweisen den Satz durch Betrachtung einer weiteren Region S neben S_c. Sie mag teilweise mit S_c überlappen, wie in Bild 8.5 skizziert. Wir wählen die Größe der Region S derart, daß sie auch als kritische Region mit dem gleichen Signifikanzniveau dienen könnte, d. h.

$$\int_S f(X|H_0)\,\mathrm{d}X = \int_{S_c} f(X|H_0)\,\mathrm{d}X = \alpha\,.$$

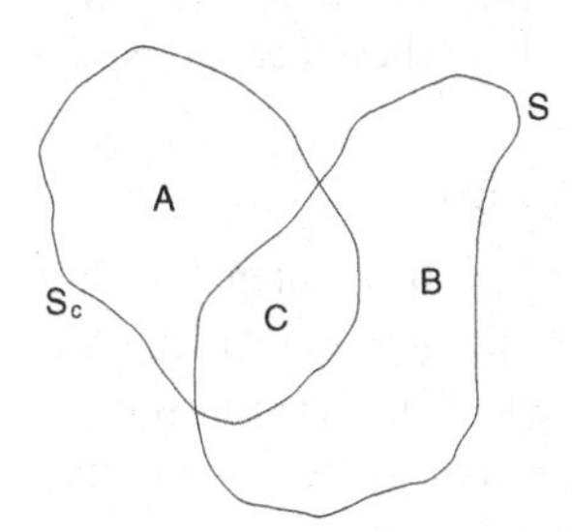

Bild 8.5: Die Bereiche S und S_c.

Benutzen wir die Bezeichnungsweise von Bild 8.5, so können wir schreiben:

$$\begin{aligned}\int_A f(X|H_0)\,\mathrm{d}X &= \int_{S_c} f(X|H_0)\mathrm{d}X - \int_C f(X|H_0)\,\mathrm{d}X \\ &= \int_S f(X|H_0)\,\mathrm{d}X - \int_C f(X|H_0)\,\mathrm{d}X \\ &= \int_B f(X|H_0)\,\mathrm{d}X\,.\end{aligned}$$

Da A in S_c enthalten ist, können wir (8.5.3) benutzen, d. h.

$$\int_A f(X|H_0)\,\mathrm{d}X \leq c \int_A f(X|H_1)\,\mathrm{d}X\,.$$

Entsprechend ist, da B außerhalb S_c liegt,

$$\int_B f(X|H_0)\,\mathrm{d}X \geq c \int_B f(X|H_1)\,\mathrm{d}X\,.$$

Wir können jetzt die Gütefunktion (8.4.9) durch diese Integrale ausdrücken:

$$\begin{aligned} M(S_c,\boldsymbol{\lambda}_1) &= \int_{S_c} f(X|H_1)\,\mathrm{d}X = \int_A f(X|H_1)\,\mathrm{d}X + \int_C f(X|H_1)\,\mathrm{d}X \\ &\geq \frac{1}{c}\int_A f(X|H_0)\,\mathrm{d}X + \int_C f(X|H_1)\,\mathrm{d}X \\ &\geq \int_B f(X|H_1)\,\mathrm{d}X + \int_C f(X|H_1)\,\mathrm{d}X \\ &\geq \int_S f(X|H_1)\,\mathrm{d}X = M(S,\boldsymbol{\lambda}_1) \end{aligned}$$

oder direkt

$$M(S_c,\boldsymbol{\lambda}_1) \geq M(S,\boldsymbol{\lambda}_1)\,. \tag{8.5.4}$$

Dies ist aber nichts anderes als die Bedingung (8.4.12) für einen gleichmäßig besten Test. Da wir keinerlei Annahme über die Alternativhypothese $H_1(\lambda = \lambda_1)$ oder den Bereich S gemacht haben, haben wir bewiesen, daß die Bedingung (8.5.3) einen gleichmäßig besten Test liefert, wenn sie für alle Alternativhypothesen erfüllt ist.

Beispiel 8.4: Mächtigster Test für das Problem aus Beispiel 8.3

Wir setzen jetzt die Überlegungen aus Beispiel 8.3 fort, d. h. wir betrachten Tests mit einer Stichprobe vom Umfang N, die aus einer Normalverteilung mit bekannter Varianz σ^2 und unbekanntem Mittelwert λ gewonnen wurde. Die bedingte Wahrscheinlichkeitsdichte eines Punktes $X = (\mathbf{x}^{(1)}, \mathbf{x}^{(2)}, \ldots, \mathbf{x}^{(N)})$ im E-Raum ist die gemeinsame Wahrscheinlichkeitsdichte der $\mathbf{x}^{(j)}$ zu gegebenen Werten von λ, d. h.

$$f(X|H_0) = \left(\frac{1}{\sqrt{2\pi}\sigma}\right)^N \exp\left[-\frac{1}{2\sigma^2}\sum_{j=1}^{N}(\mathbf{x}^{(j)} - \lambda_0)^2\right] \tag{8.5.5}$$

und

$$f(X|H_1) = \left(\frac{1}{\sqrt{2\pi}\sigma}\right)^N \exp\left[-\frac{1}{2\sigma^2}\sum_{j=1}^{N}(\mathbf{x}^{(j)} - \lambda_1)^2\right] \tag{8.5.6}$$

für Nullhypothese bzw. Alternativhypothese. Der Quotient (8.5.3) nimmt die Form

$$\begin{aligned} Q = \frac{f(X|H_0)}{f(X|H_1)} &= \exp\left[-\frac{1}{2\sigma^2}\left\{\sum_{j=1}^{N}(\mathbf{x}^{(j)} - \lambda_0)^2 - \sum_{j=1}^{N}(\mathbf{x}^{(j)} - \lambda_1)^2\right\}\right] \\ &= \exp\left[-\frac{1}{2\sigma^2}\left\{N(\lambda_0^2 - \lambda_1^2) - 2(\lambda_0 - \lambda_1)\sum_{j=1}^{N}\mathbf{x}^{(j)}\right\}\right] \end{aligned}$$

an. Der Ausdruck

$$\exp\left[-\frac{N}{2\sigma^2}(\lambda_0^2 - \lambda_1^2)\right] = k \geq 0$$

ist eine nicht-negative Konstante. Die Bedingung (8.5.3) hat daher die Form

$$k \exp\left[\frac{\lambda_0 - \lambda_1}{\sigma^2} \sum_{j=1}^{N} \mathsf{x}^{(j)}\right] \begin{cases} \leq c, & X \in S_c, \\ \geq c, & X \notin S_c. \end{cases}$$

Das ist gleichbedeutend mit

$$(\lambda_0 - \lambda_1)\bar{\mathsf{x}} \begin{cases} \leq c', & X \in S_c, \\ \geq c', & X \notin S_c. \end{cases} \tag{8.5.7}$$

Dabei ist c' eine von c verschiedene Konstante. Die Gleichung (8.5.7) ist nun aber nicht nur eine Bedingung für S_c, sondern gibt auch direkt an, daß $\bar{\mathsf{x}}$ als Testgröße benutzt werden soll. Für jedes vorgegebene λ_1, d. h. für jede einfache Alternativhypothese $H_1(\lambda = \lambda_1)$, gibt (8.5.7) eine klare Vorschrift für die Wahl von S_c oder U, d. h. für die kritische Region der Testgröße $\bar{\mathsf{x}}$.

Für den Fall $\lambda_1 < \lambda_0$ wird die Beziehung (8.5.7) zu

$$\bar{\mathsf{x}} \begin{cases} \leq c'', & X \in S_c, \\ \geq c'', & X \notin S_c. \end{cases}$$

Das entspricht der Situation im Bild 8.4 (b3) mit $c'' = \lambda^{IV}$. Entsprechend ist für jede Alternativhypothese mit $\lambda_1 > \lambda_0$ die kritische Region des besten Tests durch

$$\bar{\mathsf{x}} \geq c'''$$

gegeben (siehe Bild 8.4 (b2) mit $c''' = \lambda'''$). Es gibt keinen gleichmäßig besten Test, weil der Faktor $(\lambda_0 - \lambda_1)$ in Gl. (8.5.7) bei $\lambda_1 = \lambda_0$ das Vorzeichen wechselt. ■

8.6 Die Likelihood-Quotienten-Methode

Der Satz von Neyman–Pearson gab eine Bedingung für einen gleichmäßig besten Test. Ein solcher Test existierte jedoch nicht, wenn die Alternativhypothesen Parameterwerte umfaßten, die sowohl größer als auch kleiner als die Parameter der Nullhypothese sein konnten. Wir stellten dies im Beispiel 8.4 fest; es kann jedoch gezeigt werden, daß dies ein allgemeines Verhalten ist. Es erhebt sich daher die Frage, welcher Test benutzt werden soll, wenn kein gleichmäßig bester Test existiert. Diese Frage ist offenbar nicht exakt genug formuliert, um genau beantwortet werden zu können. Wir wollen im folgenden eine Vorschrift angeben, die es ermöglicht, Tests mit wünschenswerten Eigenschaften zu konstruieren, und die den Vorteil hat, daß sie verhältnismäßig einfach zu benutzen ist.

Wir betrachten sofort den allgemeinen Fall mit p Parametern $\boldsymbol{\lambda} = (\lambda_1, \lambda_2, \ldots, \lambda_p)$. Das Ergebnis einer Stichprobenentnahme, d. h. der Punkt $X = (\mathsf{x}^{(1)}, \mathsf{x}^{(2)}, \ldots, \mathsf{x}^{(N)})$ im E-Raum, wird zur Prüfung einer bestimmten Hypothese benutzt. Die (zusammengesetzte) Nullhypothese ist durch einen vorgegebenen Bereich für jeden Parameter charakterisiert. Wir können einen p-dimensionalen Raum aufspannen, in dem wir die $\lambda_1, \lambda_2, \ldots, \lambda_p$ als Koordinatenachsen benutzen, und betrachten die Gesamtheit aller Bereiche, welche die Nullhypothese zuläßt, als eine Region in diesem Parameterraum. Wir bezeichnen diese Region mit ω. Die Region Ω in diesem Raum soll alle überhaupt möglichen Werte der Parameter kennzeichnen. Die allgemeinste Alternativhypothese wird dann als der Teil von Ω beschrieben, der ω nicht enthält. Wir schreiben dafür abgekürzt $\Omega - \omega$. Wir erinnern uns jetzt daran, daß in Kapitel 7 die Maximum-Likelihood-Schätzung $\widetilde{\lambda}$ eines Parameters λ eingeführt wurde. Sie war derjenige Wert von λ, für welchen die Likelihood-Funktion ihr Maximum annahm. Dabei wurde stillschweigend angenommen, daß dieses Maximum im gesamten möglichen Parameterbereich gesucht wurde. Im folgenden werden Maxima in einem eingeschränkten Bereich (z. B. in ω) betrachtet. Wir schreiben dann $\widetilde{\lambda}^{(\omega)}$. Der *Likelihood-Quotienten-Test* definiert eine Testgröße

$$T = \frac{f(\mathbf{x}^{(1)}, \mathbf{x}^{(2)}, \ldots, \mathbf{x}^{(N)}; \widetilde{\lambda}_1^{(\Omega)}, \widetilde{\lambda}_2^{(\Omega)}, \ldots, \widetilde{\lambda}_p^{(\Omega)})}{f(\mathbf{x}^{(1)}, \mathbf{x}^{(2)}, \ldots, \mathbf{x}^{(N)}; \widetilde{\lambda}_1^{(\omega)}, \widetilde{\lambda}_2^{(\omega)}, \ldots, \widetilde{\lambda}_p^{(\omega)})} \, . \tag{8.6.1}$$

Hier ist $f(\mathbf{x}^{(1)}, \mathbf{x}^{(2)}, \ldots, \mathbf{x}^{(N)}; \lambda_1, \lambda_2, \ldots, \lambda_p)$ die gemeinsame Wahrscheinlichkeitsdichte der $\mathbf{x}^{(j)}$ $(j = 1, 2, \ldots, N)$, d. h. die Likelihood-Funktion (7.1.5). Das Verfahren des Likelihood-Quotienten-Tests schreibt vor, die Nullhypothese zu verwerfen, wenn

$$T > T_{1-\alpha} \, . \tag{8.6.2}$$

Dabei ist $T_{1-\alpha}$ durch

$$P(T > T_{1-\alpha} | H_0) = \int_{T_{1-\alpha}}^{\infty} g(T | H_0) \, \mathrm{d}T \tag{8.6.3}$$

definiert, und $g(T|H_0)$ ist die bedingte Wahrscheinlichkeitsdichte der Testgröße T. Ein **Satz** von WILKS [9] macht eine Aussage über die Verteilungsfunktion von T oder eigentlich über $-2 \ln T$, und zwar im Grenzwert sehr großer Stichproben:

> Wird eine Grundgesamtheit durch die Wahrscheinlichkeitsdichte $f(x; \lambda_1, \lambda_2, \ldots, \lambda_p)$ beschrieben, die vernünftigen Anforderungen an ihre Stetigkeit genügt, und werden durch die Nullhypothese $p - r$ Parameter festgelegt und nur r Parameter bleiben frei, so folgt die Stichprobenfunktion $-2 \ln T$ einer χ^2-Verteilung mit $p - r$ Freiheitsgraden für sehr große Stichproben, d. h. für $N \to \infty$.

Wir wenden die Methode jetzt auf das Problem der Beispiele 8.3 und 8.4 an, d. h., wir betrachten Tests mit Stichproben aus normalverteilten Grundgesamtheiten mit bekannter Varianz und unbekanntem Mittelwert.

Beispiel 8.5: Gütefunktion des Tests aus Beispiel 8.3

Für die einfache Hypothese $H_0(\lambda = \lambda_0)$ reduziert sich die Region ω des Parameterraums auf den Punkt $\lambda = \lambda_0$. Wir haben daher

$$\widetilde{\lambda}^{(\omega)} = \lambda_0 \,. \tag{8.6.4}$$

Betrachten wir die allgemeinste Alternativhypothese $H_1(\lambda = \lambda_1 \neq \lambda_0)$, so erhalten wir als Maximum-Likelihood-Schätzung von λ den Mittelwert der Stichprobe $\bar{\mathbf{x}}$. Der Likelihood-Quotient (8.6.1) wird daher

$$T = \frac{f(\mathbf{x}^{(1)}, \mathbf{x}^{(2)}, \ldots, \mathbf{x}^{(N)}; \bar{\mathbf{x}})}{f(\mathbf{x}^{(1)}, \mathbf{x}^{(2)}, \ldots, \mathbf{x}^{(N)}; \lambda_0)} \,. \tag{8.6.5}$$

Die gemeinsame Wahrscheinlichkeitsdichte ist durch (7.2.6) gegeben,

$$f(x^{(1)}, x^{(2)}, \ldots, x^{(N)}) = \left(\frac{1}{\sqrt{2\pi}\sigma}\right)^N \exp\left[-\frac{1}{2\sigma^2}\sum_{j=1}^{N}(x^{(j)} - \lambda)^2\right] \,. \tag{8.6.6}$$

Daher

$$\begin{aligned} T &= \exp\left[\frac{1}{2\sigma^2}\left\{-\sum_{j=1}^{N}(\mathbf{x}^{(j)} - \bar{\mathbf{x}})^2 + \sum_{j=1}^{N}(\mathbf{x}^{(j)} - \lambda_0)^2\right\}\right] \\ &= \exp\left[\frac{1}{2\sigma^2}\sum_{j=1}^{N}(\bar{\mathbf{x}} - \lambda_0)^2\right] = \exp\left[\frac{N}{2\sigma^2}(\bar{\mathbf{x}} - \lambda_0)^2\right] \,. \end{aligned}$$

Wir müssen jetzt $T_{1-\alpha}$ berechnen und die Hypothese H_0 verwerfen, wenn die Ungleichung (8.6.2) erfüllt ist. Da der Logarithmus von T eine monotone Funktion von T ist, können wir

$$T' = 2\ln T = \frac{N}{\sigma^2}(\bar{\mathbf{x}} - \lambda_0)^2 \tag{8.6.7}$$

als Teststatistik benutzen und H_0 verwerfen, wenn

$$T' > T'_{1-\alpha}$$

mit

$$\int_{T'_{1-\alpha}}^{\infty} h(T'|H_0)\,\mathrm{d}T' = \alpha \,.$$

Um die Wahrscheinlichkeitsdichte $h(T'|H_0)$ von T' zu berechnen, gehen wir von der Dichte $f(\bar{x})$ des Mittelwerts der Stichprobe mit der Bedingung $\lambda = \lambda_0$ aus,

$$f(\bar{x}|H_0) = \sqrt{\frac{N}{2\pi\sigma^2}} \exp\left(-\frac{N}{2\sigma^2}(\bar{x} - \lambda_0)^2\right) \,.$$

Um die Transformation der Variablen (3.7.1) durchzuführen, brauchen wir noch die Ableitung

$$\left|\frac{d\bar{x}}{dT'}\right| = \frac{1}{2}\sqrt{\frac{\sigma^2}{N}}T'^{-1/2}\,,$$

die man leicht aus (8.6.7) erhält. Damit ist

$$h(T'|H_0) = \left|\frac{d\bar{x}}{dT'}\right| f(\bar{x}|H_0) = \frac{1}{\sqrt{2\pi}}T'^{-1/2}e^{-T'/2}\,. \tag{8.6.8}$$

Dies ist in der Tat eine χ^2-Verteilung mit einem Freiheitsgrad. In unserem Beispiel gilt also der Satz von WILKS sogar für endliche N. Wir sehen also, daß der Likelihood-Quotienten-Test den unverzerrten Test von Bild 8.4 (b1) liefert. Der Test

$$T' = \frac{N}{\sigma^2}(\bar{x}-\lambda_0)^2 > T'_{1-\alpha}$$

ist äquivalent zu

$$\left(\frac{N}{\sigma^2}\right)^{1/2}|\bar{x}-\lambda_0| < \lambda'\,, \quad \left(\frac{N}{\sigma^2}\right)^{1/2}|\bar{x}-\lambda_0| > \lambda'' \tag{8.6.9}$$

mit

$$-\lambda' = \lambda'' = (T'_{1-\alpha})^{1/2} = (\chi^2_{1-\alpha})^{1/2} = \chi_{1-\alpha}\,.$$

Wir können dieses Ergebnis benutzen, um die Gütefunktion unseres Tests explizit zu berechnen. Für irgendeinen Wert λ des Mittelwerts der Grundgesamtheit ist die Wahrscheinlichkeitsdichte des Mittelwerts der Stichprobe

$$f(\bar{x};\lambda) = \left(\frac{N}{2\pi\sigma^2}\right)^{1/2}\exp\left[-\frac{N(\bar{x}-\lambda)^2}{2\sigma^2}\right] = \phi_0\left(\frac{\bar{x}-\lambda}{\sigma/\sqrt{N}}\right)\,.$$

Unter Benutzung von (8.4.9) und (8.6.9) erhalten wir

$$\begin{aligned} M(S_c;\lambda) &= \int_{-\infty}^{A} f(\bar{x};\lambda)\,d\bar{x} + \int_{B}^{\infty} f(\bar{x};\lambda)\,d\bar{x} \\ &= \psi_0\left(\chi_{1-\alpha} - \frac{\lambda-\lambda_0}{\sigma/\sqrt{N}}\right) + \psi_0\left(\chi_{1-\alpha} + \frac{\lambda-\lambda_0}{\sigma/\sqrt{N}}\right)\,, \\ A &= -\chi_{1-\alpha}\sigma/\sqrt{N} - \lambda_0\,, \quad B = \chi_{1-\alpha}\sigma/\sqrt{N} - \lambda_0\,. \end{aligned} \tag{8.6.10}$$

Dabei bedeuten ϕ_0 und ψ_0 die Wahrscheinlichkeitsdichte und Verteilungsfunktion der standardisierten Normalverteilung. Die Gütefunktion (8.6.10) ist im Bild 8.6 für $\alpha = 0.05$ und verschiedene Werte von N/σ^2 gezeichnet. ■

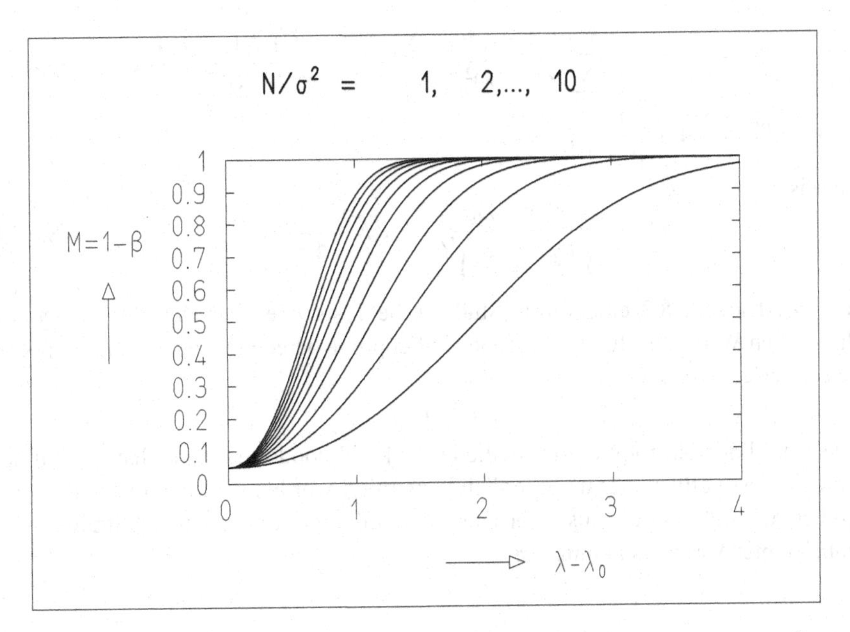

Bild 8.6: Gütefunktion des Tests aus Beispiel 8.5. Die Kurve ganz rechts gehört zu $N/\sigma^2 = 1$.

Beispiel 8.6: Test der Hypothese, daß eine Normalverteilung unbekannter Varianz den Mittelwert $\lambda = \lambda_0$ besitzt

Die Nullhypothese $H_0(\lambda = \lambda_0)$ ist in diesem Fall zusammengesetzt: Sie macht keinerlei Aussage über σ^2. Aus Beispiel 7.8 kennen wir die Maximum-Likelihood-Schätzungen im gesamten Parameterraum:

$$\widetilde{\lambda}^{(\Omega)} = \bar{\mathrm{x}}\,, \quad \widetilde{\sigma}^{2(\Omega)} = \frac{1}{N}\sum_{j=1}^{N}(\mathrm{x}^{(j)} - \bar{\mathrm{x}})^2 = \mathrm{s}'^2\,. \tag{8.6.11}$$

Im Parameterraum der Nullhypothese haben wir

$$\widetilde{\lambda}^{(\omega)} = \lambda_0\,, \quad \widetilde{\sigma}^{2(\omega)} = \frac{1}{N}\sum_{j=1}^{N}(\mathrm{x}^{(j)} - \lambda_0)^2\,. \tag{8.6.12}$$

Der Likelihood-Quotient (8.6.1) ist dann

$$\begin{aligned} T &= \left(\frac{\sum(\mathrm{x}^{(j)} - \lambda_0)^2}{\sum(\mathrm{x}^{(j)} - \bar{\mathrm{x}})^2}\right)^{N/2} \exp\left(-\frac{N}{2}\frac{\sum(\mathrm{x}^{(j)} - \bar{\mathrm{x}})^2}{\sum(\mathrm{x}^{(j)} - \bar{\mathrm{x}})^2} + \frac{N}{2}\frac{\sum(\mathrm{x}^{(j)} - \lambda_0)^2}{\sum(\mathrm{x}^{(j)} - \lambda_0)^2}\right) \\ &= \left(\frac{\sum(\mathrm{x}^{(j)} - \lambda_0)^2}{\sum(\mathrm{x}^{(j)} - \bar{\mathrm{x}})^2}\right)^{N/2}\,. \end{aligned}$$

Wiederum gehen wir zu einer anderen Teststatistik T' über, die eine monotone Funktion von T ist:

$$T' = T^{2/N} = \frac{\sum(\mathrm{x}^{(j)} - \lambda_0)^2}{\sum(\mathrm{x}^{(j)} - \bar{\mathrm{x}})^2} = \frac{\sum(\mathrm{x}^{(j)} - \bar{\mathrm{x}})^2 + N(\bar{\mathrm{x}} - \lambda_0)^2}{\sum(\mathrm{x}^{(j)} - \bar{\mathrm{x}})^2}, \tag{8.6.13}$$

$$T' = 1 + \frac{t^2}{N-1}.$$

Hier ist

$$t = \sqrt{N} \frac{\bar{\mathrm{x}} - \lambda_0}{\left(\frac{\sum(\mathrm{x}^{(j)} - \bar{\mathrm{x}})^2}{N-1}\right)^{1/2}} = \sqrt{N} \frac{\bar{\mathrm{x}} - \lambda_0}{\mathrm{s}_x} = \frac{\bar{\mathrm{x}} - \lambda_0}{\mathrm{s}_{\bar{\mathrm{x}}}} \tag{8.6.14}$$

die im Abschnitt 8.3 eingeführte Studentsche Testgröße. Aus (8.6.13) können wir dann einen Wert von t für eine gegebene Stichprobe berechnen und die Nullhypothese verwerfen, wenn

$$|t| > t_{1-\frac{1}{2}\alpha}.$$

Die sehr allgemein formulierte Methode des Likelihood-Quotienten hat uns auf den Student-Test geführt, der ursprünglich konstruiert worden war, um Tests mit Stichproben auszuführen, die aus einer Normalverteilung mit bekanntem Mittelwert und unbekannter Varianz stammten. ■

8.7 Der χ^2-Test über die Güte einer Anpassung

8.7.1 χ^2-Test mit maximaler Zahl von Freiheitsgraden

Es seien N Meßwerte g_i, $i = 1,2,\ldots,N$, gegeben, und zu jedem Meßwert sei ein Meßfehler σ_i bekannt. Die Bedeutung des Meßfehlers ist folgende: g_i ist eine Messung der (unbekannten) wahren Größe h_i. Es gilt

$$g_i = h_i + \varepsilon_i, \quad i = 1,2,\ldots,N. \tag{8.7.1}$$

Dabei ist die Abweichung ε_i eine Zufallsvariable, die der Normalverteilung mit Erwartungswert 0 und Standardabweichung σ_i folgt.

Es soll nun die Hypothese überprüft werden, die die der Messung zugrundeliegenden wahren Größen h_i beschreibt,

$$h_i = f_i, \quad i = 1,2,\ldots,N. \tag{8.7.2}$$

Ist diese Hypothese wahr, so folgen alle Größen

$$u_i = \frac{g_i - f_i}{\sigma_i}, \quad i = 1,2,\ldots,N, \tag{8.7.3}$$

der standardisierten Gauß-Verteilung. Damit folgt

$$T = \sum_{i=1}^{N} u_i^2 = \sum_{i=1}^{N} \left(\frac{g_i - f_i}{\sigma_i}\right)^2 \tag{8.7.4}$$

der χ^2-Verteilung mit N Freiheitsgraden. Trifft die Hypothese (8.7.2) nicht zu, so werden die einzelnen mit den Fehlern σ_i normalisierten Abweichungen der Meßwerte g_i von den durch die Hypothese vorausgesagten Werten f_i, (8.7.3), größer sein. Zu einem vorgegebenen Signifikanzniveau α wird daher die Hypothese (8.7.2) zurückgewiesen, falls

$$T > \chi^2_{1-\alpha} , \tag{8.7.5}$$

also falls die Größe (8.7.4) größer ist als das Quantil $\chi^2_{1-\alpha}$ der χ^2-Verteilung mit N Freiheitsgraden.

8.7.2 χ^2-Test mit verminderter Zahl von Freiheitsgraden

Die Anzahl der Freiheitsgrade vermindert sich, falls die zu überprüfende Hypothese weniger explizit ist als (8.7.2). Dazu betrachten wir folgendes Beispiel. Die Meßgröße g sei als Funktion einer unabhängigen *kontrollierten Variablen t* meßbar, die selbst als fehlerfrei einstellbar angenommen wird,

$$g = g(t) .$$

Die Einzelmessungen g_i gehören dann zu bestimmten festen Werten t_i der unabhängigen Variablen. Die zugehörigen wahren Größen h_i sind durch einen funktionellen Zusammenhang

$$h_i = h(t_i)$$

gegeben. Eine besonders einfache Hypothese für diesen Zusammenhang bietet die lineare Gleichung

$$f(t) = h(t) = at + b . \tag{8.7.6}$$

Die Hypothese kann nun so detailliert sein, daß sie auch die Zahlwerte für die Parameter a und b vorgibt. In diesem Fall sind alle Werte f_i in (8.7.2) exakt bekannt, und die Größe (8.7.4) folgt – falls die Hypothese wahr ist – einer χ^2-Verteilung mit N Freiheitsgraden.

Die Hypothese mag aber auch nur lauten: Es besteht der lineare Zusammenhang (8.7.6) zwischen der kontrollierten Variablen t und der Größe h. Die Zahlwerte der Parameter a und b sind aber unbekannt. In diesem Fall wird man Schätzgrößen $\widetilde{a}$, $\widetilde{b}$ der Parameter bilden, die Funktionen der Messungen g_i und der Fehler σ_i sind. Die Hypothese (8.7.2) ist dann

$$h_i = h(t_i) = f_i = \widetilde{a}t_i + \widetilde{b} .$$

Da aber $\widetilde{a}$ und $\widetilde{b}$ Funktionen der Messungen g_i sind, sind nicht mehr alle normalisierten Abweichungen u_i in (8.7.3) unabhängig. Damit vermindert sich die Zahl der Freiheitsgrade der χ^2-Verteilung der Quadratsumme (8.7.4), und zwar um 2 auf $N - 2$, da die Bestimmung der beiden Größen $\widetilde{a}$, $\widetilde{b}$ zwei Bedingungsgleichungen zwischen den N Größen u_i eingeführt hat.

8.7.3 χ^2-Test und empirische Häufigkeitsverteilung

Wir bezeichnen die Verteilungsfunktion und die Wahrscheinlichkeitsdichte der Grundgesamtheit mit $F(x)$ bzw. $f(x)$. Der gesamte Bereich der Zufallsvariablen x kann in r Intervalle

$$\xi_1, \xi_2, \ldots, \xi_i, \ldots, \xi_r$$

zerlegt werden, wie in Bild 8.7 skizziert. Durch Integration von $f(x)$ über die einzelnen Intervalle erhalten wir die Wahrscheinlichkeit, x in ξ_i zu beobachten,

$$p_i = P(\mathsf{x} \in \xi_i) = \int_{\xi_i} f(x)\,\mathrm{d}x \; ; \quad \sum_{i=1}^{r} p_i = 1 \,. \tag{8.7.7}$$

Wir entnehmen nun eine Stichprobe vom Umfang n und bezeichnen mit n_i die Zahl der Elemente der Stichprobe, die in das Intervall ξ_i fallen. Eine geeignete graphische Darstellung der Stichprobe ist ein Histogramm, Abschnitt 6.3.

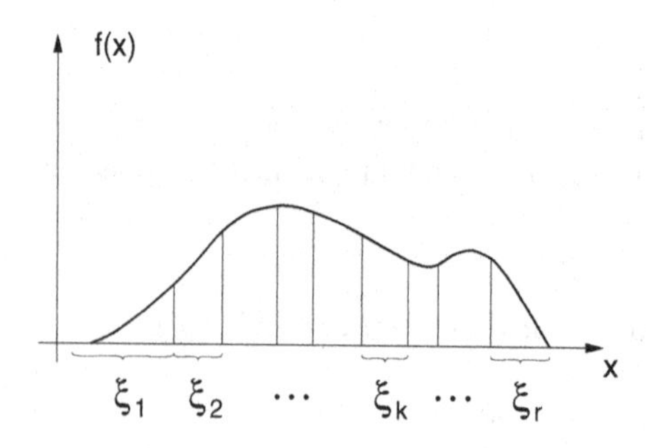

Bild 8.7: Zerlegung des Definitionsbereichs der Variablen x in Intervalle ξ_k.

Natürlich gilt

$$\sum_{i=1}^{r} n_i = n \,. \tag{8.7.8}$$

Aus der (hypothetischen) Wahrscheinlichkeitsdichte der Grundgesamtheit würden wir den Wert

$$n\,p_i$$

für n_i erwartet haben. Für große Werte von n_i ist die Varianz von n_i gleich n_i (Abschnitt 6.8), und die Verteilung der Größe u_i mit

$$u_i^2 = \frac{(n_i - n\,p_i)^2}{n_i} \tag{8.7.9}$$

nähert sich – falls die Hypothese zutrifft – einer standardisierten Gauß-Verteilung. Das gilt auch, wenn man im Nenner von (8.7.9) statt der beobachteten Größe n_i die erwartete Varianz $n\,p_i$ einsetzt,

$$u_i^2 = \frac{(n_i - n\,p_i)^2}{n\,p_i} \,. \tag{8.7.10}$$

Bilden wir nun die Summe der Quadrate der u_i für alle Intervalle,

$$X^2 = \sum_{i=1}^{r} u_i^2 \,, \tag{8.7.11}$$

so erwarten wir, daß diese (für große n) einer χ^2-Verteilung folgt, wenn die Hypothese zutrifft. Die Zahl der Freiheitsgrade ist $r - 1$, da die u_i wegen (8.7.8) nicht unabhängig sind. Die Zahl der Freiheitsgrade vermindert sich auf $r - 1 - p$, wenn zusätzlich p Parameter aus den Beobachtungen entnommen werden sollen.

Beispiel 8.7: χ^2-Test der Anpassung einer Poisson-Verteilung an eine empirische Häufigkeitsverteilung

In einem Experiment zur Untersuchung der Photon-Proton-Wechselwirkung wurde eine Wasserstoffblasenkammer einem Strahl hochenergetischer Photonen (γ-Quanten) ausgesetzt. Die (an sich in diesem Zusammenhang uninteressanten) Prozesse der Materialisation eines Photons in ein Positron-Elektron-Paar (Paarbildung) werden gezählt, um als Maß für die Intensität des Photonenstrahles zu dienen. Die Häufigkeit der Fälle, in denen gleichzeitig, d. h. in derselben Blasenkammeraufnahme, 0,1,2,... Paare beobachtet werden, folgt einer Poisson-Verteilung (siehe Beispiel 5.3). Abweichungen von der Poisson-Verteilung lassen Rückschlüsse auf Beobachtungsverluste zu, die für die Aufdeckung systematischer Fehler bedeutsam sind. In Spalte 2 der Tafel 8.3 und in Bild 8.8 sind die Ergebnisse der Beobachtungen von $n = 355$

Tafel 8.3: Daten für den χ^2-Test aus Beispiel 8.7.

Anzahl der Elektronenpaare je Bild k	Anzahl der Bilder mit k Elektronenpaaren n_k	Vorhersage aus Poisson-Verteilung $n\,p_k$	$\frac{(n_k - n\,p_k)^2}{n\,p_k}$
0	47	34.4	4.61
1	69	80.2	1.56
2	84	93.7	1.00
3	76	72.8	0.14
4	49	42.6	0.96
5	16	19.9	0.76
6	11	7.8	1.31
7	3	2.5	0.10
8	—	(0.7)	
	$n = \sum n_k = 355$		$X^2 = 10.44$

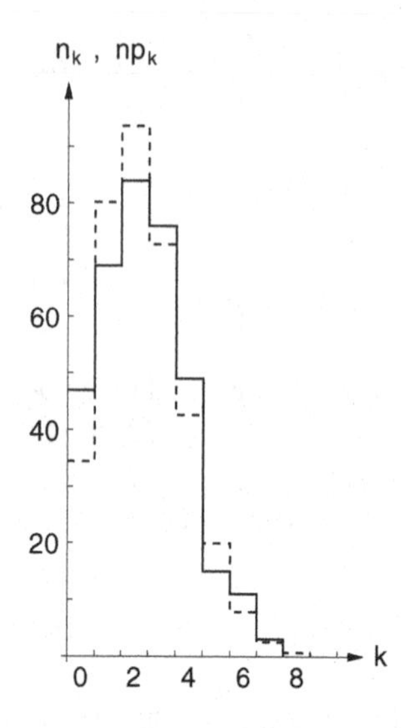

Bild 8.8: Vergleich der experimentellen Verteilung n_k (Histogramm aus durchgezogenen Linien) aus Beispiel 8.7 mit der Poisson-Verteilung np_k (Histogramm aus gestrichelten Linien).

Bildern wiedergegeben. Aus Beispiel 7.4 wissen wir, daß die Maximum-Likelihood-Schätzung des Parameters der Poisson-Verteilung durch $\widetilde{\lambda} = \sum_k k n_k / \sum_k n_k$ gegeben ist. Wir finden $\widetilde{\lambda} = 2.33$. In Spalte 3 sind die Werte p_k der Poisson-Verteilung mit diesem Parameter, multipliziert mit n, angegeben. Durch Summation der Quadrate in Spalte 4 erhält man den Wert $X^2 = 10.44$. Das Problem hat 6 Freiheitsgrade, da $r = 8$, $p = 1$. Wir wählen $\alpha = 1\,\%$ und finden $\chi^2_{0.99} = 16.81$ aus Tafel I.7. Es liegt daher kein Grund vor, die Hypothese einer Poisson-Verteilung abzulehnen. ∎

8.8 Kontingenztafel

Es mögen n Versuche ausgeführt worden sein, deren Ergebnisse durch die Werte zweier Zufallsvariabler x und y gekennzeichnet seien. Wir betrachten beide Variable als diskret, so daß die Zufallsvariablen die Werte $x_1, x_2, \ldots, x_k$; $y_1, y_2, \ldots, y_\ell$ annehmen können. Kontinuierliche Variable können durch diskrete angenähert werden, indem man ihren Variabilitätsbereich ähnlich wie in Bild 8.7 in Intervalle einteilt. Die Anzahl der Versuchsergebnisse, für die $\mathsf{x} = x_i$ und $\mathsf{y} = y_j$, sei n_{ij}. Man kann nun die Zahlen n_{ij} in einer Matrix anordnen, die den Namen *Kontingenztafel* erhalten hat (Tafel 8.4).

Tafel 8.4: Kontingenztafel.

	y_1	y_2	$\dots$	y_ℓ
x_1	n_{11}	n_{12}	$\dots$	$n_{1\ell}$
x_2	n_{21}	n_{22}	$\dots$	$n_{2\ell}$
$\vdots$	$\vdots$	$\vdots$		$\vdots$
x_k	n_{k1}	n_{k2}	$\dots$	$n_{k\ell}$

Wir bezeichnen die Wahrscheinlichkeit des Auftretens von $\mathsf{x} = x_i$ mit p_i, von $\mathsf{y} = y_j$ mit q_j. Sind die Variablen unabhängig, so ist die Wahrscheinlichkeit dafür, daß gleichzeitig $\mathsf{x} = x_i$ und $\mathsf{y} = y_j$ auftritt, gerade das Produkt $p_i q_j$. Die Maximum-Likelihood-Schätzung der p und q ist

$$\widetilde{p}_i = \frac{1}{n} \sum_{j=1}^{\ell} n_{ij} \,, \quad \widetilde{q}_j = \frac{1}{n} \sum_{i=1}^{k} n_{ij} \,.$$

Wegen

$$\sum_{j=1}^{\ell} \widetilde{q}_j = \sum_{i=1}^{k} \widetilde{p}_i = \frac{1}{n} \sum_{j=1}^{\ell} \sum_{i=1}^{k} n_{ij} = 1$$

sind dies gerade $k + \ell - 2$ unabhängige Schätzungen $\widetilde{p}_i$, $\widetilde{q}_j$. Wir können nun die Elemente der Kontingenztafel in einer einzigen Zeile anordnen,

$$n_{11}, n_{12}, \dots, n_{1\ell}, n_{21}, n_{22}, \dots, n_{2\ell}, \dots, n_{k\ell} \,,$$

und einen χ^2-Test ausführen. Dazu müssen wir die Größe

$$X^2 = \sum_{i=1}^{k} \sum_{j=1}^{\ell} \frac{(n_{ij} - n\,\widetilde{p}_i\,\widetilde{q}_j)^2}{n\,\widetilde{p}_i\,\widetilde{q}_j} \tag{8.8.1}$$

berechnen und sie mit dem Quantil $\chi^2_{1-\alpha}$ der χ^2-Verteilung vergleichen, das zu einem vorgegebenen Signifikanzniveau α gehört. Die Zahl der Freiheitsgrade ergibt sich dabei immer aus der um 1 verminderten Zahl der Intervalle minus der Zahl der geschätzten Parameter,

$$f = k\ell - 1 - (k + \ell - 2) = (k-1)(\ell-1) \,.$$

Sind die Variablen nicht unabhängig, so wird n_{ij} im allgemeinen nicht in der Nähe von $n\,\widetilde{p}_i\,\widetilde{q}_j$ liegen, d. h., man wird

$$X^2 > \chi^2_{1-\alpha} \tag{8.8.2}$$

finden und die Hypothese der Unabhängigkeit verwerfen.

8.9 Vierfeldertest

Die einfachste nichttriviale Kontingenztafel besitzt nur zwei Zeilen und zwei Spalten und heißt *Vierfeldertafel*, Tafel 8.5. Sie wird besonders oft bei medizinischen Untersuchungen benutzt. (So können z. B. x_1 bzw. x_2 zwei verschiedene Behandlungsmethoden und y_1 bzw. y_2 Erfolg bzw. Mißerfolg der Behandlung bedeuten. Gefragt ist danach, ob der Erfolg unabhängig von der Behandlung ist.)

Tafel 8.5: Vierfeldertafel.

	y_1	y_2
x_1	$n_{11} = a$	$n_{12} = b$
x_2	$n_{21} = c$	$n_{22} = d$

Man berechnet die Größe X^2 entweder nach (8.8.1) oder nach der Formel

$$X^2 = \frac{n(ad - bc)^2}{(a+b)(c+d)(a+c)(b+d)} ,$$

die sich durch Umformung aus (8.8.1) ergibt. Sind die Variablen x und y unabhängig, so folgt X^2 einer χ^2-Verteilung mit 1 Freiheitsgrad. Man verwirft die Hypothese der Unabhängigkeit mit dem Signifikanzniveau α, falls

$$X^2 > \chi^2_{1-\alpha} .$$

Voraussetzung dafür, daß die Größe X^2 tatsächlich einer χ^2-Verteilung folgt (falls die Hypothese der Unabhängigkeit zutrifft), ist natürlich wieder, daß die einzelnen n_{ij} hinreichend groß sind.

8.10 Programmbeispiele

Programmbeispiel 8.1: Die Klasse `E1Test` erzeugt Stichproben und überprüft die Gleichheit ihrer Varianzen mit dem F-Test

Das Programm führt insgesamt n_{exp} Simulationsexperimente aus. Jedes Experiment besteht aus der Simulation zweier Stichproben aus Normalverteilungen der Breiten σ_1 bzw. σ_2. Die Umfänge der Stichproben sind N_1 bzw. N_2. Mit der Klasse `Sample` wird die Varianz jeder der beiden Stichproben berechnet. Diese Stichprobenvarianzen werden s_g^2 und s_k^2 genannt, so daß

$$\mathrm{s}_g^2 > \mathrm{s}_k^2 .$$

Aus den zugehörigen Stichprobenumfängen werden die Zahlen $f_g = N_g - 1$ und $f_k = N_k - 1$ der Freiheitsgrade berechnet. Schließlich wird der Quotient $\mathsf{s}_g^2/\mathsf{s}_k^2$ zu vorgegebenem Konfidenzniveau $\beta = 1 - \alpha$ mit dem Quantil $F_{1-\alpha/2}(f_g, f_k)$ der F-Verteilung verglichen. Ist der Quotient größer als das Quantil, so muß die Hypothese gleicher Varianzen zurückgewiesen werden. Das Programm erfragt interaktiv die Größen n_{exp}, N_1, N_2, σ_1, σ_2 und β. Für jedes simulierte Experiment wird eine Ergebniszeile ausgegeben.

Anregungen: Wählen Sie $n_{\mathrm{exp}} = 20$ und $\beta = 0.9$. (a) Für $\sigma_1 = \sigma_2$ würden Sie dann erwarten, daß die Hypothese wegen eines Fehlers erster Art in 2 der 20 Fälle verworfen wird. Beachten Sie die großen erwarteten statistischen Schwankungen, die offenbar von N_1 und N_2 abhängen und wählen Sie verschiedene Wertepaare N_1, N_2 für $\sigma_1 = \sigma_2$. (b) Überprüfen Sie die Wirksamkeit des Tests für verschiedene Varianzen $\sigma_1 \neq \sigma_2$.

Programmbeispiel 8.2: Die Klasse `E2Test` erzeugt Stichproben und überprüft die Gleichheit ihrer Mittelwerte mit einem vorgegebenem Wert mit Hilfe von Student's Test

Dieses kurze Programm führt n_{exp} Simulationsexperimente aus. In jedem wird eine Stichprobe vom Umfang N aus einer Normalverteilung mit Mittelwert x_0 und Breite σ entnommen. Mit der Klasse `Sample` werden der Mittelwert $\bar{\mathsf{x}}$ und die Varianz s_x^2 der Stichprobe bestimmt. Ist λ_0 der in einer Hypothese vorgegebene Mittelwert der Grundgesamtheit, so kann die Testgröße

$$|t| = \frac{|\bar{\mathsf{x}} - \lambda_0|\sqrt{N}}{\mathsf{s}_\mathsf{x}}$$

zur Überprüfung der Hypothese benutzt werden. Zu vorgegebenem Konfidenzniveau $\beta = 1 - \alpha$ wird die Hypothese abgelehnt, falls

$$|t| > t_{1-\alpha/2} \, .$$

Dabei ist $t_{1-\alpha/2}$ das Quantil der Student-Verteilung mit $f = N - 1$ Freiheitsgraden. Das Programm erfragt interaktiv die Größen n_{exp}, N, x_0, σ, λ_0 und β. Für jedes simulierte Experiment wird eine Ergebniszeile ausgegeben.

Anregung: Wandeln Sie die Anregungen am Ende von Abschnitt 8.1 für Student's Test ab.

Programmbeispiel 8.3: Die Klasse `E3Test` erzeugt Stichproben und berechnet die Testgröße χ^2 zu der Hypothese, daß sie einer Normalverteilung mit vorgegebenen Parametern entstammen

Für n_{exp} Stichproben vom Umfang N wird die Hypothese H_0 überprüft, ob sie einer Normalverteilung mit Mittelwert a_0 und Standardabweichung σ_0 entstammen. Dazu werden insgesamt n_{exp} Stichproben in Simulationsexperimenten aus einer normalverteilten Grundgesamtheit mit Mittelwert a und Standardabweichung σ entnommen. Das Programm erfragt interaktiv die Größen n_{exp}, N, a, a_0, σ, σ_0. Für jede Stichprobe wird die Größe

$$\mathsf{X}^2 = \sum_{i=1}^{N} \left(\frac{\mathsf{x}_i - a_0}{\sigma_0} \right)^2 \tag{8.10.1}$$

berechnet. Dabei sind die x_i die Elemente der Stichprobe. Die Größe X^2 folgt einer χ^2-Verteilung mit N Freiheitsgraden, falls $a = a_0$ und $\sigma = \sigma_0$. Sie kann daher zur Ausführung eines χ^2-Tests über die Hypothese H_0 dienen. Das Programm führt allerdings den χ^2-Test nicht aus, sondern es wird ein Histogramm der Größe X^2 dargestellt, zusammen mit der χ^2-Verteilung. Man beobachtet, daß Histogramm und χ^2-Verteilung in der Tat für $a = a_0$ und $\sigma = \sigma_0$ innerhalb der statistischen Schwankungen des Histogramms übereinstimmen. Ist jedoch $a \neq a_0$ und/oder $\sigma \neq \sigma_0$, so treten Abweichungen auf. Diese Abweichungen lassen sich besonders deutlich machen, wenn anstelle von X^2 die Größe

$$P(\mathsf{X}^2) = 1 - F(\mathsf{X}^2; N) \tag{8.10.2}$$

betrachtet, deren Verteilung in einem weiteren Histogram gezeigt wird. Dabei ist $F(\mathsf{X}^2, N)$, die Verteilungsfunktion (C.5.2) der χ^2-Verteilungsfunktion mit N Freiheitsgraden, die Wahrscheinlichkeit dafür, daß eine Zufallsvariable, die der χ^2-Verteilung entnommen wurde, kleiner als X^2 ist. Damit ist P die Wahrscheinlichkeit, daß sie größer oder gleich X^2 ist. Trifft die Hypothese H_0 zu, so folgen F und damit auch P einer Gleichverteilung zwischen den Werten 0 und 1. Ist jedoch H_0 falsch, so ist die Verteilung der X^2 keine χ^2-Verteilung mehr und die Verteilung der P keine Gleichverteilung. Man bezeichnet übrigens die Testgröße X^2 häufig (nicht ganz korrekt) einfach als „χ^2" und die Größe P als „χ^2-Wahrscheinlichkeit". Große Werte von X^2 bedeuten offenbar, daß die Glieder der Summe (8.10.1) im Mittel groß gegen 1 sind, d. h. die x_i von a_0 signifikant verschieden sind. Für große Werte von X^2 wird aber P klein, vgl. (8.10.2). Zu großen „χ^2" gehört also eine kleine „χ^2-Wahrscheinlichkeit". Die Hypothese H_0 wird mit dem Konfidenzniveau $\beta = 1 - \alpha$ abgelehnt, falls $\mathsf{X}^2 > \chi^2_{1-\alpha}(N)$. Das ist gleichbedeutend mit $F(\mathsf{X}^2, N) > \beta$ oder $P < \alpha$.

Anregungen: (a) Wählen Sie $n_{\mathrm{exp}} = 1000$; $a = a_0 = 0$, $\sigma = \sigma_0 = 1$ und stellen Sie für $N = 1$, $N = 2$ und $N = 10$ sowohl X^2 wie $P(\mathsf{X}^2)$ dar. (b) Wiederholen sie (a), jedoch für $a = 0$ und $a_0 = 1$ bzw. $a_0 = 5$. Erklären Sie die Verschiebung des Histogramms für $P(\mathsf{X}^2)$. (c) Wiederholen Sie (a), jedoch für $\sigma = 1$ und $\sigma_0 = 0.5$ bzw. $\sigma_0 = 2$. Diskutieren Sie die Ergebnisse. (d) Verändern Sie das Programm so, daß Sie anstelle von a_0 den Mittelwert $\bar{\mathsf{x}}$ und anstelle von σ_0^2 die Varianz s^2 der Stichprobe zur Berechnung von X^2 benutzen. Die Größe X^2 kann immer noch für einen χ^2-Test der Hypothese benutzt werden, daß die Stichproben einer Normalverteilung entnommen wurden. Stellen Sie X^2 und $P(\mathsf{X}^2)$ dar und zeigen Sie, daß X^2 einer χ^2-Verteilung mit $N - 2$ Freiheitsgraden folgt.

9 Die Methode der kleinsten Quadrate

Die Methode der *kleinsten Quadrate* geht auf LEGENDRE und GAUSS zurück. Sie besteht im einfachsten Fall aus folgender Vorschrift:

Die wiederholten Messungen y_j können als Summe der (unbekannten) Größe x und der Meßfehler ε_j betrachtet werden,

$$\mathsf{y}_j = x + \varepsilon_j \; .$$

Es wird x derart festgelegt, daß die Quadratsumme der Fehler ε_j ein Minimum annimmt,

$$\sum_j \varepsilon_j^2 = \sum_j (x - \mathsf{y}_j)^2 = \min \; .$$

Wir werden feststellen, daß in vielen Fällen diese Vorschrift aus der historisch viel später entwickelten Theorie der Maximum Likelihood resultiert, daß sie aber auch in anderen Fällen Ergebnisse mit optimalen Eigenschaften liefert. Die Methode der kleinsten Quadrate, die von allen statistischen Methoden die meisten Anwendungen gefunden hat, kann auch benutzt werden, falls die Meßgrößen y_j nicht direkt mit der Unbekannten x zusammenhängen, sondern indirekt, d. h. etwa als eine Linearkombination mehrerer Unbekannter x_1, x_2, ... oder auch als nichtlineare Funktion derselben anzusehen sind. Wegen der großen praktischen Bedeutung der Methode werden wir die verschiedenen Fälle im einzelnen anhand von Beispielen erläutern, ehe wir uns dem allgemeinsten Fall zuwenden.

9.1 Direkte Messungen gleicher oder verschiedener Genauigkeit

Der einfachste Fall *direkter Messungen mit gleicher Genauigkeit* wurde bereits angedeutet. Es wurden insgesamt n Messungen einer unbekannten Größe x durchgeführt. Die Meßgrößen y_j sind mit Meßfehlern ε_j behaftet, von denen wir jetzt zusätzlich annehmen, daß sie um Null normalverteilt seien,

$$\mathsf{y}_j = x + \varepsilon_j \; , \quad E(\varepsilon_j) = 0 \; , \quad E(\varepsilon_j^2) = \sigma^2 \; . \tag{9.1.1}$$

Diese Annahme scheint für viele Fälle durch den zentralen Grenzwertsatz begründet. Die Wahrscheinlichkeit, im Einzelfall den Wert y_j zu messen, ist damit proportional zu

$$f_j\,\mathrm{d}y = \frac{1}{\sigma\sqrt{2\pi}} \exp\left(-\frac{(\mathsf{y}_j - x)^2}{2\sigma^2}\right) \mathrm{d}y\,.$$

Die logarithmische Likelihood-Funktion für alle n Messungen ist also (siehe Beispiel 7.2)

$$\ell = -\frac{1}{2\sigma^2} \sum_{j=1}^{n} (\mathsf{y}_j - x)^2 + \mathrm{const}\,. \tag{9.1.2}$$

Die Maximum-Likelihood-Bedingung

$$\ell = \max$$

ist also gleichbedeutend mit

$$M = \sum_{j=1}^{n} (\mathsf{y}_j - x)^2 = \sum_{j=1}^{n} \varepsilon_j^2 = \min\,. \tag{9.1.3}$$

Dies ist eben gerade die Vorschrift der kleinsten Quadrate. Wie wir schon in den Beispielen 7.2 und 7.6 gezeigt haben, führt sie zu dem Ergebnis, daß die beste Schätzung für x durch das arithmetische Mittel der y_j gegeben ist,

$$\widetilde{x} = \bar{\mathsf{y}} = \frac{1}{n} \sum_{j=1}^{n} \mathsf{y}_j\,. \tag{9.1.4}$$

Die Varianz dieses Ergebnisses ist

$$\sigma^2(\bar{\mathsf{y}}) = \sigma^2/n \tag{9.1.5}$$

oder – wenn wir wieder Meßfehler und Standardabweichungen gleichsetzen –

$$\Delta\widetilde{x} = \Delta y/\sqrt{n}\,. \tag{9.1.6}$$

Auch der allgemeinere Fall der *direkten Messungen mit verschiedener Genauigkeit* wurde schon in Beispiel 7.6 behandelt. Wir nehmen wieder eine Normalverteilung der Meßfehler um Null an, d. h.

$$\mathsf{y}_j = x + \varepsilon_j\,, \quad E(\varepsilon_j) = 0\,, \quad E(\varepsilon_j^2) = \sigma_j^2 = 1/g_j\,. \tag{9.1.7}$$

Der Vergleich mit (7.2.7) gibt als Forderung der Maximum-Likelihood-Methode

$$M = \sum_{j=1}^{n} \frac{(\mathsf{y}_j - x)^2}{\sigma_j^2} = \sum_{j=1}^{n} g_j (\mathsf{y}_j - x)^2 = \sum_{j=1}^{n} g_j \varepsilon_j^2 = \min\,. \tag{9.1.8}$$

Die einzelnen Summanden der Quadratsumme sind jetzt mit der umgekehrten Varianz *gewichtet*. Die beste Schätzung für x ist dann, vgl. (7.2.8),

$$\widetilde{x} = \frac{\sum_{j=1}^{n} g_j \mathsf{y}_j}{\sum_{j=1}^{n} g_j} , \tag{9.1.9}$$

d. h. das gewichtete Mittel der einzelnen Messungen. Man sieht also, daß eine Einzelmessung um so weniger zum Gesamtergebnis beiträgt, je größer ihre Varianz ist. Aus (7.3.20) kennen wir auch die Varianz von $\widetilde{x}$; sie ist

$$\sigma^2(\widetilde{x}) = \left(\sum_{j=1}^{n} \frac{1}{\sigma_j^2} \right)^{-1} = \left(\sum_{j=1}^{n} g_j \right)^{-1} . \tag{9.1.10}$$

Wir können das Ergebnis (9.1.9) zur Berechnung bester Schätzungen $\widetilde{\varepsilon}_j$ der ursprünglichen Meßfehler ε_j aus (9.1.1) benutzen und erhalten

$$\widetilde{\varepsilon}_j = \mathsf{y}_j - \widetilde{x} .$$

Wir erwarten, daß diese Größen um Null normalverteilt sind, und zwar mit der Varianz σ_j^2, d. h., daß die Größen $\widetilde{\varepsilon}_j / \sigma_j$ der normalisierten Gauß-Verteilung folgen. Nach Abschnitt 6.6 folgt dann die Quadratsumme

$$M = \sum_{j=1}^{n} \left(\frac{\widetilde{\varepsilon}_j}{\sigma_j} \right)^2 = \sum_{j=1}^{n} \frac{(\mathsf{y}_j - \widetilde{x})^2}{\sigma_j^2} = \sum_{j=1}^{n} g_j (\mathsf{y}_j - \widetilde{x})^2 \tag{9.1.11}$$

einer χ^2-Verteilung mit $n - 1$ Freiheitsgraden.

Diese Eigenschaft der Größe M kann jetzt benutzt werden, um einen χ^2-Test über die Gültigkeit unserer Annahme (9.1.7) durchzuführen. Falls die Größe M bei vorgegebenem Signifikanzniveau α den Wert $\chi^2_{1-\alpha}$ überschreitet, so werden wir die Annahme (9.1.7) überprüfen müssen. Gewöhnlich wird kein Zweifel daran bestehen, daß die y_j wirklich Messungen der Unbekannten x sind. Die Fehler ε_j mögen aber nicht normalverteilt sein. Insbesondere können die Messungen auch verzerrt sein, d. h., der Erwartungswert der Fehler ε_j kann von Null verschieden sein. Das Vorhandensein solcher systematischer Fehler kann oft aus dem Versagen des χ^2-Tests gefolgert werden.

Beispiel 9.1: Gewichtetes Mittel von Messungen verschiedener Genauigkeit

Beste Werte für Konstanten von fundamentaler Bedeutung, etwa für wichtige Naturkonstanten, werden gewöhnlich durch gewichtete Mittelung über die Messungen verschiedener experimenteller Gruppen gewonnen. Für die Eigenschaften der Elementarteilchen werden solche Mittelwerte in regelmäßigen Abständen ermittelt. Wir betrachten als Beispiel ältere Messungen der Masse des neutralen K-Mesons (K^0), die einer solchen Zusammenstellung aus dem Jahre 1967 entnommen sind [10]. Die Ergebnisse von 4 Experimenten, die mit verschiedenen Techniken durchgeführt wurden, wurden zur Mittelung herangezogen. Die Rechnungen können nach

Tafel 9.1: Gewichtete Mittelwertbildung aus 4 Messungen der Masse des neutralen K-Mesons. (Die y_j sind Meßwerte in MeV.)

j	y_j	σ_j	$1/\sigma_j^2 = g_j$	$y_j g_j$	$y_j - \tilde{x}$	$(y_j - \tilde{x})^2 g_j$
1	498.1	0.4	6.3	3038.0	0.2	0.3
2	497.44	0.33	10	4974.4	−0.46	2.1
3	498.9	0.5	4	1995.6	1.0	4.0
4	497.44	0.5	4	1989.8	−0.46	0.8
$\sum$			24.3	11997.8		7.2
$\tilde{x} = \sum y_j g_j / \sum g_j = 497.9$, $\Delta\tilde{x} = (\sum g_j)^{-\frac{1}{2}} = 0.20$						

dem Schema von Tafel 9.1 durchgeführt werden. Dabei nimmt die Größe M den Wert 7.2 an. Wählen wir ein Signifikanzniveau von 5 %, so finden wir aus Tafel I.7 für drei Freiheitsgrade $\chi^2_{0.95} = 7.82$. Zum Zeitpunkt der Mittelung konnte man daher annehmen, daß das Ergebnis $m_{\mathrm{K}^0} = (497.9 \pm 0.2)$ MeV den besten Wert für die Masse des K-Mesons darstellte, solange keine neuen Experimente durchgeführt wurden. Mehr als 40 Jahre später liegt das gewichtete Mittel aller Messungen [11] bei $m_{\mathrm{K}^0} = (497.614 \pm 0.024)$ MeV. ∎

Betrachten wir jetzt den Fall, in dem der χ^2-Test versagt. Wie oben erwähnt, wird man gewöhnlich annehmen, daß zumindest eine der Messungen einen systematischen Fehler enthält. Durch Untersuchung der einzelnen Meßwerte kann man manchmal feststellen, daß ein oder zwei Messungen weit von den anderen abweichen. Ein solcher Fall ist in Bild 9.1a angedeutet, in dem eine Anzahl verschiedener Messungen mit ihren Fehlern eingezeichnet ist (die Meßgröße ist als Ordinate aufgetragen, die Abszisse unterscheidet lediglich zwischen verschiedenen Messungen). Während der χ^2-Test versagen würde, falls alle Messungen aus Bild 9.1a benutzt würden, ist das nicht mehr der Fall, sobald die Messungen 4 und 6 von der Mittelung ausgeschlossen werden.

Leider ist die Situation nicht immer so klar. Im Bild 9.1b ist ein Beispiel angegeben, in dem der χ^2-Test ebenfalls versagen würde. (Nach Kapitel 8 müßte man die Hypothese, die Messungen seien Bestimmungen ein- und derselben Größe, verwerfen.) Es kann jedoch keine einzelne Messung für diese Tatsache verantwortlich gemacht werden. Es wäre jetzt mathematisch korrekt, überhaupt keinen Mittelwert anzugeben und keine Aussage über einen besten Wert zu machen, solange nicht neue Messungen vorliegen. In der Praxis ist das natürlich sehr unbefriedigend. ROSENFELD et al. [10] haben vorgeschlagen, die einzelnen Meßfehler durch einen *Skalenfaktor* $\sqrt{M/(n-1)}$ zu vergrößern, d. h., die σ_j durch

$$\sigma'_j = \sigma_j \sqrt{\frac{M}{n-1}} \tag{9.1.12}$$

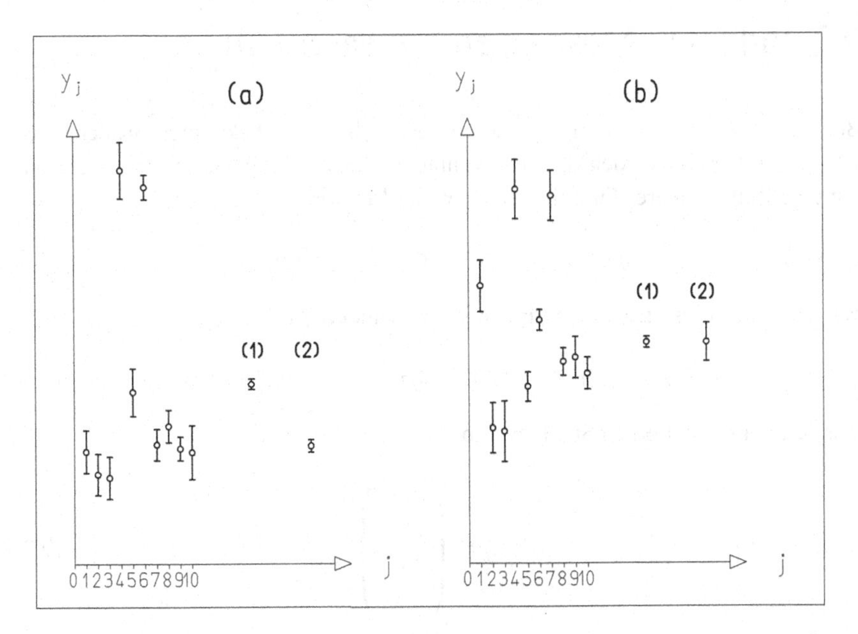

Bild 9.1: Fälle von gewichteter Mittelung von 10 Messungen mit negativ ausfallendem χ^2-Test. (a) Anomale Abweichung einiger Meßwerte: (1) Mittelung aller Messungen, (2) Mittelung ohne y_4 und y_6. (b) Offensichtlich zu kleine Fehler der Einzelmessungen: (1) Fehler des Mittelwertes nach (9.1.10), (2) Fehler des Mittelwertes nach (9.1.13).

zu ersetzen. Das gewichtete Mittel $\tilde{x}$, das unter Benutzung dieser Meßfehler erzielt wird, unterscheidet sich nicht vom Ausdruck (9.1.9). Die Varianz ist aber verschieden von (9.1.10), nämlich

$$\sigma'^2(\tilde{x}) = \frac{M}{n-1}\left(\sum_{j=1}^{n}\frac{1}{\sigma_j^2}\right)^{-1} . \tag{9.1.13}$$

Wir berechnen jetzt den zu (9.1.11) analogen Ausdruck

$$M' = \frac{n-1}{M}\sum_{j=1}^{n}\frac{(y_j-\tilde{x})^2}{\sigma_j^2} = \frac{n-1}{M}M = n-1 . \tag{9.1.14}$$

Dies ist gerade gleich dem Erwartungswert von χ^2 für $n-1$ Freiheitsgrade. Gl. (9.1.14) gab natürlich auch den Anstoß für die Beziehung (9.1.12). Wir wiederholen, daß diese Beziehung keine strenge mathematische Grundlage besitzt. Sie sollte mit Vorsicht benutzt werden, da sie den Einfluß von systematischen Fehlern überdeckt. Andererseits liefert sie in Fällen wie dem von Bild 9.1b vernünftige Fehler für den Mittelwert, während die direkte Anwendung von Gl. (9.1.10) einen Fehler ergibt, der viel zu gering ist, um die Streuung der Einzelmessungen um den Mittelwert wiederzugeben. Beide Lösungen für den Fehler des Mittelwertes sind in Bild 9.1b eingezeichnet.

9.2 Indirekte Messungen. Linearer Fall

Betrachten wir jetzt den allgemeineren Fall mehrerer unbekannter Größen x_i ($i = 1,2,\dots,r$). Häufig werden die Unbekannten nicht direkt gemessen. Statt dessen ist nur eine Reihe linearer Funktionen der x_i der Messung zugänglich,

$$\eta_j = p_{j0} + p_{j1}x_1 + p_{j2}x_2 + \cdots + p_{jr}x_r \; . \tag{9.2.1}$$

Wir schreiben diese Beziehung in einer etwas anderen Form,

$$f_j = \eta_j + a_{j0} + a_{j1}x_1 + a_{j2}x_2 + \cdots + a_{jr}x_r = 0 \; . \tag{9.2.2}$$

Wir definieren jetzt einen Spaltenvektor

$$a_j = \begin{pmatrix} a_{j1} \\ a_{j2} \\ \vdots \\ a_{jr} \end{pmatrix} \tag{9.2.3}$$

und schreiben (9.2.2) in der etwas kompakteren Form

$$f_j = \eta_j + a_{j0} + \mathbf{a}_j^{\mathrm{T}}\mathbf{x} = 0 \, , \quad j = 1,2,\dots,n \; . \tag{9.2.4}$$

Definieren wir außerdem

$$\eta = \begin{pmatrix} \eta_1 \\ \eta_2 \\ \vdots \\ \eta_n \end{pmatrix} , \quad \mathbf{a}_0 = \begin{pmatrix} a_{10} \\ a_{20} \\ \vdots \\ a_{n0} \end{pmatrix} , \quad A = \begin{pmatrix} a_{11} & a_{12} & \cdots & a_{1r} \\ a_{21} & a_{22} & \cdots & a_{2r} \\ \vdots & & & \\ a_{n1} & a_{n2} & \cdots & a_{nr} \end{pmatrix} , \tag{9.2.5}$$

so kann das Gleichungssystem (9.2.4) als Matrixgleichung geschrieben werden,

$$\mathbf{f} = \boldsymbol{\eta} + \mathbf{a}_0 + A\mathbf{x} = 0 \; . \tag{9.2.6}$$

Natürlich sind die gemessenen Größen wieder mit Meßfehlern ε_j behaftet, die wir als normalverteilt annehmen. Wir haben dann*

$$\begin{aligned} y_j &= \eta_j + \varepsilon_j \, , \\ E(\varepsilon_j) &= 0 \, , \\ E(\varepsilon_j^2) &= \sigma_j^2 = 1/g_j \; . \end{aligned} \tag{9.2.7}$$

---

*Zur Vereinfachung der Schreibweise heben wir jetzt Zufallsvariable nicht mehr durch besondere Buchstaben hervor. Aus dem Zusammenhang wird aber immer ersichtlich sein, welche Variablen zufällig sind.

Da die y_j *unabhängige* Messungen sind, können wir die Varianzen σ_j^2 in einer *diagonalen* Kovarianzmatrix der y_j oder ε_j anordnen,

$$C_y = C_\varepsilon = \begin{pmatrix} \sigma_1^2 & & & 0 \\ & \sigma_2^2 & & \\ & & \ddots & \\ 0 & & & \sigma_n^2 \end{pmatrix} . \qquad (9.2.8)$$

Analog zu (9.1.7) nennen wir die Inverse der Kovarianzmatrix eine *Gewichtsmatrix*,

$$G_y = G_\varepsilon = C_y^{-1} = C_\varepsilon^{-1} = \begin{pmatrix} g_1 & & & 0 \\ & g_2 & & \\ & & \ddots & \\ 0 & & & g_n \end{pmatrix} . \qquad (9.2.9)$$

Wenn wir jetzt auch die Messungen und Meßfehler zu Vektoren zusammenfassen, so erhalten wir aus (9.2.7)

$$\mathbf{y} = \boldsymbol{\eta} + \boldsymbol{\varepsilon} . \qquad (9.2.10)$$

Mit (9.2.6) ist dann

$$\mathbf{y} - \boldsymbol{\varepsilon} + \mathbf{a}_0 + A\mathbf{x} = 0 . \qquad (9.2.11)$$

Wir wollen dieses Gleichungssystem mit der Maximum-Likelihood-Methode nach den Unbekannten $\mathbf{x}$ auflösen. Mit unserer Annahme (9.2.7) sind die Messungen y_j normalverteilt mit der Wahrscheinlichkeitsdichte

$$f(y_j) = \frac{1}{\sigma_j\sqrt{2\pi}} \exp\left(-\frac{(y_j-\eta_j)^2}{2\sigma_j^2}\right) = \frac{1}{\sigma_j\sqrt{2\pi}} \exp\left(-\frac{\varepsilon_j^2}{2\sigma_j^2}\right) . \qquad (9.2.12)$$

Für alle Messungen erhält man also Likelihood-Funktionen

$$L = \prod_{j=1}^{n} f(y_j) = (2\pi)^{-\frac{1}{2}n} \left(\prod_{j=1}^{n} \sigma_j^{-1}\right) \exp\left(-\frac{1}{2}\sum_{j=1}^{n}\frac{\varepsilon_j^2}{\sigma_j^2}\right) , \qquad (9.2.13)$$

$$\ell = \ln L = -\tfrac{1}{2} n \ln 2\pi + \ln\left(\prod_{j=1}^{n}\sigma_j^{-1}\right) - \frac{1}{2}\sum_{j=1}^{n}\frac{\varepsilon_j^2}{\sigma_j^2} . \qquad (9.2.14)$$

Dieser Ausdruck wird offenbar dann zum Maximum, wenn

$$M = \sum_{j=1}^{n}\frac{\varepsilon_j^2}{\sigma_j^2} = \sum_{j=1}^{n}\frac{(y_j + \mathbf{a}_j^{\mathrm{T}}\mathbf{x} + a_{j0})^2}{\sigma_j^2} = \min . \qquad (9.2.15)$$

Unter Benutzung von (9.2.9) und (9.2.11) können wir diesen Ausdruck umschreiben,

$$M = \boldsymbol{\varepsilon}^{\mathrm{T}} G_y \boldsymbol{\varepsilon} = \min \tag{9.2.16}$$

oder

$$M = (\mathbf{y} + \mathbf{a}_0 + A\mathbf{x})^{\mathrm{T}} G_y (\mathbf{y} + \mathbf{a}_0 + A\mathbf{x}) = \min \tag{9.2.17}$$

oder, mit der Abkürzung

$$\mathbf{c} = \mathbf{y} + \mathbf{a}_0 \,, \tag{9.2.18}$$

$$M = (\mathbf{c} + A\mathbf{x})^{\mathrm{T}} G_y (\mathbf{c} + A\mathbf{x}) = \min \,. \tag{9.2.19}$$

Wir vereinfachen diesen Ausdruck weiter unter Benutzung der Cholesky-Zerlegung (vgl. Abschnitt A.9) der positiv definiten symmetrischen Gewichtsmatrix G_y,

$$G_y = H^{\mathrm{T}} H \,. \tag{9.2.20}$$

In dem sehr oft vorliegenden Fall (9.2.9) unkorrelierter Messungen ist

$$H = H^{\mathrm{T}} = \begin{pmatrix} 1/\sigma_1 & & & 0 \\ & 1/\sigma_2 & & \\ & & \ddots & \\ 0 & & & 1/\sigma_n \end{pmatrix} . \tag{9.2.21}$$

Mit den Bezeichnungen

$$\mathbf{c}' = H\mathbf{c} \,, \quad A' = HA \tag{9.2.22}$$

erhält (9.2.19) die einfache Form

$$M = (A'\mathbf{x} + \mathbf{c}')^2 = \min \,. \tag{9.2.23}$$

Die Auflösung dieser Beziehung nach $\mathbf{x}$ ist im Anhang A, insbesondere in den Abschnitten A.5 bis A.14, ausführlich dargestellt. Die Lösung kann in der Form

$$\widetilde{\mathbf{x}} = -A'^{+}\mathbf{c}' \tag{9.2.24}$$

geschrieben werden, vgl. (A.10.3). Dabei ist A'^{+} die Pseudoinverse der Matrix A', vgl. Abschnitt A.10. In Abschnitt A.14 wird beschrieben, wie die Lösung in der Form (9.2.24) mit Hilfe der Singulärwertzerlegung der Matrix A' gefunden wird. Dieses Verfahren ist numerisch besonders genau.

Für Rechnungen von Hand benutzt man statt (9.2.24) den mathematisch äquivalenten Ausdruck der Lösung der Normalgleichungen, vgl. (A.5.17),

$$\widetilde{\mathbf{x}} = -(A'^{\mathrm{T}} A')^{-1} A'^{\mathrm{T}} \mathbf{c}' \tag{9.2.25}$$

oder, wenn wir mit (9.2.22) wieder zu den Größen $\mathbf{c}$ und A zurückkehren,

$$\widetilde{\mathbf{x}} = -(A^{\mathrm{T}} G_y A)^{-1} A^{\mathrm{T}} G_y \mathbf{c} \,. \tag{9.2.26}$$

Die Lösung enthält natürlich die Spezialfälle des Abschnitts 9.1: Im Fall direkter Messungen verschiedener Genauigkeit hat $\mathbf{x}$ nur ein Element, $\mathbf{a}_0$ verschwindet und A ist einfach ein n-komponentiger Spaltenvektor, dessen Elemente alle gleich -1 sind. Dann ist

$$\mathbf{c}' = \begin{pmatrix} y_1/\sigma_1 \\ y_2/\sigma_2 \\ \vdots \\ y_n/\sigma_n \end{pmatrix}, \quad A' = \begin{pmatrix} -1/\sigma_1 \\ -1/\sigma_2 \\ \vdots \\ -1/\sigma_n \end{pmatrix}, \quad A'^{\mathrm{T}} A = \sum_{j=1}^{n} \frac{1}{\sigma_j^2},$$

und (9.2.25) wird

$$\widetilde{\mathbf{x}} = \left(\sum_{j=1}^{n} \frac{1}{\sigma_j^2} \right)^{-1} \sum_{j=1}^{n} \frac{y_j}{\sigma_j^2}$$

und damit identisch mit (9.1.9).

Die Lösung (9.2.26) stellt einen linearen Zusammenhang zwischen dem Lösungsvektor $\widetilde{\mathbf{x}}$ und dem Vektor $\mathbf{y}$ der Messungen dar, denn $\mathbf{c} = \mathbf{y} + \mathbf{a}_0$. Damit können wir die Fehlerfortpflanzung des Abschnitts 3.8 anwenden. Unter Benutzung von (3.8.2) und (3.8.4) erhalten wir sofort

$$C_x = G_{\widetilde{x}}^{-1} = [(A^{\mathrm{T}} G_y A)^{-1} A^{\mathrm{T}} G_y] G_y^{-1} [(A^{\mathrm{T}} G_y A)^{-1} A^{\mathrm{T}} G_y]^{\mathrm{T}} .$$

Die Matrizen G_y, G_y^{-1} und $(A^{\mathrm{T}} G_y A)$ sind symmetrisch, d. h. identisch mit ihren Transponierten. Mit der Regel (A.1.8) vereinfacht sich der Ausdruck zu

$$\begin{aligned} G_{\widetilde{x}}^{-1} &= (A^{\mathrm{T}} G_y A)^{-1} A^{\mathrm{T}} G_y G_y^{-1} G_y A (A^{\mathrm{T}} G_y A)^{-1} \\ &= (A^{\mathrm{T}} G_y A)^{-1} (A^{\mathrm{T}} G_y A)(A^{\mathrm{T}} G_y A)^{-1} , \\ G_{\widetilde{x}}^{-1} &= (A^{\mathrm{T}} G_y A)^{-1} = (A'^{\mathrm{T}} A')^{-1} . \end{aligned} \qquad (9.2.27)$$

Wir haben also einen einfachen Ausdruck für die Kovarianzmatrix der Schätzungen $\widetilde{\mathbf{x}}$ der Unbekannten $\mathbf{x}$ erhalten. Die Quadratwurzeln der Diagonalelemente dieser Matrix können als „Meßfehler“ betrachtet werden, obwohl die Größen $\mathbf{x}$ ja nicht direkt gemessen werden.

Wir können das Ergebnis (9.2.26) auch benutzen, um die ursprünglichen Messungen $\mathbf{y}$ zu verbessern. Durch Einsetzen von (9.2.26) in (9.2.11) erhält man einen Vektor von Schätzungen der Meßfehler $\boldsymbol{\varepsilon}$:

$$\widetilde{\boldsymbol{\varepsilon}} = A\widetilde{\mathbf{x}} + \mathbf{c} = -A(A^{\mathrm{T}} G_y A)^{-1} A^{\mathrm{T}} G_y \mathbf{c} + \mathbf{c} . \qquad (9.2.28)$$

Diese Meßfehler können nun zur Berechnung verbesserter Messungen benutzt werden,

$$\begin{aligned} \widetilde{\boldsymbol{\eta}} = \mathbf{y} - \widetilde{\boldsymbol{\varepsilon}} &= \mathbf{y} + A(A^{\mathrm{T}} G_y A)^{-1} A^{\mathrm{T}} G_y \mathbf{c} - \mathbf{c} , \\ \widetilde{\boldsymbol{\eta}} &= A(A^{\mathrm{T}} G_y A)^{-1} A^{\mathrm{T}} G_y \mathbf{c} - \mathbf{a}_0 . \end{aligned} \qquad (9.2.29)$$

Die $\widetilde{\eta}$ sind wieder in den $\mathbf{y}$ linear. Wir können also die Fehlerfortpflanzung benutzen, um die Kovarianzmatrix der verbesserten Messungen zu bestimmen,

$$\begin{aligned} G_{\widetilde{\eta}}^{-1} &= [A(A^{\mathrm{T}}G_yA)^{-1}A^{\mathrm{T}}G_y]G_y^{-1}[A(A^{\mathrm{T}}G_yA)^{-1}A^{\mathrm{T}}G_y]^{\mathrm{T}}\,, \\ G_{\widetilde{\eta}}^{-1} &= A(A^{\mathrm{T}}G_yA)^{-1}A^{\mathrm{T}} = A\,G_{\widetilde{x}}^{-1}A^{\mathrm{T}}\,. \end{aligned} \qquad (9.2.30)$$

Die verbesserten Messungen $\widetilde{\eta}$ erfüllen (9.2.1), wenn die Unbekannten durch ihre Schätzungen $\widetilde{x}$ ersetzt werden.

9.3 Anpassung einer Geraden

Wir betrachten sehr ausführlich eine einfache, aber in der Praxis oft auftretende Aufgabe, die Anpassung einer Geraden an eine Anzahl von Messungen y_j bei verschiedenen Werten t_j einer sogenannten *kontrollierten Variablen* t. Die Werte dieser Variablen werden als exakt (d. h. fehlerfrei) bekannt angenommen. Die Variable t_i ist etwa die Zeit, zu der eine Beobachtung y_i gemacht wird, oder eine Temperatur oder Spannung, die in einem Experiment eingestellt wird. (Ist auch t mit Fehlern behaftet, so wird die Anpassung einer Geraden in der (t,y)-Ebene ein nichtlineares Problem. Es wird im Abschnitt 9.11, Beispiel 9.11, behandelt.)

Die Beziehung (9.2.1) hat jetzt die einfache Form

$$\eta_j = y_j - \varepsilon_j = x_1 + x_2 t_j$$

oder in Vektorschreibweise

$$\boldsymbol{\eta} - x_1 - x_2\mathbf{t} = 0\,.$$

Wir versuchen, die unbekannten Parameter

$$\mathbf{x} = \begin{pmatrix} x_1 \\ x_2 \end{pmatrix}$$

aus den Messungen der Tafel 9.2 zu bestimmen.

Der Vergleich unserer Aufgabe mit (9.2.2) bis (9.2.6) liefert $\mathbf{a}_0 = 0$,

$$A = -\begin{pmatrix} 1 & t_1 \\ 1 & t_2 \\ 1 & t_3 \\ 1 & t_4 \end{pmatrix} = -\begin{pmatrix} 1 & 0 \\ 1 & 1 \\ 1 & 2 \\ 1 & 3 \end{pmatrix}\,, \quad \mathbf{y} = \mathbf{c} = \begin{pmatrix} 1.4 \\ 1.5 \\ 3.7 \\ 4.1 \end{pmatrix}\,.$$

Tafel 9.2: Daten für Anpassung einer Geraden.

j	1	2	3	4
t_j	0.0	1.0	2.0	3.0
y_j	1.4	1.5	3.7	4.1
σ_j	0.5	0.2	1.0	0.5

Die Matrizen G_y bzw. H findet man durch Einsetzen der letzten Zeile der Tafel 9.2 in (9.2.9) bzw. (9.2.21):

$$G_y = \begin{pmatrix} 4 & & & \\ & 25 & & \\ & & 1 & \\ & & & 4 \end{pmatrix} , \quad H = \begin{pmatrix} 2 & & & \\ & 5 & & \\ & & 1 & \\ & & & 2 \end{pmatrix} .$$

Damit ist

$$A' = -\begin{pmatrix} 2 & 0 \\ 5 & 5 \\ 1 & 2 \\ 2 & 6 \end{pmatrix} , \quad \mathbf{c}' = \begin{pmatrix} 2.8 \\ 7.5 \\ 3.7 \\ 8.2 \end{pmatrix} , \quad A'^{\mathrm{T}}\mathbf{c}' = -\begin{pmatrix} 63.2 \\ 94.1 \end{pmatrix} ,$$

$$(A'^{\mathrm{T}}A')^{-1} = \begin{pmatrix} 34 & 39 \\ 39 & 65 \end{pmatrix} = \frac{1}{689}\begin{pmatrix} 65 & -39 \\ -39 & 34 \end{pmatrix} = \begin{pmatrix} 0.0943 & -0.0556 \\ -0.0566 & 0.0493 \end{pmatrix} .$$

Für die Inversion der (2×2)-Matrix benutzten wir (A.6.8). Damit ist die Lösung (9.2.25)

$$\widetilde{\mathbf{x}} = \begin{pmatrix} 0.0943 & -0.0566 \\ -0.0566 & 0.0493 \end{pmatrix} \begin{pmatrix} 63.2 \\ 94.1 \end{pmatrix} = \begin{pmatrix} 0.636 \\ 1.066 \end{pmatrix} .$$

Die Kovarianzmatrix der $\widetilde{\mathbf{x}}$ ist

$$C_{\widetilde{x}} = G_{\widetilde{x}}^{-1} = (A'^{\mathrm{T}}A')^{-1} = \begin{pmatrix} 0.0943 & -0.0566 \\ -0.0566 & 0.0494 \end{pmatrix} .$$

Ihre Diagonalelemente sind die Varianzen von $\widetilde{x}_1$ und $\widetilde{x}_2$ und deren Quadratwurzeln die Fehler

$$\Delta\widetilde{x}_1 = 0.307 , \quad \Delta\widetilde{x}_2 = 0.222 .$$

Für den Koeffizienten der Korrelation zwischen $\widetilde{x}_1$ und $\widetilde{x}_2$ findet man

$$\rho = \frac{-0.0566}{0.307 \cdot 0.222} = -0.830 .$$

Die verbesserten Messungen sind

$$\widetilde{\eta} = -A\widetilde{\mathbf{x}} = \begin{pmatrix} 1 & 0 \\ 1 & 1 \\ 1 & 2 \\ 1 & 3 \end{pmatrix} \begin{pmatrix} 0.636 \\ 1.066 \end{pmatrix} = \begin{pmatrix} 0.636 \\ 1.702 \\ 2.768 \\ 3.834 \end{pmatrix} .$$

Sie liegen auf einer Geraden, die durch $\widetilde{\boldsymbol{\eta}} = -A\widetilde{\mathbf{x}}$ beschrieben wird und die natürlich im allgemeinen von der „wahren“ Lösung verschieden sein wird. Die „Restfehler“ der $\widetilde{\boldsymbol{\eta}}$ erhalten wir mit (9.2.30):

$$
\begin{aligned}
G_{\widetilde{\eta}}^{-1} = C_{\widetilde{\eta}} &= \begin{pmatrix} 1 & 0 \\ 1 & 1 \\ 1 & 2 \\ 1 & 3 \end{pmatrix} \begin{pmatrix} 0.0943 & -0.0566 \\ -0.0566 & 0.0493 \end{pmatrix} \begin{pmatrix} 1 & 1 & 1 & 1 \\ 0 & 1 & 2 & 3 \end{pmatrix} \\
&= \begin{pmatrix} 0.0943 & 0.0377 & -0.0189 & -0.0755 \\ 0.0377 & 0.0305 & 0.0232 & 0.0160 \\ -0.0189 & 0.0232 & 0.0653 & 0.1074 \\ -0.0755 & 0.0160 & 0.1074 & 0.1988 \end{pmatrix} .
\end{aligned}
$$

Die Quadratwurzeln die Diagonalelemente sind

$$
\Delta\widetilde{\eta}_1 = 0.31 \,, \quad \Delta\widetilde{\eta}_2 = 0.17 \,, \quad \Delta\widetilde{\eta}_3 = 0.26 \,, \quad \Delta\widetilde{\eta}_4 = 0.45 \,.
$$

Das Anpassungsverfahren, in dem mehr (4) Messungen benutzt wurden, als zur Bestimmung der (2) Unbekannten notwendig war, hat die Einzelfehler der Messungen im Vergleich zu den ursprünglichen Werten σ_j spürbar verringert.

Abschließend berechnen wir den Wert der Minimum-Funktion (9.2.16):

$$
M = \widetilde{\boldsymbol{\varepsilon}}^{\mathrm{T}} G_y \widetilde{\boldsymbol{\varepsilon}} = (\mathbf{y} - \widetilde{\boldsymbol{\eta}})^{\mathrm{T}} G_y (\mathbf{y} - \widetilde{\boldsymbol{\eta}}) = \left(\sum_{j=1}^{n} \frac{y_j - \widetilde{\eta}_j}{\sigma_j} \right)^2 = 4.507 \,.
$$

Mit diesem Ergebnis können wir einen χ^2-Test über die Güte der Anpassung einer Geraden an unsere Daten ausführen. Da wir von $n = 4$ Meßpunkten ausgegangen sind und $r = 2$ unbekannte Parameter bestimmt haben, stehen noch $n - r = 2$ Freiheitsgrade zur Verfügung, vgl. Abschnitt 9.7. Wählen wir ein Signifikanzniveau von 5 %, so finden wir aus der Tafel I.7 für 2 Freiheitsgrade $\chi^2_{0.95} = 5.99$. Damit besteht kein Grund, die Anpassung einer Geraden anzulehnen.

Die Ergebnisse der Anpassung sind in Bild 9.2 dargestellt. Die Messungen y_j sind als Funktionen der Variablen t gezeichnet. Die senkrechten Balken deuten die Meßfehler an. Sie erstrecken sich über den Bereich $y_j \pm \sigma_j$. Die eingezeichnete Gerade entspricht dem Ergebnis $\widetilde{x}_1$, $\widetilde{x}_2$. Die verbesserten Messungen liegen auf dieser Geraden. Sie sind in Bild 9.2b zusammen mit den Restfehlern $\Delta\widetilde{\eta}_j$ eingezeichnet. Um die Ungenauigkeit der Schätzung $\widetilde{x}_1$, $\widetilde{x}_2$ zu veranschaulichen, betrachten wir die Kovarianzmatrix $C_{\widetilde{x}}$. Sie bestimmt eine Kovarianzellipse (Abschnitt 5.10) in einer Ebene, die von den Variablen x_1, x_2 aufgespannt wird. Diese Ellipse ist im Bild 9.2c gezeichnet. Punkte auf der Ellipse entsprechen Anpassungen gleicher Wahrscheinlichkeit. Jeder solche Punkt bestimmt eine Gerade in der (t, y)-Ebene. Einige Punkte sind in Bild 9.2c besonders hervorgehoben und die entsprechenden Geraden im Bild 9.2d gezeichnet. Die Punkte auf der Kovarianzellipse entsprechen also einem Geradenbündel. Die Gerade, die durch die „wahren“ Werte der Unbekannten festgelegt ist, liegt mit der Wahrscheinlichkeit $1 - \mathrm{e}^{-1/2}$ in diesem Bündel, vgl. (5.10.18).

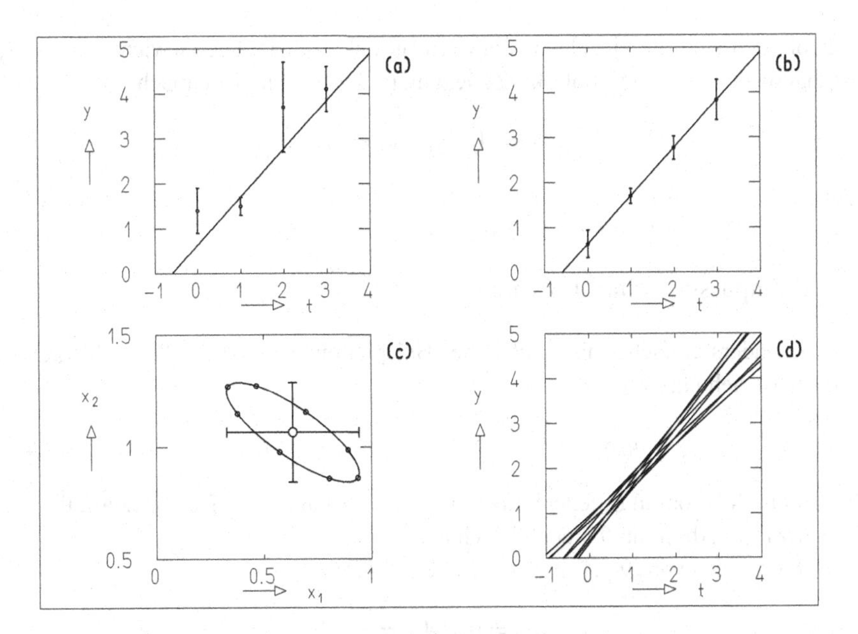

Bild 9.2: Anpassung einer Geraden an die Daten aus Tafel 9.2. (a) Ursprüngliche Meßwerte und Fehler, (b) ausgeglichene Meßwerte und Restfehler, (c) Kovarianzellipse der angepaßten Größen x_1, x_2, (d) Verschiedene Geraden, die einzelnen Punkten der Kovarianzellipse entsprechen.

9.4 Algorithmen zur Anpassung linearer Funktionen der Unbekannten

Ausgangspunkt der Überlegungen im Abschnitt 9.2 war die Annahme (9.2.6) eines linearen Zusammenhanges zwischen den „wahren" Werten $\boldsymbol{\eta}$ der gemessenen Größen $\mathbf{y}$ und den Unbekannten $\mathbf{x}$. Wir schreiben die Beziehung in der Form

$$\boldsymbol{\eta} = \mathbf{h}(\mathbf{x}) = -\mathbf{a}_0 - A\mathbf{x} \tag{9.4.1}$$

oder in Komponenten

$$\eta_j = h_j(\mathbf{x}) = -a_{0j} - A_{j1}x_1 - A_{j2}x_2 - \cdots - A_{jr}x_r \,. \tag{9.4.2}$$

Oft ist es nützlich, den Index j so zu verstehen, daß die Messung y_j zu einem Wert t_j einer „kontrollierten Variablen" gehört, die als fehlerfrei bekannt vorausgesetzt wird. Dann kann (9.4.2) in der Form

$$\eta_j = h(\mathbf{x}, t_j) \tag{9.4.3}$$

geschrieben werden. Diese Beziehung beschreibt eine Kurve in der (t, η)-Ebene. Sie wird durch die Parameter $\mathbf{x}$ gekennzeichnet. Die Bestimmung der Parameter ist daher gleichbedeutend mit der Anpassung einer Kurve an die Messungen $y_j = y(t_j)$.

Gewöhnlich sind die einzelnen Meßwerte y_j unkorreliert. Die Gewichtsmatrix G_y ist diagonal, sie hat die Cholesky-Zerlegung (9.2.20). Dann ist einfach

$$A'_{jk} = A_{jk}/\sigma_j \; , \quad c'_j = c/\sigma_j \; ,$$

vgl. (9.2.22).

9.4.1 Anpassung eines Polynoms

Als besonders einfaches aber nützliches Beispiel einer Funktion (9.4.3) betrachten wir die Beziehung

$$\eta_j = h_j = x_1 + x_2 t_j + x_3 t_j^2 + \cdots + x_r t_j^{r-1} \; . \tag{9.4.4}$$

Sie ist ein Polynom in t_j, jedoch linear in den Unbekannten $\mathbf{x}$. Den Spezialfall $r = 2$ haben wir im Abschnitt 9.3 ausführlich behandelt.

Der Vergleich von (9.4.4) mit (9.4.2) liefert direkt

$$a_{0j} = 0 \; , \quad A_{j\ell} = -t_j^{\ell-1}$$

oder ausführlich

$$\mathbf{a}_0 = \begin{pmatrix} 0 \\ 0 \\ \vdots \\ 0 \end{pmatrix} \; , \quad A = -\begin{pmatrix} 1 & t_1 & t_1^2 & \dots & t_1^{r-1} \\ 1 & t_2 & t_2^2 & \dots & t_2^{r-1} \\ \vdots & & & & \\ 1 & t_n & t_n^2 & \dots & t_n^{r-1} \end{pmatrix} \; .$$

Die Java-Klasse `LsqPol` führt die Anpassung eines Polynoms an Datan aus.

Beispiel 9.2: Anpassung verschiedener Polynome

Es ist häufig interessant, Meßdaten an Polynome verschiedener Ordnung anzupassen, solange die Zahl der Freiheitsgrade der Anpassung zumindest 1 ist, d. h. $n > \ell + 1$. Als Zahlenbeispiel benutzen wir Messungen aus einem Experiment der Elementarteilchenphysik. Die elastische Streuung negativer K-Mesonen an Protonen wird bei fester K-Meson-Energie untersucht. Die Verteilung des Kosinus des Streuwinkels Θ im Schwerpunktsystem des Stoßes ist charakteristisch für den Drehimpuls möglicher Zwischenzustände des Stoßprozesses. Wenn insbesondere die Verteilung als Polynom in $\cos\Theta$ aufgefaßt wird, kann die Ordnung des Polynoms zur Bestimmung der Spin-Quantenzahl solcher Zwischenzustände dienen.

Die Messungen y_j ($j = 1,2,\dots,10$) sind einfach die Anzahlen von Stößen, die mit $\cos\Theta$ in einem kleinen Intervall in der Nähe von $t_j = \cos\Theta_j$ beobachtet wurden. Als Meßfehler wurden die statistischen Fehler, d. h. die Quadratwurzeln der Beobachtungszahlen benutzt. Die Meßdaten sind in Tafel 9.3 angegeben. Die Ergebnisse

Tafel 9.3: Daten zu Beispiel 9.2. Es gilt $\sigma_j = \sqrt{y_j}$.

j	$t_j = \cos\Theta_j$	y_j
1	−0.9	81
2	−0.7	50
3	−0.5	35
4	−0.3	27
5	−0.1	26
6	0.1	60
7	0.3	106
8	0.5	189
9	0.7	318
10	0.9	520

Tafel 9.4: Zusammenfassung der Ergebnisse von Beispiel 9.2 ($n = 10$ Meßpunkte, r Parameter, $f = n - r$ Freiheitsgrade).

r	$\widetilde{x}_1$	$\widetilde{x}_2$	$\widetilde{x}_3$	$\widetilde{x}_4$	$\widetilde{x}_5$	$\widetilde{x}_6$	f	M
1	57.85						9	833.55
2	82.66	99.10					8	585.45
3	47.27	185.96	273.61				7	36.41
4	37.94	126.55	312.02	137.59			6	2.85
5	39.62	119.10	276.49	151.91	52.60		5	1.68
6	39.88	121.39	273.19	136.58	56.90	16.72	4	1.66

der Anpassung von Polynomen verschiedenen Grades sind in Tafel 9.4 und Bild 9.3 zusammengefaßt. Mit dem χ^2-Test können wir nacheinander die Hypothesen überprüfen, ob ein Polynom nullten, ersten, ... Grades eine gute Anpassung an die Daten darstellt.

Wir stellen fest, daß die ersten zwei Hypothesen (Konstante und Gerade) keine Übereinstimmung mit den experimentellen Meßwerten ergeben. Das geht aus Bild 9.3 hervor und spiegelt sich auch in den Werten der Minimumfunktion wieder. Die Hypothese $r = 3$, ein Polynom zweiter Ordnung, gibt qualitative Übereinstimmung. Die meisten Meßpunkte fallen jedoch auch innerhalb der Fehlerbalken nicht auf die angepaßte Parabel. Der χ^2-Test versagt bei einem Signifikanzniveau von 0.0001. Für die Hypothesen $r = 4$, 5 und 6 ist jedoch die Übereinstimmung sehr gut. Die angepaßten Kurven laufen durch die Fehlerbalken und sind beinahe identisch. Der χ^2-Test führt selbst bei $\alpha = 0.5$ nicht zu einer Ablehnung. Wir können daher schließen, daß ein Polynom dritter Ordnung ausreicht, um die Verteilung zu beschreiben. Eine noch sorgfältigere Untersuchung der Frage, welchen Grad ein Polynom besitzen muß, um vorgegebene Daten zu beschreiben, ist mit orthogonalen Polynomen möglich, vgl. Abschnitt 12.1. ■

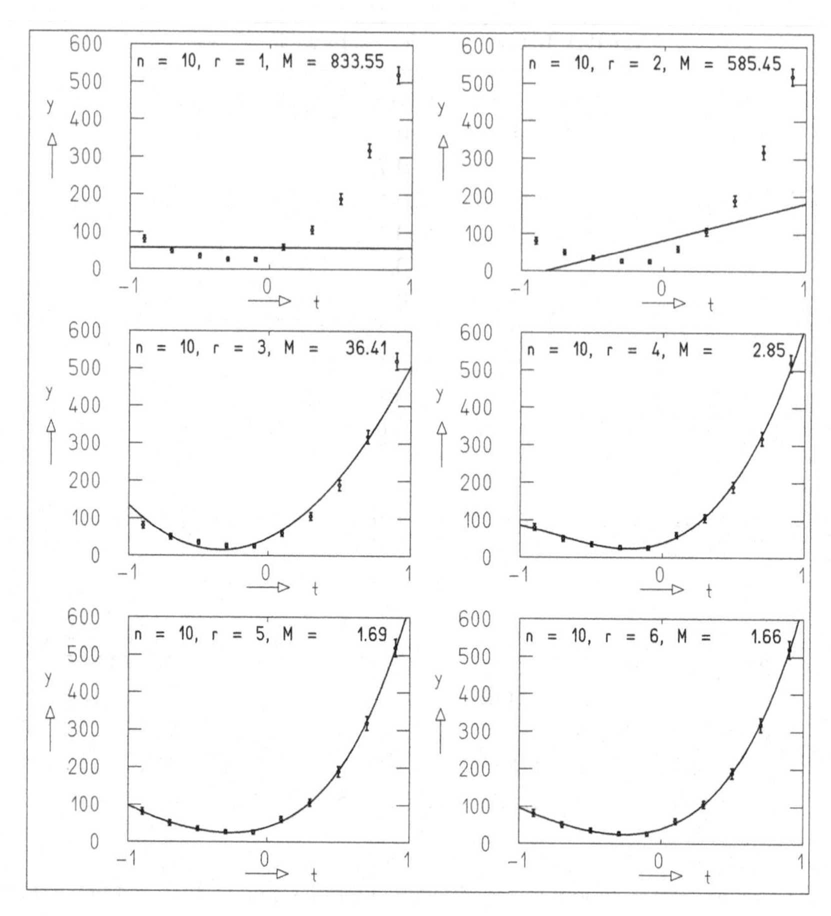

Bild 9.3: Anpassung von Polynomen verschiedener Ordnung $(0, 1, \ldots, 5)$ an die Daten aus Beispiel 9.2.

9.4.2 Anpassung einer beliebigen linearen Funktion

In die Lösung unserer Aufgabe aus Abschnitt 9.2 gehen die Matrix A und der Vektor $\mathbf{c}$ ein. Sie hängen von der Form der anzupassenden Funktion ab und müssen daher vom Benutzer bereitgestellt werden. (Im Abschnitt 9.4.1 war die Funktion bekannt, so daß der Benutzer nicht mit der Berechnung von A und $\mathbf{c}$ behelligt werden mußte.) Die Java-Klasse `LsqLin` bewirkt die Anpassung einer beliebigen linearen Funktion an Datan.

Beispiel 9.3: Anpassung einer Proportionalität

Aus dem Aufbau eines Experimentes sei bekannt, daß der wahre Wert η_j der Meßgröße y_j direkt proportional zum Wert t_j der kontrollierten Variablen ist,

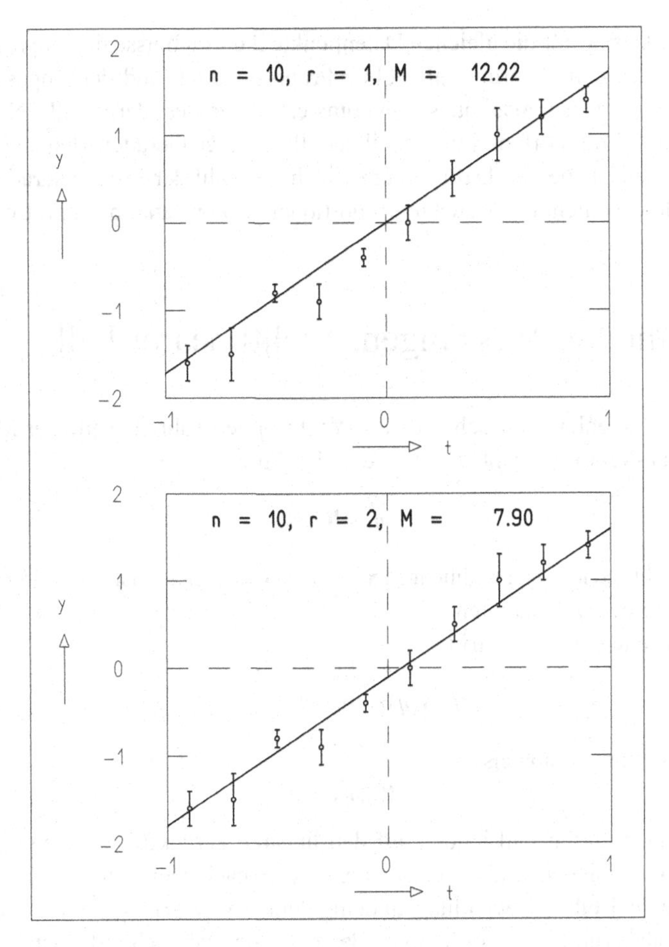

Bild 9.4: Anpassung einer Proportionalität (oben) und eines Polynoms ersten Grades (unten) an Datenpunkte.

$$\eta_j = x_1 t_j \ .$$

Die Proportionalitätskonstante x_1 ist aus den Messungen zu bestimmen. Diese Beziehung ist einfacher als ein Polynom ersten Grades, das zwei Konstanten enthält. Der Vergleich mit (9.4.2) liefert

$$a_{0j} = 0 \ , \quad A_{j1} = -t_j$$

und damit

$$\mathbf{c} = -\begin{pmatrix} y_1 \\ \vdots \\ y_n \end{pmatrix} \ , \quad A = -\begin{pmatrix} t_1 \\ \vdots \\ t_n \end{pmatrix} \ .$$

Im Bild 9.4 sind für die gleichen Datenpunkte die Ergebnisse der Anpassung einer Geraden durch den Ursprung, also einer Proportionalität und der Anpassung einer allgemeinen Geraden, also eines Polynoms ersten Grades, dargestellt. Natürlich ist der Wert der Minimumfunktion im Fall der allgemeinen Geraden kleiner, die Anpassung ist scheinbar besser. Dafür ist aber auch die Zahl der Freiheitsgrade geringer. Insbesondere ist nicht die gesuchte Proportionalitätskonstante bestimmt worden. ■

9.5 Indirekte Messungen. Nichtlinearer Fall

Ist der Zusammenhang zwischen dem n-Vektor $\boldsymbol{\eta}$ der wahren Werte der Meßgrößen $\mathbf{y}$ und dem r-Vektor der Unbekannten eine Funktion

$$\boldsymbol{\eta} = \mathbf{h}(\mathbf{x}) \, ,$$

die aber nicht – wie (9.4.1) – linear in $\mathbf{x}$ ist, so versagt unser bisheriges Verfahren zur Bestimmung der Unbekannten.

An die Stelle von (9.2.2) tritt

$$f_j(\mathbf{x},\boldsymbol{\eta}) = \eta_j - h_j(\mathbf{x}) = 0 \tag{9.5.1}$$

oder – in Vektorschreibweise –

$$\mathbf{f}(\mathbf{x},\boldsymbol{\eta}) = 0 \, . \tag{9.5.2}$$

Wir können diesen Fall jedoch auf den linearen zurückführen, wenn wir die f_j nach Taylor entwickeln und die entstandene Reihe nach dem ersten Glied abbrechen. Wir führen die Reihenentwicklung an dem „Punkt“ $\mathbf{x}_0 = (x_{10}, x_{20}, \ldots, x_{r0})$ durch, der eine erste Näherung der Unbekannten darstellt, die man sich auf irgendeine Weise verschafft hat,

$$f_j(\mathbf{x},\boldsymbol{\eta}) = f_j(\mathbf{x}_0,\boldsymbol{\eta}) + \left(\frac{\partial f_j}{\partial x_1}\right)_{\mathbf{x}_0} (x_1 - x_{10}) + \cdots + \left(\frac{\partial f_j}{\partial x_r}\right)_{\mathbf{x}_0} (x_r - x_{r0}) \, . \tag{9.5.3}$$

Definieren wir jetzt

$$\boldsymbol{\xi} = \mathbf{x} - \mathbf{x}_0 = \begin{pmatrix} x_1 - x_{10} \\ x_2 - x_{20} \\ \vdots \\ x_r - x_{r0} \end{pmatrix} , \tag{9.5.4}$$

$$a_{j\ell} = \left(\frac{\partial f_j}{\partial x_\ell}\right)_{x_0} = -\left(\frac{\partial h_j}{\partial x_\ell}\right)_{\mathbf{x}_0} , \quad A = \begin{pmatrix} a_{11} & a_{12} & \cdots & a_{1r} \\ a_{21} & a_{22} & \cdots & a_{2r} \\ \vdots & & & \\ a_{n1} & a_{n2} & \cdots & a_{nr} \end{pmatrix} , \tag{9.5.5}$$

$$c_j = f_j(\mathbf{x}_0, \mathbf{y}) = y_j - h_j(\mathbf{x}_0)\,, \quad \mathbf{c} = \begin{pmatrix} c_1 \\ c_2 \\ \vdots \\ c_n \end{pmatrix} \tag{9.5.6}$$

und benutzen die Beziehung (9.2.10), so erhalten wir

$$f_j(\mathbf{x}_0, \boldsymbol{\eta}) = f_j(\mathbf{x}_0, \mathbf{y} - \boldsymbol{\varepsilon}) = f_j(\mathbf{x}_0, \mathbf{y}) - \boldsymbol{\varepsilon}\,. \tag{9.5.7}$$

Damit können wir jetzt das Gleichungssystem (9.5.2) in der Form

$$\mathbf{f} = A\boldsymbol{\xi} + \mathbf{c} - \boldsymbol{\varepsilon} = 0\,, \quad \boldsymbol{\varepsilon} = A\boldsymbol{\xi} + \mathbf{c} \tag{9.5.8}$$

schreiben.

Die Forderung der kleinsten Quadrate (9.2.16) lautet dann

$$M = (\mathbf{c} + A\boldsymbol{\xi})^{\mathrm{T}} G_y (\mathbf{c} + A\boldsymbol{\xi}) = \min \tag{9.5.9}$$

in völliger Analogie zu (9.2.19). Wir können mit den Bezeichnungen (9.2.20) bis (9.2.22) die Lösung direkt aus (9.2.24) entnehmen:

$$\widetilde{\boldsymbol{\xi}} = -A'^{+}\mathbf{c}'\,. \tag{9.5.10}$$

Entsprechend (9.5.4) kann man mit $\widetilde{\boldsymbol{\xi}}$ eine bessere Näherung

$$\mathbf{x}_1 = \mathbf{x}_0 + \widetilde{\boldsymbol{\xi}} \tag{9.5.11}$$

finden und neue Werte von A und $\mathbf{c}$ an der Stelle $\mathbf{x}_1$ berechnen. Eine Lösung $\widetilde{\boldsymbol{\xi}}$ (9.5.10) von (9.5.9) mit diesen Werten liefert $\mathbf{x}_2 = \mathbf{x}_1 + \widetilde{\boldsymbol{\xi}}$ usw. Dieses iterative Verfahren kann abgebrochen werden, wenn die Minimum-Funktion im gerade ausgeführten Schritt im Vergleich zum Ergebnis des vorhergehenden Schrittes nicht mehr wesentlich gesunken ist.

Es gibt allerdings keinerlei Garantie für die Konvergenz des Verfahrens. Aus der Anschauung allein ist jedoch klar, daß mit Konvergenz um so eher zu rechnen ist, je besser die Näherung der nach dem ersten Glied abgebrochenen Taylor-Entwicklung in dem Bereich ist, in dem $\mathbf{x}$ während des Verfahrens variiert. Das ist aber wenigstens der Bereich zwischen $\mathbf{x}_0$ und der Lösung $\widetilde{\mathbf{x}}$. (Zwischenschritte können auch außerhalb dieses Bereichs liegen.) Es ist daher wichtig, insbesondere bei stark nichtlinearen Problemen, von einer guten ersten Näherung auszugehen.

Ist die Lösung $\widetilde{\mathbf{x}} = \mathbf{x}_n = \mathbf{x}_{n-1} + \widetilde{\boldsymbol{\xi}}$ in n Schritten erreicht, so kann sie als lineare Funktion von $\widetilde{\boldsymbol{\xi}}$ aufgefaßt werden. Die Kovarianzmatrizen von $\widetilde{\mathbf{x}}$ und $\widetilde{\boldsymbol{\xi}}$ sind dann nach der Fehlerfortpflanzung identisch, und es gilt

$$C_{\widetilde{x}} = G_{\widetilde{x}}^{-1} = (A^{\mathrm{T}} G_y A)^{-1} = (A'^{\mathrm{T}} A')^{-1}\,. \tag{9.5.12}$$

Allerdings verliert die Kovarianzmatrix ihre Aussagekraft, wenn die lineare Näherung (9.5.3) im Bereich $\widetilde{x}_i \pm \Delta x_i$, $i = 1, \ldots, r$ keine gute Beschreibung ist. Dabei ist $\Delta x_i = \sqrt{C_{ii}}$.

9.6 Algorithmen zur Anpassung nichtlinearer Funktionen

Manchmal ist es nützlich, einen oder mehrere der r unbekannten Parameter auf vorgegebene Werte zu setzen, sie also wie Konstante und nicht wie Variable zu behandeln. Das kann natürlich dadurch geschehen, daß die Funktion $\mathbf{f}$ in (9.5.1) entsprechend definiert wird. Für den Benutzer ist es jedoch bequemer, nur ein Unterprogramm zu schreiben, das die Funktion $\mathbf{f}$ für die r ursprünglichen Parameter berechnet und bei Bedarf dem Programm, das die Aufgabe der kleinsten Quadrate bearbeitet, mitzuteilen, daß die Zahl der variablen Parameter von r auf r' reduziert werden soll. Natürlich muß auch eine Liste mit r Elementen ℓ_i angegeben werden, aus der hervorgeht, welcher Parameter x_i konstant gehalten wird ($\ell_i = 0$) und welcher variabel bleiben soll ($\ell_i = 1$).

Bei der Umsetzung der Überlegungen des vorigen Abschnitts in ein Programm treten noch zwei Schwierigkeiten auf:

Zum einen müssen die Matrixelemente von A durch Bildung von Ableitungen der anzupassenden Funktion nach den Parametern gefunden werden. Natürlich ist es für den Benutzer besonders bequem, wenn er diese Ableitungen nicht selbst programmieren muß, sondern diese Aufgabe einem Programm für numerische Differentiation überlassen kann. Im Abschnitt E.1 stellen wir solche Programme bereit, die wir in den nachfolgend besprochenen Programmen aufrufen werden. Allerdings bedeutet das numerische Differenzieren ein Verlust an Genauigkeit und einen erhöhten Aufwand an Rechenzeit. Außerdem kann die Methode versagen. Unsere Programme zeigen das durch einen Ausgabeparameter an. In manchen Fällen wird sich der Benutzer also veranlaßt sehen, die Ableitungen selbst zu programmieren.

Die zweite Schwierigkeit hängt damit zusammen, daß die Minimumfunktion

$$M = (\mathbf{y} - \mathbf{h}(\mathbf{x}))^{\mathrm{T}} G_y (\mathbf{y} - \mathbf{h}(\mathbf{x})) \tag{9.6.1}$$

nicht mehr eine einfache quadratische Form der Unbekannten vom Typus (9.2.17) bzw. (9.2.23) ist. Das hat zur Folge, daß nicht nur die Stelle $\widetilde{\mathbf{x}}$ des Minimums nicht mehr in einem Schritt erreicht werden kann, sondern daß auch die Konvergenz des iterativen Verfahrens stark davon abhängt, daß die erste Näherung $\mathbf{x}_0$ in einen Bereich fällt, in dem die Minimumfunktion einer quadratischen Form hinreichend ähnlich ist. Die Bestimmung einer guten ersten Näherung muß aus der gegebenen Aufgabe selbst folgen. Einige Beispiele geben wir weiter unten an. Baut man das iterative Verfahren auf, wie im vorigen Abschnitt angedeutet, so kann es durchaus vorkommen, daß die Minimumfunktion M nicht bei jedem Schritt sinkt. Um trotzdem möglichst Konvergenz zu erreichen, können zwei Methoden angewandt werden, die in den Abschnitten 9.6.1 und 9.6.2 beschrieben sind. Die erste (Schrittverkleinerung) ist einfacher und schneller. Die zweite (Marquardt-Verfahren) hat aber den größeren

Konvergenzbereich. Wir geben Programme zu beiden Methoden an, empfehlen aber in Zweifelsfällen die Anwendung des Marquardt-Verfahrens.

9.6.1 Iteration mit Schrittverkleinerung

Wie erwähnt, gilt nicht in jedem Fall für das Ergebnis $\mathbf{x}_i$ des Schrittes i

$$M(\mathbf{x}_i) = M(\mathbf{x}_{i-1} + \widetilde{\boldsymbol{\xi}}) < M(\mathbf{x}_{i-1}) \,. \tag{9.6.2}$$

Die folgende Überlegung hilft uns bei der Behandlung solcher Schritte. Dazu betrachten wir den Ausdruck $M(\mathbf{x}_{i-1} + s\widetilde{\boldsymbol{\xi}})$ als Funktion der Größe s mit $0 \le s \le 1$. Ersetzen wir $\widetilde{\boldsymbol{\xi}}$ durch $s\widetilde{\boldsymbol{\xi}}$ in (9.5.9), so erhalten wir

$$M = (\mathbf{c} + sA\widetilde{\boldsymbol{\xi}})^{\mathrm{T}} G_y (\mathbf{c} + sA\widetilde{\boldsymbol{\xi}}) = (\mathbf{c}' + sA'\widetilde{\boldsymbol{\xi}})^2 \,.$$

Ableitung nach s liefert

$$M' = 2(\mathbf{c}' + sA'\widetilde{\boldsymbol{\xi}})^{\mathrm{T}} A'\widetilde{\boldsymbol{\xi}}$$

oder mit $\mathbf{c}' = -A'\widetilde{\boldsymbol{\xi}}$, vgl. (9.5.10),

$$M' = 2(s-1)\widetilde{\boldsymbol{\xi}}^{\mathrm{T}} A'^{\mathrm{T}} A'\widetilde{\boldsymbol{\xi}}$$

und damit

$$M'(s=0) < 0 \,,$$

wenn $A'^{\mathrm{T}} A' = A^{\mathrm{T}} G_y A$ positiv definit ist. (Das gilt immer in der Nähe des Minimums. Die Matrix $A'^{\mathrm{T}} A'$ gibt die Krümmung der Funktion M in dem von den Unbekannten $x_1, \dots, x_r$ aufgespannten Raum. Für nur eine Unbekannte ist der Bereich positiver Krümmung der Bereich zwischen den dem Minimum benachbarten Wendepunkten, vgl. Bild 10.1.) Da die Funktion M stetig in s ist, gibt es dann einen Wert $\lambda > 0$, so daß

$$M'(s) < 0 \,, \quad 0 \le s \le \lambda \,.$$

Nach einem Iterationsschritt $i+1$, für den (9.6.2) nicht gilt, multipliziert man also $\widetilde{\boldsymbol{\xi}}$ mit einer Zahl s, z. B. $s = 1/2$, und prüft, ob

$$M(x_{i-1} + s\widetilde{\boldsymbol{\xi}}) < M(x_{i-1}) \,.$$

Ist das der Fall, so setzt man $\mathbf{x}_i = \mathbf{x}_{i-1} + s\widetilde{\boldsymbol{\xi}}$. Ist das nicht der Fall, so multipliziert man erneut mit s, usw.

Die Klasse `LsqLin` arbeitet nach dem gerade besprochenen Verfahren der Iteration mit Schrittverkleinerung. Wie im linearen Fall betrachten wir die Messungen als abhängig von einer kontrollierten Variablen t, also $y_j = y_j(t_j)$. Für die zu den Messungen gehörenden wahren Werte η_j gilt

$$\eta_j = h(\mathbf{x}, t_j)$$

oder, vgl. (9.6.1),

$$\eta = h(\mathbf{x}, t) .$$

Diese Funktion muß vom Nutzer programmiert werden. Dazu dient eine Erweiterung der abstrakten Klasse `DatanUserFunction`, vgl. die Programmbeispiele in Abschnitt 9.14. Die Matrix A wird durch numerische Ableitung mit der Klasse `AuxDri` berechnet. Sollte deren Genauigkeit nicht ausreichen, muss der Benutzer eine Klasse mit gleichem Namen und gleichen Methodennamen und -aufrufen bereitstellen, die A durch analytische Ableitung berechnet.

Beispiel 9.4: Anpassung einer Gauß-Kurve
In vielen Experimenten hat man es mit Signalen $y(t)$ zu tun, die die Form einer Gauß-Kurve haben,

$$y(t) = x_1 \exp(-(t - x_2)^2 / 2x_3^2) . \tag{9.6.3}$$

Zu bestimmen sind die Parameter x_1, x_2, x_3, die die Amplitude, die Lage des Maximums und die Breite des Signals angeben.

Das Bild 9.5 zeigt das Ergebnis der Anpassung an einem Satz von Daten. Als erste Näherung wurde verwendet $x_1 = 0.5$, $x_2 = 1.5$, $x_3 = 0.2$. Tatsächlich hätten wir wesentlich bessere Ausgangswerte direkt aus der graphischen Darstellung der Meßwerte ablesen können, nämlich als Amplitude $x_1 \approx 1$, als Lage des Maximums $x_2 \approx 1.25$ und als Breite $x_3 \approx 0.4$.

Damit ist auch schon ein besonders wichtiges Hilfsmittel bei der Bestimmung erster Näherungen erwähnt, nämlich die Analyse der graphischen Darstellung der Daten von Auge und Hand. Mann kann aber auch formaler vorgehen und den Logarithmus von (9.6.3) betrachten,

$$\ln y(t) = \ln x_1 - \frac{(t - x_2)^2}{2x_3^2} = \left(\ln x_1 - \frac{x_2^2}{2x_3^2}\right) + t\left(\frac{x_2}{x_3^2}\right) - t^2\left(\frac{1}{2x_3^2}\right) .$$

Das ist ein Polynom in t, das in den drei Klammerausdrücken

$$a_1 = \ln x_1 - \frac{x_2^2}{2x_3^2} , \quad a_2 = \frac{x_2}{x_3^2} , \quad a_3 = -\frac{1}{2x_3^2}$$

linear ist. Allerdings ist durch Bilden des Logarithmus aus unserer Gauß-Verteilung der Meßfehler eine andere Verteilung entstanden, so daß ein Aufsuchen der a_1, a_2, a_3 mit einer Polynomanpassung streng genommen verboten ist. Wir können uns aber zur Bestimmung der ersten Näherung über das Verbot hinwegsetzen, alle Fehler der $\ln y(t_i)$ gleich Eins setzen, die Größen a_1, a_2, a_3 und aus ihnen Werte x_1, x_2, x_3 bestimmen und diese als erste Näherung verwenden.

Die Logarithmen der Meßwerte y_i im unteren Teil von Bild 9.5 dargestellt. Man erkennt, daß man sich für die Anpassung der Parabel auf die Punkte im Bereich der eigentlichen Glockenform der Gauß-Kurve beschränken muß, da Punkte in den Ausläufern starken Schwankungen unterworfen sind. ■

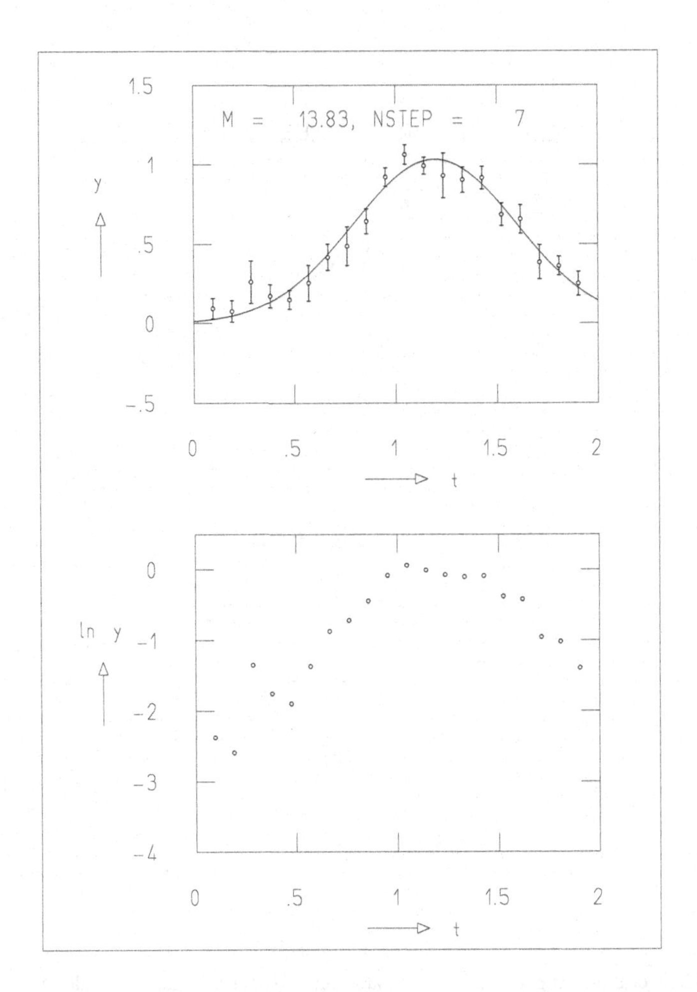

Bild 9.5: Meßwerte und angepaßte Gauß-Kurve (oben), Logarithmen der Meßwerte (unten).

Beispiel 9.5: Anpassung einer Exponentialfunktion

Etwa bei Untersuchungen zur Radioaktivität muß eine Funktion der Form

$$y(t) = x_1 \exp(-x_2 t) \tag{9.6.4}$$

an Meßwerte $y_i(t_i)$ angepaßt werden.

In Bild 9.6 ist das Ergebnis einer Anpassung an Daten dargestellt. Die Bestimmung der ersten Näherung der Unbekannten kann wieder durch Logarithmierung der Funktion $y(t)$,

$$\ln y(t) = \ln x_1 - x_2 t$$

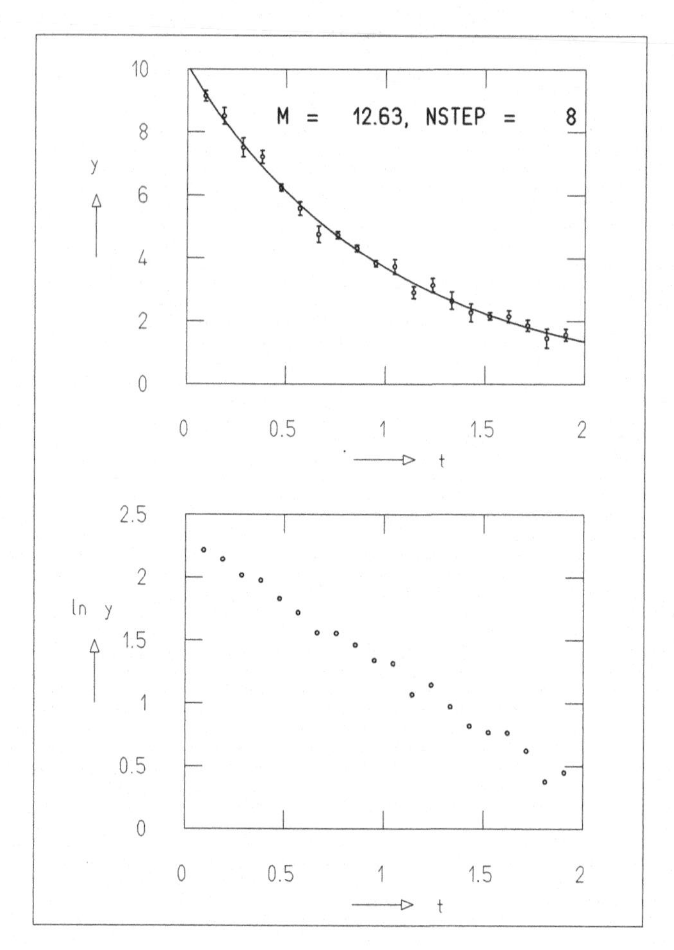

Bild 9.6: Meßwerte und angepaßte Exponentialfunktion (oben), Logarithmen der Meßwerte (unten).

und Anpassung einer Geraden (zeichnerisch oder rechnerisch) geschehen. Dabei wird man sich oft auf die zu kleinen t-Werten gehörenden Punkte beschränken, weil diese Punkte eine geringere Schwankung um die Gerade zeigen. ∎

Beispiel 9.6: Anpassung einer Summe von Exponentialfunktionen

Eine radioaktive Substanz besteht oft aus einem Gemisch von Komponenten mit verschiedenen Zerfallskomponenten. Es gilt dann, eine Summe mehrerer Exponentialfunktionen anzupassen. Wir betrachten den Fall zweier Funktionen

$$y(t) = x_1 \exp(-x_2 t) + x_3 \exp(-x_4 t) . \tag{9.6.5}$$

Das Bild 9.7 zeigt das Ergebnis der Anpassung einer Summe zweier Exponentialfunktionen an Datenpunkte. Eine erste Näherung kann durch Anpassung zweier

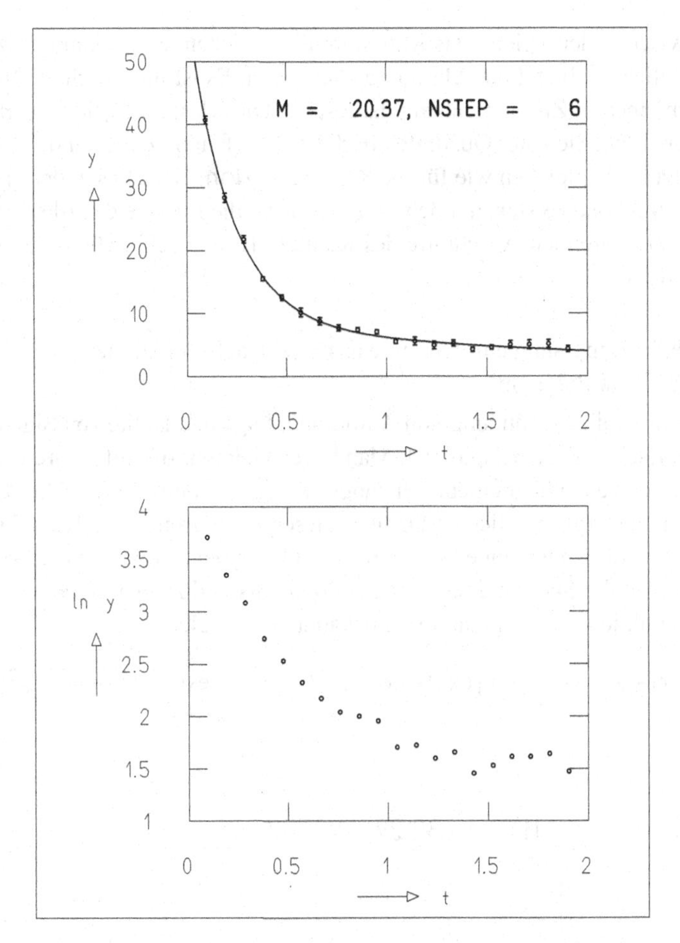

Bild 9.7: Meßwerte mit angepaßter Summe zweier Exponentialverteilungen (oben), Logarithmen der Meßwerte (unten).

verschiedener Geraden an $\ln y_i(t_i)$ für die Bereiche kleiner bzw. großer Werte von t_i bestimmt werden. ■

9.6.2 Iteration nach Marquardt

Das im Abschnitt 9.6.1 besprochene Verfahren mit Schrittverkleinerung führt zum Minimum hin, wenn $\mathbf{x}$ sich bereits in einem Bereich befindet, in dem $A'^{\mathrm{T}} A'$ positiv definit ist, also in einem Bereich um das Minimum, in dem die Funktion $M(\mathbf{x})$ positive Krümmung hat. (Im eindimensionalen Fall des Bildes 10.1 ist das der Bereich zwischen den beiden das Minimum einschließenden Wendepunkten.) Es ist aber anschaulich klar, daß es möglich sein muß, den Konvergenzbereich auf das

Gebiet zwischen den beiden das Minimum einschließenden Maxima auszudehnen. Diese Möglichkeit bietet das Marquardt-Verfahren. Es ist im Abschnitt 10.15 in etwas allgemeinerem Zusammenhang dargestellt. Die Klasse `LsqMar` bearbeitet den nichtlinearen Fall kleinster Quadrate mit diesem Verfahren; dabei sind die Aufgaben des Benutzers die gleichen wie für die Klasse `LsqNon`. Dem Leser, der die Arbeitsweise dieser Klasse verstehen möchte, sei zunächst die Lektüre des Abschnitts 10.15 sowie der einführenden Abschnitte des Kapitels 10 und schließlich des Abschnitts A.17 empfohlen.

Beispiel 9.7: Anpassung einer Summe aus zwei Gauß-Funktionen und einem Polynom

In der Praxis ist die Auffindung von Amplitude, Lage und Breite von Signalen meist nicht so einfach wie im Beispiel 9.4. Man hat es vielmehr oft mit mehreren Signalen zu tun, die noch dazu über einem sich langsam mit der kontrollierten Variablen t veränderndem „Untergrund" liegen. Da über diesen Untergrund im allgemeinen wenig bekannt ist, wird er durch eine Gerade oder ein Polynom zweiten Grades angenähert. Wir betrachten die Summe eines solchen Polynoms und zweier Gauß-Verteilungen, also eine Funktion von insgesamt 9 unbekannten Variablen:

$$h(\mathbf{x},t) = x_1 + x_2 t + x_3 t^2 + x_4 \exp\{-(x_5 - t)^2/2x_6^2\} + x_7 \exp\{-(x_8 - t)^2/2x_9^2\} . \quad (9.6.6)$$

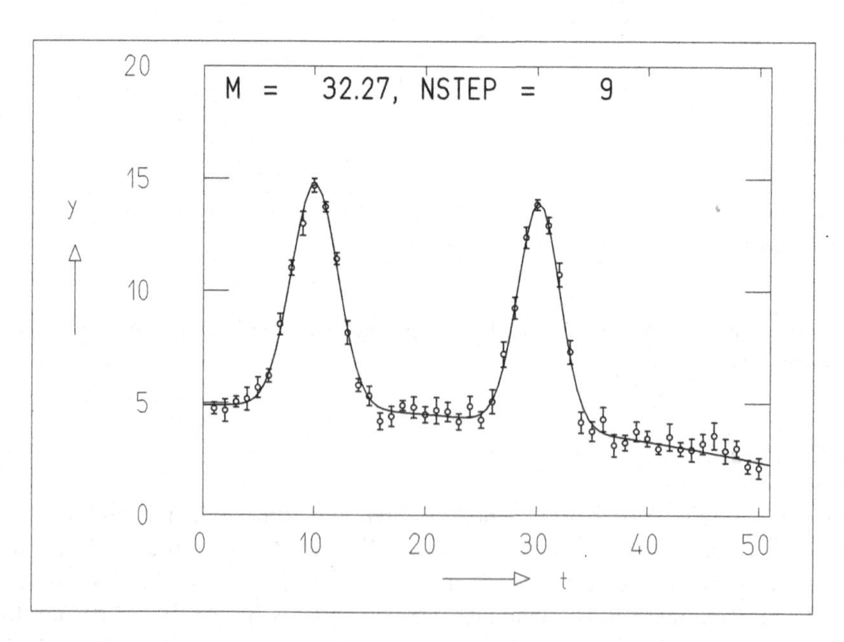

Bild 9.8: Meßwerte und angepaßte Summe eines Polynoms zweiten Grades und zweier Gauß-Funktionen.

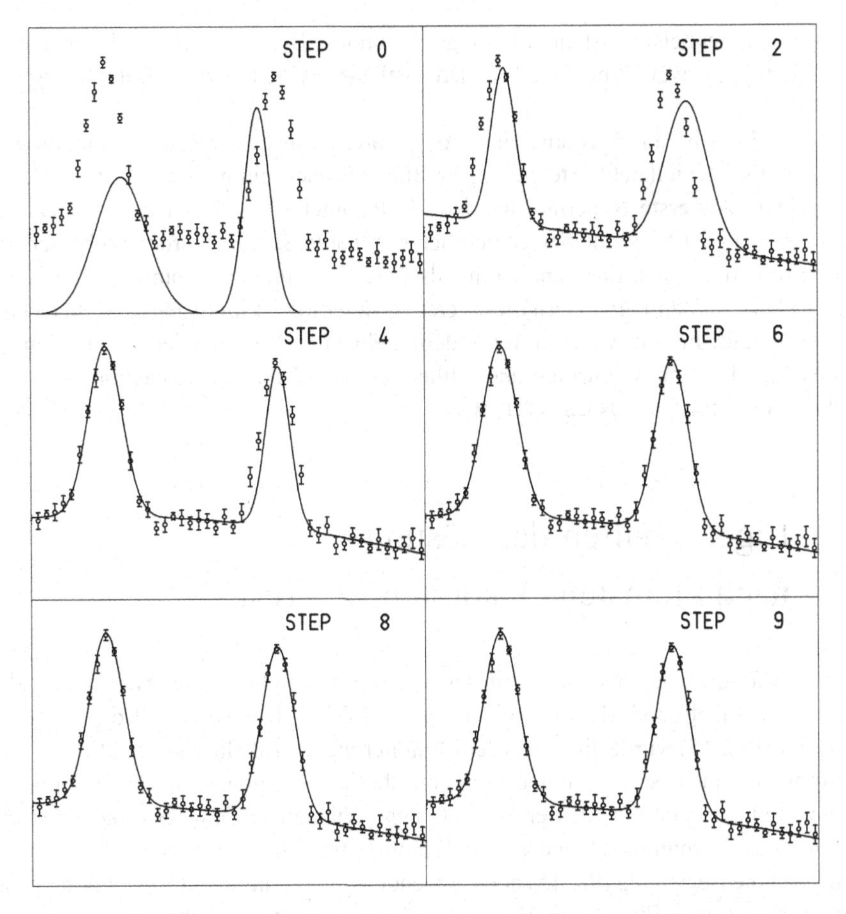

Bild 9.9: Schrittweise Annäherung der anzupassenden Funktion an die Meßwerte.

Die Ableitungen (9.5.5) sind

$$
\begin{aligned}
-a_{j1} &= \frac{\partial h_j}{\partial x_1} = 1 \,, \\
-a_{j2} &= \frac{\partial h_j}{\partial x_2} = t_j \,, \\
-a_{j3} &= \frac{\partial h_j}{\partial x_3} = t_j^2 \,, \\
-a_{j4} &= \frac{\partial h_j}{\partial x_4} = \exp\{-(x_5 - t_j)^2/2x_6^2\} \,, \\
&\vdots
\end{aligned}
$$

Sie könnten, falls die numerische Ableitung versagen sollte, mit einer speziell zu schreibenden Version der Klasse `AuxDri` berechnet werden. Für das in Bild 9.8 dargestellte Zahlenbeispiel ist das allerdings nicht nötig. Bereitgestellt werden muß aber natürlich eine Erweiterung der Klasse `DatanUserFunction` zur Berechnung von (9.6.6).

Im Bild 9.8 ist das Ergebnis einer Anpassung an insgesamt 50 Meßpunkte dargestellt. Es ist vielleicht interessant, in Bild 9.9 auch einige Zwischenschritte zu betrachten. Als erste Näherung wurden die Parameter des Polynoms Null gesetzt ($x_1 = x_2 = x_3 = 0$). Für die beiden deutlich sichtbaren Signale wurden grobe Schätzwerte von Amplitude, Lage und Breite als erste Näherungen genommen. Die Funktion (9.6.6) mit den Parametern dieser ersten Näherung ist im ersten Teilbild (`STEP 0`) dargestellt. In den weiteren Teilbildern sieht man die Veränderung der Funktion nach 2, 4, 6 und 8 Schritten und schließlich nach Konvergenz nach insgesamt 9 Schritten des Programms `LsqMar`. ■

9.7 Eigenschaften der Lösung nach kleinsten Quadraten. χ^2-Test

Bisher war die Methode der kleinsten Quadrate lediglich eine Anwendung der Maximum-Likelihood-Methode auf lineare Probleme. Die Vorschrift der kleinsten Quadrate (9.2.15) wurde direkt aus der Minimierung der Likelihood-Funktion (9.2.14) gewonnen. Um diese Likelihood-Funktion überhaupt angeben zu können, müssen die Verteilungen der Meßfehler bekannt sein. Wir nahmen eine Normalverteilung an. Aber auch wenn man keine genaue Kenntnis der Fehlerverteilung hat, kann man natürlich die Beziehung (9.2.15) noch anwenden und mit ihr die übrigen Formeln der letzten Abschnitte. Ein solches Verfahren scheint einer theoretischen Begründung zu entbehren. Das Gauß–Markov-Theorem sagt nun aber aus, daß auch in diesem Fall die Methode der kleinsten Quadrate Ergebnisse mit wünschenswerten Eigenschaften liefert. Bevor wir darauf eingehen, wollen wir zunächst noch einmal die Eigenschaften der Maximum-Likelihood-Lösung aufzählen.

(a) Die Lösung $\widetilde{\mathbf{x}}$ ist unverzerrt, d. h.

$$E(\widetilde{x}_i) = x_i \ , \quad i = 1,2,\ldots,r \ .$$

(b) Sie ist eine Minimalschätzung, d. h.

$$\sigma^2(\widetilde{x}_i) = E\{(\widetilde{x}_i - x_i)^2\} = \min \ .$$

(c) Die Größe (9.2.16)

$$M = \boldsymbol{\varepsilon}^{\mathrm{T}} G_y \boldsymbol{\varepsilon}$$

folgt einer χ^2-Verteilung mit $n-r$ Freiheitsgraden.

Die Eigenschaften (a) und (b) sind aus Kapitel 7 vertraut. Wir zeigen die Gültigkeit von (c) für den einfachen Fall direkter Messungen ($r = 1$), für den G_y eine Diagonalmatrix ist,

$$G_y = \begin{pmatrix} 1/\sigma_1^2 & & & 0 \\ & 1/\sigma_2^2 & & \\ & & \ddots & \\ 0 & & & 1/\sigma_n^2 \end{pmatrix} .$$

Die Größe M wird dann einfach zu einer Quadratsumme

$$M = \sum_{j=1}^{n} \varepsilon_j^2 / \sigma_j^2 . \tag{9.7.1}$$

Da jedes ε_j aus einer normalverteilten Grundgesamtheit mit Mittelwert Null und Varianz σ_j^2 stammt, werden die Ausdrücke $\varepsilon_j^2/\sigma_j^2$ durch eine standardisierte Gauß-Verteilung beschrieben. Damit folgt die Quadratsumme einer χ^2-Verteilung mit $n-1$ Freiheitsgraden.

Ist die Verteilung der Fehler ε_j unbekannt, so hat die Lösung der kleinsten Quadrate folgende Eigenschaften:

(a) Die Lösung ist unverzerrt.

(b) Von allen Lösungen $\mathbf{x}^*$, welche unverzerrte Schätzungen der $\mathbf{x}$ und Linearkombinationen der Messungen $\mathbf{y}$ sind, hat die Lösung nach kleinsten Quadraten die kleinste Varianz. (Dies ist das GAUSS–MARKOV-Theorem.)

(c) Der Erwartungswert von

$$M = \boldsymbol{\varepsilon}^{\mathrm{T}} G_y \boldsymbol{\varepsilon}$$

ist gleich

$$E(M) = n - r .$$

(Dies ist gerade auch der Erwartungswert von χ^2 für $n-r$ Freiheitsgrade.)

Die Größe M wird häufig einfach χ^2 genannt, obwohl sie nicht notwendigerweise einer χ^2-Verteilung folgt. Zusammen mit den Matrizen $C_{\widetilde{x}}$ und $C_{\widetilde{\eta}}$ stellt sie ein bequemes Maß für die Güte einer Anpassung nach kleinsten Quadraten dar. Falls der aus den Meßdaten berechnete Wert von M sehr viel größer als $n-r$ ausfällt, müssen die Annahmen der Rechnung sorgfältig überprüft werden. Das Ergebnis sollte keineswegs kritiklos akzeptiert werden.

Die Zahl $f = n - r$ heißt *Anzahl der Freiheitsgrade der Anpassung* oder *Anzahl der Zwangsgleichungen der Anpassung*. Es ist von vornherein klar (siehe Anhang A), daß die Aufgabe der kleinsten Quadrate nur für $f \geq 0$ gelöst werden kann. Jedoch nur für $f > 0$ ist die Größe M sinnvoll definiert und kann zur Überprüfung der Qualität einer Anpassung herangezogen werden.

Sind die Fehler mit Sicherheit normalverteilt, so kann die Anpassung mit einem χ^2-Test verbunden werden. Man verwirft das Ergebnis der Anpassung, falls

$$M = \boldsymbol{\varepsilon}^{\mathrm{T}} G_y \boldsymbol{\varepsilon} > \chi^2_{1-\alpha}(n-r)\,, \tag{9.7.2}$$

d. h. falls die Größe M das Quantil einer χ^2-Verteilung mit $n-r$ Freiheitsgraden und bei einem Signifikanzniveau von α übersteigt. Ein großer Wert von M kann durch die folgenden Gründe hervorgerufen sein (oder natürlich durch einen Fehler erster Art):

(a) Der angenommene funktionale Zusammenhang $\mathbf{f}(\mathbf{x},\boldsymbol{\eta}) = 0$ zwischen den meßbaren Größen η und den unbekannten Parametern x trifft nicht zu. Entweder ist die Funktion $\mathbf{f}(\mathbf{x},\boldsymbol{\eta})$ völlig falsch, oder einige als bekannt angenommene Parameter sind unrichtig.

(b) Zwar ist die Funktion $\mathbf{f}(\mathbf{x},\boldsymbol{\eta})$ richtig, die Reihenentwicklung mit nur einem Glied ist jedoch keine hinreichend gute Näherung über den in der Rechnung überstrichenen Parameterbereich.

(c) Die erste Näherung $\mathbf{x}_0$ ist zu weit vom wahren Wert $\mathbf{x}$ entfernt. Bessere Werte $\mathbf{x}_0$ können zu annehmbaren Werten von M führen. Dieser Punkt ist offenbar aufs engste mit (b) verknüpft.

(d) Die Kovarianzmatrix C_y der Meßgrößen, die oft nur auf groben Schätzungen oder sogar auf Vermutungen beruht, ist unrichtig.

Diese vier Punkte müssen sorgfältig berücksichtigt werden, wenn die Methode der kleinsten Quadrate erfolgreich angewendet werden soll. In vielen Fällen wird eine Rechnung nach kleinsten Quadraten sehr oft für verschiedene Datensätze wiederholt. Man kann dann die empirische Häufigkeitsverteilung der Größe M betrachten und sie mit einer χ^2-Verteilung der entsprechenden Zahl von Freiheitsgraden vergleichen. Ein solcher Vergleich ist besonders für eine gute Schätzung der C_y nützlich. Bei Beginn eines neuen Experiments wird gewöhnlich die Apparatur, die die Meßwerte $\mathbf{y}$ liefert, durch Messung bekannter Größen überprüft. Auf diese Weise werden die Parameter $\mathbf{x}$ für mehrere Datenreihen bekannt sein. Die Kovarianzmatrix der Meßgrößen kann dann derart angepaßt werden, daß die Verteilung (das Histogramm) von M möglichst gut mit einer χ^2-Verteilung zusammenfällt. Besonders anschaulich wird diese Untersuchung, wenn man anstelle der Verteilung von M die Verteilung von $F(M)$ betrachtet. Dabei ist F die Verteilungsfunktion (6.6.11) der χ^2-Verteilung. Folgt M der χ^2-Verteilung, so folgt $F(M)$ der Gleichverteilung.

9.8 Konfidenzbereich und asymmetrische Fehler im nichtlinearen Fall

Wir beginnen diesen Abschnitt mit einer kurzen Wiederholung der Bedeutung der Kovarianzmatrix $C_{\widetilde{x}}$ der Unbekannten für den linearen Fall kleinster Quadrate. Die Wahrscheinlichkeit dafür, daß der wahre Wert der Unbekannten durch den Vektor $\mathbf{x}$ gegeben ist, wird durch eine Normalverteilung der Form (5.10.1) gegeben,

$$\phi(\mathbf{x}) = k \exp\{-\tfrac{1}{2}(\mathbf{x}-\widetilde{\mathbf{x}})^{\mathrm{T}} B(\mathbf{x}-\widetilde{\mathbf{x}})\} . \tag{9.8.1}$$

Dabei ist $B = C_{\widetilde{x}}^{-1}$. Der mit -2 multiplizierte Exponent

$$g(\mathbf{x}) = (\mathbf{x}-\widetilde{\mathbf{x}})^{\mathrm{T}} B(\mathbf{x}-\widetilde{\mathbf{x}}) \tag{9.8.2}$$

beschreibt für $g = 1 = \text{const}$ das Kovarianzellipsoid, vgl. Abschnitt 5.10. Für andere Werte von $g(\mathbf{x}) = \text{const}$ erhält man Konfidenzellipsoide zu vorgegebener Wahrscheinlichkeit W, vgl. (5.10.19). So läßt sich z. B. leicht das Konfidenzellipsoid angeben, das den Punkt $\mathbf{x} = \widetilde{\mathbf{x}}$ als Mittelpunkt enthält und in dem der Vektor der wahren Werte $\mathbf{x}$ der Unbekannten mit der Wahrscheinlichkeit $W = 0.95$ liegt.

Wir stellen jetzt eine Verbindung zwischen Konfidenzellipsoid und Minimumfunktion her. Dazu benutzen wir den Ausdruck (9.2.19), der im linearen Fall exakt gilt, und berechnen die Differenz zwischen der Minimumfunktion $M(\mathbf{x})$ an einem Punkt $\mathbf{x}$ und der Minimumfunktion $M(\widetilde{\mathbf{x}})$ am Punkt $\widetilde{\mathbf{x}}$, an dem sie minimal ist,

$$M(\mathbf{x}) - M(\widetilde{\mathbf{x}}) = (\mathbf{x}-\widetilde{\mathbf{x}})^{\mathrm{T}} A^{\mathrm{T}} G_y A(\mathbf{x}-\widetilde{\mathbf{x}}) . \tag{9.8.3}$$

Nach (9.2.27),

$$B = C_{\widetilde{x}}^{-1} = G_{\widetilde{x}} = A^{\mathrm{T}} G_y A , \tag{9.8.4}$$

ist diese Differenz gerade gleich der oben eingeführten Funktion $g(\mathbf{x})$.

Damit ist das Kovarianzellipsoid gerade die Hyperfläche im Raum der r Variablen $x_1,\dots,x_r$, an der die Funktion $M(\mathbf{x})$ den Wert $M(\mathbf{x}) = M(\widetilde{\mathbf{x}}) + 1$ hat. Entsprechend ist das Konfidenzellipsoid zur Wahrscheinlichkeit W die Hyperfläche, auf der

$$M(\mathbf{x}) = M(\widetilde{\mathbf{x}}) + g \tag{9.8.5}$$

gilt, wobei die Konstante g nach (5.10.21) das Quantil der χ^2-Verteilung mit $f = n-r$ Freiheitsgraden

$$g = \chi^2_W(f) \tag{9.8.6}$$

ist.

Im nichtlinearen Fall kleinster Quadrate bleiben unsere Betrachtungen näherungsweise gültig. Die Näherung ist dabei um so besser, je weniger der Ausdruck (9.5.3) in dem Bereich, in dem die Unbekannten variieren, von der Linearität abweicht. Die Abweichungen sind nicht nur dann klein, wenn die Ableitungen nahezu konstant sind, also die Funktionen f nahezu linear sind, sondern auch, wenn die Variation der Unbekannten klein ist. Ein Maß für die Variation einer Unbekannten ist aber der Fehler dieser Unbekannten. Wegen der Fehlerfortpflanzung sind die Fehler der Unbekannten dann klein, wenn die ursprünglichen Fehler der Meßgrößen klein sind. Wir halten daher fest, daß wir bei kleinen Meßfehlern die Kovarianzmatrix im nichtlinearen Fall genau so interpretieren können wie im linearen Fall.

Bei großen Meßfehlern behalten wir die Interpretation (9.8.5) bei, d. h. wir bestimmen die durch (9.8.5) gegebene Hyperfläche und treffen die Aussage, daß der wahre Wert $\mathbf{x}$ mit der Wahrscheinlichkeit W innerhalb des *Konfidenzbereichs* liegt, der von ihr umschlossen wird. Dieser Bereich ist allerdings im allgemeinen kein Ellipsoid mehr.

Für nur einen Parameter x kann natürlich leicht die Kurve $M = M(x)$ dargestellt werden. Der Konfidenzbereich ist einfach ein Abschnitt der x-Achse. Für zwei Parameter x_1, x_2 ist der Rand des Konfidenzbereichs eine Kurve in der (x_1,x_2)-Ebene. Sie ist die Höhenlinie (9.8.5) der Funktion $M = M(\mathbf{x})$. Eine graphische Darstellung ermöglicht die Methode `DatanGraphics.drawContuor`. Für mehr als zwei Parameter gelingt eine Darstellung nur in Form der Schnittlinie des Konfidenzbereichs im $(x_1,x_2,\ldots,x_r)$-Raum mit der (x_i,x_j)-Ebene durch den Punkt $\widetilde{\mathbf{x}} = (\widetilde{x}_1,\widetilde{x}_2,\ldots,\widetilde{x}_r)$, wobei x_i, x_j jedes beliebige Paar von Variablen sein kann.

Beispiel 9.8: Der Einfluß großer Meßfehler auf den Konfidenzbereich der Parameter bei der Anpassung einer Exponentialfunktion

In den Teilbildern von Bild 9.10 sind die Anpassungen einer Exponentialfunktion entsprechend Beispiel 9.5 an Daten mit verschieden großen Fehlern wiedergegeben. Die beiden angepaßten Parameter x_1 und x_2 sowie deren Fehler und Korrelation sind ebenfalls in den Teilbildern angegeben. Die Größen Δx_1, Δx_2 und ρ wurden dabei direkt aus den Elementen der Kovarianzmatrix $C_{\widetilde{x}}$ berechnet. Wie erwartet wachsen diese Fehler mit den Meßfehlern an.

In den entsprechenden Teilbildern von Bild 9.11 sind in der (x_1,x_2)-Ebene die Kovarianzellipsen für diese Anpassungen als dünne Linien dargestellt. Im Mittelpunkt liegt der Lösungspunkt $\widetilde{\mathbf{x}}$. Er ist durch einen kleinen Kreis gekennzeichnet. Zusätzlich sind durch horizontale bzw. vertikale Balken durch den Punkt $\widetilde{\mathbf{x}}$ die Bereiche $\widetilde{x}_1 \pm \Delta x_1$ und $\widetilde{x}_2 \pm \Delta x_2$ markiert. Durch eine dickere Linie ist eine Kontur angedeutet. Sie umschließt den Konfidenzbereich $M(\mathbf{x}) = M(\widetilde{\mathbf{x}}) + 1$. Wir beobachten, daß bei kleinen Meßfehlern Konfidenzbereich und Kovarianzellipse praktisch zusammenfallen, während bei großen Meßfehlern deutliche Abweichungen auftreten. ∎

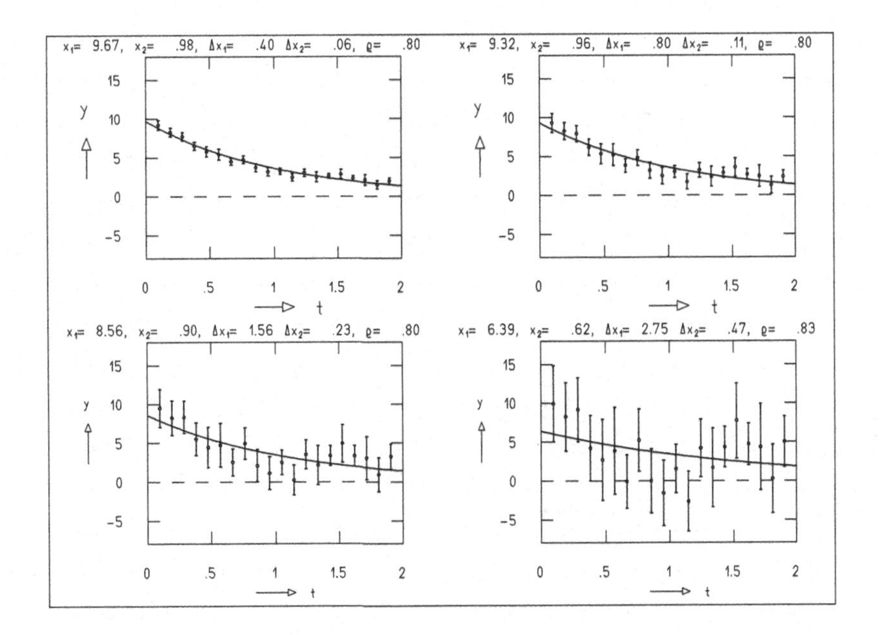

Bild 9.10: Anpassung einer Exponentialfunktion $\eta = x_1 \exp(-x_2 t)$ an Meßpunkte mit verschieden großen Meßfehlern.

Die Berechnung und Darstellung der Konfidenzbereiche ist, sofern sie vom Konfidenzellipsoid abweichen, mit erheblichem Aufwand verbunden. Es ist daher wichtig, einfach entscheiden zu können, ob überhaupt eine deutliche Abweichung vorliegt. Der Anschaulichkeit halber bleiben wir beim Fall zweier Variabler und betrachten erneut das Beispiel 9.8 und insbesondere das Bild 9.11. Die aus der Kovarianzmatrix $C_{\widetilde{x}}$ gewonnenen Fehler $\Delta x_i = \sigma_i = \sqrt{C_{\widetilde{x}}(i,i)}$ haben folgende Eigenschaft. Die Geraden $x_i = \widetilde{x}_i \pm \Delta x_i$ sind Tangenten an die Kovarianzellipse. Muß nun die Kovarianzellipse durch einen Konfidenzbereich von weniger regelmäßiger Form ersetzt werden, so können wir trotzdem die horizontalen bzw. vertikalen Tangenten an den Bereich in Bild 9.11 suchen, für die

$$x_i = \widetilde{x}_i + \Delta x_{i+}\,, \quad x_i = \widetilde{x}_i - \Delta x_{i-} \tag{9.8.7}$$

gilt. Wegen des Verlustes der Symmetrie sind die Fehler Δx_+ und Δx_- im allgemeinen verschieden. Man spricht von *unsymmetrischen Fehlern*. Für r Variable treten an die Stelle der Tangenten Tangentialhyperflächen der Dimension $r-1$.

Wir geben jetzt ein Verfahren zur Berechnung der unsymmetrischen Fehler $\Delta x_{i\pm}$ an. Nur wenn diese deutlich von den symmetrischen Fehlern Δx_i aus der Kovarianzmatrix abweichen, wird man sich für unsymmetrische Konfidenzbereiche interessieren. Die Werte $x_{i\pm} = \widetilde{x}_i \pm \Delta x_{i\pm}$ haben die Eigenschaft, daß das Minimum der Funktion M bei festgehaltenem $x_i = x_{i\pm}$ gerade den Wert

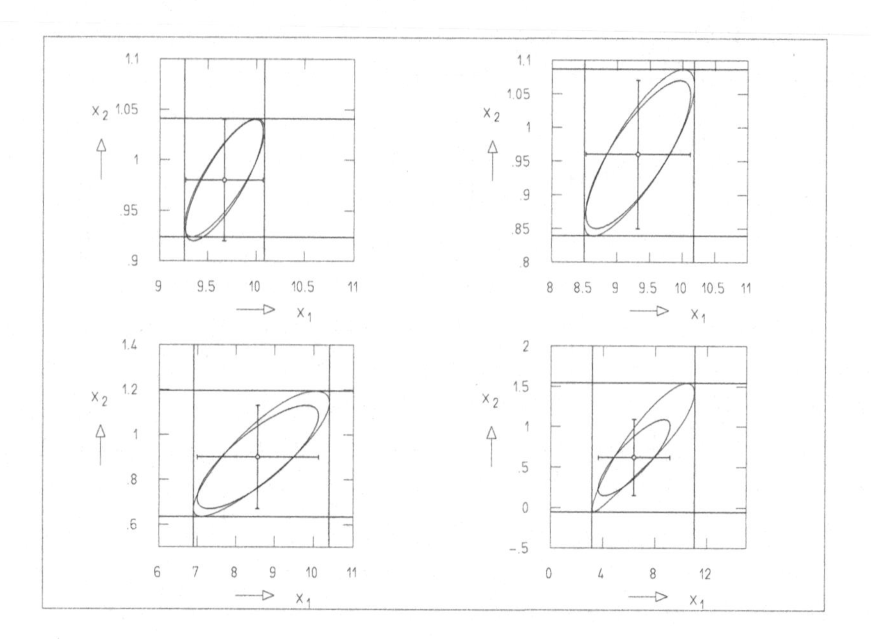

Bild 9.11: Ergebnisse der Anpassungen aus Bild 9.10 dargestellt in der von den Parametern x_1, x_2 angespannten Ebene. Lösung $\widetilde{\mathbf{x}}$ (kleiner Kreis), symmetrische Fehler (Balkenkreuz), Kovarianzellipse, unsymmetrische Fehlergrenzen (horizontale bzw. vertikale Linien), Konfidenzbereich entsprechend der Wahrscheinlichkeit der Kovarianzellipse (stärker gezeichnete Kontur).

$$\min\{M(\mathbf{x}; x_i = x_{i\pm})\} = M(\widetilde{\mathbf{x}}) + g \tag{9.8.8}$$

mit $g = 1$ hat. Für andere Werte von g erhält man entsprechende *unsymmetrische Konfidenzgrenzen*. Bringen wir alle Terme in (9.8.8) auf die linke Seite,

$$\min\{M(\mathbf{x}; x_i = x_{i\pm})\} - M(\widetilde{\mathbf{x}}) - g = 0\,, \tag{9.8.9}$$

so sehen wir, daß eine Kombination aus Minimierungs- und Nullstellenaufgabe zu lösen ist. Mit einem iterativen Verfahren entsprechend Abschnitt E.2 bearbeiten wir das Nullstellenproblem. Die Nullstelle, d. h. die Stelle x_i, die (9.8.9) erfüllt, wird zunächst zwischen zwei Werte x_{small} und x_{big} eingeschlossen, für die (9.8.9) negativ bzw. positiv ist. Anschließend wird dieses Intervall durch Halbieren solange verkleinert, bis der Ausdruck (9.8.9) nur noch um weniger als $g/100$ von Null verschieden ist. Das Minimum in (9.8.9) wird jeweils mit `LsqNon` oder `LsqMar` gefunden. Die Klassen, die die asymmetrischen Fehler bestimmen, sind `LsqAsn`, falls `LsqNon` benutzt wird, bzw. `LsqAsm` bei Nutzung von `LsqMar`. Die so bestimmten unsymmetrischen Fehler für das Beispiel 9.8 sind im Bild 9.11 eingezeichnet.

9.9 Bedingte Messungen

Wir kehren jetzt zu dem Fall des Abschnitts 9.1 zurück, in dem die interessierenden Größen direkt gemessen wurden. Die N Messungen sind jedoch nicht mehr völlig unabhängig voneinander, sondern sie sind durch q Bedingungsgleichungen miteinander verknüpft. Gemessen werden etwa die drei Winkel eines Dreiecks. Die Bedingungsgleichung sagt aus, daß ihre Summe gleich 180° ist. Wir fragen wieder nach den besten Werten $\widetilde{\eta}_j$ der Größen η_j. Messungen ergeben an ihrer Stelle die Werte

$$y_j = \eta_j + \varepsilon_j\ , \quad j = 1,2,\ldots,n\ . \tag{9.9.1}$$

Wie oben nehmen wir eine um Null zentrierte Normalverteilung für die Meßfehler ε_j an:

$$E(\varepsilon_j) = 0\ , \quad E(\varepsilon_j^2) = \sigma_j^2\ .$$

Die q Bedingungsgleichungen haben die Form

$$f_k(\boldsymbol{\eta}) = 0\ , \quad k = 1,2,\ldots,q\ . \tag{9.9.2}$$

Betrachten wir zunächst den einfachen Fall linearer Bedingungsgleichungen. Die Gleichungen (9.9.2) sind dann von der Art

$$\begin{aligned} b_{10} + b_{11}\eta_1 + b_{12}\eta_2 + \cdots + b_{1n}\eta_n &= 0\ , \\ b_{20} + b_{21}\eta_1 + b_{22}\eta_2 + \cdots + b_{2n}\eta_n &= 0\ , \\ &\vdots \\ b_{q0} + b_{q1}\eta_1 + b_{q2}\eta_2 + \cdots + b_{qn}\eta_n &= 0 \end{aligned} \tag{9.9.3}$$

oder – in Matrixschreibweise –

$$B\boldsymbol{\eta} + \mathbf{b}_0 = 0\ . \tag{9.9.4}$$

9.9.1 Die Methode der Elemente

Ein anschauliches, wenn auch zur automatischen Behandlung wenig geeignetes Verfahren zur Behandlung der Aufgabe ist die *Methode der Elemente*. Wir können die q Gleichungen (9.9.3) benutzen, um q der n Größen η zu eliminieren. Die restlichen $n-q$ Größen $\alpha_i (i = 1,2,\ldots,n-q)$ heißen *Elemente*. Sie können willkürlich aus den ursprünglichen η ausgewählt werden oder auch Linearkombinationen aus diesen sein. Wir können dann den vollständigen Vektor η als einen Satz von Linearkombinationen dieser Elemente ausdrücken,

$$\eta_j = f_{j0} + f_{j1}\alpha_1 + f_{j2}\alpha_2 + \cdots + f_{j,n-q}\alpha_{n-q}\ , \quad j = 1,2,\ldots,n\ , \tag{9.9.5}$$

oder

$$\boldsymbol{\eta} = F\boldsymbol{\alpha} + \mathbf{f}_0 \,. \tag{9.9.6}$$

Die Gl. (9.9.6) ist vom gleichen Typ wie (9.2.2). Die Lösung muß daher von der Form (9.2.26) sein, d. h.

$$\widetilde{\boldsymbol{\alpha}} = (F^{\mathrm{T}} G_y F)^{-1} F^{\mathrm{T}} G_y (\mathbf{y} - \mathbf{f}_0) \tag{9.9.7}$$

beschreibt die Schätzung der Elemente $\boldsymbol{\alpha}$ nach der Methode der kleinsten Quadrate. Die entsprechende Kovarianzmatrix ist

$$G_{\widetilde{\alpha}}^{-1} = (F^{\mathrm{T}} G_y F)^{-1} \,, \tag{9.9.8}$$

vgl. (9.2.27). Die verbesserten Messungen erhält man durch Einsetzen von (9.9.7) in (9.9.6):

$$\widetilde{\boldsymbol{\eta}} = F\widetilde{\boldsymbol{\alpha}} + \mathbf{f}_0 = F(F^{\mathrm{T}} G_y F)^{-1} F^{\mathrm{T}} G_y (\mathbf{y} - \mathbf{f}_0) + \mathbf{f}_0 \,. \tag{9.9.9}$$

Durch Fehlerfortpflanzung ergibt sich die Kovarianzmatrix zu

$$G_{\widetilde{\eta}}^{-1} = F(F^{\mathrm{T}} G_y F)^{-1} F^{\mathrm{T}} = F G_{\widetilde{\alpha}}^{-1} F^{\mathrm{T}} \,. \tag{9.9.10}$$

Beispiel 9.9: Zwangsbedingung zwischen den Winkeln eines Dreiecks

Messungen der Winkel eines Dreiecks mögen die Werte $y_1 = 89°$, $y_2 = 31°$, $y_3 = 61°$ ergeben haben, d. h.

$$\mathbf{y} = \begin{pmatrix} 89 \\ 31 \\ 62 \end{pmatrix} .$$

Die lineare Bedingungsgleichung ist

$$\eta_1 + \eta_2 + \eta_3 = 180 \,.$$

Sie kann als

$$B\boldsymbol{\eta} + \mathbf{b}_0 = 0$$

geschrieben werden mit

$$B = (1,1,1) \,, \quad \mathbf{b}_0 = b_0 = -180 \,.$$

Als Elemente wählen wir η_1 und η_2. Das System (9.9.5) wird dann zu

$$\eta_1 = \alpha_1 \,, \quad \eta_2 = \alpha_2 \,, \quad \eta_3 = 180 - \alpha_1 - \alpha_2$$

oder

$$\boldsymbol{\eta} = \begin{pmatrix} 1 & 0 \\ 0 & 1 \\ -1 & -1 \end{pmatrix} \boldsymbol{\alpha} + \begin{pmatrix} 0 \\ 0 \\ 180 \end{pmatrix} ,$$

d. h.

$$F = \begin{pmatrix} 1 & 0 \\ 0 & 1 \\ -1 & -1 \end{pmatrix}, \quad \mathbf{f}_0 = \begin{pmatrix} 0 \\ 0 \\ 180 \end{pmatrix}.$$

Wir nehmen einen Winkelmeßfehler von 1° an, d. h.

$$C_y = \begin{pmatrix} 1 & 0 & 0 \\ 0 & 1 & 0 \\ 0 & 0 & 1 \end{pmatrix} = I, \quad G_y = C_y^{-1} = I.$$

Anwendung auf (9.9.7) ergibt

$$\begin{aligned} \widetilde{\alpha} &= \left[\begin{pmatrix} 1 & 0 & -1 \\ 0 & 1 & -1 \end{pmatrix} I \begin{pmatrix} 1 & 0 \\ 0 & 1 \\ -1 & -1 \end{pmatrix} \right]^{-1} \begin{pmatrix} 1 & 0 & -1 \\ 0 & 1 & -1 \end{pmatrix} I \begin{pmatrix} 89 \\ 31 \\ -118 \end{pmatrix} \\ &= \begin{pmatrix} 2 & 1 \\ 1 & 2 \end{pmatrix}^{-1} \begin{pmatrix} 207 \\ 149 \end{pmatrix} = \frac{1}{3} \begin{pmatrix} 2 & -1 \\ -1 & 2 \end{pmatrix} \begin{pmatrix} 207 \\ 149 \end{pmatrix} = \begin{pmatrix} 88\frac{1}{3} \\ 30\frac{1}{3} \end{pmatrix}. \end{aligned}$$

Unter Benutzung von (9.9.9) ist schließlich

$$\widetilde{\eta} = F\widetilde{\alpha} + \mathbf{f}_0 = \begin{pmatrix} 1 & 0 \\ 0 & 1 \\ -1 & -1 \end{pmatrix} \begin{pmatrix} 88\frac{1}{3} \\ 30\frac{1}{3} \end{pmatrix} + \begin{pmatrix} 0 \\ 0 \\ 180 \end{pmatrix} = \begin{pmatrix} 88\frac{1}{3} \\ 30\frac{1}{3} \\ 61\frac{1}{3} \end{pmatrix}.$$

Natürlich war dieses Ergebnis zu erwarten. Der „Überschuß" der gemessenen Winkelsumme von 2° wird gleichmäßig von den drei Messungen subtrahiert. Dies wäre aber dann nicht der Fall gewesen, wenn die Einzelmessungen verschieden große Fehler gehabt hätten. Der Leser kann die Rechnung leicht für einen solchen Fall wiederholen. Durch Anwendung von (9.9.10) können wir die Restfehler der verbesserten Messungen bestimmen:

$$\begin{aligned} G_{\widetilde{\eta}}^{-1} &= \begin{pmatrix} 1 & 0 \\ 0 & 1 \\ -1 & -1 \end{pmatrix} \left[\begin{pmatrix} 1 & 0 & 1 \\ 0 & 1 & -1 \end{pmatrix} I \begin{pmatrix} 1 & 0 \\ 0 & 1 \\ -1 & -1 \end{pmatrix} \right]^{-1} \begin{pmatrix} 1 & 0 & 1 \\ 0 & 1 & -1 \end{pmatrix} \\ &= \frac{1}{3} \begin{pmatrix} 1 & 0 \\ 0 & 1 \\ -1 & -1 \end{pmatrix} \begin{pmatrix} 2 & -1 \\ -1 & 2 \end{pmatrix} \begin{pmatrix} 1 & 0 & 1 \\ 0 & 1 & -1 \end{pmatrix} = \frac{1}{3} \begin{pmatrix} 2 & -1 & -1 \\ -1 & 2 & -1 \\ -1 & -1 & 2 \end{pmatrix}. \end{aligned}$$

Der Restfehler eines jeden Winkels ist damit gleich $\sqrt{2/3} \approx 0.82$. ∎

Wir wollen hier noch eine allgemeine Feststellung zur Ausgleichung von bedingten Messungen treffen. Während wir bisher in den statistischen Methoden kein Mittel gegen systematische Fehler fanden, bieten die Bedingungsgleichungen in vielen Fällen eine Handhabe. Wird etwa in sehr vielen Messungen die Winkelsumme häufiger 180° übersteigen als unterschreiten, so kann man auf einen systematischen Fehler des Meßgerätes schließen.

9.9.2 Die Methode der Lagrangeschen Multiplikatoren

Anstelle der Ausgleichung mit Elementen wird gewöhnlich die Methode der *Lagrangeschen Multiplikatoren* benutzt. Während natürlich beide Methoden identische Ergebnisse liefern, hat die letztere den Vorzug, alle Unbekannten in der gleichen Art zu behandeln und damit den Benutzer von der Wahl der Elemente zu befreien. Die Methode der Lagrangeschen Multiplikatoren ist ein aus der Differentialrechnung bekanntes Verfahren zur Bestimmung von Extremwerten unter Berücksichtigung von Nebenbedingungen.

Wir gehen wieder von dem linearen System von Bedingungsgleichungen (9.9.4),

$$B\boldsymbol{\eta} + \mathbf{b}_0 = 0 ,$$

aus und erinnern uns, daß die gemessenen Größen eine Summe der wahren Werte η und der Meßfehler ε,

$$\mathbf{y} = \boldsymbol{\eta} + \boldsymbol{\varepsilon} ,$$

sind. Es gilt also

$$B\mathbf{y} - B\boldsymbol{\varepsilon} + \mathbf{b}_0 = 0 . \tag{9.9.11}$$

Da die $\mathbf{y}$ aus der Messung bekannt und $\mathbf{b}_0$ und B auch aus bekannten Größen aufgebaut sind, können wir einen Spaltenvektor mit q Elementen

$$\mathbf{c} = B\mathbf{y} + \mathbf{b}_0 \tag{9.9.12}$$

aufbauen, der keine Unbekannten enthält. Damit kann (9.9.11) in der Form

$$\mathbf{c} - B\boldsymbol{\varepsilon} = 0 \tag{9.9.13}$$

geschrieben werden. Wir führen jetzt einen weiteren q-elementigen Spaltenvektor ein, dessen noch unbekannte Elemente die *Lagrangeschen Multiplikatoren*

$$\boldsymbol{\mu} = \begin{pmatrix} \mu_1 \\ \mu_2 \\ \vdots \\ \mu_q \end{pmatrix} \tag{9.9.14}$$

sind, und erweitern die ursprüngliche Minimumfunktion (9.2.16),

$$M = \boldsymbol{\varepsilon}^{\mathrm{T}} G_y \boldsymbol{\varepsilon} ,$$

auf

$$L = \boldsymbol{\varepsilon}^{\mathrm{T}} G_y \boldsymbol{\varepsilon} + 2\mu^{\mathrm{T}}(\mathbf{c} - B\boldsymbol{\varepsilon}) . \tag{9.9.15}$$

Die Funktion L heißt *Lagrange-Funktion.* Die Forderung

$$M = \min$$

mit der Nebenbedingung

$$\mathbf{c} - B\boldsymbol{\varepsilon} = 0$$

ist gerade dann erfüllt, wenn das vollständige Differential der Lagrangefunktion verschwindet, d. h., wenn

$$\mathrm{d}L = 2\boldsymbol{\varepsilon}^{\mathrm{T}} G_y \,\mathrm{d}\boldsymbol{\varepsilon} - 2\boldsymbol{\mu}^{\mathrm{T}} B \,\mathrm{d}\boldsymbol{\varepsilon} = 0 \,.$$

Das ist äquivalent mit

$$\boldsymbol{\varepsilon}^{\mathrm{T}} G_y - \boldsymbol{\mu}^{\mathrm{T}} B = 0 \,. \tag{9.9.16}$$

Das System (9.9.16) besteht aus n Gleichungen, die insgesamt $n+q$ Unbekannte ε_1, $\varepsilon_2, \ldots, \varepsilon_n$ und $\mu_1, \mu_2, \ldots, \mu_q$ enthalten. Zusätzlich haben wir noch die q Bedingungsgleichungen (9.9.13). Wir transponieren (9.9.16) und erhalten

$$G_y \boldsymbol{\varepsilon} = B^{\mathrm{T}} \boldsymbol{\mu} \,, \quad \boldsymbol{\varepsilon} = G_y^{-1} B^{\mathrm{T}} \boldsymbol{\mu} \,. \tag{9.9.17}$$

Durch Einsetzen in (9.9.13) erhalten wir

$$\mathbf{c} - B G_y^{-1} B^{\mathrm{T}} \boldsymbol{\mu} = 0 \,,$$

was sich leicht nach den $\boldsymbol{\mu}$ auflösen läßt:

$$\widetilde{\boldsymbol{\mu}} = (B G_y^{-1} B^{\mathrm{T}})^{-1} \mathbf{c} \,. \tag{9.9.18}$$

Mit (9.9.17) haben wir dann die Schätzungen nach kleinsten Quadraten der Meßfehler:

$$\widetilde{\boldsymbol{\varepsilon}} = G_y^{-1} B^{\mathrm{T}} (B G_y^{-1} B^{\mathrm{T}})^{-1} \mathbf{c} \,. \tag{9.9.19}$$

Die besten Schätzungen der Unbekannten sind durch (9.9.1) gegeben,

$$\widetilde{\boldsymbol{\eta}} = \mathbf{y} - \widetilde{\boldsymbol{\varepsilon}} = \mathbf{y} - G_y^{-1} B^{\mathrm{T}} (B G_y^{-1} B^{\mathrm{T}})^{-1} \mathbf{c} \,. \tag{9.9.20}$$

Mit der Abkürzung

$$G_B = (B G_y^{-1} B^{\mathrm{T}})^{-1}$$

wird das zu

$$\widetilde{\boldsymbol{\eta}} = \mathbf{y} - G_y^{-1} B^{\mathrm{T}} G_B \mathbf{c} \,. \tag{9.9.21}$$

Die Kovarianzmatrizen der $\widetilde{\boldsymbol{\mu}}$ und $\widetilde{\boldsymbol{\eta}}$ ergeben sich leicht durch Anwendung der Fehlerfortpflanzung auf die linearen Gleichungssysteme (9.9.18) und (9.9.19),

$$G_{\widetilde{\mu}}^{-1} = (B G_y^{-1} B^{\mathrm{T}})^{-1} = G_B \,, \tag{9.9.22}$$

$$G_{\widetilde{\eta}}^{-1} = G_y^{-1} - G_y^{-1} B^{\mathrm{T}} G_B B G_y^{-1} \,. \tag{9.9.23}$$

Beispiel 9.10: Anwendung der Methode der Lagrange-Multiplikatoren auf Beispiel 9.9

Wir wenden die Methode der Lagrangeschen Multiplikatoren auf die Aufgabe des Beispiels 9.9 an. Wir haben dann

$$\mathbf{c} = B\mathbf{y} + \mathbf{b}_0 = (1,1,1)\begin{pmatrix} 89 \\ 31 \\ 62 \end{pmatrix} - 180 = 182 - 180 = 2 \,.$$

Außerdem

$$G_B = (BG_yB^{\mathrm{T}})^{-1} = \left[(1,1,1)I\begin{pmatrix} 1 \\ 1 \\ 1 \end{pmatrix}\right]^{-1} = 3^{-1} = \frac{1}{3}$$

und

$$G_yB^{\mathrm{T}} = I\begin{pmatrix} 1 \\ 1 \\ 1 \end{pmatrix} = \begin{pmatrix} 1 \\ 1 \\ 1 \end{pmatrix} .$$

Wir können jetzt (9.9.21) berechnen,

$$\widetilde{\eta} = \begin{pmatrix} 89 \\ 31 \\ 62 \end{pmatrix} - \begin{pmatrix} 1 \\ 1 \\ 1 \end{pmatrix}\frac{2}{3} = \begin{pmatrix} 88\frac{1}{3} \\ 30\frac{1}{3} \\ 61\frac{1}{3} \end{pmatrix} .$$

Die Kovarianzmatrizen sind dann

$$\begin{aligned}
G_{\widetilde{\mu}}^{-1} &= \frac{1}{3}\,, \\
G_{\widetilde{\eta}}^{-1} &= I - I\begin{pmatrix} 1 \\ 1 \\ 1 \end{pmatrix}\frac{1}{3}(1,1,1)I \\
&= I - \frac{1}{3}\begin{pmatrix} 1 & 1 & 1 \\ 1 & 1 & 1 \\ 1 & 1 & 1 \end{pmatrix} = \frac{1}{3}\begin{pmatrix} 2 & -1 & -1 \\ -1 & 2 & -1 \\ -1 & -1 & 2 \end{pmatrix} . \quad \blacksquare
\end{aligned}$$

Wir verallgemeinern jetzt die Methode der Lagrangeschen Multiplikatoren für den Fall nichtlinearer Bedingungsgleichungen der allgemeinen Form (9.9.2), d. h.

$$f_k(\boldsymbol{\eta}) = 0\,, \quad k = 1,2,\ldots,q\,.$$

Diese Gleichungen können wir in einer Umgebung von $\boldsymbol{\eta}_0$ in eine Reihe entwickeln,

$$f_k(\boldsymbol{\eta}) = f_k(\boldsymbol{\eta}_0) + \left(\frac{\partial f_k}{\partial \eta_1}\right)_{\boldsymbol{\eta}_0}(\eta_1 - \eta_{10}) + \cdots + \left(\frac{\partial f_k}{\partial \eta_n}\right)_{\boldsymbol{\eta}_0}(\eta_n - \eta_{n0})\,. \tag{9.9.24}$$

Die $\boldsymbol{\eta}_0$ stellen dabei eine erste Näherung an die wahren Werte $\boldsymbol{\eta}$ dar. Unter Benutzung der Definitionen

$$
\begin{aligned}
b_{kl} &= \left(\frac{\partial f_k}{\partial \eta_l}\right)_{\boldsymbol{\eta}_0}, \quad B = \begin{pmatrix} b_{11} & b_{12} & \cdots & b_{1n} \\ b_{21} & b_{22} & \cdots & b_{2n} \\ \vdots & & & \\ b_{q1} & b_{q2} & \cdots & b_{qn} \end{pmatrix}, \\
c_k &= f_k(\boldsymbol{\eta}_0), \qquad \mathbf{c} = \begin{pmatrix} c_1 \\ c_2 \\ \vdots \\ c_q \end{pmatrix}, \\
\delta_k &= (\eta_k - \eta_{k0}), \quad \boldsymbol{\delta} = \begin{pmatrix} \delta_1 \\ \delta_2 \\ \vdots \\ \delta_n \end{pmatrix}
\end{aligned}
$$

können wir (9.9.24) in der Form

$$\mathbf{c}B + \boldsymbol{\delta} = 0 \tag{9.9.25}$$

schreiben. Bis auf ein Vorzeichen entspricht diese Beziehung der Gleichung (9.9.13). Die Lösung $\widetilde{\boldsymbol{\delta}}$ kann damit aus (9.9.19) abgelesen werden,

$$\widetilde{\boldsymbol{\delta}} = -G_y^{-1} B^{\mathrm{T}} (B G_y^{-1} B^{\mathrm{T}})^{-1} \mathbf{c} \,. \tag{9.9.26}$$

Als erste Näherung $\boldsymbol{\eta}_0$ dienen natürlich die Messwerte $\mathbf{y}$,

$$\boldsymbol{\eta}_0 = \mathbf{y} \,. \tag{9.9.27}$$

Man erhält

$$\widetilde{\boldsymbol{\eta}} = \boldsymbol{\eta}_0 + \widetilde{\boldsymbol{\delta}} \,. \tag{9.9.28}$$

Für lineare Bedingungsgleichungen ist dies bereits die gesuchte Lösung.

Sind die Gleichungen nicht linear, so führt man eine Iteration aus. Die Vorschrift für den Iterationsschritt i ist am Ende des nächsten Abschnitts für einen allgemeineren Fall beschrieben. Wenn man in den dort angegebenen Formeln alle Terme mit der Matrix A zu null setzt, erhält man die Iterationsvorschrift für den Fall bedingter Messungen.

Für jeden Schritt i berechnet man

$$M_i = \boldsymbol{\varepsilon}_i^{\mathrm{T}} G_y \boldsymbol{\varepsilon}_i \,, \quad \boldsymbol{\varepsilon}_i = \mathbf{y} - \boldsymbol{\eta}_i \,. \tag{9.9.29}$$

Das Verfahren wird als konvergent beendet, wenn ein neuer Schritt keine weitere deutliche Reduktion von M_i liefert. Das Ergebnis nennen wir $\widetilde{\boldsymbol{\eta}}$.

Die entsprechende Kovarianzmatrix wird immer noch durch (9.9.23) angegeben, d. h.

$$G_{\widetilde{\eta}}^{-1} = G_y^{-1} - G_y^{-1} B^{\mathrm{T}} G_B B G_y^{-1} , \tag{9.9.30}$$

falls als Elemente der Matrix B die bei $\widetilde{\eta}$ berechneten Werte eingesetzt werden. Die besten Schätzungen der Meßfehler können dann aus

$$\widetilde{\boldsymbol{\varepsilon}} = \mathbf{y} - \widetilde{\boldsymbol{\eta}} \tag{9.9.31}$$

berechnet werden. Aus ihnen erhält man schließlich die Minimumfunktion

$$\widetilde{M} = \widetilde{\boldsymbol{\varepsilon}}^{\mathrm{T}} G_y \widetilde{\boldsymbol{\varepsilon}} . \tag{9.9.32}$$

Diese Größe kann wieder für einen χ^2-Test mit q Freiheitsgraden benutzt werden.

Obwohl die Methode der Lagrange-Multiplikatoren mathematisch elegant ist, benutzen wir in Programmen die Methode orthogonaler Transformationen, vgl. Abschnitt 9.12.

9.10 Der allgemeine Fall der Anpassung nach kleinsten Quadraten

Nach den Vorbereitungen der bisherigen Abschnitte können wir uns jetzt mit dem allgemeinen Fall der Ausgleichsrechnung nach der Methode der kleinsten Quadrate beschäftigen.

Wiederholen wir zunächst unsere Bezeichnungsweise. Die r unbekannten Parameter sind zu einem Vektor $\mathbf{x}$ zusammengefaßt. Die meßbaren Größen bilden einen n-Vektor $\boldsymbol{\eta}$. Die wirklich gemessenen Größen $\mathbf{y}$ weichen von den $\boldsymbol{\eta}$ durch die Fehler $\boldsymbol{\varepsilon}$ ab. Wir nehmen eine Normalverteilung der Einzelfehler ε_j ($j = 1,2,\ldots,n$) an. Sie ist eine Normalverteilung der n Variablen ε_j mit dem Nullvektor als Vektor der Erwartungswerte und der Kovarianzmatrix $C_y = G_y^{-1}$. Die $\mathbf{x}$ und $\boldsymbol{\eta}$ sind durch m Funktionen

$$f_k(\mathbf{x}, \boldsymbol{\eta}) = f_k(\mathbf{x}, \mathbf{y} - \boldsymbol{\varepsilon}) = 0 , \quad k = 1,2,\ldots,m , \tag{9.10.1}$$

verknüpft. Wir wollen weiter annehmen, daß wir uns bereits auf irgendeine Weise eine Näherung $\mathbf{x}_0$ der Unbekannten beschafft haben. Als erste Näherung der $\boldsymbol{\eta}$ benutzen wir $\boldsymbol{\eta}_0 = \mathbf{y}$ wie im Abschnitt 9.9. Wir fordern schließlich, daß die Funktionen f_k innerhalb des Variabilitätsbereiches unseres Problems, d. h. in dem Bereich um $(\mathbf{x}_0, \boldsymbol{\eta}_0)$, der durch die Differenzen $\mathbf{x} - \mathbf{x}_0$ und $\boldsymbol{\eta} - \boldsymbol{\eta}_0$ bestimmt ist, durch lineare Funktionen angenähert werden können. Dann können wir schreiben:

$$\begin{aligned} f_k(\mathbf{x},\boldsymbol{\eta}) &= f_k(\mathbf{x}_0,\boldsymbol{\eta}_0) \\ &+ \left(\frac{\partial f_k}{\partial x_1}\right)_{\mathbf{x}_0,\boldsymbol{\eta}_0}(x_1 - x_{10}) + \cdots + \left(\frac{\partial f_k}{\partial x_r}\right)_{\mathbf{x}_0,\boldsymbol{\eta}_0}(x_r - x_{r0}) \\ &+ \left(\frac{\partial f_k}{\partial \eta_1}\right)_{\mathbf{x}_0,\boldsymbol{\eta}_0}(\eta_1 - \eta_{10}) + \cdots + \left(\frac{\partial f_k}{\partial \eta_n}\right)_{\mathbf{x}_0,\boldsymbol{\eta}_0}(\eta_n - \eta_{n0}) \,. \end{aligned} \tag{9.10.2}$$

Mit den Abkürzungen

$$a_{k\ell} = \left(\frac{\partial f_k}{\partial x_\ell}\right)_{\mathbf{x}_0,\boldsymbol{\eta}_0} , \quad A = \begin{pmatrix} a_{11} & a_{12} & \cdots & a_{1r} \\ a_{21} & a_{22} & \cdots & a_{2r} \\ \vdots & & & \\ a_{m1} & a_{m2} & \cdots & a_{mr} \end{pmatrix} , \tag{9.10.3}$$

$$b_{k\ell} = \left(\frac{\partial f_k}{\partial \eta_\ell}\right)_{\mathbf{x}_0,\boldsymbol{\eta}_0} , \quad B = \begin{pmatrix} b_{11} & b_{12} & \cdots & b_{1n} \\ b_{21} & b_{22} & \cdots & b_{2n} \\ \vdots & & & \\ b_{m1} & b_{m2} & \cdots & b_{mn} \end{pmatrix} , \tag{9.10.4}$$

$$c_k = f_k(\mathbf{x}_0,\boldsymbol{\eta}_0) , \qquad \mathbf{c} = \begin{pmatrix} c_1 \\ c_2 \\ \vdots \\ c_m \end{pmatrix} , \tag{9.10.5}$$

$$\boldsymbol{\xi} = \mathbf{x} - \mathbf{x}_0 \,, \quad \boldsymbol{\delta} = \boldsymbol{\eta} - \boldsymbol{\eta}_0 \tag{9.10.6}$$

kann das Gleichungssystem (9.10.2) wie folgt geschrieben werden:

$$A\boldsymbol{\xi} + B\boldsymbol{\delta} + \mathbf{c} = 0 \,. \tag{9.10.7}$$

Die Lagrangefunktion ist

$$L = \boldsymbol{\delta}^{\mathrm{T}} G_y \boldsymbol{\delta} + 2\boldsymbol{\mu}^{\mathrm{T}}(A\boldsymbol{\xi} + B\boldsymbol{\delta} + \mathbf{c}) \,. \tag{9.10.8}$$

Dabei ist $\boldsymbol{\mu}$ ein m-Vektor der Lagrangeschen Multiplikatoren. Wir verlangen, daß das totale Differential von (9.10.8) bezüglich $\boldsymbol{\delta}$ verschwindet. Das ist gleichbedeutend mit der Forderung

$$G_y\boldsymbol{\delta} + B^{\mathrm{T}}\boldsymbol{\mu} = 0$$

oder

$$\boldsymbol{\delta} = -G_y^{-1} B^{\mathrm{T}} \boldsymbol{\mu} \,. \tag{9.10.9}$$

Einsetzen in (9.10.7) liefert

$$A\boldsymbol{\xi} - BG_y^{-1}B^{\mathrm{T}}\boldsymbol{\mu} + \mathbf{c} = 0 \tag{9.10.10}$$

oder

$$\boldsymbol{\mu} = G_B(A\boldsymbol{\xi} + \mathbf{c}) . \tag{9.10.11}$$

Dabei ist

$$G_B = (BG_y^{-1}B^{\mathrm{T}})^{-1} . \tag{9.10.12}$$

Mit (9.10.9) können wir jetzt schreiben

$$\boldsymbol{\delta} = -G_y^{-1}B^{\mathrm{T}}G_B(A\boldsymbol{\xi} + \mathbf{c}) . \tag{9.10.13}$$

Da die Lagrangefunktion L auch bezüglich $\boldsymbol{\xi}$ ein Minimum annimmt, muß das totale Differential von (9.10.8) bezüglich $\boldsymbol{\xi}$ verschwinden, d. h.

$$2\boldsymbol{\mu}^{\mathrm{T}}A = 0 .$$

Durch Transposition und Einsetzen von (9.10.11) erhält man

$$2A^{\mathrm{T}}G_B(A\boldsymbol{\xi} + \mathbf{c}) = 0$$

oder

$$\widetilde{\boldsymbol{\xi}} = -(A^{\mathrm{T}}G_BA)^{-1}A^{\mathrm{T}}G_B\mathbf{c} . \tag{9.10.14}$$

Einsetzen von (9.10.14) in (9.10.13) und (9.10.11) liefert sofort die Schätzungen der Abweichungen $\boldsymbol{\delta}$ und der Lagrangeschen Multiplikatoren $\boldsymbol{\mu}$:

$$\widetilde{\boldsymbol{\delta}} = -G_y^{-1}B^{\mathrm{T}}G_B(\mathbf{c} - A(A^{\mathrm{T}}G_BA)^{-1}A^{\mathrm{T}}G_B\mathbf{c}) , \tag{9.10.15}$$

$$\widetilde{\boldsymbol{\mu}} = G_B(\mathbf{c} - A(A^{\mathrm{T}}G_BA)^{-1}A^{\mathrm{T}}G_B\mathbf{c}) . \tag{9.10.16}$$

Die Schätzungen der Parameter $\mathbf{x}$ und der verbesserten Messungen $\boldsymbol{\eta}$ sind

$$\widetilde{\mathbf{x}} = \mathbf{x}_0 + \widetilde{\boldsymbol{\xi}} , \tag{9.10.17}$$

$$\widetilde{\boldsymbol{\eta}} = \boldsymbol{\eta}_0 + \widetilde{\boldsymbol{\delta}} . \tag{9.10.18}$$

Aus (9.10.14), (9.10.4) und (9.10.5) erhalten wir für die Matrix der Ableitungen der Elemente von $\widetilde{\boldsymbol{\xi}}$ nach den Elementen von $\mathbf{y}$

$$\frac{\partial \widetilde{\boldsymbol{\xi}}}{\partial \mathbf{y}} = -(A^{\mathrm{T}}G_BA)^{-1}A^{\mathrm{T}}G_B\frac{\partial \mathbf{c}}{\partial \mathbf{y}} = -(A^{\mathrm{T}}G_BA)^{-1}A^{\mathrm{T}}G_BB .$$

Mit Hilfe der Fehlerfortpflanzung ergibt sich die Kovarianzmatrix

$$G_{\widetilde{x}}^{-1} = G_{\widetilde{\xi}}^{-1} = (A^{\mathrm{T}}G_BA)^{-1} . \tag{9.10.19}$$

Entsprechend findet man

$$G_{\widetilde{\eta}}^{-1} = G_y^{-1} - G_y^{-1}B^{\mathrm{T}}G_BBG_y^{-1} + G_y^{-1}B^{\mathrm{T}}G_BA(A^{\mathrm{T}}G_BA)^{-1}A^{\mathrm{T}}G_BBG_y^{-1} . \tag{9.10.20}$$

Man kann zeigen, daß unter den angenommenen Bedingungen, d. h. hinreichende Linearität von (9.10.2) und Normalverteilung der Meßfehler, die Minimumfunktion M, die sich auch in der Form

$$M = (B\tilde{\boldsymbol{\varepsilon}})^{\mathrm{T}} G_B (B\tilde{\boldsymbol{\varepsilon}}) \,, \quad \tilde{\boldsymbol{\varepsilon}} = \mathbf{y} - \tilde{\boldsymbol{\eta}} \,, \tag{9.10.21}$$

schreiben läßt, einer χ^2-Verteilung mit $m-r$ Freiheitsgraden folgt.

Sind die Gleichungen (9.10.1) linear, so stellen die Beziehungen (9.10.17) bis (9.10.20) bereits die endgültige Lösung dar. In nichtlinearen Fällen kann man einen Iterationsprozeß durchführen, den wir für den Schritt i mit $i = 1,2,\ldots$ ausführlich darstellen. Für die Funktionen f_k gilt

$$\begin{aligned} f_k^{(i)}(\mathbf{x},\boldsymbol{\eta}) &= f_k(\mathbf{x}_{i-1},\boldsymbol{\eta}_{i-1}) \\ &\quad + \left(\frac{\partial f_k}{\partial x_1}\right)_{\mathbf{x}_{i-1},\boldsymbol{\eta}_{i-1}} (x_1 - x_{1,i-1}) + \cdots + \left(\frac{\partial f_k}{\partial x_r}\right)_{\mathbf{x}_{i-1},\boldsymbol{\eta}_{i-1}} (x_r - x_{r,i-1}) \\ &\quad + \left(\frac{\partial f_k}{\partial \eta_1}\right)_{\mathbf{x}_{i-1},\boldsymbol{\eta}_{i-1}} (\eta_1 - \eta_{1,i-1}) + \cdots + \left(\frac{\partial f_k}{\partial \eta_n}\right)_{\mathbf{x}_{i-1},\boldsymbol{\eta}_{i-1}} (\eta_n - \eta_{n,i-1}) \,. \end{aligned}$$

Mit $A^{(i)}, B^{(i)}, \mathbf{c}^{(i)}$ bezeichnen wir die Größen $A, B, \mathbf{c}$, ausgewertet an der Stelle $\mathbf{x}_{i-1}, \boldsymbol{\eta}_{i-1}$. Außerdem sei

$$\boldsymbol{\xi}^{(i)} = \mathbf{x}_i - \mathbf{x}_{i-1} \,, \quad \boldsymbol{\delta}^{(i)} = \boldsymbol{\eta}_i - \boldsymbol{\eta}_{i-1} \,.$$

Damit gilt

$$A^{(i)}\boldsymbol{\xi}^{(i)} + B^{(i)}\boldsymbol{\delta}^{(i)} + \mathbf{c}^{(i)} = 0 \,.$$

Wir bezeichnen jetzt mit

$$\mathbf{s}^{(i)} = \sum_{\ell=1}^{i-1} \boldsymbol{\delta}^{(\ell)}$$

die Summe der Beiträge aller früheren Schritte zur Verbesserung der Messungen und finden für die Differenz zwischen den Messungen $\mathbf{y}$ und der Näherung $\boldsymbol{\eta}_i$

$$\mathbf{y} - \boldsymbol{\eta}_i = \mathbf{y} - (\boldsymbol{\eta}_0 + \mathbf{s}^{(i)} + \boldsymbol{\delta}^{(i)}) = -(\mathbf{s}^{(i)} + \boldsymbol{\delta}^{(i)}) \,,$$

weil $\boldsymbol{\eta}_0 = \mathbf{y}$. Der erste Term der Lagrange-Funktion lautet

$$(\mathbf{y} - \boldsymbol{\eta}_i)^{\mathrm{T}} G_y (\mathbf{y} - \boldsymbol{\eta}_i) = (\mathbf{s}^{(i)} + \boldsymbol{\delta}^{(i)})^{\mathrm{T}} G_y (\mathbf{s}^{(i)} + \boldsymbol{\delta}^{(i)})$$

und die Lagrange-Funktion ist

$$L = (\mathbf{s}^{(i)} + \boldsymbol{\delta}^{(i)})^{\mathrm{T}} G_y (\mathbf{s}^{(i)} + \boldsymbol{\delta}^{(i)}) + 2\boldsymbol{\mu}^{(i)\mathrm{T}} (A^{(i)}\boldsymbol{\xi}^{(i)} + B^{(i)}\boldsymbol{\delta}^{(i)} + \mathbf{c}^{(i)}) \,.$$

Wir können jetzt vorgehen wie oben und erhalten mit $G_B^{(i)} = (B^{(i)} G_y^{-1} B^{(i)\mathrm{T}})^{-1}$

$$\boldsymbol{\xi}^{(i)} = -(A^{(i)\mathrm{T}} G_B^{(i)} A^{(i)})^{-1} A^{(i)\mathrm{T}} G_B^{(i)} (\mathbf{c}^{(i)} - B^{(i)} \mathbf{s}^{(i)}) .$$

und

$$\boldsymbol{\delta}^{(i)} = -G_y^{-1} B^{(i)\mathrm{T}} G_B^{(i)} (\mathbf{c}^{(i)} - B^{(i)} \mathbf{s}^{(i)} - A^{(i)} (A^{(i)\mathrm{T}} G_B^{(i)} A^{(i)})^{-1} A^{(i)\mathrm{T}} G_B^{(i)} (\mathbf{c}^{(i)} - B^{(i)} \mathbf{s}^{(i)})) .$$

Für jeden Schritt i berechnet man

$$M_i = \boldsymbol{\varepsilon}_i^{\mathrm{T}} G_y \boldsymbol{\varepsilon}_i \; , \quad \boldsymbol{\varepsilon}_i = \mathbf{y} - \boldsymbol{\eta}_i \; . \tag{9.10.22}$$

Das Verfahren wird als konvergent beendet, wenn ein neuer Schritt keine weitere deutliche Reduktion von M_i liefert. Die Ergebnisse der Iteration heißen $\widetilde{\mathbf{x}}, \widetilde{\boldsymbol{\eta}}$. Die zugehörigen Kovarianzmatrizen sind durch (9.10.19) und (9.10.20) gegeben, wenn die Matrizen A und B an der Stelle $\widetilde{\mathbf{x}}, \widetilde{\boldsymbol{\eta}}$ berechnet werden. Es ist natürlich auch möglich, daß der Iterationsprozeß divergiert. In diesem Fall müssen die Punkte (a) bis (d), die am Ende von Abschnitt 9.7 erwähnt wurden, beachtet werden.

Im folgenden Abschnitt geben wir einen anderen Weg zur Bestimmung der Lösungen $\widetilde{\mathbf{x}}, \widetilde{\boldsymbol{\eta}}$ an. Für die sich anschließende Berechnung der Kovarianzmatrizen $G_{\widetilde{x}}^{-1}, G_{\widetilde{\eta}}^{-1}$ und der Minimumfunktion M bleiben die Formeln (9.10.19)), (9.10.20) und (9.10.21) gültig. Dabei sind die Ableitungen in den Matrizen A und B am Ort der Löungen zu bilden.

9.11 Algorithmus für den allgemeinen Fall kleinster Quadrate

In der Java-Klasse `LsqGen` zur Bearbeitung des allgemeinen Falls kleinster Quadrate benutzen wir nicht die Methode der Lagrange-Multiplikatoren, sondern verwenden das Verfahren des Abschnitts A.18, das auf orthogonalen Transformationen beruht.

In jedem Iterationsschritt ist es unsere Aufgabe, den r-Vektor $\boldsymbol{\xi}$ und den n-Vektor $\boldsymbol{\delta}$ zu bestimmen. Wir fassen beide zu einem $(r+n)$-Vektor $\mathbf{u}$ zusammen,

$$\mathbf{u} = \begin{pmatrix} \boldsymbol{\xi} \\ \boldsymbol{\delta} \end{pmatrix} . \tag{9.11.1}$$

Auch die $(m \times r)$-Matrix A und die $(m \times n)$-Matrix B werden zu einer $(m \times (r+n))$-Matrix E zusammengefaßt,

$$E = (A, B) . \tag{9.11.2}$$

Der gesuchte Lösungsvektor $\mathbf{u}$ muß die Bedingung (9.10.7) erfüllen, also

$$E\mathbf{u} = \mathbf{d} \; , \quad \mathbf{d} = -\mathbf{c} \; . \tag{9.11.3}$$

Wir betrachten jetzt die Minimumfunktion im i-ten Iterationsschritt. Sie hängt ab von

$$\eta = \mathbf{y} + \sum_{\ell=1}^{i} \boldsymbol{\delta}_\ell = \mathbf{y} + \sum_{\ell=1}^{i-1} \boldsymbol{\delta}_\ell + \boldsymbol{\delta}_i = \mathbf{y} + \mathbf{s} + \boldsymbol{\delta} \,, \quad \boldsymbol{\delta} = \boldsymbol{\delta}_i \,. \tag{9.11.4}$$

Dabei ist

$$\mathbf{s} = \sum_{\ell=1}^{i-1} \boldsymbol{\delta}_\ell \tag{9.11.5}$$

das Ergebnis aller schon ausgeführten Iterationsschritte zur Veränderung von $\mathbf{y}$. Es gilt dann

$$M = (\eta - \mathbf{y})^{\mathrm{T}} G_y (\eta - \mathbf{y}) = (\boldsymbol{\delta} + \mathbf{s})^{\mathrm{T}} G_y (\boldsymbol{\delta} + \mathbf{s}) = \min \,. \tag{9.11.6}$$

Wir erweitern jetzt die $(n \times n)$-Matrix G_y zu einer $((r+n) \times (r+n))$-Matrix

$$G = \begin{pmatrix} 0 & 0 \\ 0 & G_y \end{pmatrix} \begin{matrix} \}r \\ \}n \end{matrix} \,, \tag{9.11.7}$$

für die wir nach Abschnitt A.9 eine Cholesky-Zerlegung finden,

$$G = F^{\mathrm{T}} F \,. \tag{9.11.8}$$

Dann wird (9.11.6) zu

$$M = (\mathbf{u} + \mathbf{t})^{\mathrm{T}} G (\mathbf{u} + \mathbf{t}) = (F\mathbf{u} + F\mathbf{t})^2 = \min$$

oder

$$(F\mathbf{u} - \mathbf{b})^2 = \min \tag{9.11.9}$$

mit

$$\mathbf{t} = \begin{pmatrix} \mathbf{0} \\ \mathbf{s} \end{pmatrix} \begin{matrix} \}r \\ \}n \end{matrix} \,, \quad \mathbf{b} = -F\mathbf{t} \,. \tag{9.11.10}$$

Nun braucht nur noch, etwa mit dem Verfahren des Abschnitts A.18, die Aufgabe (9.11.9) mit der Nebenbedingung (9.11.3) gelöst zu werden. Mit der Lösung

$$\widetilde{\mathbf{u}} = \begin{pmatrix} \widetilde{\boldsymbol{\xi}} \\ \widetilde{\boldsymbol{\delta}} \end{pmatrix}$$

bzw. ihren Teilvektoren $\widetilde{\boldsymbol{\xi}}$, $\widetilde{\boldsymbol{\delta}}$ werden verbesserte Werte von $\mathbf{x}$, vgl. (9.10.17), von $\boldsymbol{\eta}$, vgl. (9.10.18), und $\mathbf{s}$ sowie von $\mathbf{t}$, vgl. (9.11.5) bzw. (9.11.10), gefunden, mit denen ein weiterer Iterationsschritt ausgeführt wird.

Das Verfahren wird als konvergent abgebrochen, wenn sich die Minimumfunktion (9.11.9) in zwei aufeinander folgenden Schritten nur noch unwesentlich ändert, oder es wird als erfolglos abgebrochen, wenn nach einer vorgegebenen Schrittzahl keine Konvergenz eingetreten ist. Im Fall der Konvergenz kann die Kovarianz der

Unbekannten nach (9.10.19) berechnet werden. Auch die Berechnung der Kovarianzmatrix der „verbesserten“ Messungen $\widetilde{\eta}$ nach (9.10.20) ist möglich. Sie ist jedoch seltener von Interesse. Schießlich kann der im letzten Iterationsschritt erhaltene Wert M für einen χ^2-Test mit $m-r$ Freiheitsgraden über die Güte der Anpassung genutzt werden.

Alle beschriebenen Operationen werden von der Klasse `LsqGen` ausgeführt. Dazu gehört auch die numerische Berechnung der Ableitungen für die Matrix E. Vom Benutzer muss lediglich die Beziehung 9.10.1 programmieren, die von der gegebenen Aufgabe abhängt. Das geschieht in einer Erweiterung der abstrakten Klasse `DatanUserFunction`. Zu den nachfolgenden Beispielen in diesem Kapitel gibt es Programmbeispiele (Abschnitt 9.14) mit Realisierungen einer solchen Klasse.

Beispiel 9.11: Anpassung einer Geraden an Punkte mit Meßfehlern in Abszisse und Ordinate

Es sei eine Anzahl von Meßpunkten (t_i, s_i) in der (t,s)-Ebene gegeben. Jeder Punkt habe die Meßfehler Δt_i, Δs_i. Die Fehler können korreliert sein. Die Kovarianz zwischen den Meßfehlern Δt_i und Δs_i sei c_i.

Wir treffen jetzt eine Zuordnung der t_i, s_i zum n-Vektor $\mathbf{y}$ unserer Meßgrößen:

$$y_1 = t_1\,,\quad y_2 = s_1\,,\quad \ldots\,,\quad y_{n-1} = t_{n/2}\,,\quad y_n = s_{n/2}\,.$$

Die Kovarianzmatrix ist

$$C_y = \begin{pmatrix} (\Delta t_1)^2 & c_1 & 0 & 0 & \\ c_1 & (\Delta s_1)^2 & 0 & 0 & \\ 0 & 0 & (\Delta t_2)^2 & c_2 & \\ 0 & 0 & c_2 & (\Delta s_2)^2 & \\ & & & & \ddots \end{pmatrix}\,.$$

Eine Gerade in der (t,s)-Ebene wird durch die Gleichung $s = x_1 + x_2 t$ beschrieben. Für die Annahme einer solchen Geraden durch die Meßpunkte nehmen die Bedingungsgleichungen (9.10.1) die Form

$$f_k(\mathbf{x},\eta) = \eta_{2k} - x_1 - x_2\eta_{2k-1} = 0\,,\quad k = 1,2,\ldots,n/2\,, \tag{9.11.11}$$

an. Wegen des Gliedes $x_2\eta_{2k-1}$ sind die Gleichungen nicht linear. Die Ableitungen nach η_{2k-1} hängen noch von x_2 und die nach x_2 von η_{2k-1} ab.

Im Bild 9.12 sind die Ergebnisse von Anpassungen an 4 Meßpunkte dargestellt. Die Beispiele in den beiden Teilbildern unterscheiden sich nur durch den Korrelationskoeffizienten des dritten Meßpunktes, $\rho_3 = 0.5$ bzw. $\rho_3 = -0.5$. Man beobachtet eine spürbare Auswirkung des Vorzeichens von ρ_3 auf die Ergebnisse der Anpassung und insbesondere auf den Wert der Minimumfunktion. ∎

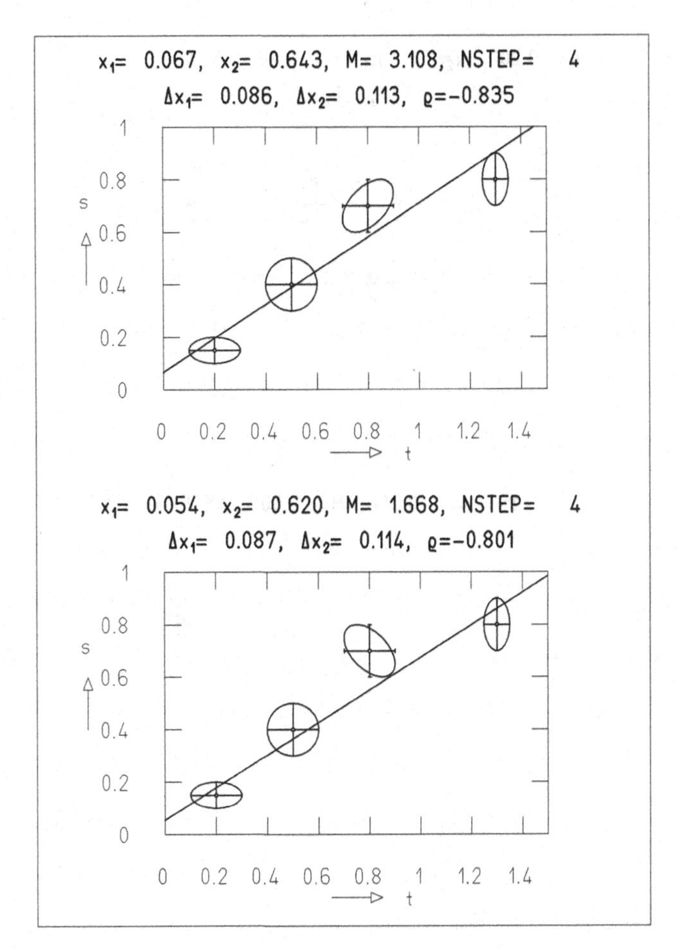

Bild 9.12: Anpassung einer Geraden an 4 Meßpunkte in der (t, s)-Ebene. Die Punkte sind mit Meßfehlern (in t und s) und Kovarianzellipsen dargestellt. Über den Teilbildern sind die Ergebnisse der Anpassung und die Fehler dieser Ergebnisse und ihr Korrelationskoeffizient angegeben.

Beispiel 9.12: Fixierung von Variablen

Im Bild 9.13 ist das Ergebnis von Anpassungen einer Geraden an Meßpunkte von Fehlern in Abszisse und Ordinate wiedergegeben, bei der jeweils ein Parameter der Geraden festgehalten wurde. Im oberen Teilbild wurde der Achsenabschnitt x_1, im unteren die Steigung x_2 festgehalten. ■

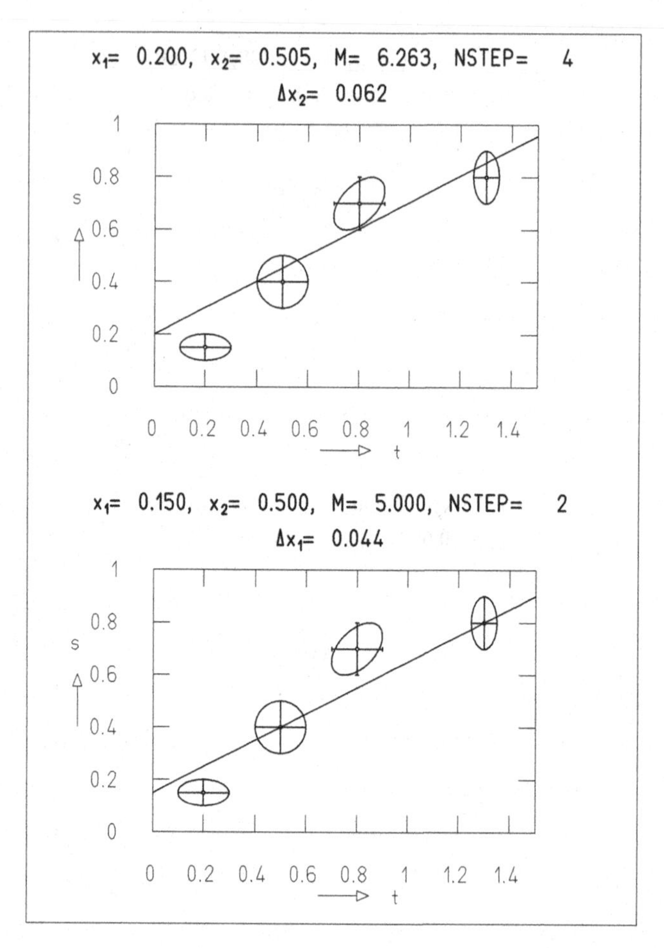

Bild 9.13: Anpassung einer Geraden an die gleichen Meßpunkte wie im oberen Teil von Bild 9.12. Jedoch wurde der Achsenabschnitt x_1 (oben) bzw. die Steigung x_2 (unten) festgehalten.

9.12 Bearbeitung bedingter Messungen mit dem Programm für den allgemeinen Fall

Werden alle Variablen $x_1, \ldots, x_r$ fixiert, so gibt es in der Aufgabe der kleinsten Quadrate keine Unbekannten mehr.

In den Bedingungsgleichungen (9.10.2) sind nur noch die Komponenten von η variabel. Damit verschwinden alle Terme, die die Matrix A enthalten, aus den Formeln der vorangegangenen Abschnitte. Nach wir vor können jedoch die verbesserten Messungen $\widetilde{\eta}$ berechnet werden. Die Größe M kann außerdem zu einem χ^2-Test mit m Freiheitsgraden über die Erfüllung der Bedingungsgleichungen durch die Messungen benutzt werden. Schließlich kann die Kovarianzmatrix $C_{\widetilde{\eta}}$ der verbesserten Messungen bestimmt werden.

Mathematisch – aber auch in der Benutzung der Klasse `LsqGen` – ist es völlig äquivalent, ob man alle Variablen fixiert ($r \neq 0$, $r' = 0$) oder ob von vornherein die Bedingungsgleichungen nicht von Variablen $\mathbf{x}$ abhängen ($r = 0$). In beiden Fällen liefert `LsqGen` die gleiche Lösung.

Beispiel 9.13: χ^2-Test der Beschreibung von Meßpunkten mit Fehlern in Abszisse und Ordinate durch eine vorgegebene Gerade

Wir benutzen die gleichen Messungen wie schon in den Beispielen 9.11 und 9.12. Die Ergebnisse der Analyse dieser Messungen mit `LsqGen` bei fixierten Parametern sind in Bild 9.14 dargestellt. Für das obere Teilbild wurden x_1 und x_2 bei den Werten fixiert, die die Anpassung mit zwei variablen Parametern in Beispiel 9.11, Bild 9.12 ergeben hatte. Natürlich erhalten wir auch den gleichen Wert von M wie dort. Für das untere Teilbild wurden willkürlich grob geschätzte Zahlwerte ($x_1 = 0$, $x_2 = 0.5$) benutzt. Sie ergeben einen wesentlich höheren Zahlwert von M. Er würde bei einem Konfidenzniveau von 99 % zu einer Ablehnung der Hypothese führen, daß die Datenpunkte durch einen linearen Zusammenhang mit diesen Parameterwerten zu beschreiben sind ($\chi^2_{0.99} = 13.28$ bei 4 Freiheitsgraden).

Interessant ist auch die Betrachtung der verbesserten Messungen $\widetilde{\eta}$ und ihrer Fehler, die in Bild 9.14 eingezeichnet sind. Die verbesserten Meßpunkte liegen natürlich auf der vorgegebenen Geraden. Die Meßfehler sind die Quadratwurzeln aus den Diagonalelementen von $C_{\widetilde{\eta}}$. Die Korrelationen zwischen den Fehlern in s und t eines Meßpunktes sind den entsprechenden Nichtdiagonalelementen von $C_{\widetilde{\eta}}$ entnommen. Sie sind genau Eins. Die Kovarianzellipsen der einzelnen verbesserten Meßpunkte sind zu Geradenstücken entartet, die auf der durch x_1, x_2 gegebenen Geraden liegen. ■

9.13 Konfidenzbereich und unsymmetrische Fehler im allgemeinen Fall

Die Feststellungen des Abschnitts 9.8 über Konfidenzbereich und unsymmetrische Fehler gelten entsprechend auch für den allgemeinen Fall. Wir erwähnen deshalb nur, daß unsymmetrische Fehler mit der Klasse `LsqAsg` berechnet werden und geben ein Beispiel an.

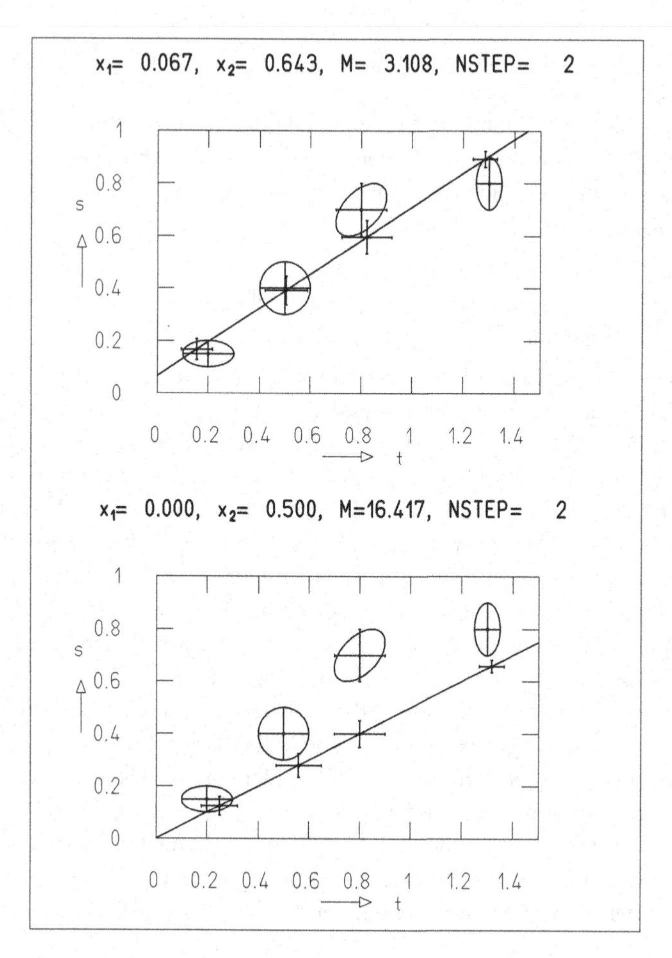

Bild 9.14: Bedingte Messungen. Es wird die Hypothese überprüft, ob die wahren Werte der durch ihre Kovarianzellipsen gekennzeichneten Meßpunkte auf den eingezeichneten Geraden $s = x_1 + x_2 t$ liegen können. Mit den Zahlwerten von M kann ein χ^2-Test mit 4 Freiheitsgraden ausgeführt werden. Ebenfalls eingezeichnet sind die verbesserten Messungen, die auf den Geraden liegen, und ihre Fehler.

Beispiel 9.14: Unsymmetrische Fehler und Konfidenzbereich für die Anpassung einer Geraden an Meßpunkte mit Fehlern in Abszisse und Ordinate

Das Bild 9.15 zeigt das Ergebnis der Anpassung an 4 Punkte mit sehr großen Meßfehlern. Aus Abschnitt 9.8 wissen wir bereits, daß wir bei großen Meßfehlern mit unsymmetrischen Fehlern der unbekannten Parameter rechnen müssen. Tatsächlich beobachten wir stark unsymmetrische Fehler und große Unterschiede zwischen der Kovarianzellipse und dem ihr entsprechenden Konfidenzbereich. ∎

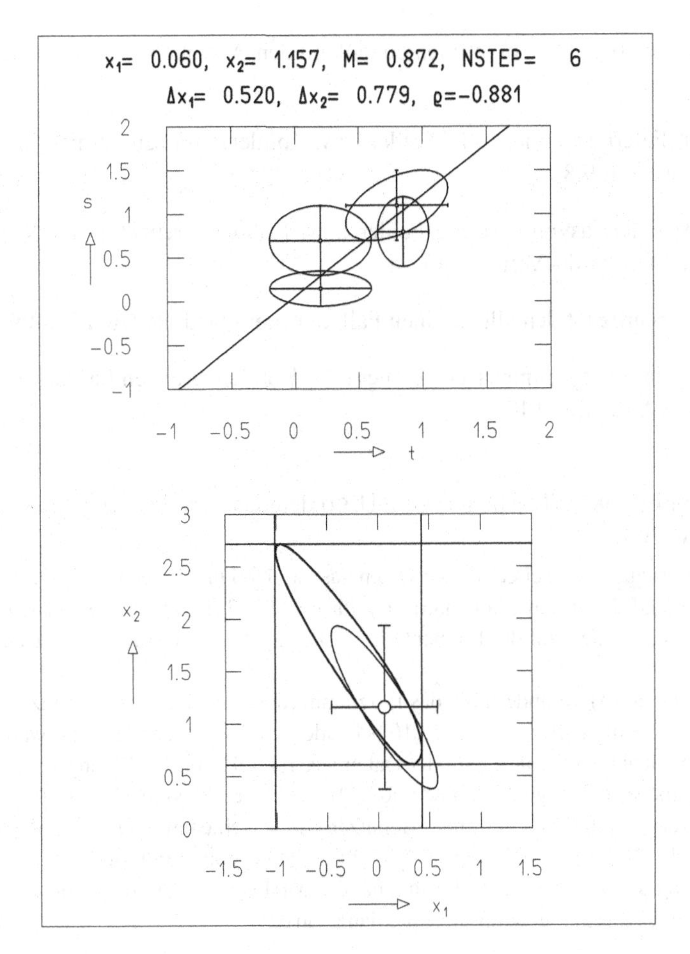

Bild 9.15: Oben: Meßpunkte mit Kovarianzellipsen und angepaßte Gerade. Unten: Ergebnis der Anpassung, dargestellt in der von den Parametern x_1, x_2 aufgespannten Ebene. Angepaßte Parameterwerte (Kreis), symmetrische Fehler (Balkenkreuz), Kovarianzellipse, unsymmetrische Fehlergrenzen (horizontale bzw. vertikale Linien), Konfidenzbereich (stärker gezeichnete Kontur).

9.14 Java-Klassen und Programmbeispiele

Java-Klassen zur Bearbeitung von Aufgaben nach kleinsten Quadraten

`LsqPol` bearbeitet die Anpassung eines Polynoms (Abschnitt 9.4.1).

`LsqLin` bearbeitet den linearen Fall indirekter Messungen (Abschnitt 9.4.2).

`LsqNon` bearbeitet den nichtlinearen Fall indiekter Messungen(Abschnitt 9.6.1).

`LsqMar` bearbeitet den nichtlinearen Fall mit dem Marquardt-Verfahren (Abschnitt 9.6.2).

`LsqAsn` liefert asymmetrische Fehler bzw. Kofidenzgrenzen im nichtlinearen Fall (Abschnitt 9.8).

`LsqAsm` liefert asymmetrische Fehler bzw. Kofidenzgrenzen unter Verwendung des Marquardt- Verfahrens).

`LsqGen` bearbeitet den allgemeinen Fall kleinster Quadrate (Abschnitt 9.11).

`LsqAsg` liefert unsymmetrische Fehler bzw. Kofidenzgrenzen für den allgemeinen Fall (Abschnitt 9.13).

Programmbeispiel 9.1: Die Klasse `E1Lsq` demonstriert die Benutzung von `LsqPol`

Das kurze Programm arbeitet mit den Daten aus Tafel 9.3 und berechnet die Koeffizienten-Vektoren $\tilde{\mathbf{x}}$ und deren Kovarianzmatrix C_x für $r = 1,2,3,4$. Dabei ist $r-1$ der Grad der Polynoms, also r die Zahl der Elemente in $\mathbf{x}$. Die Ergebnisse werden numerisch ausgegeben.

Anregungen: (a) Verändern Sie das Programm (durch Änderung einer einzigen Anweisung), so daß es die Fälle $r = 1,2,\ldots,10$ behandelt. Welche Besonderheit erwarten Sie für $r = 10$? (b) Benutzen Sie an Stelle der Daten aus Tafel 9.3 andere Daten, die genau durch ein vorgegebenes Polynom bestimmt sind, z. B. $y = t^2$, und lassen Sie vom Programm die Parameter des Polynoms bestimmen. Benutzen Sie verschiedene (auch offenbar unzutreffende) Werte für die Δy_i, z. B. $\Delta y_i = \sqrt{y_i}$ für einen Programmlauf und $\Delta y_i = 1$ für einen anderen Programmlauf. Welchen Einfluß hat die Wahl von Δy_i auf die Koeffizienten $\tilde{\mathbf{x}}$, auf die Minimum-Funktion und auf die Kovarianzmatrix?

Programmbeispiel 9.2: Die Klasse `E2Lsq` demonstriert die Benutzung von `LsqLin`

Das Programm benutzt die Daten aus Bild 9.4. Es werden die Matrix A und der Vektor $\mathbf{c}$ aufgestellt, die für die Anpassung einer Proportionalität $y = x_1 t$ an die Daten benötigt werden. Anschließend wird die Anpassung mit `LsqLin` ausgeführt. Die Ergebnisse werden numerisch ausgegeben.

Anregungen: (a) Ergänzen Sie das Programm so, daß zusätzlich die Anpassung eines Polynoms ersten Grades vorgenommen wird. Stellen Sie dazu die Matrix A selbst auf, d. h. benutzen Sie nicht `LsqPol`. Vergleichen Sie Ihr Ergebnis mit Bild 9.4. (b) Stellen Sie die Ergebnisse graphisch dar wie in Bild 9.4.

Programmbeispiel 9.3: Die Klasse `E3Lsq` demonstriert die Benutzung von `LsqNon`

Das Programm bearbeitet die folgende Aufgabe. Zunächst werden 20 Datenpaare (t_i, y_i) erzeugt. Die Werte t_i der kontrollierten Variablen sind $1/21, 2/21, \ldots, 20/21$. Die Werte y_i sind durch

$$y_i = x_1 \exp(-(t - x_2)^2 / 2x_3^2) + \varepsilon_i$$

gegeben. Dabei ist ε_i ein Fehler, der einer Normalverteilung um Null mit der Breite σ_i entnommen ist. Die Breite σ_i ist von Punkt zu Punkt verschieden. Sie wird aus einer Gleichverteilung mit den Grenzen $\sigma/2$ und $3\sigma/2$ entnommen. Die y_i sind also fehlerbehaftete Punkte auf einer durch die Parameter $\mathbf{x} = (x_1, x_2, x_3)$ gegebenen Gauß-Kurve. Die Breiten der Fehlerverteilungen sind bekannt, also $\Delta y_i = \sigma_i$. Die Datenpunkte werden für die Parameterwerte $x_1 = 1$, $x_2 = 1.2$, $x_3 = 0.4$ erzeugt. (Sie sind identisch mit den in Bild 9.5 dargestellten.) Das Programm führt nun nacheinander 4 verschiedene Anpassungen einer Gauß-Funktion an die Daten aus. Zunächst werden alle 3 Parameter im Anpassungsverfahren als variabel betrachtet. Dann werden nacheinander 1, 2 und abschließend alle Variablen fixiert. Vor jeder Anpassung werden erste Näherungen für die Variablen gesetzt, die natürlich für die fixierten Variablen nicht weiter verändert werden. Die Ergebnisse werden numerisch ausgegeben.

Anregungen: (a) Wählen Sie verschiedene erste Näherungen für die nicht fixierten Variablen und beobachten Sie die Beeinflussung der Ergebnisse. (b) Verschaffen Sie sich rechnerisch erste Näherungen, z. B. durch das in Beispiel 9.4 angedeutete Verfahren der Anpassung einer Parabel an die Logarithmen der Meßwerte. (c) Ergänzen Sie das Programm durch eine graphische Darstellung entsprechend Bild 9.5.

Programmbeispiel 9.4: Die Klasse `E4Lsq` demonstriert die Benutzung von `LsqMar`

Das Programm behandelt die Aufgabe aus Beispiel 9.7. Zunächst wird ein Satz von 50 Datenpaaren (t_i, y_i) erzeugt. Sie entsprechen fehlerbehafteten Punkten, die durch eine Summe aus einem Polynom zweiten Grades und zwei Gauß-Verteilungen beschrieben werden, vgl. (9.6.6). Die 9 Parameter dieser Funktion sind im Vektor $\mathbf{x}$ zusammengefaßt. Die Meßfehler Δy_i werden nach dem für Programmbeispiel 9.3 beschriebenen Verfahren erzeugt. Die Datenpunkte werden für vorgegebene Werte $\mathbf{x}$ erzeugt. Anschließend werden durch `LsqMar` (mit deutlich verschiedenen Werten $\mathbf{x}$ als ersten Näherungen) Lösungen $\widetilde{\mathbf{x}}$ aus einer Anpassung der Datenpunkte gewonnen und numerisch ausgegeben.

Anregungen: (a) Fixieren Sie alle Parameter bis auf x_5 und x_8 (im Programm, wo, wie in Java üblich, die Indizierung mit 0 beginnt, `x[4]` und `x[7]`), die die Mittelwerte der beiden Gauß-Verteilungen angegeben, bei den Werten, die für die Erzeugung der Daten benutzt werden. Erlauben Sie die interaktive Eingabe von x_5 und x_8 für die Datenerzeugung. Beobachten Sie für verschiedene Eingabewerte von (x_5, x_8), z. B. $(10,30)$, $(19,20)$, $(19,15)$, $(10,11)$, ob Sie in der Anpassung die beiden Gauß-Verteilungen noch trennen können, d. h. ob Sie sinnvolle verschiedene Werte für $\widetilde{x}_5$ und $\widetilde{x}_8$ erhalten, gemessen an deren Fehlern $\Delta\widetilde{x}_5$, $\Delta\widetilde{x}_8$. (b) Wiederholen Sie (a), jedoch mit kleineren Meßfehlern. Wählen Sie z. B. $\sigma = 0.1$ oder $\sigma = 0.01$ anstelle von $\sigma = 0.4$.

Programmbeispiel 9.5: Die Klasse `E5Lsq` demonstriert die Benutzung von `LsqAsn`

Das Programm behandelt die Aufgabe aus Beispiel 9.8. Zunächst werden Paare (t_i, y_i) von Daten erzeugt. Dabei folgen die y_i vor der Addition der Meßfehler der Funktion $y_i(t_i) = x_1 \exp(-x_2 t)$, vgl. (9.6.4). Die Meßfehler Δy_i werden entsprechend dem Verfahren aus Programmbeispiel 9.3 gewählt. Erste Näherungen der Parameter $\mathbf{x}_1$ sind der Ausgangspunkt zur Bestimmung von Werten $\widetilde{\mathbf{x}}$ dieser Parameter durch Anpassung einer Exponentialfunktion an die Daten mit `LsqNon`. Anschließend werden die unsymmetrischen Fehler mit `LsqAsn` gefunden. Es werden zwei Graphiken erzeugt. Eine zeigt die Meßpunkte mit der angepassten Kurve, die zweite (in der (x_1, x_2)-Ebene) die aus der Anpassung gewonnenen Parameter, mit symmetrischen und asymmetrischen Fehlern, Kovarianzellipse und Konfidenzbereich.

Programmbeispiel 9.6: Die Klasse `E6Lsq` demonstriert die Benutzung von `LsqGen`

Das Programm behandelt die Anpassung einer Geraden an Punkte mit Meßfehlern in Abszisse und Ordinate, also die Aufgabe aus Beispiel 9.11. Aus den Meßwerten, deren Fehlern und Kovarianzen werden der Vektor $\mathbf{y}$ und die Kovarianzmatrix C_y aufgebaut. Die Bestimmung der beiden Parameter x_1 (Ordinatenabschnitt) und x_2 (Steigung) wird mit `LsqGen` durchgeführt. Die dabei benötigte Funktion (9.11.11) ist in der Methode `getValue` der Unterklasse `StraightLine` von `E6Lsq` implementiert, welche ihrerseits eine Extension der abstrakten Klasse `DatanUserFunction` ist. Die ersten Näherungen für x_1 und x_2 werden dadurch gewonnen, daß durch die äußeren beiden Meßpunkte eine Gerade gelegt wird. In einer Schleife werden die beiden Fälle aus in Bild 9.12 bearbeitet. Die Ergebnisse werden numerisch und graphisch ausgegeben.

Programmbeispiel 9.7: Demostriert `E7Lsq` die Benutzung von `LsqGen` mit zum Teil fixierten Variablen

Das Programm behandelt ebenfalls die Aufgabe aus Beispiel 9.11. Wieder werden zunächst die ersten Näherungen für x_1 und x_2 dadurch gewonnen, daß durch die äußeren beiden Meßpunkte eine Gerade gelegt wird. Anschließend werden in einer Schleife zwei Fälle bearbeitet. Im ersten wird x_1 bei $x_1 = 0.2$ fixiert, im zweiten x_2 bei $x_1 = 0.5$. Die Ergebnisse entsprechen dem Bild 9.13.

Programmbeispiel 9.8: Demostriert `E8Lsq` die Benutzung von `LsqGen` mit vollständig fixierten Variablen und Darstellung der verbesserten Messungen

Es wird die Aufgabe aus Beispiel 9.13 bearbeitet. Die Ergebnisse entsprechen Bild 9.14.

Programmbeispiel 9.9: Die Klasse `E9Lsq` demonstriert die Benutzung von `LsqASG` und zeichnet die Kontur des Konfidenzbereiches der angepassten Variablen.

Hier wird das Beispiel 9.14 bearbeitet. Die Ergebnisse entsprechen dem Bild 9.15.

10 Minimierung einer Funktion

Die Auffindung von Extremwerten ist für die Datenanalyse von entscheidender Bedeutung. Die Aufgabe tritt bei der Lösung der Probleme der kleinsten Quadrate in der Form $M(\mathbf{x},\mathbf{y}) = \min$ und in Maximum-Likelihood-Aufgaben als $L = \max$ auf. Durch einfache Änderung des Vorzeichens kann man die letzte Aufgabe ebenfalls als Minimumsuche auffassen. Wir sprechen daher stets von *Minimierung*.

10.1 Überblick. Numerische Genauigkeit

Wir betrachten zunächst die einfache *quadratische Form*

$$M(x) = c - bx + \frac{1}{2}Ax^2 . \tag{10.1.1}$$

Sie hat ein Extremum an der Stelle, an der die erste Ableitung verschwindet,

$$\frac{\mathrm{d}M}{\mathrm{d}x} = 0 = -b + Ax , \tag{10.1.2}$$

also bei

$$x_\mathrm{m} = \frac{b}{A} . \tag{10.1.3}$$

Mit $M(x_\mathrm{m}) = M_\mathrm{m}$ läßt sich (10.1.1) leicht in die Form

$$M(x) - M_\mathrm{m} = \frac{1}{2}A(x - x_\mathrm{m})^2 \tag{10.1.4}$$

bringen.

Obwohl die Funktion, deren Minimum wir suchen, gewöhnlich nicht die einfache Form (10.1.1) hat, so läßt sie sich doch in der Nähe des Minimums mit einer Taylor-Entwicklung um einen Punkt x_0,

$$M(x) = M(x_0) - b(x - x_0) + \frac{1}{2}A(x - x_0)^2 + \cdots , \tag{10.1.5}$$

durch eine quadratische Form approximieren, wobei

$$b = -M'(x_0) , \quad A = M''(x_0) . \tag{10.1.6}$$

In dieser Näherung ist das Minimum durch die Nullstelle der Ableitung $M'(x)$ gegeben, also durch

$$x_{\mathrm{mp}} = x_0 + \frac{b}{A} \,. \tag{10.1.7}$$

Das gilt nur, solange x_0 genügend nahe am Minimum liegt, so daß höhere als quadratische Glieder in (10.1.5) vernachlässigt werden können. Die Situation wird in Bild 10.1 verdeutlicht. Die Funktion $M(x)$ hat ein Minimum bei x_{m}, Maxima bei x_{M} und Wendepunkte bei x_{s}. Im Bereich $x > x_{\mathrm{m}}$ gilt für die zweite Ableitung $M''(x) > 0$ für $x < x_{\mathrm{s}}$ und $M(x'') < 0$ für $x > x_{\mathrm{s}}$. Wählen wir nun x_0 im Bereich $x_{\mathrm{m}} < x_0 < x_{\mathrm{M}}$, so ist dort die erste Ableitung $M'(x)$ stets positiv. Damit liegt x_{mp} nur dann näher bei x_{m}, wenn $x_0 < x_{\mathrm{s}}$. Natürlich ist der Punkt x_0 im allgemeinen nicht willkürlich gewählt, sondern möglichst dort, wo wir das Minimum vermuten. Wir können diesen Schätzwert als *nullte Näherung* von x_{m} bezeichnen. Es bieten sich jetzt verschiedene Strategien dafür an, schrittweise bessere Näherungen zu erhalten.

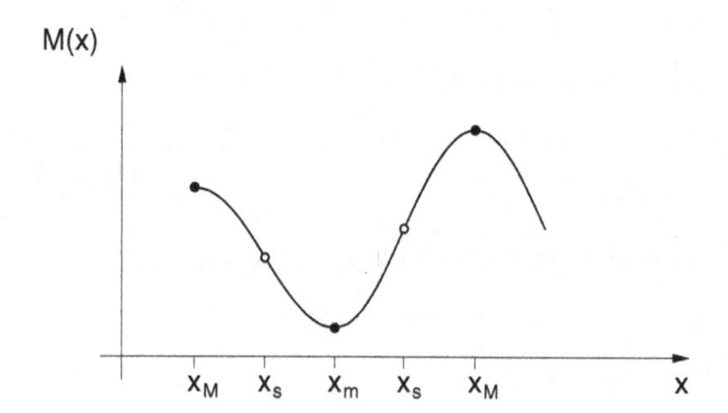

Bild 10.1: Die Funktion $M(x)$ hat ein Minimum bei x_{m}, Maxima an den Stellen x_{M} und Wendepunkte an den Stellen x_{s}.

(i) *Benutzung der Funktion und ihrer ersten und zweiten Ableitung bei x_0.*

Man berechnet x_{mp} nach (10.1.7), betrachtet x_{mp} als erste Näherung, ersetzt also x_0 durch x_{mp} und gewinnt durch erneute Anwendung von (10.1.7) eine zweite Näherung. Man wiederholt das Verfahren so lange, bis zwei aufeinanderfolgende Näherungen sich um weniger als einen vorgegebenen Wert ε unterscheiden. Aus dem oben Gesagten folgt, daß dieses Verfahren nicht konvergiert, wenn die nullte Näherung jenseits der Wendepunkte in Bild 10.1 liegt.

(ii) *Benutzung der Funktion und ihrer ersten Ableitung bei x_0.*

Das Vorzeichen der Ableitung $M'(x_0) = -b$ am Punkt x_0 gibt die Richtung an, in der die Funktion ansteigt. Man geht davon aus, daß das Minimum in Richtung des Abfalls der Funktion zu suchen ist und berechnet

$$x_1 = x_0 + b \,, \tag{10.1.8}$$

d. h. man ersetzt die zweite Ableitung durch Eins. Anstelle von x_0 benutzt man jetzt x_1 als Näherung für das Minimum usw. Alternativ kann man statt (10.1.8) auch die Vorschrift

$$x_1 = x_0 + cb \tag{10.1.9}$$

benutzen. Hier ist c eine beliebige positive Konstante. Durch beide Vorschriften wird sichergestellt, daß der Schritt von x_0 nach x_1 in Richtung zum Minimum erfolgt. Wählt man zusätzlich c klein, so wird der Schritt so klein, daß er nicht (oder nicht weit) über das Minimum hinaus erfolgt.

(iii) *Benutzung der Funktion an verschiedenen Punkten.*

Das Verfahren (i) läßt sich nachbilden, ohne daß man die Ableitung der Funktion kennt, wenn die Funktion selbst an drei Punkten bekannt ist. Man kann dann eindeutig eine Parabel durch diese drei Punkte legen und den Extremwert der Parabel als Näherung für das Minimum der Funktion wählen. Man spricht auch von Auffindung des Minimums durch *quadratische Interpolation.* Allerdings ist es keineswegs sicher, daß das Extremum der Parabel ein Minimum und nicht ein Maximum ist. Wie bei Verfahren (i) ist es daher wichtig, daß die drei ausgewählten Punkte bereits in der Nähe des Minimums der Funktion liegen.

(iv) *Schrittweise Verkleinerung eines Intervalls, das das Minimum enthält.*

Bei keinem der bisher beschriebenen Verfahren konnten wir garantieren, das das Minimum der Funktion wirklich gefunden wurde. Das Minimum kann mit Sicherheit gefunden werden, vorausgesetzt es gelingt, ein Intervall $x_a < x < x_b$ anzugeben, das das Minimum enthält. Ist nämlich ein solches Intervall bekannt, so kann man durch schrittweise Unterteilung und Überprüfung, in welchem Teilintervall das Minimum liegt, das Minimum beliebig genau eingrenzen.

In den Abschnitten 10.2 bis 10.7 beschäftigen wir uns mit der Minimierung einer Funktion von nur einer Variablen. Im Abschnitt 10.2 werden zunächst die Formeln für eine durch drei Punkte bestimmte Parabel angegeben. Im Abschnitt 10.3 wird gezeigt, daß die Minimierung einer Funktion einer Variablen äquivalent zur Minimierung einer Funktion von n Variablen auf einer Geraden im n-dimensionalen Raum ist. Der Abschnitt 10.4 beschreibt ein Verfahren zur Auffindung eines Intervalls, das das Minimum enthält. Im Abschnitt 10.5 wird eine Minimum-Suche durch Intervallteilung beschrieben. Es wird im Abschnitt 10.5 mit dem Verfahren der quadratischen Interpolation kombiniert, und zwar derart, daß die Interpolation nur dann benutzt wird, wenn sie rasch an das Minimum der Funktion heranführt. Ist das nicht der Fall, bleibt man bei der Intervallteilung. Damit verfügen wir über ein Verfahren, das die Sicherheit der Intervallteilung beibehält und sie – soweit möglich – mit der Schnelligkeit der quadratischen Interpolation verbindet. Das gleiche Verfahren kann auch für eine Funktion von n Variablen benutzt werden, wenn das Minimum nur auf einer vorgegebenen Geraden im n-dimensionalen Raum der Variablen gesucht wird. Diese Aufgabe wird im Abschnitt 10.7 bearbeitet.

Anschließend wenden wir uns der Suche nach dem Minimum einer Funktion von n Variablen zu. Wir beginnen im Abschnitt 10.8 mit der besonders eleganten Simplex-Methode. Es folgt die Diskussion verschiedener Verfahren der sukzessiven Minimierung entlang fester Richtungen im n-dimensionalen Raum. Diese Richtungen können einfach die Koordinatenrichtungen sein (Abschnitt 10.9) oder so ausgewählt sein, daß für eine Funktion, die nur quadratisch von den Variablen abhängt, das Minimum in maximal n Schritten erreicht ist (Abschnitte 10.10 und 10.11).

Abschließend besprechen wir noch Verfahren der n-dimensionalen Minimierung, die sich an die Methoden (i) und (ii) des eindimensionalen Falles anlehnen. Ist $\mathbf{x}$ der n-Vektor der Variablen, so ist die allgemeine quadratische Form, also die Verallgemeinerung von (10.1.1) auf n Variable,

$$M(\mathbf{x}) = c - \mathbf{b}\cdot\mathbf{x} + \frac{1}{2}\mathbf{x}^{\mathrm{T}}A\mathbf{x} = c - \sum_k b_k x_k + \frac{1}{2}\sum_{k,\ell} x_k A_{k\ell} x_\ell \,. \tag{10.1.10}$$

Dabei ist A eine symmetrische Matrix, $A_{k\ell} = A_{\ell k}$. Die partielle Ableitung nach der Variablen x_i ist

$$\frac{\partial M}{\partial x_i} = -b_i + \frac{1}{2}\left(\sum_\ell A_{i\ell}x_\ell + \sum_k x_k A_{ki}\right) = -b_i + \sum_\ell A_{i\ell}x_\ell \,. \tag{10.1.11}$$

Fassen wir alle partiellen Ableitungen zu einem Vektor ∇M zusammen, so ist dieser

$$\nabla M = -\mathbf{b} + A\mathbf{x} \,. \tag{10.1.12}$$

An der Stelle des Minimums verschwindet der Vektor der Ableitungen. Das Minimum ist deshalb bei

$$\mathbf{x}_{\mathrm{m}} = A^{-1}\mathbf{b} \tag{10.1.13}$$

in Analogie zu (10.1.3).

Natürlich hat die Funktion $M(\mathbf{x})$ im allgemeinen nicht die einfache Form (10.1.10). Wir können sie jedoch um einen Punkt $\mathbf{x}_0$ entwickeln,

$$M(\mathbf{x}) = M(\mathbf{x}_0) - \mathbf{b}(\mathbf{x}-\mathbf{x}_0) + \frac{1}{2}(\mathbf{x}-\mathbf{x}_0)^{\mathrm{T}}A(\mathbf{x}-\mathbf{x}_0) + \cdots \tag{10.1.14}$$

mit dem negativen *Gradienten*

$$\mathbf{b} = -\nabla M(\mathbf{x}_0)\,, \text{ d. h. } b_i = -\left.\frac{\partial M}{\partial x_i}\right|_{\mathbf{x}=\mathbf{x}_0} , \tag{10.1.15}$$

und der *Hesseschen Matrix* der zweiten Ableitungen

$$A_{ik} = \left.\frac{\partial^2 M}{\partial x_i \partial x_k}\right|_{\mathbf{x}=\mathbf{x}_0} . \tag{10.1.16}$$

Die Entwicklung (10.1.14) ist der Ausgangspunkt für verschiedene Minimierungsverfahren.

(i) *Minimierung in Gradientenrichtung.*

Ausgehend von $\mathbf{x}_0$ sucht man das Minimum entlang der durch den Gradienten $\nabla M(\mathbf{x}_0)$ gegebenen Richtung und nennt den Punkt, an dem man es findet, $\mathbf{x}_1$. Ausgehend von $\mathbf{x}_1$ sucht man das Minimum entlang der Richtung $\nabla M(\mathbf{x}_1)$ usw. Wir besprechen dieses Verfahren, die *Minimierung in Richtung des steilsten Abfalls*, im Abschnitt 10.12.

(ii) *Schritt vorgegebener Größe in Gradientenrichtung.*

Man berechnet in Analogie zu (10.1.9)

$$\mathbf{x}_1 = \mathbf{x}_0 + c\mathbf{b}\,, \quad \mathbf{b} = -\nabla M(\mathbf{x}_0)\,, \tag{10.1.17}$$

mit vorgegebenem positivem c, führt also einen *Schritt in Richtung des steilsten Abfalls* der Funktion aus, ohne allerdings genau das Minimum entlang dieser Richtung zu suchen. Anschließend berechnet man den Gradienten bei $\mathbf{x}_1$, führt von $\mathbf{x}_1$ aus einen Schritt in Richtung dieses Gradienten aus usw. In Abschnitt 10.13 werden wir diese Methode mit der nun folgenden verknüpfen.

(iii) *Benutzung des Gradienten und der Hesseschen Matrix bei* $\mathbf{x}_0$.

Brechen wir (10.1.14) nach dem quadratischen Glied ab, so erhalten wir eine Funktion, deren Minimum entsprechend (10.1.13) durch

$$\mathbf{x}_{\mathrm{mp}} = \mathbf{x}_0 + A^{-1}\mathbf{b} \tag{10.1.18}$$

gegeben ist. Wir nehmen $\mathbf{x}_1 = \mathbf{x}_{\mathrm{mp}}$ als erste Näherung, berechnen für diesen Punkt den Gradienten und die Hessesche Matrix, erhalten durch entsprechende Anwendung von (10.1.18) eine zweite Näherung usw. Wir besprechen dieses Verfahren im Abschnitt 10.14. Es konvergiert schnell, wenn die nullte Näherung $\mathbf{x}_0$ hinreichend nahe am Minimum liegt. Ist das allerdings nicht der Fall, so liefert es – wie das entsprechende eindimensionale Verfahren – keine vernünftige Lösung. Im Abschnitt 10.15 werden wir es daher mit der Methode (ii) verbinden, um – wenn möglich – die Schnelligkeit von (iii), aber – wenn nötig – die Sicherheit von (ii) zu nutzen.

In den Abschnitten 10.8 bis 10.15 werden also ganz verschiedene Methoden zur Lösung der gleichen Aufgabe, der Minimierung einer Funktion von n Variablen, diskutiert. Im Abschnitt 10.16 geben wir Hinweise zur Auswahl einer für das Problem des Benutzers geeigneten Methode. Der Abschnitt 10.17 ist Fehlerbetrachtungen gewidmet. In Abschnitt 10.18 werden ausführlich einige Beispiele diskutiert.

Bevor wir das Minimum x_{m} einer Funktion finden, wollen wir kurz nach der numerischen Genauigkeit fragen, die wir für x_{m} erwarten. Das Minimum wird letztlich praktisch immer durch den Vergleich von Funktionswerten an in x nahe benachbarten Stellen bestimmt. Lösen wir (10.1.4) nach $(x - x_\mathrm{m})$ auf, so erhalten wir

$$(x - x_\mathrm{m}) = \sqrt{\frac{2[M(x) - M(x_\mathrm{m})]}{A}} .$$

Wir nehmen an, daß A, d. h. die zweite Ableitung der Funktion M nahe am Minimum von der Größenordnung Eins ist. (Das soll nur eine ganz grobe Aussage sein. Tatsächlich wird man bei numerischen Rechnungen immer alle Größen so skalieren, daß sie etwa von der Größenordnung 1, also nicht etwa 10^6 oder 10^{-6} sind.) Berechnen wir die Funktion M mit der Genauigkeit δ so wird die Differenz $M(x) - M(x_\mathrm{m})$ ebenfalls höchstens mit der Genauigkeit δ bekannt sein, d. h. zwei Funktionswerte können nicht mehr als signifikant unterschiedlich betrachtet werden, wenn sie sich nur um δ unterscheiden. Für die zugehörigen x-Werte gilt dann

$$(x - x_\mathrm{m}) \approx \sqrt{\frac{2\delta}{A}} \approx \sqrt{\delta} . \qquad (10.1.19)$$

Stehen im Rechner zur Darstellung der Mantisse n Binärstellen zur Verfügung, so kann eine Zahl x mit der relativen Genauigkeit (4.2.7)

$$\frac{\Delta x}{x} = 2^{-n}$$

dargestellt werden. Für die Berechnung einer Zahl x wird man also eine relative Genauigkeit

$$\varepsilon \geq 2^{-n}$$

wählen, da es offenbar sinnlos ist, zu versuchen, eine Zahl genauer zu berechnen, als sie dargestellt werden kann. Wird x iterativ berechnet, d. h. berechnet man eine Folge $x_0, x_1, \ldots$ von Näherungen für x, so kann man diese Folge abbrechen, sobald zu vorgegebenem ε

$$\frac{|x_k - x_{k-1}|}{|x_k|} < \varepsilon$$

bzw.

$$|x_k - x_{k-1}| < \varepsilon |x_k| . \qquad (10.1.20)$$

Mit dieser Vorschrift werden wir allerdings Schwierigkeiten haben, falls $x_k = 0$. Wir führen daher neben ε eine weitere Konstante $t \neq 0$ ein und erweitern (10.1.20) zu

$$|x_k - x_{k-1}| < \varepsilon |x_k| + t . \qquad (10.1.21)$$

Als letzte Aufgabe verbleibt uns die Wahl von Zahlwerten für ε und t. Ist x die Koordinate des Minimums, so muß wegen (10.1.19) ein Wert für ε gewählt werden, der größer oder gleich der Wurzel aus der relativen Genauigkeit für die Darstellung einer Gleitkommazahl ist. Bei Rechnungen mit „doppelter Genauigkeit“ stehen in

Java für die Darstellung der Mantisse $n = 53$ Binärstellen zur Verfügung. Dann sind nur Werte

$$\varepsilon > 2^{-n/2} \approx 2 \cdot 10^{-8}$$

sinnvoll. Die Größe t entspricht einer absoluten Genauigkeit. Sie kann daher wesentlich kleiner gewählt werden.

10.2 Parabel durch drei Punkte

Sind drei Punkte $(x_a, y_a), (x_b, y_b), (x_c, y_c)$ einer Funktion bekannt, so können wir die Parabel

$$y = a_0 + a_1 x + a_2 x^2 \qquad (10.2.1)$$

bestimmen, die durch diese drei Punkte verläuft. Statt durch (10.2.1) können wir die Parabel auch durch

$$y = c_0 + c_1(x - x_b) + c_2(x - x_b)^2 \qquad (10.2.2)$$

darstellen. Diese Beziehung gilt natürlich auch für die drei vorgegebenen Punkte, also

$$y_b = c_0$$

und

$$(y_a - y_b) = c_1(x_a - x_b) + c_2(x_a - x_b)^2 ,$$
$$(y_c - y_b) = c_1(x_c - x_b) + c_2(x_c - x_b)^2 .$$

Daraus erhalten wir

$$c_1 = C[(x_c - x_b)^2(y_a - y_b) - (x_a - x_b)^2(y_c - y_b)] , \qquad (10.2.3)$$

$$c_2 = C[-(x_c - x_b)(y_a - y_b) + (x_a - x_b)(y_c - y_b)] \qquad (10.2.4)$$

mit

$$C = \frac{1}{(x_a - x_b)(x_c - x_b)^2 - (x_c - x_b)(x_a - x_b)^2}$$

und für das Extremum der Parabel

$$x_{\mathrm{mp}} = x_b - \frac{c_1}{2c_2} . \qquad (10.2.5)$$

Die Klasse `MinParab` führt diese einfache Rechnung aus. Wir müssen jetzt noch feststellen, ob das Extremum der Parabel ein Minimum oder Maximum ist, vgl. Bild 10.2. Ein Minimum liegt dann vor, wenn die zweite Ableitung von (10.2.2) bezüglich $x - x_b$ positiv ist, d. h. wenn $c_2 > 0$. Wir ordnen nun die drei vorgegebenen Punkte derart, daß

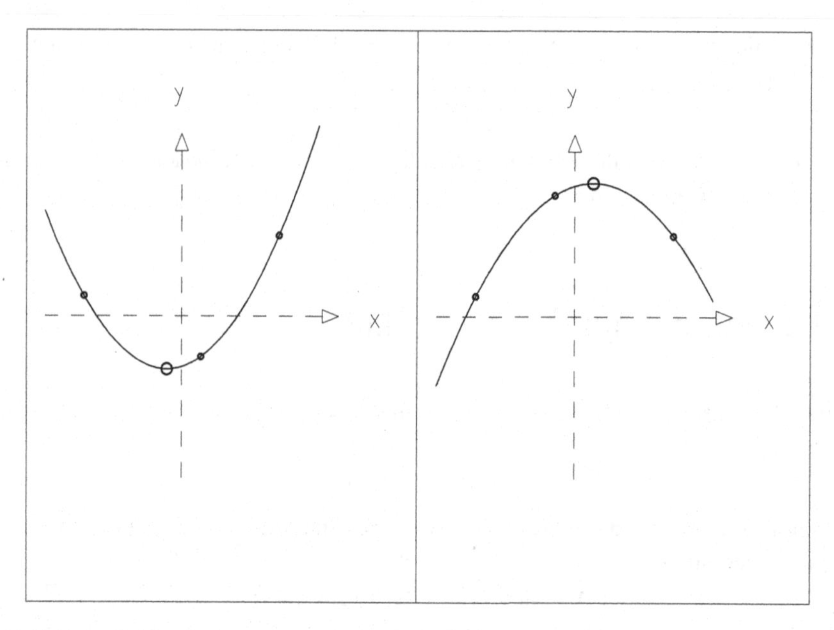

Bild 10.2: Parabel durch 3 Punkte (kleine Kreise) und ihr Extremum (größerer Kreis). Im linken Teilbild liegt ein Minimum, im rechten ein Maximum vor.

$$x_a < x_b < x_c \,,$$

und stellen fest, daß dann

$$1/C = (x_c - x_b)(x_a - x_b)(x_c - x_a) = -(x_c - x_b)(x_b - x_a)(x_c - x_a) < 0 \,.$$

Damit gilt für das Vorzeichen von c_2

$$\operatorname{sign} c_2 = \operatorname{sign}[(x_c - x_b)(y_a - y_b) + (x_b - x_a)(y_c - y_b)] \,.$$

Die beiden Ausdrücke $(x_c - x_b)$ und $(x_b - x_a)$ sind positiv. Deshalb ist eine hinreichende Bedingung dafür, daß das Extremum ein Minimum ist,

$$y_a > y_b \,, \quad y_c > y_b \,. \tag{10.2.6}$$

Die Bedingung ist nicht notwendig, hat aber den Vorteil großer Anschaulichkeit: Im Intervall $x_a < x < x_c$ liegt offenbar dann ein Minimum vor, wenn es in diesem Intervall einen Punkt (x_b, y_b) gibt, dessen Funktionswert kleiner ist als die der beiden Randpunkte. Diese Feststellung gilt offenbar auch dann, wenn die Funktion keine Parabel ist. Wir werden diese Aussage im folgenden Abschnitt benutzen.

10.3 Funktion von n Variablen auf einer Geraden im n-dimensionalen Raum

Die Auffindung des Minimums der Funktion $M(x)$ einer einzigen Variablen x in einem Intervall der x-Achse ist äquivalent zur Auffindung des Minimums einer Funktion $M(\mathbf{x})$ eines n-Vektors von Variablen $\mathbf{x} = (x_1, x_2, \ldots, x_n)$ auf einer vorgegebenen Geraden im n-dimensionalen Raum. Ist $\mathbf{x}_0$ ein fester Punkt und $\mathbf{d}$ ein fester Vektor, so beschreibt

$$\mathbf{x}_0 + a\mathbf{d}\,, \quad -\infty < a < \infty\,, \tag{10.3.1}$$

eine feste Gerade, Bild 10.3, und

$$f(a) = M(\mathbf{x}_0 + a\mathbf{d}) \tag{10.3.2}$$

ist der Funktionswert zu einem durch a gekennzeichneten Punkt auf dieser Geraden. Für $n = 1$, $\mathbf{x}_0 = 0$, $\mathbf{d} = 1$ und dem Bezeichnungswechsel $a = x$, also $f(x) = M(x)$, liegt unsere ursprüngliche Aufgabe vor.

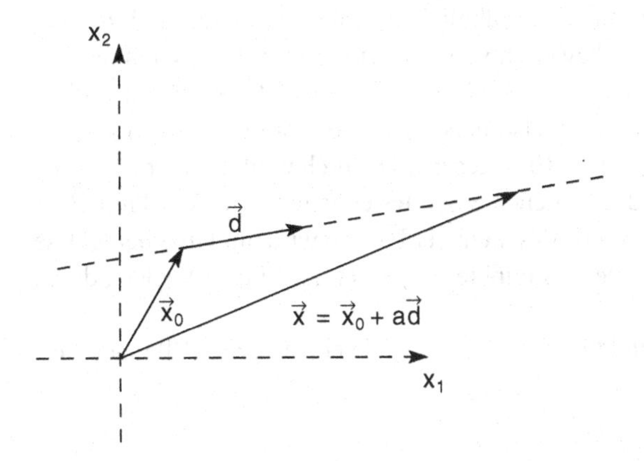

Bild 10.3: Die durch (10.3.1) gegebene Gerade in 2 Dimensionen.

Die Klasse `FunctionOnLine` berechnet den Wert (10.3.2); sie greift auf eine vom Benutzer zu schreibende Erweiterung der Klasse `DatanUserFunction` zurück, die die Funktion $M(\mathbf{x})$ definiert.

In den Abschnitten 10.4 bis 10.6 betrachten wir im Text das Minimum einer Funktion von nur einer Variablen. Die Programme bearbeiten jedoch den Fall des Minimums einer Funktion von n Variablen auf einer Geraden im n-dimensionalen Raum.

10.4 Einschließung des Minimums

Für viele Verfahren der Suche nach einem Minimum ist es wichtig, von vornherein zu wissen, daß sich das Minimum x_m in einem bestimmten Intervall befindet,

$$x_a < x_\mathrm{m} < x_c \, . \tag{10.4.1}$$

Durch systematische Verkleinerung des Intervalls kann die Lage des Minimums dann immer weiter eingegrenzt werden, bis schließlich bei vorgegebener Genauigkeit ε

$$|x_a - x_c| < \varepsilon \, . \tag{10.4.2}$$

Tatsächlich befindet sich im Intervall (10.4.1) dann ein Minimum, wenn es in diesem Intervall einen x-Wert x_b derart gibt, daß

$$M(x_b) < M(x_a) \, , \quad M(x_b) < M(x_c) \, , \quad x_a < x_b < x_c \, . \tag{10.4.3}$$

In der Klasse `MinEnclose` wird versucht, zu einer Funktion den Einschluß des Minimums durch Angabe von x-Werten x_a, x_b, x_c mit der Eigenschaft (10.4.3) vorzunehmen. Das Programm basiert auf einem ähnlichen Unterprogramm von PRESS et al. [12]. Ausgehend von den Eingabewerten x_a, x_b, die (im Bedarfsfall) so umgenannt werden, daß $y_b \leq y_a$, wird ein Wert $x_c = x_b + p(x_b - x_a)$ berechnet, der vermutlich in Richtung fallender Funktionswerte, also näher am Minimum liegt. Der Faktor p ist in unserem Programm zu $p = 1.618\,034$ gesetzt. Dadurch wird das ursprüngliche Intervall (x_a, x_b) im Verhältnis des goldenen Schnittes erweitert, vgl. Abschnitt 10.5. Das Ziel ist erreicht, wenn $y_c > y_b$. Ist das nicht der Fall, so wird mit Hilfe der Klasse `MinParab` eine Parabel durch die drei Punkte $(x_a, y_a), (x_b, y_b), (x_c, y_c)$ gelegt, deren Minimum bei x_m liegt.

Wir untersuchen jetzt den Punkt $(x_\mathrm{m}, y_\mathrm{m})$. Dazu sind verschiedene Fälle zu unterscheiden:

a) $x_b < x_\mathrm{m} < x_c$:

- a1) $y_m < y_c : (x_b, x_\mathrm{m}, x_c)$ ist gesuchtes Intervall.
- a2) $y_b < y_m : (x_a, x_b, x_\mathrm{m})$ ist gesuchtes Intervall.
- a3) $y_m > y_c$ und $y_m < y_b$: Es liegt kein Minimum vor. Das Intervall wird wieder nach rechts erweitert.

b) $x_c < x_\mathrm{m} < x_\mathrm{end}$ mit $x_\mathrm{end} = x_b + f(x_c - x_b)$ und $f = 10$ in unserem Programm.

- b1) $y_m > y_c : (x_b, x_c, x_\mathrm{m})$ ist gesuchtes Intervall.
- b2) $y_m < y_c$: Es liegt kein Minimum vor. Das Intervall wird wieder nach rechts erweitert.

c) $x_{\mathrm{end}} < x_{\mathrm{m}}$: Als neues Intervall wird $(x_b, x_c, x_{\mathrm{end}})$ benutzt.

d) $x_{\mathrm{m}} < x_b$: Dieses Ergebnis ist eigentlich nicht möglich. Es kann allenfalls durch Rundungsfehler bewirkt werden: Das Intervall wird nach rechts erweitert.

Wird im gerade durchlaufenen Schritt das Ziel nicht erreicht, so wird ein weiterer Schritt mit dem neuen Intervall durchgeführt.

In Bild 10.4 sind für ein Beispiel die Ergebnisse der Einzelschritte bis zum Einschluß des Minimums dargestellt.

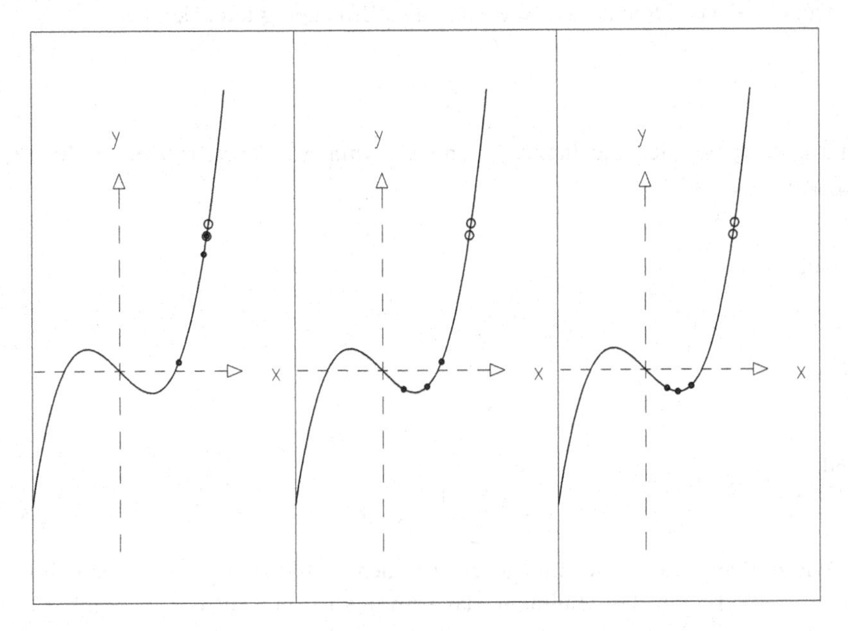

Bild 10.4: Einschließung eines Minimums durch 3 Punkte a, b, c entsprechend (10.4.3). Die Anfangswerte sind durch größere Kreise, die Ergebnisse der einzelnen Schritte durch kleine Kreise gekennzeichnet.

10.5 Minimum-Suche mit dem goldenen Schnitt

Sobald das Minimum durch Angabe von 3 Punkten x_a, x_b, x_c mit der Eigenschaft (10.4.3) eingeschlossen ist, läßt sich der Einschluß leicht schrittweise verschärfen. Man wählt einen Punkt x innerhalb des größeren der beiden Teilintervalle (x_a, x_b) und (x_b, x_c). Ist der Funktionswert bei x kleiner als bei x_b, so wird das x enthaltende

Teilintervall als neues Einschlußintervall genommen. Ist der Funktionswert größer, so wird x Randpunkt des neuen Einschlußintervalls.

Eine besonders geschickte Intervallunterteilung gelingt mit dem *goldenen Schnitt*. Nehmen wir an, vgl. Bild 10.5,

$$g = \frac{\ell}{L}\,, \quad g > \frac{1}{2}\,, \tag{10.5.1}$$

sei die (später zu bestimmende) Länge des Teilintervalls (x_a, x_b) gemessen in Einheiten der Länge des Gesamtintervalls (x_a, x_c). Wir wollen nun das Teilintervall (x_a, x_b) erneut durch einen Punkt x entsprechend dem Bruchteil g teilen können,

$$g = \frac{\lambda}{\ell}\,, \tag{10.5.2}$$

und außerdem sollen die Punkte x und x_b symmetrisch zueinander im Intervall (x_a, x_c) liegen, d. h.

$$\lambda = L - \ell\,. \tag{10.5.3}$$

Es folgt

$$\frac{\ell}{\lambda + \ell} = \frac{\lambda}{\ell}\,,$$

also

$$\lambda = \frac{\sqrt{5}-1}{2}\ell$$

und

$$g = \frac{\sqrt{5}-1}{2} \approx 0.618034\,. \tag{10.5.4}$$

Wie zu Beginn des Abschnitts gezeigt (für den in Bild 10.5 dargestellten Fall $x_b - x_a > x_c - x_b$), liegt das Minimum, das ursprünglich nur auf das Intervall (x_a, x_c)

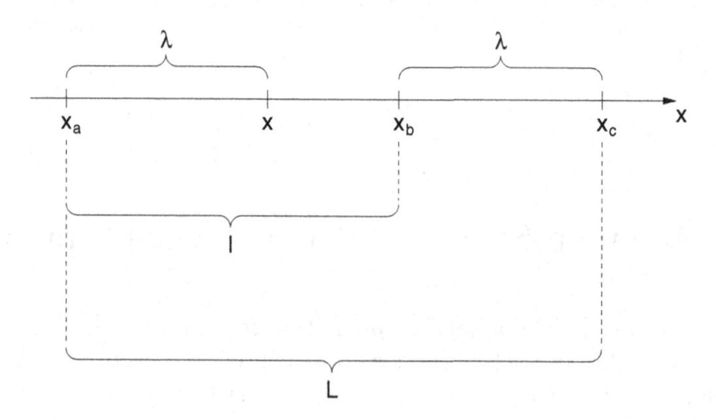

Bild 10.5: Zum goldenen Schnitt.

eingeschränkt war, nun entweder im Intervall (x_a, x_b) oder im Intervall (x, x_c). Durch die Unterteilung nach dem goldenen Schnitt wird erreicht, daß beide Intervalle gleich groß sind.

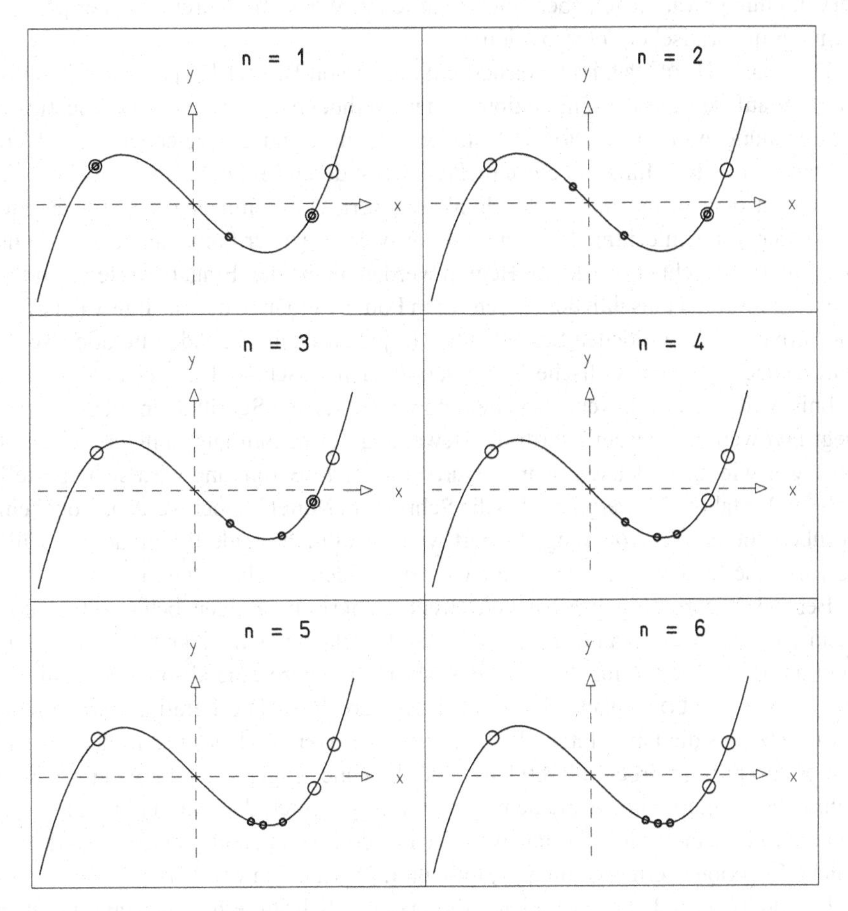

Bild 10.6: Schrittweise Einschließung eines Minimums durch Intervallteilung nach dem goldenen Schnitt. Das Ausgangsintervall (größere Kreise) wird mit jedem Schritt verkleinert (kleine Kreise).

In Bild 10.6 sind für ein Beispiel die ersten 6 Schritte einer Minimierung mit dem goldenen Schnitt dargestellt.

10.6 Minimum-Suche mit quadratischer Interpolation

Aus dem in Bild 10.6 dargestellten Beispiel geht hervor, daß das Verfahren der Intervallteilung zwar sicher, aber langsam arbeitet. Wir kombinieren es daher jetzt mit dem der quadratischen Interpolation.

Die Klasse `MinCombined` basiert auf einem von BRENT [13] entwickelten Programm, auf den diese Kombination beider Methoden zurückgeht. Die wichtigsten Bezeichnungen in `MinCombined` sind wie folgt. `a` und `b` bezeichnen die x-Werte x_a und x_b, die das Minimum einschließen. `xm` ist deren Mittelwert. `x` bezeichnet den Punkt mit dem bisher niedrigsten Funktionswert, `w` den mit dem zweitniedrigsten und `v` den mit dem drittniedrigsten Funktionswert. `u` ist der Punkt, an dem die Funktion zuletzt berechnet wurde. Zu Beginn werden die beiden Eingabewerte x_a und x_b, die das Minimum einschließen, durch einen Punkt x ergänzt, der das Intervall (x_a,x_b) im Verhältnis des goldenen Schnitts teilt. In jedem dann folgenden Iterationsschritt wird zunächst die parabolische Interpolation nach Abschnitt 10.2 versucht. Das Ergebnis wird akzeptiert, wenn es in dem durch den letzten Schritt definierten Intervall liegt *und* wenn in diesem Schritt die Bewegung des Minimums weniger als halb so groß war wie im vorletzten Schritt. Durch die letzte Bedingung wird sichergestellt, daß das Verfahren konvergiert, also die Schritte im Mittel kleiner werden, wobei eine vorübergehende Vergrößerung toleriert wird. Sind nicht beide Bedingungen erfüllt, so wird eine Intervallverkleinerung nach dem goldenen Schnitt durchgeführt.

Besonders sorgfältig werden von Brent numerische Fragen behandelt. Ausgehend von den zwei Parametern ε und t, die die relative Genauigkeit definieren, und dem aktuellen Wert x für die Lage des Minimums wird eine absolute Genauigkeit $\Delta x = \varepsilon x + t =$ `tol` entsprechend (10.1.21) berechnet. Die Iteration wird solange fortgesetzt, bis die halbe Intervallbreite unter den Wert `tol` gesunken (der Abstand von `x` zu `xm` nicht größer als `tol` ist) oder bis eine vorgegebene maximale Schrittzahl überschritten wird. Außerdem wird darauf geachtet, daß die Funktion nicht an Punkten berechnet wird, die um weniger als `tol` voneinander entfernt sind, weil solche Funktionswerte sich nicht signifikant unterscheiden würden.

In Bild 10.7 sind für ein Beispiel die ersten 6 Schritte einer Minimierung nach Brent dargestellt. Schritte nach dem goldenen Schnitt sind durch GS, solche mit quadratischer Interpolation durch QI gekennzeichnet. Der Vergleich mit Bild 10.6 zeigt die wesentlich schnellere Konvergenz, die durch die quadratische Interpolation erreicht wird.

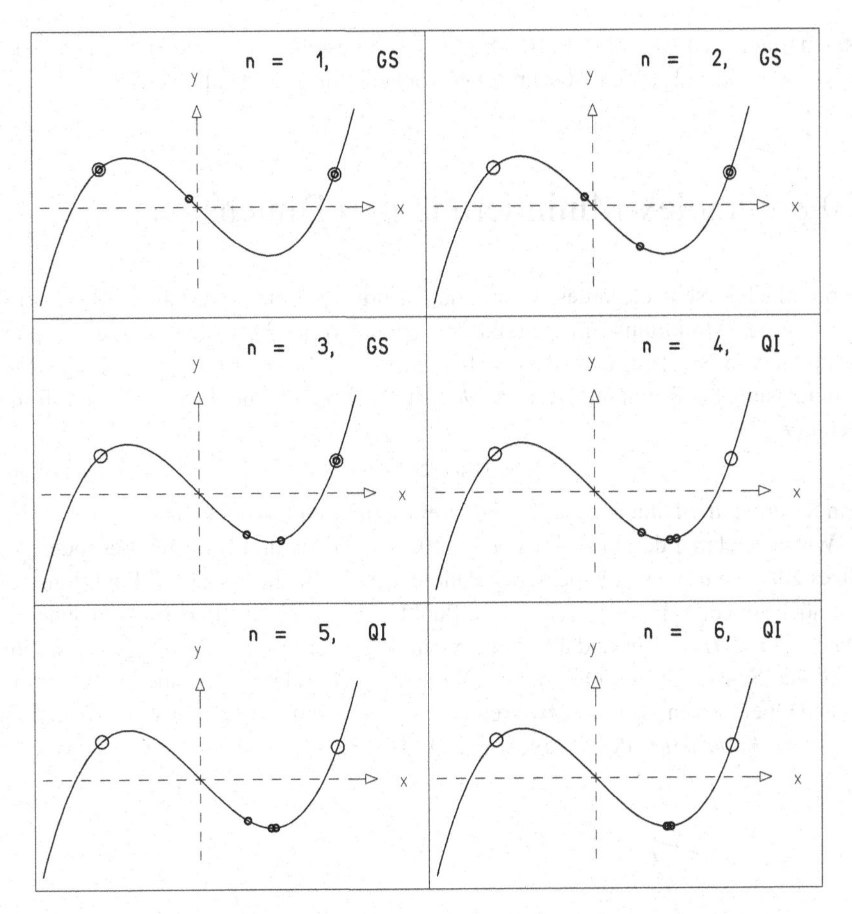

Bild 10.7: Schrittweise Einschließung eines Minimums mit dem kombinierten Verfahren von Brent. Das Ausgangsintervall (große Kreise) wird mit jedem Schritt verkleinert (kleinere Kreise). Schritte werden nach dem Goldenen Schnitt (GS) oder durch quadratische Interpolation (QI) ausgeführt.

10.7 Minimierung entlang einer Richtung in *n* Dimensionen

Die Klasse `MinDir` berechnet das Minimum einer Funktion von n Variablen entlang der im Abschnitt 10.3 durch $\mathbf{x}_0$ und $\mathbf{d}$ definierten Geraden. Sie benutzt zunächst `MinEnclose`, um das Minimum einzuschließen und dann `MinCombined`, um es genau zu lokalisieren.

Die Klasse `MinDir` ist das wesentliche Werkzeug zur Realisierung einer Reihe verschiedener Strategien zur Auffindung eines Minimums im n-dimensionalen

Raum, die in den Abschnitten 10.9 bis 10.15 dargestellt wird. Eine Strategie anderen Typs ist die im folgenden Abschnitt besprochene Simplex-Methode.

10.8 Simplex-Minimierung in n Dimensionen

Ein einfaches, sehr elegantes, wenn auch relativ langsames Verfahren der Bestimmung eines Minimums einer Funktion von mehreren Variablen ist die Simplex-Methode von NELDER und MEAD [14]. Die Variablen $x_1, x_2, \ldots, x_n$ spannen einen n-dimensionalen Raum auf. Ein *Simplex* ist durch $n+1$ Punkte $\mathbf{x}_i$ in diesem Raum definiert,

$$\mathbf{x}_i = (x_{1i}, x_{2i}, \ldots, x_{ni}) . \qquad (10.8.1)$$

Ein Simplex in 2 Dimensionen ist ein Dreieck mit den Eckpunkten $\mathbf{x}_1, \mathbf{x}_2, \mathbf{x}_3$.

Wir bezeichnen den Funktionswert am Ort $\mathbf{x}_i$ mit y_i und benutzen besondere Indizes zur Kennzeichnung spezieller Punkte $\mathbf{x}_i$. Am Punkt $\mathbf{x}_H$ ist der Funktionswert am höchsten, d. h. $y_H > y_i, i \neq H$, am Punkt $\mathbf{x}_h$ höher als an allen Punkten außer $\mathbf{x}_H$ ($y_h > y_i, i \neq H, i \neq h$) und am Punkt $\mathbf{x}_\ell$ am kleinsten ($y_\ell < y_i, i \neq \ell$). Der Simplex wird nun Schritt für Schritt verändert. In jedem Teilschritt findet eine von vier möglichen Operationen statt, und zwar eine *Spiegelung*, eine *Streckung*, eine *Abflachung* oder eine *Kontraktion* des Simplex, vgl. Bild 10.8.

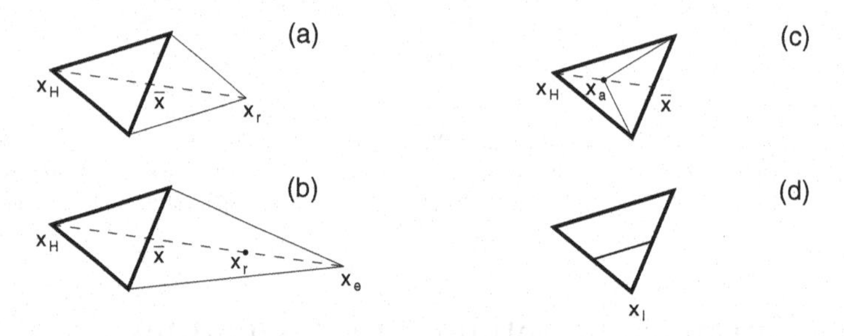

Bild 10.8: Transformation eines Simplex (stark umrandetes Dreieck) in eine veränderte Form (dünn umrandetes Dreieck) durch Reflexion (a), Streckung (b), Abflachung (c) und Kontraktion (d).

Bezeichnen wir mit $\bar{\mathbf{x}}$ den Schwerpunkt der (Hyper-)fläche des Simplex, die dem Punkt $\mathbf{x}_H$ gegenüberliegt,

$$\bar{\mathbf{x}} = \frac{1}{N-1} \sum_{i \neq H} \mathbf{x}_i , \qquad (10.8.2)$$

so ist die *Spiegelung* von $\mathbf{x}_H$

$$\mathbf{x}_r = (1+\alpha)\bar{\mathbf{x}} - \alpha \mathbf{x}_H \qquad (10.8.3)$$

mit $\alpha > 0$ als *Reflexionskoeffizient*. Der gespiegelte Simplex unterscheidet sich vom ursprünglichen nur dadurch, daß $\mathbf{x}_H$ durch $\mathbf{x}_r$ ersetzt wird.

Eine *Streckung* des Simplex besteht in der Ersetzung von $\mathbf{x}_H$ durch

$$\mathbf{x}_e = \gamma \mathbf{x}_r + (1-\gamma)\bar{\mathbf{x}} \qquad (10.8.4)$$

mit dem *Streckungskoeffizienten* γ. Man wählt also (für $\gamma > 1$) einen Punkt der auf der Verbindungslinie von $\mathbf{x}_H$ nach $\mathbf{x}_r$ aber noch jenseits von $\mathbf{x}_r$ liegt.

Bei der *Abflachung* wird $\mathbf{x}_H$ durch einen Punkt ersetzt, der auf der Verbindungslinie von $\mathbf{x}_H$ und $\bar{\mathbf{x}}$ liegt, und zwar zwischen diesen beiden Punkten,

$$\mathbf{x}_a = \beta \mathbf{x}_H + (1-\beta)\bar{\mathbf{x}}\,. \qquad (10.8.5)$$

Für den *Abflachungskoeffizienten* β gilt $0 < \beta < 1$.

Bei den bisher besprochenen drei Operationen wird jeweils nur ein Punkt des Simplex verändert, und zwar der Punkt $\mathbf{x}_H$, der zum höchsten Funktionswert gehört. Der Punkt wird längs der Geraden durch $\mathbf{x}_H$ und $\bar{\mathbf{x}}$ verschoben. Nach der Verschiebung liegt er noch diesseits von $\bar{\mathbf{x}}$ (Abflachung) oder jenseits von $\bar{\mathbf{x}}$ (Spiegelung) oder sogar weit jenseits von $\bar{\mathbf{x}}$ (Streckung). Im Gegensatz zu diesen Operationen werden bei der *Kontraktion* alle Punkte außer einem ersetzt. Der Punkt $\mathbf{x}_\ell$ mit dem niedrigsten Funktionswert bleibt erhalten. Alle übrigen Punkte werden auf die Mitte der Kante gesetzt, die sie mit $\mathbf{x}_\ell$ bilden,

$$\mathbf{x}_{ci} = (\mathbf{x}_i + \mathbf{x}_\ell)/2\,, \quad i \neq \ell. \qquad (10.8.6)$$

Für den ursprünglichen und jeden durch eine Operation entstandenen Simplex werden die Punkte $\bar{\mathbf{x}}$ und $\mathbf{x}_r$ und die zugehörigen Funktionswerte $\bar{y}$ und y_r berechnet. Die nächste Operation wird wie folgt bestimmt:

(a) Falls $y_r < y_\ell$, wird eine Streckung versucht. Ist dabei $y_e < y_\ell$, so wird tatsächlich eine Streckung durchgeführt. Sonst begnügt man sich mit einer *Spiegelung*.

(b) Für $y_r > y_h$ wird eine Spiegelung durchgeführt, falls $y_r < y_H$. Anderenfalls bleibt der Simplex zunächst erhalten. In jedem Fall wird anschließend eine *Abflachung* durchgeführt. Erhält man als Ergebnis der Abflachung einen Punkt $\mathbf{x}_a$, dessen Funktionswert nicht niedriger ist als y_H und $\bar{y}$ ist, so wird die Abflachung verworfen und statt ihrer eine Kontraktion durchgeführt.

Nach jedem Schritt untersuchen wir die Größe

$$r = \frac{|\, y_H - y_\ell \,|}{|\, y_H \,| + |\, y_\ell \,|}\,. \qquad (10.8.7)$$

Fällt sie unter einen vorgegebenen Wert, so brechen wir das Verfahren ab und betrachten $\mathbf{x}_\ell$ als den Punkt, an dem die Funktion ihr Minimum hat.

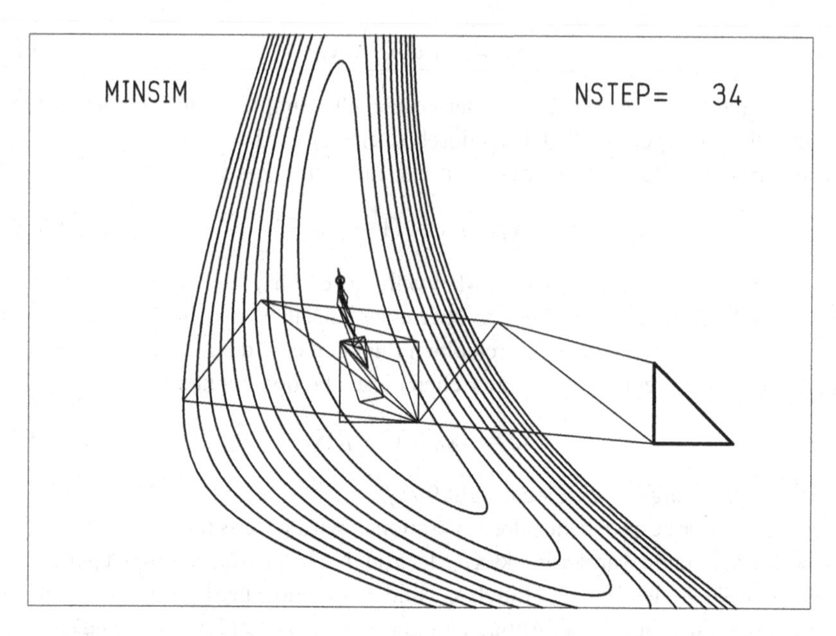

Bild 10.9: Bestimmung des Minimums einer Funktion von 2 Variablen mit dem Simplex-Verfahren. Die Funktion ist durch einige Höhenlinien gekennzeichnet. Jeder Simplex ist ein Dreieck. Der Ausgangssimplex ist durch stärkere Linien markiert.

Die Klasse `MinSim` bestimmt das Minimum einer Funktion von n Variablen nach der Simplex-Methode. In Bild 10.9 ist die Arbeitsweise des Programms an einem Beispiel illustriert. Das stark umrandete Dreieck ist der Ausgangssimplex. Die von ihm ausgehende Folge von dünn umrandeten Dreiecken entspricht den einzelnen Transformationen. Man erkennt deutlich als erste Schritte: Streckung, Streckung, Spiegelung, Spiegelung, Abflachung, ... Der Simplex findet zunächst seinen Weg in das „Tal" der Funktion und läuft dann auf der Talsohle auf das Minimum zu. Er verformt sich dabei so, daß er in Marschrichtung die größte Ausdehnung besitzt, und kann sich so auch durch enge Täler schlängeln. Es ist bemerkenswert, daß dieses aus der Anschauung in zwei und drei Dimensionen gewonnene Verfahren auch in n Dimensionen arbeitet und sogar in diesem Fall eine gewisse Anschaulichkeit besitzt.

10.9 Minimierung entlang der Koordinatenrichtungen

Einige Methoden der Minimumsuche in einem n-dimensionalen Raum beruhen auf folgendem Prinzip. Ausgehend von einem Punkt $\mathbf{x}_0$ sucht man das Minimum entlang einer festen Richtung im Raum. Anschließend minimiert man von dort aus entlang einer anderen Richtung und findet ein neues Minimum usw. Unter diesem allgemeinen Prinzip lassen sich verschiedene *Strategien* entwickeln, nach denen man die einzelnen Richtungen auswählt.

Die einfachste Strategie besteht in der Wahl der Koordinatenrichtungen im Raum der n Variablen x_i. Bezeichnen wie die zugehörigen Basisvektoren mit $\mathbf{e}_1, \mathbf{e}_2, \ldots, \mathbf{e}_n$, so werden sie der Reihe nach als Richtungen gewählt. An $\mathbf{e}_n$ schließt man wieder $\mathbf{e}_1, \mathbf{e}_2, \ldots$ an. Ausgehend von $\mathbf{x}_0$ liefert eine Teilfolge von Minimierungen entlang aller Koordinatenrichtungen den Punkt $\mathbf{x}_1$. Nach einer erneuten Teilfolge enthält man $\mathbf{x}_2$, usw.

Das Verfahren ist erfolgreich beendet, wenn für die Funktionswerte $M(\mathbf{x}_n)$ und $M(\mathbf{x}_{n-1})$ für zwei aufeinanderfolgende Schritte

$$M(\mathbf{x}_{n-1}) - M(\mathbf{x}_n) < \varepsilon |M(\mathbf{x}_n)| + t \tag{10.9.1}$$

gilt, also eine Bedingung entsprechend (10.1.21) zu vorgegebenen Zahlwerten ε und t. Allerdings vergleichen wir hier die Funktionswerte M und nicht die unabhängigen Variablen $\mathbf{x}$. Anderenfalls müßten wir noch den Abstand zwischen zwei Punkten im n-dimensionalen Raum berechnen.

Bild 10.10 zeigt die Minimierung der gleichen Funktion wie in Bild 10.9 nach der Methode der Koordinatenrichtungen. Nach einem ersten vergleichsweise großen Schritt, der in das „Tal“ der Funktion führt, sind die folgenden Schritte recht klein. Die Einzelrichtungen sind natürlich senkrecht zueinander. Der jeweils „beste“ Punkt bewegt sich auf einer treppenförmigen Linie entlang der Talsohle auf das Minimum zu.

10.10 Konjugierte Richtungen

Die langsame Konvergenz, die wir aus Bild 10.10 ablesen, rührt sicher auch daher, daß bei der Minimierung entlang einer Richtung das im vorigen Schritt gewonnene Ergebnis der Minimierung bezüglich einer anderen Richtung wieder verloren geht. Wir versuchen jetzt die Richtungen so zu wählen, daß das nicht der Fall ist. Dazu nehmen wir vereinfachend an, die Funktion sei eine quadratische Form (10.1.10). Ihr Gradient an der Stelle $\mathbf{x}$ ist dann durch (10.1.12) gegeben,

$$\nabla M = -\mathbf{b} + A\mathbf{x} . \tag{10.10.1}$$

Die Änderung des Gradienten bei der Bewegung um $\Delta\mathbf{x}$ im Raum ist

$$\Delta(\nabla M) = \nabla M(\mathbf{x} + \Delta\mathbf{x}) - \nabla M(\mathbf{x}) = A\mathbf{x} + A\Delta\mathbf{x} - A\mathbf{x} = A\Delta\mathbf{x} . \tag{10.10.2}$$

Dieser Ausdruck ist ein Vektor, der angibt, in welche Richtung sich der Gradient ändert, wenn das Argument sich in Richtung $\Delta\mathbf{x}$ bewegt.

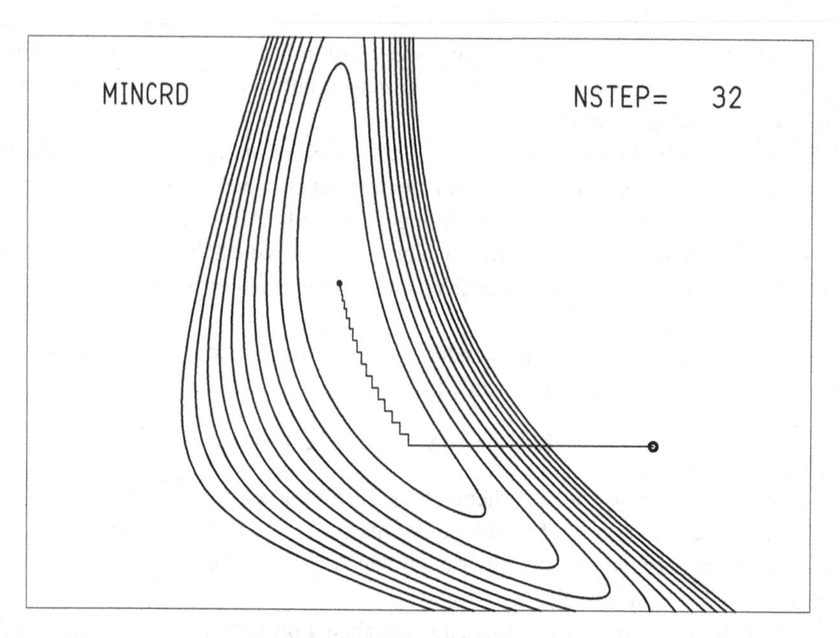

Bild 10.10: Minimierung entlang der Koordinatenrichtungen. Der Ausgangspunkt ist durch den größeren, der Endpunkt des Verfahrens durch den kleineren Kreis gekennzeichnet. Der Streckenzug verbindet die Ergebnisse der Einzelschritte.

Falls eine Minimierung entlang einer Richtung $\mathbf{p}$ durchgeführt wurde, so bleibt die Minimumeigenschaft bezüglich $\mathbf{p}$ erhalten, wenn man sich in einer Richtung $\mathbf{q}$ bewegt, so daß der Gradient sich nur senkrecht zu $\mathbf{p}$ ändert, d. h.

$$\mathbf{p} \cdot (A\mathbf{q}) = \mathbf{p}^{\mathrm{T}} A\mathbf{q} = 0 \qquad (10.10.3)$$

gilt. Die Vektoren $\mathbf{p}$ und $\mathbf{q}$ heißen *konjugiert* zueinander bezüglich der positiv definiten Matrix A. Hat man n Variable, d. h. ist A eine $(n \times n)$-Matrix, so kann man im allgemeinen n zueinander konjugierte, linear unabhängige Vektoren angegeben.

POWELL [15] hat eine Methode angegeben, einen Satz konjugierter Richtungen für eine Funktion zu finden, die durch eine quadratische Form beschrieben wird. Dazu wählt man als einen ersten Satz von Richtungen n linear unabhängige Einheitsvektoren $\mathbf{p}_i$, z. B. die der Koordinatenrichtungen $\mathbf{p}_i = \mathbf{e}_i$, und sucht ausgehend von einem Punkt $\mathbf{x}_0$ nacheinander die Minima in Richtung der $\mathbf{p}_i$. Die Ergebnisse können durch

$$\begin{aligned}
\mathbf{a}_1 &= \alpha_1\mathbf{p}_1 + \alpha_2\mathbf{p}_2 + \cdots + \alpha_n\mathbf{p}_n \,, \\
\mathbf{a}_2 &= \qquad\quad\;\, \alpha_2\mathbf{p}_2 + \cdots + \alpha_n\mathbf{p}_n \,, \\
&\;\;\vdots \\
\mathbf{a}_n &= \qquad\qquad\qquad\qquad\;\; \alpha_n\mathbf{p}_n
\end{aligned}$$

gekennzeichnet werden. Dabei ist $\mathbf{a}_1$ der Vektor, der alle n Teilschritte zusammenfaßt, $\mathbf{a}_2$ enthält alle Schritte außer dem ersten, und $\mathbf{a}_n$ ist gerade der letzte Teilschritt. Die Summe der n Teilschritte führt dann vom Punkt $\mathbf{x}_0$ zu

$$\mathbf{x}_1 = \mathbf{x}_0 + \mathbf{a}_1 \ .$$

Die Richtung $\mathbf{a}_1$ beschreibt die mittlere Richtung der ersten n Teilschritte. Wir führen daher jetzt einen Schritt in Richtung $\mathbf{a}_1$ aus, nennen das Ergebnis wieder $\mathbf{x}_0$, bestimmen einen neuen Satz von Richtungen

$$\begin{aligned} \mathbf{q}_1 &= \mathbf{p}_2 \,, \\ \mathbf{q}_2 &= \mathbf{p}_3 \,, \\ &\vdots \\ \mathbf{q}_{n-1} &= \mathbf{p}_n \,, \\ \mathbf{q}_n &= \mathbf{a}_1/|\mathbf{a}_1| \,, \end{aligned}$$

nennen dann diese $\mathbf{q}_i$ wieder $\mathbf{p}_i$ und verfahren wie oben. Wie von POWELL [15] gezeigt wurde, sind die Richtungen nach n Schritten, d. h. $n(n+1)$ Einzelminimierungen zueinander konjugiert, wenn die Funktion eine quadratische Form ist.

10.11 Minimierung entlang ausgewählter Richtungen

Das am Ende des letzten Abschnitts angegebene Verfahren birgt allerdings die Gefahr in sich, daß die Richtungen $\mathbf{p}_1, \ldots, \mathbf{p}_n$ nahezu linear abhängig werden können, weil bei jedem Schritt $\mathbf{p}_1$ zugunsten von $\mathbf{a}_1/|\mathbf{a}_1|$ verworfen wird und diese Richtungen von Schritt zu Schritt nicht sehr verschieden sein müssen. Powell hat daher vorgeschlagen, nicht jeweils die Richtung $\mathbf{p}_1$ durch $\mathbf{a}_1/|\mathbf{a}_1|$ zu ersetzen, sondern die Richtung $\mathbf{p}_{\max}$, entlang der die stärkste Verkleinerung der Funktion stattgefunden hat. Das klingt zunächst paradox, weil die offensichtlich beste Richtung durch eine andere ersetzt werden soll. Aber da $\mathbf{p}_{\max}$ von allen Richtungen den größten Beitrag zur Verkleinerung der Funktion geliefert hat, wird $\mathbf{a}_1/|\mathbf{a}_1|$ eine erhebliche Komponente in Richtung $\mathbf{p}_{\max}$ haben. Gerade durch die Beibehaltung dieser beiden ähnlichen Richtungen würde die Gefahr der linearen Abhängigkeit heraufbeschworen.

In einigen Fällen werden wir allerdings nach Abschluß eines Schrittes die alten Richtungen ungeändert beibehalten. Wir bezeichnen mit $\mathbf{x}_0$ den Punkt vor Ausführung des laufenden Schrittes, mit $\mathbf{x}_1$ den Punkt, der durch diesen Schritt gewonnen wurde, mit

$$\mathbf{x}_e = \mathbf{x}_1 + (\mathbf{x}_1 - \mathbf{x}_0) = 2\mathbf{x}_1 - \mathbf{x}_0 \tag{10.11.1}$$

einen extrapolierten Punkt, der von $\mathbf{x}_0$ aus in der neuen Richtung $\mathbf{x}_1 - \mathbf{x}_0$, aber noch jenseits von $\mathbf{x}_1$, liegt und mit M_0, M_1 und M_e die entsprechenden Funktionswerte. Wenn

$$M_e \geq M_0 , \tag{10.11.2}$$

fällt die Funktion in Richtung $(\mathbf{x}_0 - \mathbf{x}_1)$ nicht mehr deutlich ab. Wir bleiben daher bei den bisherigen Richtungen.

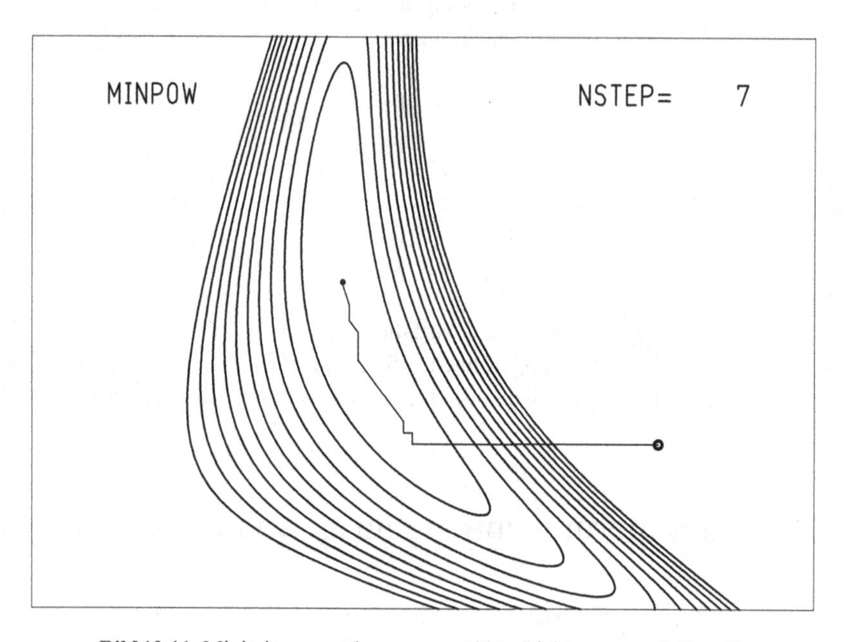

Bild 10.11: Minimierung entlang ausgewählter Richtungen nach Powell.

Wir bezeichnen weiter mit ΔM die größte Änderung von M entlang einer Richtung im laufenden Schritt und berechnen die Größe

$$T = 2(M_0 - 2M_1 + M_e)(M_0 - M_1 - \Delta M)^2 - (M_0 - M_e)^2 \Delta M . \tag{10.11.3}$$

Falls

$$T \geq 0 ,$$

behalten wir ebenfalls die alten Richtungen bei. Diese Bedingung ist erfüllt, wenn entweder der erste oder der zweite Faktor im ersten Term von (10.11.3) groß wird. Der erste Faktor $(M_0 - 2M_1 + M_e)$ ist proportional zu einer zweiten Ableitung der Funktion M. Ist sie groß (in sinnvollen Einheiten verglichen mit der ersten Ableitung), so befinden wir uns bereits nahe am Minimum. Der zweite Faktor $(M_0 - M_1 - \Delta M)^2$ ist groß, wenn die Verkleinerung $M_0 - M_1$ der Funktion nicht im wesentlichen durch eine einzige Richtung bewirkt wurde, die den Beitrag ΔM zur Verkleinerung lieferte.

Die Klasse `MinPow` bestimmt das Minimum einer Funktion von n Variablen durch sukzessive Minimierung entlang ausgewählter Richtungen nach Powell. Bild 10.11 zeigt die Vorzüge des Powellschen Verfahrens. Man beobachtet eine im Vergleich zu Bild 10.10 wesentlich raschere Konvergenz auf das Minimum zu.

10.12 Minimierung in Richtung des steilsten Abfalls

Um von einem Punkt $\mathbf{x}_0$ zum Minimum einer Funktion $M(\mathbf{x})$ zu gelangen, genügt es, immer genau dem negativen Gradienten $\mathbf{b}(\mathbf{x}) = -\nabla M(\mathbf{x})$ zu folgen. Es liegt daher nahe, das Minimum entlang der Richtung $\nabla M(\mathbf{x}_0)$ zu suchen. Man nennt diesen Punkt $\mathbf{x}_1$, sucht dann das Minimum entlang $\nabla M(\mathbf{x}_1)$ usw., bis schließlich die Abbruchbedingung (10.9.1) erfüllt ist.

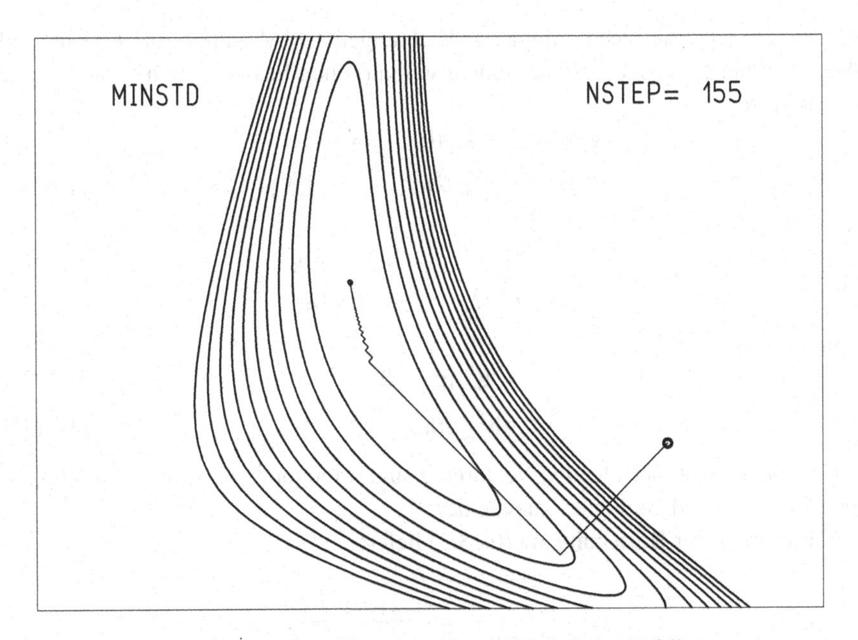

Bild 10.12: Minimierung in Richtung des steilsten Abfalls.

Ein Vergleich der am Beispiel von Bild 10.12 illustrierten Arbeitsweise der Methode mit der Minimierung entlang der Koordinatenrichtungen (Bild 10.10) zeigt jedoch eine verblüffende Ähnlichkeit. In beiden Fällen stehen aufeinanderfolgende

Richtungen senkrecht aufeinander. Damit lassen sich die Richtungen im Laufe des Verfahrens nicht mehr an die Funktion anpassen, und das Verfahren konvergiert nur sehr langsam.

Die zunächst vielleicht verblüffende Tatsache, daß aufeinanderfolgende Gradientenrichtungen senkrecht aufeinander stehen, liegt an der Konstruktion des Verfahrens. Das Aufsuchen des Minimums bei $\mathbf{x}_1$ entlang der Richtung $\mathbf{b}_0$ bedeutet, daß die Richtungsableitung in Richtung $\mathbf{b}_0$ an der Stelle $\mathbf{x}_1$ verschwindet,

$$\mathbf{b}_0 \cdot \nabla M(\mathbf{x}_1) = 0 ,$$

und somit der Gradient senkrecht auf $\mathbf{b}_0$ steht.

10.13 Minimierung entlang konjugierter Gradientenrichtungen

Wir greifen jetzt die Idee konjugierter Richtungen aus Abschnitt 10.10 wieder auf. Wir konstruieren, ausgehend von einem willkürlichen Vektor $\mathbf{g}_1 = \mathbf{h}_1$, zwei Folgen von Vektoren,

$$\mathbf{g}_{i+1} = \mathbf{g}_i - \lambda_i A \mathbf{h}_i , \quad i = 1,2,\dots , \tag{10.13.1}$$

$$\mathbf{h}_{i+1} = \mathbf{g}_{i+1} + \gamma_i \mathbf{h}_i , \quad i = 1,2,\dots , \tag{10.13.2}$$

mit

$$\lambda_i = \frac{\mathbf{g}_i^{\mathrm{T}} \mathbf{g}_i}{\mathbf{g}_i^{\mathrm{T}} A \mathbf{h}_i} , \quad \gamma_i = \frac{\mathbf{g}_{i+1}^{\mathrm{T}} A \mathbf{h}_i}{\mathbf{h}_i^{\mathrm{T}} A \mathbf{h}_i} . \tag{10.13.3}$$

Damit gilt

$$\mathbf{g}_{i+1}^{\mathrm{T}} \mathbf{g}_i = 0 , \tag{10.13.4}$$

$$\mathbf{h}_{i+1}^{\mathrm{T}} A \mathbf{h}_i = 0 . \tag{10.13.5}$$

Das heißt, aufeinanderfolgende Vektoren $\mathbf{g}$ sind orthogonal, und aufeinanderfolgende Vektoren $\mathbf{h}$ sind konjugiert zueinander.

Umformung der Beziehungen (10.13.3) liefert

$$\gamma_i = \frac{\mathbf{g}_{i+1}^{\mathrm{T}} \mathbf{g}_{i+1}}{\mathbf{g}_i^{\mathrm{T}} \mathbf{g}_i} = \frac{(\mathbf{g}_{i+1} - \mathbf{g}_i)^{\mathrm{T}} \mathbf{g}_{i+1}}{\mathbf{g}_i^{\mathrm{T}} \mathbf{g}_i} , \tag{10.13.6}$$

$$\lambda_i = \frac{\mathbf{g}_i^{\mathrm{T}} \mathbf{h}_i}{\mathbf{h}_i^{\mathrm{T}} A \mathbf{h}_i} . \tag{10.13.7}$$

Wir versuchen jetzt, die Vektoren $\mathbf{g}_i$ und $\mathbf{h}_i$ ohne explizite Kenntnis der Hesseschen Matrix A zu konstruieren. Dazu nehmen wir wieder an, daß die zu minimierende Funktion eine quadratische Form (10.1.10) ist. An einem Punkt $\mathbf{x}_i$ definieren wir den Vektor $\mathbf{g}_i = -\nabla M(\mathbf{x}_i)$. Suchen wir nun von $\mathbf{x}_i$ aus längs der Richtung $\mathbf{h}_i$ das Minimum, finden es bei $\mathbf{x}_{i+1}$ und bilden dort $\mathbf{g}_{i+1} = -\nabla M(\mathbf{x}_{i+1})$, so sind $\mathbf{g}_{i+1}$ und $\mathbf{g}_i$ orthogonal, denn wegen (10.1.12) gilt

$$\mathbf{g}_i = -\nabla M(\mathbf{x}_i) = \mathbf{b} - A\mathbf{x}_i$$

und

$$\mathbf{g}_{i+1} = -\nabla M(\mathbf{x}_{i+1}) = b - A(\mathbf{x}_i + \lambda_i \mathbf{h}_i) = \mathbf{g}_i - \lambda_i A\mathbf{h}_i \,. \tag{10.13.8}$$

Dabei wurde λ_i so gewählt, daß $\mathbf{x}_{i+1}$ das Minimum längs der Richtung $\mathbf{h}_i$ ist. Das bedeutet, daß dort der Gradient senkrecht auf $\mathbf{h}_i$ steht,

$$\mathbf{h}_i^{\mathrm{T}} \nabla M(\mathbf{x}_{i+1}) = -\mathbf{h}_i^{\mathrm{T}} \mathbf{g}_{i+1} = 0 \,. \tag{10.13.9}$$

Einsetzen in (10.13.8) ergibt tatsächlich

$$0 = \mathbf{h}_i^{\mathrm{T}} \mathbf{g}_{i+1} = \mathbf{h}_i^{\mathrm{T}} \mathbf{g}_i - \lambda_i \mathbf{h}_i^{\mathrm{T}} A\mathbf{h}_i$$

in Übereinstimmung mit (10.13.7).

Aus diesen Ergebnissen können wir jetzt den folgenden Algorithmus konstruieren. Wir beginnen bei $\mathbf{x}_0$, bilden dort den Gradienten $\nabla M(\mathbf{x}_0)$ und setzen sein Negatives gleich den beiden Vektoren

$$\mathbf{g}_1 = -\nabla M(\mathbf{x}_0) \,, \quad \mathbf{h}_1 = -\nabla M(\mathbf{x}_0) \,.$$

Wir minimieren entlang $\mathbf{h}_1$. Am Ort $\mathbf{x}_1$ des Minimums bilden wir $\mathbf{g}_2 = -\nabla M(\mathbf{x}_1)$ und berechnen aus (10.13.6)

$$\gamma_1 = \frac{(\mathbf{g}_2 - \mathbf{g}_1)^{\mathrm{T}} \mathbf{g}_1}{\mathbf{g}_1^{\mathrm{T}} \mathbf{g}_1}$$

und aus (10.13.2)

$$\mathbf{h}_2 = \mathbf{g}_1 + \gamma_1 \mathbf{h}_1 \,.$$

Dann minimieren wir von $\mathbf{x}_1$ aus entlang $\mathbf{h}_2$ usw.

Die Klasse `MinCjg` bestimmt das Minimum einer Funktion von n Variablen durch sukzessive Minimierung entlang konjugierter Gradientenrichtungen. Der Vergleich von Bild 10.13 mit Bild 10.12 zeigt die Überlegenheit der Methode der konjugierten Gradienten über die der Richtungsbestimmung nach dem steilsten Abfall insbesondere in der Nähe des Minimums.

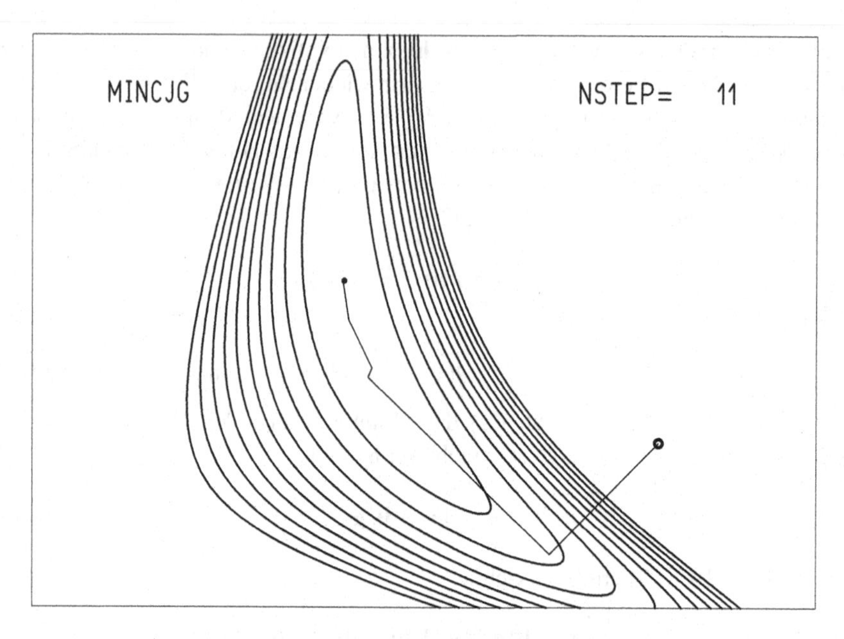

Bild 10.13: Minimierung entlang konjugierter Gradientenrichtungen.

10.14 Minimierung mit quadratischer Form

Ist die zu minimierende Funktion $M(\mathbf{x})$ von der einfachen Form (10.1.10), so ist der Ort des Minimums direkt durch (10.1.13) gegeben. Anderenfalls kann man $M(\mathbf{x})$ immer um einen Punkt $\mathbf{x}_0$ entwickeln,

$$M(\mathbf{x}) = M(\mathbf{x}_0) - b(\mathbf{x}-\mathbf{x}_0) + \frac{1}{2}(\mathbf{x}-\mathbf{x}_0)^{\mathrm{T}} A(\mathbf{x}-\mathbf{x}_0) + \cdots \tag{10.14.1}$$

mit

$$\mathbf{b} = -\nabla M(\mathbf{x}_0)\,, \quad A_{ik} = \frac{\partial^2 M}{\partial x_i \partial x_k}\,, \tag{10.14.2}$$

und erhält als Näherung für das Minimum

$$\mathbf{x}_1 = \mathbf{x}_0 + A^{-1}\mathbf{b}\,. \tag{10.14.3}$$

Man kann nun $\mathbf{b}$ und A als Ableitungen an der Stelle $\mathbf{x}_1$ neu berechnen und daraus entsprechend (10.14.3) eine weitere Näherung $\mathbf{x}_2$ gewinnen, usw.

Für den Fall, daß die Näherung (10.14.2) die Funktion $M(\mathbf{x})$ gut beschreibt, konvergiert das Verfahren sehr schnell, da es direkt zum Minimum zu springen versucht. Anderenfalls mag es gar nicht konvergieren. Wir haben die Schwierigkeiten für den entsprechenden eindimensionalen Fall in Abschnitt 10.1 anhand von Bild 10.1 schon diskutiert.

Die Klasse `MinQdr` bestimmt das Minimum einer Funktion von n Variablen durch Minimierung mit quadratischer Form. Bild 10.14 illustriert die Arbeitsweise der Methode. Man kann beobachten, daß das Minimum tatsächlich in wenigen Schritten erreicht wird.

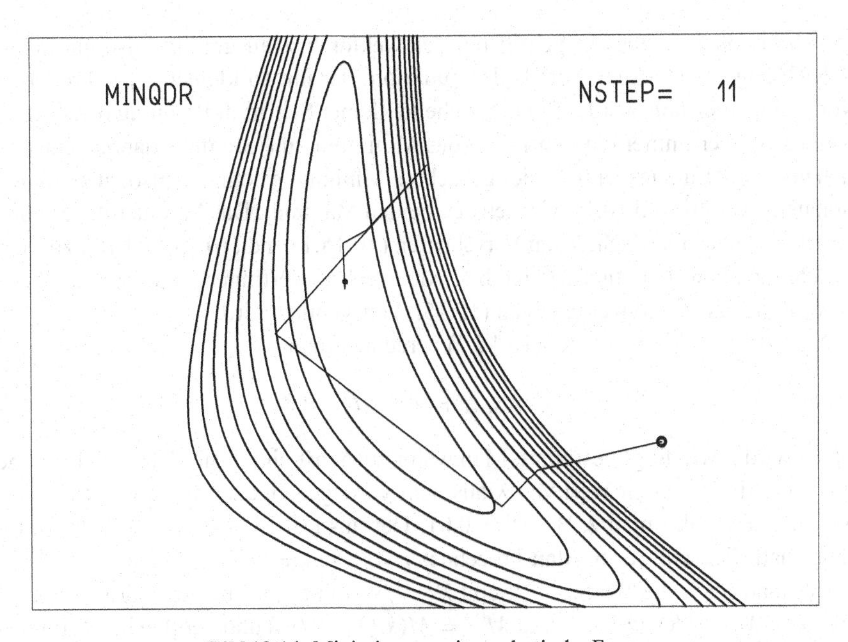

Bild 10.14: Minimierung mit quadratische Form.

10.15 Marquardt-Minimierung

MARQUARDT [16] hat ein Verfahren angegeben, das die Schnelligkeit der Minimierung mit quadratischer Form im Bereich nahe am Minimum mit der Robustheit der Methode des steilsten Abfalls, die auch in Fällen, in denen man noch weit vom Minimum entfernt ist, auf dasselbe hinführt, verbindet. Es beruht auf der folgenden einfachen Überlegung.

Die Vorschrift (10.14.3), geschrieben als Berechnung der i-ten Näherung für den Ort des Minimums

$$\mathbf{x}_i = \mathbf{x}_{i-1} + A^{-1}\mathbf{b}\,, \tag{10.15.1}$$

bedeutet, daß man $\mathbf{x}_i$ gewinnt, indem man von $\mathbf{x}_{i-1}$ aus einem Schritt um den Vektor $A^{-1}\mathbf{b}$ macht. Dabei ist $\mathbf{b} = -\boldsymbol{\nabla} M(\mathbf{x}_{i-1})$ der negative Gradient, also ein Vektor in Richtung des steilsten Abfalls der Funktion M am Ort $\mathbf{x}_{i-1}$. Stände in (10.15.1) anstelle der Matrix A die mit einer Konstanten multiplizierte Einheitsmatrix, d. h. benutzte man anstelle von (10.15.1) die Vorschrift

$$\mathbf{x}_i = \mathbf{x}_{i-1} + (\lambda I)^{-1}\mathbf{b}, \qquad (10.15.2)$$

so würde von $\mathbf{x}_{i-1}$ aus ein Schritt um den Vektor $\mathbf{b}/\lambda$ ausgeführt, also ein Schritt in Richtung des steilsten Abfalls der Funktion, der um so kleiner ist, je größer die Konstante λ gewählt wurde. Ein hinreichend kleiner Schritt in Richtung des steilsten Abfalls ist aber immer ein Schritt auf das Minimum zu (jedenfalls dann, wenn man sich noch im „Einzugsbereich" des gesuchten Minimums befindet, also im eindimensionalen Fall von Bild 10.1 zwischen den beiden Maxima). Das Marquardt-Verfahren besteht nun darin, zwischen den Vorschriften (10.15.1) und (10.15.2) derart zu interpolieren, daß die Funktion M sich bei jedem Schritt verringert und daß nach Möglichkeit die rasche Konvergenz von (10.15.1) ausgenutzt wird.

Anstelle von (10.15.1) oder (10.15.2) berechnet man

$$\mathbf{x}_i = \mathbf{x}_{i-1} + (A + \lambda I)^{-1}\mathbf{b}\,. \qquad (10.15.3)$$

Dabei wird λ wie folgt bestimmt. Man wählt zunächst eine feste Zahl $\nu > 1$ und bezeichnet mit $\lambda^{(i-1)}$ den Wert von λ aus dem vorangegangenen Iterationsschritt. Als Anfangswert wählt man z. B. $\lambda^{(0)} = 0.01$. Der aus (10.15.3) erhaltene Wert von $\mathbf{x}_i$ hängt natürlich von λ ab. Man berechnet zwei Punkte $\mathbf{x}_i(\lambda^{(i-1)})$ und $\mathbf{x}_i(\lambda^{(i-1)}/\nu)$, indem man für λ die Werte $\lambda^{(i-1)}$ und $\lambda^{(i-1)}/\nu$ wählt, und die zugehörigen Funktionswerte $M_i = M(\mathbf{x}_i(\lambda^{(i-1)}))$ und $M_i^{(\nu)} = M(\mathbf{x}_i(\lambda^{(i-1)}/\nu))$ und vergleicht sie mit dem Funktionswert $M_{i-1} = M(\mathbf{x}_{i-1})$. Das Ergebnis des Vergleichs entscheidet über das weitere Verfahren. Folgende Fälle sind möglich:

(i) $M_i^{(\nu)} \le M_{i-1}$:
Man setzt $\mathbf{x}_i = \mathbf{x}_i(\lambda^{(i-1)}/\nu)$ und $\lambda^{(i)} = \lambda^{(i-1)}/\nu$.

(ii) $M_i^{(\nu)} > M_{i-1}$ und $M_i \le M_{i-1}$:
Man setzt $\mathbf{x}_i = \mathbf{x}_i(\lambda^{(i-1)})$ und $\lambda^{(i)} = \lambda^{(i-1)}$.

(iii) $M_i^{(\nu)} > M_{i-1}$ und $M_i > M_{i-1}$:
Man ersetzt $\lambda^{(i-1)}$ durch $\lambda^{(i-1)}\nu$ und wiederholt die Berechnung von $\mathbf{x}_i(\lambda^{(i-1)}/\nu)$ und $\mathbf{x}_i(\lambda^{(i-1)})$ und der zugehörigen Funktionswerte sowie die sich anschließenden Vergleiche.

Auf diese Weise wird sichergestellt, daß der Funktionswert tatsächlich von Schritt zu Schritt sinkt und daß die Größe von λ den lokalen Verhältnissen angepaßt immer möglichst klein ist. Offensichtlich geht (10.15.3) für $\lambda \to 0$ in (10.15.1) über, beschreibt also die Minimierung mit quadratischer Form. Für sehr große Werte von λ nähert sich (10.15.3) der Beziehung (10.15.2), die einen kleinen, aber sicheren Schritt in Richtung des steilsten Abfalls vorschreibt.

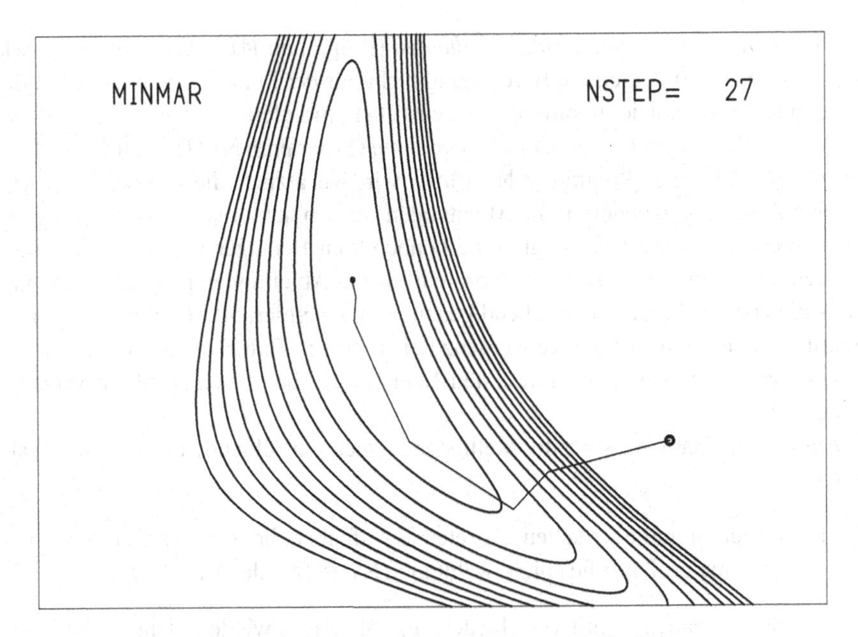

Bild 10.15: Minimierung nach dem Marquardt-Verfahren.

Die Klasse `MinMar` bestimmt das Minimum einer Funktion von n Variablen durch Marquardt-Minimierung. In Bild 10.15 erkennt man die Arbeitsweise der Marquardt-Methode. Sie verfolgt zielstrebig einen Weg auf das Minimum zu. Aus dem Vergleich mit Bild 10.14 entnimmt man, daß die Methode der quadratischen Form in weniger Schritten konvergiert hat. Das Marquardt-Verfahren führt aber in vielen Fällen auch bei ungünstigen Anfangsnäherungen zum Ziel, in denen die Methode der quadratischen Form versagt.

10.16 Zur Auswahl einer Minimierungsmethode

Bei der Vielfalt der Minimierungsmethoden stellt sich dem Benutzer natürlich die Frage nach der Auswahl einer für seine Aufgabe geeigneten Methode. Bevor wir dazu Empfehlungen geben, wollen wir die verschiedenen Methoden noch einmal mit wenigen Stichworten kennzeichnen.

Die *Simplex-Methode* (Programm `MinSim`) ist besonders robust. Es werden nur Funktionswerte $M(\mathbf{x})$ berechnet. Allerdings ist die Methode langsam. Schneller, aber immer noch recht robust ist die *Minimierung entlang ausgewählter Richtungen* (Programm `MinPow`). Auch sie benötigt nur Funktionswerte.

Die *Methode der konjugierten Gradienten* (Programm MIinCjg) benötigt, wie schon der Name andeutet, die Berechnung nicht nur der Funktion, sondern auch des Gradienten. Die Zahl der Iterationsschritte ist aber etwa gleich groß wie bei MinPow.

Für die *Minimierung mit quadratischer Form* (Programm MinQdr) und die *Marquardt-Minimierung* (Programm MinMar) wird zusätzlich die Hessesche Matrix zweiter Ableitungen benötigt. die Ableitungen werden numerisch mit Hilfsprogrammen berechnet. Diese Hilfsprogramme können vom Benutzer durch andere ersetzt werden, in denen die analytischen Formeln für die Ableitungen programmiert sind. Falls die erste Näherung hinreichend genau ist, konvergiert MinQdr nach wenigen Schritten. Langsamer ist die Konvergenz bei MinMar. Dafür ist die Methode robuster, sie konvergiert oft noch mit ersten Näherungen, bei denen MinQdr versagen würden.

Aus diesen Charakteristika der Methoden können wir folgende Empfehlungen ableiten:

1. Für nur einmal oder selten auftretende Aufgaben, bei denen also die Rechenzeit keine große Rolle spielt, wählt man MinSim oder MinPow.

2. Für sich dauernd (mit verschiedenen Zahlwerten) wiederholenden Aufgaben wählt man MinMar. Verfügt man in jedem Fall über präzise erste Näherungen, kann man MinQdr benutzen.

3. Die für MinMar oder MinQdr benötigten Ableitungen sollten bei sich ständig wiederholenden Aufgaben analytisch ausgeführt werden. Zwar bedeutet das zusätzliche Programmierarbeit, man gewinnt jedoch Präzision im Vergleich zu numerischen Ableitungen und spart in vielen Fällen auch Rechenzeit ein.

Am Ende dieses Abschnitts ist wohl auch eine Bemerkung zum Vergleich der Minimierungsmethoden dieses Kapitels mit der Methode der kleinsten Quadrate aus Kapitel 9 angebracht. Die Methode der kleinsten Quadrate ist ein Spezialfall der Minimierung. Die Minimumfunktion ist dabei eine Quadratsumme, z. B. (9.1.8), oder die Verallgemeinerung einer Quadratsumme, z. B. (9.5.9). In dieser verallgemeinerten Quadratsumme tritt die Matrix A der ersten Ableitungen auf. Dabei handelt es sich allerdings nicht um Ableitungen der Minimierungsfunktion, sondern um Ableitungen einer Funktion **f**, die für die jeweils vorliegende Aufgabe bestimmend ist, vgl. (9.5.2). Zweite Ableitungen werden nie benötigt. Wird außerdem, wie in unseren Programmen des Kapitels 9 zur Lösung der Aufgabe kleinster Quadrate die Singulärwertzerlegung benutzt, so arbeitet man in numerisch kritischen Fällen mit wesentlich höherer Genauigkeit als bei der Berechnung von Quadratsummen, vgl. Abschnitt A.13, insbesondere Beispiel A.4.

Aufgaben kleinster Quadrate sollen daher grundsätzlich mit den Programmen des Kapitels 9 bearbeitet werden. Das gilt insbesondere für Aufgaben zur Anpassung von Funktionen wie in den Beispielen von Abschnitt 9.6, wenn viele Meßpunkte vorliegen. Die Matrix A enthält dann viele Zeilen, aber wenige Spalten. Bei der Berechnung der Minimumfunktion tritt das Produkt $A^{\mathrm{T}}A$ auf, und es droht im Vergleich zur Singulärwertzerlegung der erwähnte Genauigkeitsverlust.

10.17 Fehlerbetrachtungen

In der Datenanalyse werden Minimierungsverfahren zur Bestimmung bester Schätzungen $\widetilde{\mathbf{x}}$ für unbekannte Größen $\mathbf{x}$ eingesetzt. Die Minimum-Funktion $M(\mathbf{x})$ ist dabei gewöhnlich eine Quadratsumme (Kapitel 9) oder eine (mit -1 multiplizierte) logarithmische Likelihood-Funktion (Kapitel 7). Beim Gebrauch der Beziehungen aus Kapitel 7 ist allerdings zu beachten, daß der dort mit $\boldsymbol{\lambda}$ bezeichnete n-Vektor der Parameter jetzt mit $\mathbf{x}$ bezeichnet wird. Die in Kapitel 7 mit $x^{(i)}$ bezeichneten Variablen sind die Meßgrößen (im Kapitel 9 gewöhnlich $\mathbf{y}$ genannt).

Mit der Bezeichnung

$$H_{ik} = \left(\frac{\partial^2 M}{\partial x_i \partial x_k} \right)_{\mathbf{x}=\widetilde{\mathbf{x}}} \tag{10.17.1}$$

für die Elemente der symmetrischen Matrix der zweiten Ableitungen (*Hessesche Matrix*) der Minimumfunktion erhalten wird durch Übertragung der Ergebnisse der Abschnitte 9.7, 9.8 und 9.13 direkt folgende Aussagen über die Fehler von $\widetilde{\mathbf{x}}$. Dabei ist zu beachten, daß der Faktor f_{QL} den Zahlwert

$$f_{\mathrm{QL}} = 1 \tag{10.17.2}$$

annimmt, wenn die Minimum-Funktion eine Quadratsumme ist. Ist sie eine (mit -1 multiplizierte) logarithmische Likelihood-Funktion, so muß

$$f_{\mathrm{QL}} = 1/2 \tag{10.17.3}$$

gesetzt werden.

1. Kovarianzmatrix. Symmetrische Fehler. Die Kovarianzmatrix der $\widetilde{\mathbf{x}}$ ist

$$C_{\widetilde{x}} = 2 f_{\mathrm{QL}} H^{-1} \,. \tag{10.17.4}$$

Die Quadratwurzeln aus den Diagonalelementen sind die (symmetrischen) *Fehler*

$$\Delta \widetilde{x}_i = \sqrt{c_{ii}} \,. \tag{10.17.5}$$

Die Angabe der Kovarianzmatrix ist allerdings nur sinnvoll, falls die Meßfehler klein sind und/oder sehr viele Messungen vorliegen, also die Voraussetzungen für (7.5.8) gegeben sind.

2. Konfidenzellipsoid. Symmetrische Konfidenzgrenzen. Die Kovarianzmatrix definiert das Kovarianzellipsoid, vgl. Abschnitte 5.10 und A.11. Sein Mittelpunkt ist $\mathbf{x} = \widetilde{\mathbf{x}}$. Die Wahrscheinlichkeit dafür, daß der wahre Wert von $\mathbf{x}$ innerhalb des Ellipsoids liegt, ist durch (5.10.20) gegeben. Das Ellipsoid, für das diese Wahrscheinlichkeit einen vorgegebenen Wert W, das *Konfidenzniveau*, hat, ist durch die *Konfidenzmatrix*

$$C_{\widetilde{x}}^{(W)} = \chi_W^2(n_f) C_{\widetilde{x}} \tag{10.17.6}$$

gegeben. Dabei ist $\chi_W^2(n_f)$ das Quantil der χ^2-Verteilung zu n_f Freiheitsgraden und der Wahrscheinlichkeit $P = W$, vgl. (5.10.19) und (C.5.3). Die Anzahl n_f der Freiheitsgrade ist gleich der Zahl der Meßwerte minus der Zahl der in der Minimierung bestimmten Parameter. Die Quadratwurzeln der Diagonalelemente von $C_{\widetilde{x}}^{(W)}$ sind die Abstände von den *symmetrischen Konfidenzgrenzen*

$$x_{i\pm}^{(W)} = \widetilde{x}_i \pm \sqrt{c_{ii}^{(W)}} \, . \tag{10.17.7}$$

Die Klasse `MinCov` liefert die Kovarianzmatrix bzw. Konfidenzmatrix für Parameter, die durch Minimierung bestimmt wurden.

3. Konfidenzbereich. Ist die Angabe eines Kovarianz- oder Konfidenzellipsoids nicht sinnvoll, so kann doch ein Konfidenzbereich zum Konfidenzniveau W angegeben werden. Es ist durch die Hyperfläche

$$M(\mathbf{x}) = M(\widetilde{\mathbf{x}}) + \chi_W^2(n_f) f_{\mathrm{QL}} \tag{10.17.8}$$

gegeben. Mit Hilfe des folgenden Programms wird die Kontur eines Schnitts durch diese Hyperfläche in einer Ebene gezeichnet, die den Punkt $\widetilde{\mathbf{x}}$ enthält und die parallel zur (x_i, x_j)-Ebene ist. Dabei sind x_i und x_j zwei der Komponenten des Vektors $\mathbf{x}$ der Parameter. Die Begrenzung des Konfidenzbereichs in einer Ebene, die von zwei Parametern aufgespannt wird, deren Größe durch Minimierung bestimmt wurde, kann graphisch mit Hilfe der Methode `DatanGraphics.drawContour` dargestellt werden, vgl. Beispiele 10.1 bis 10.3 und Programmbeispiele 10.2 bis 10.4.

4. Unsymmetrische Fehler und Konfidenzgrenzen. Ist der Konfidenzbereich kein Ellipsoid, so lassen sich die unsymmetrischen *Konfidenzgrenzen* für die Variable x_i aus

$$\min\left\{ M(\widetilde{\mathbf{x}}); x_i = x_{i\pm}^{(W)} \right\} = M(\widetilde{\mathbf{x}}) + \chi_W^2(n_f) f_{\mathrm{QL}} \tag{10.17.9}$$

bestimmen. Die Differenzen

$$\Delta x_{i+}^{(W)} = x_{i+}^{(W)} - \widetilde{x}_i \, , \quad \Delta x_{i-}^{(W)} = \widetilde{x}_i - x_{i-}^{(W)} \tag{10.17.10}$$

sind die (unsymmetrischen) Abstände von den Konfidenzgrenzen. Setzt man $\chi_W^2(n_f) = 1$, so erhält man die *unsymmetrischen Fehler* Δx_{i+} und Δx_{i-}. Die Klasse `MinAsy` liefert die unsymmetrischen Fehler (bzw. Abstände von den Konfidenzgrenzen für Parameter, die durch Minimierung bestimmt wurden.

10.18 Beispiele

Beispiel 10.1: Bestimmung der Parameter einer Verteilung aus den Elementen einer Stichprobe mit der Maximum-Likelihood-Methode

Es mögen N Messungen $y_1, y_2, \ldots, y_n$ vorliegen, von denen angenommen werden kann, daß sie aus einer Normalverteilung mit Erwartungswert $a = x_1$ und Standardabweichung $\sigma = x_2$ stammen. Die Likelihood-Funktion ist

$$L = \prod_{i=1}^{N} \frac{1}{x_2\sqrt{2\pi}} \exp\left\{-\frac{(y_i - x_1)^2}{2x_2^2}\right\} \tag{10.18.1}$$

und ihr Logarithmus

$$\ell = -\sum_{i=1}^{N} \frac{(y_i - x_1)^2}{2x_2^2} - N \ln\{x_2\sqrt{2\pi}\} . \tag{10.18.2}$$

Die Aufgabe der Bestimmung von Maximum-Likelihood-Schätzungen $\widetilde{x}_1, \widetilde{x}_2$ der Parameter haben wir bereits im Beispiel 7.8 gelöst und zwar durch Nullsetzen der analytisch gefundenen Ableitungen der Funktion $\ell(\mathbf{x})$. Wir bearbeiten sie jetzt durch numerischen Minimieren von $\ell(\mathbf{x})$.

Dazu muß eine Benutzerfunktion zur Verfügung stehen, die die Minimum-Funktion

$$M(\mathbf{x}) = -\ell(\mathbf{x})$$

berechnet. Dieses Beispiel ist in den Programmbeispielen 10.2 und 10.3 implementiert.

Im Bild 10.16 sind die Ergebnisse der Minimierung mit dieser Benutzerfunktion für zwei Stichproben dargestellt. Konfidenzbereich und Kovarianzellipse stimmen einigermaßen überein und zwar um so besser, je größer der Umfang der Stichprobe ist. ■

Beispiel 10.2: Bestimmung der Parameter einer Verteilung aus dem Histogramm einer Stichprobe durch Likelihood-Maximierung

Statt der ursprünglichen Stichprobe von Ereignissen $y_1, y_2, \ldots, y_N$ wie in Beispiel 10.1 betrachtet man oft das entsprechende Histogramm. Bezeichnen wir mit n_i die Anzahl der Ereignisse, die in das Intervall mit Mittelpunkt t_i und Breite Δt,

$$t_i - \Delta t/2 \leq y < t_i + \Delta t/2 , \tag{10.18.3}$$

fallen, so wird das Histogramm durch die Wertepaare

$$(t_i, n_i) , \quad i = 1, 2, \ldots, n , \tag{10.18.4}$$

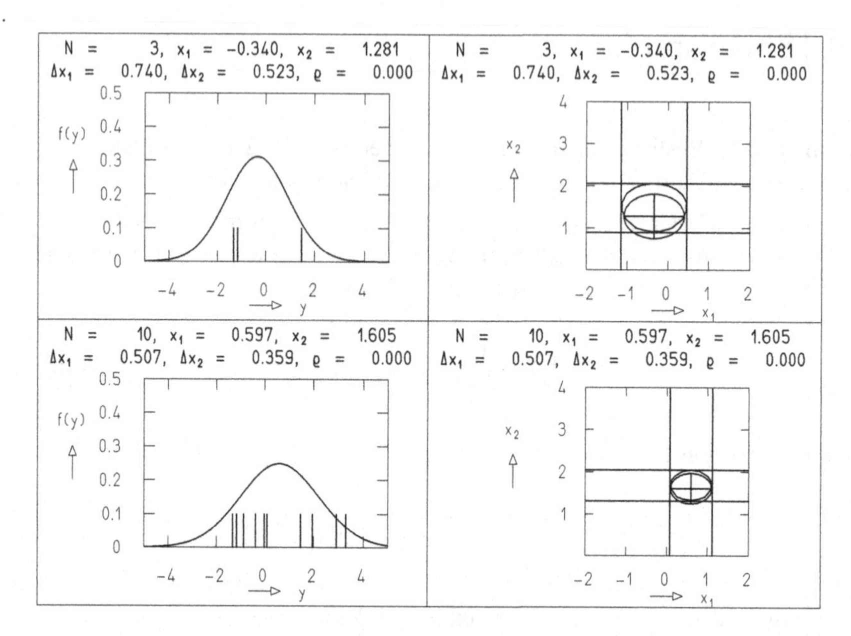

Bild 10.16: Bestimmung der Parameter x_1 (Mittelwert) und x_2 (Breite) einer Gauß-Verteilung durch Maximierung der logarithmischen Likelihoodfunktion einer Stichprobe. Die linken Teilbilder zeigen zwei verschiedene Stichproben, die als eindimensionale Streudiagramme auf der y-Achse markiert sind. Die Kurven $f(y)$ sind Gauß-Verteilungen zu den gewonnenen Parametern. Die rechten Teilbilder zeigen in der (x_1,x_2)-Ebene die Werte der gewonnenen Parameter mit symmetrischen Fehlern und Kovarianzellipse sowie den Konfidenzbereich zu $\chi^2_W = 1$ (stärkere Kontur) und die zugehörigen Konfidenzgrenzen (horizontale und vertikale Linien).

angegeben. Ist die ursprüngliche Stichprobe aus einer Normalverteilung mit Erwartungswert $x_1 = a$ und Standardabweichung $x_2 = \sigma$, also der Wahrscheinlichkeitsdichte

$$f(t;x_1,x_2) = \frac{1}{x_2\sqrt{2\pi}} \exp\left\{-\frac{(t-x_1)^2}{2x^2}\right\} \tag{10.18.5}$$

entnommen, so könnte man erwarteten (jedenfalls im Limes $N \to \infty$), daß die $n_i(t_i)$ gleich

$$g_i = N\Delta t f(t_i;x_1,x_2) \tag{10.18.6}$$

seien. Nun sind die Größen $n_i(t_i)$ ganzzahlige Zufallsvariable, die natürlich im allgemeinen nicht gleich g_i sind. Wir können aber jedes $n_i(t_i)$ als eine Stichprobe vom Umfang Eins aus einer Poisson-Verteilung mit dem Erwartungswert

$$\lambda_i = g_i \tag{10.18.7}$$

auffassen. Die a-posteriori-Wahrscheinlichkeit dafür, gerade den Wert $n_i(t_i)$ zu beobachten, ist offenbar

$$\frac{1}{n_i!}\lambda_i^{n_i}\mathrm{e}^{-\lambda_i} . \qquad (10.18.8)$$

Die Likelihood-Funktion für die Beobachtung des gesamten Histogramms ist

$$L = \prod_{i=1}^{n} \frac{1}{n_i!}\lambda_i^{n_i}\mathrm{e}^{-\lambda_i} , \qquad (10.18.9)$$

und ihr Logarithmus ist

$$\ell = -\sum_{i=1}^{n} \ln n_i! + \sum_{i=1}^{n} n_i \ln \lambda_i - \sum_{i=1}^{n} \lambda_i . \qquad (10.18.10)$$

Benutzen wir für λ_i die Bezeichnung (10.18.7) und finden das Minimum von $-\ell$ bezüglich x_1, x_2, so bestimmen wir die besten Schätzungen der Parameter x_1, x_2.

Das gleiche Verfahren können wir natürlich auch anwenden, wenn wir es nicht mit der einfachen Gauß-Verteilung, sondern einer beliebigen anderen parameterabhängigen Verteilung zu tun haben. Man muß nur anstelle von (10.18.5) die entsprechende Wahrscheinlichkeitsdichte setzen und sie in (10.18.6) benutzen. In der vom Benutzer bereitzustellenden Funktion muß nur eine Anweisung geändert werden, um die Gauß-Verteilung durch eine andere Verteilung zu ersetzen. Das Beispiel ist im Programmbeispiel 10.4 implementiert. Die Benutzerfunktion trägt darin den Namen `MinLogLikeHistPoisson`. ■

Die Ergebnisse der Minimierung mit dieser Benutzerfunktion sind im Bild 10.17 dargestellt und zwar für zwei Histogramme, denen die beiden Stichproben aus Bild 10.16 zugrunde liegen. Die Ergebnisse sind denen aus Beispiel 10.1 sehr ähnlich. Allerdings sind die Fehler der Parameter etwas größer. Das war nicht anders zu erwarten, weil beim Übergang von der Stichprobe zum Histogramm zwangsläufig Information verloren geht.

Ein Histogramm kann als Stichprobe in komprimierter Darstellung angesehen werden. Die Kompression ist dabei um so größer, je größer die Intervallbreite des Histogramms wird. Das wird auch aus Bild 10.18 deutlich. Man beobachtet, daß für die gleiche Stichprobe die Fehler der bestimmten Parameter mit der Intervallbreite anwachsen. Allerdings ist bei dem relativ großen Umfang der Stichprobe der Effekt verhältnismäßig klein.

Beispiel 10.3: Bestimmung der Parameter einer Verteilung aus dem Histogramm einer Stichprobe durch Minimierung einer Quadratsumme

Sind die Inhalte n_i der einzelnen Intervalle eines Histogramms (10.18.4) hinreichend groß, so können die statistischen Schwankungen jedes n_i näherungsweise durch eine Gauß-Verteilung mit der Standardabweichung

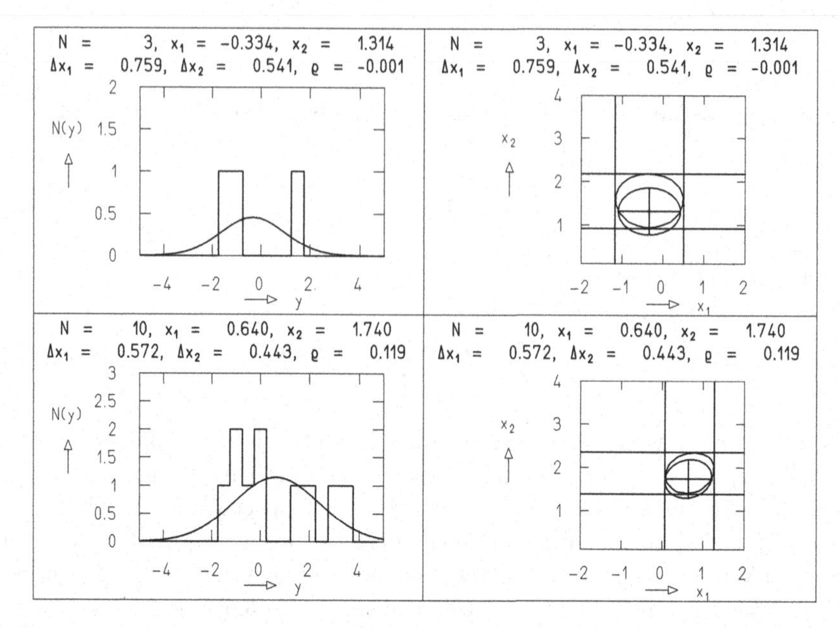

Bild 10.17: Bestimmung der Parameter x_1 (Mittelwert) und x_2 (Breite) einer Gauß-Verteilung durch Maximierung der logarithmischen Likelihoodfunktion eines Histogramms. Die linken Teilbilder zeigen zwei Histogramme, die den Stichproben aus Bild 10.16 entsprechen. Die Kurven sind die bezüglich der Histogramme normierten Gauß-Verteilungen. Die rechten Teilbilder zeigen symmetrische Fehler, Kovarianzellipse und Konfidenzbereich in derselben Darstellung wie in Bild 10.16.

$$\Delta n_i = \sqrt{n_i} \tag{10.18.11}$$

beschrieben werden, vgl. Abschnitt 6.8. Die gewichtete Quadratsumme, die die Abweichung der Histogramminhalte n_i von den erwarteten Werten g_i aus (10.18.6) beschreibt, ist dann

$$Q = \sum_{i=1}^{N} \frac{(n_i - g_i)^2}{n_i} \, . \tag{10.18.12}$$

Bei der Ausführung der Summe muß beachtet werden, daß (im Gegensatz zu Beispiel 10.2 leere Intervalle ($n_i = 0$) unberücksichtigt bleiben müssen. Noch besser ist es, Intervalle mit geringem Inhalt, z. B. $n_i < 4$, nicht in die Summe einzubeziehen.Dabei ist g_i wie im vorigen Beispiel durch (10.18.6) gegeben. Die Summe wird über alle Intervalle mit $n_i > 0$ erstreckt.

Auch dieses Beispiel ist in Programmbeispiel 10.4 implementiert. Der Name der Benutzerfunktion lautet dort. `MinHistSumOfSquares`. Die statistischen Schwankungen der Intervallinhalte des Histogramms werden näherungsweise als Gauß-verteilt betrachtet.

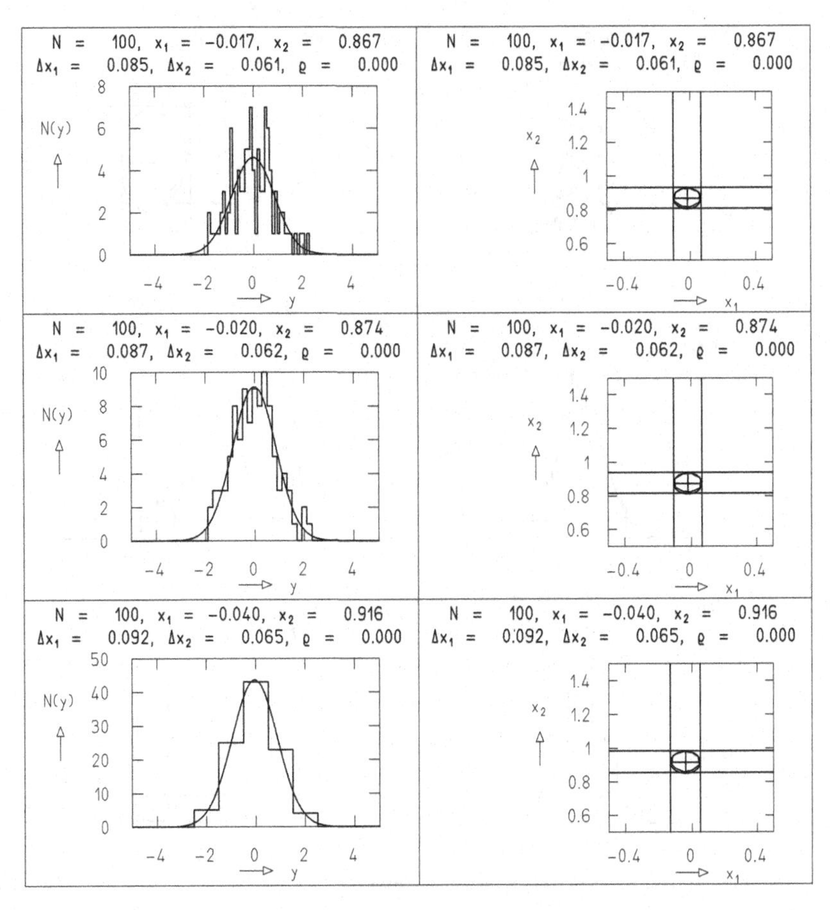

Bild 10.18: Wie Bild 10.17, jedoch für Histogramme verschiedener Intervallbreite der gleichen Stichprobe.

Bild 10.19 zeigt die Ergebnisse, die durch Minimierung der Quadratsumme für die Histogramme aus Bild 10.18 erzielt werden. Da die Histogramme aus derselben Stichprobe stammen, nehmen die n_i mit kleiner werdender Intervallbreite ab und die Voraussetzung für die Benutzung der Quadratsumme ist um so weniger gegeben, je geringer die Intervallbreite ist. Damit können wir den Ergebnissen und auch den Fehlerangaben um so weniger trauen, je geringer die Intervallbreite ist. Allerdings stellen wir fest, daß die vom Verfahren gelieferten Fehler auch mit kleiner werdender Intervallbreite anwachsen. ■

Wir halten fest, daß die Bestimmung von Parametern aus einem Histogramm durch Quadratsummenminimierung prinzipiell weniger exakte Ergebnisse liefert als die durch Likelihood-Maximierung, denn die Annahme einer Normalverteilung der n_i

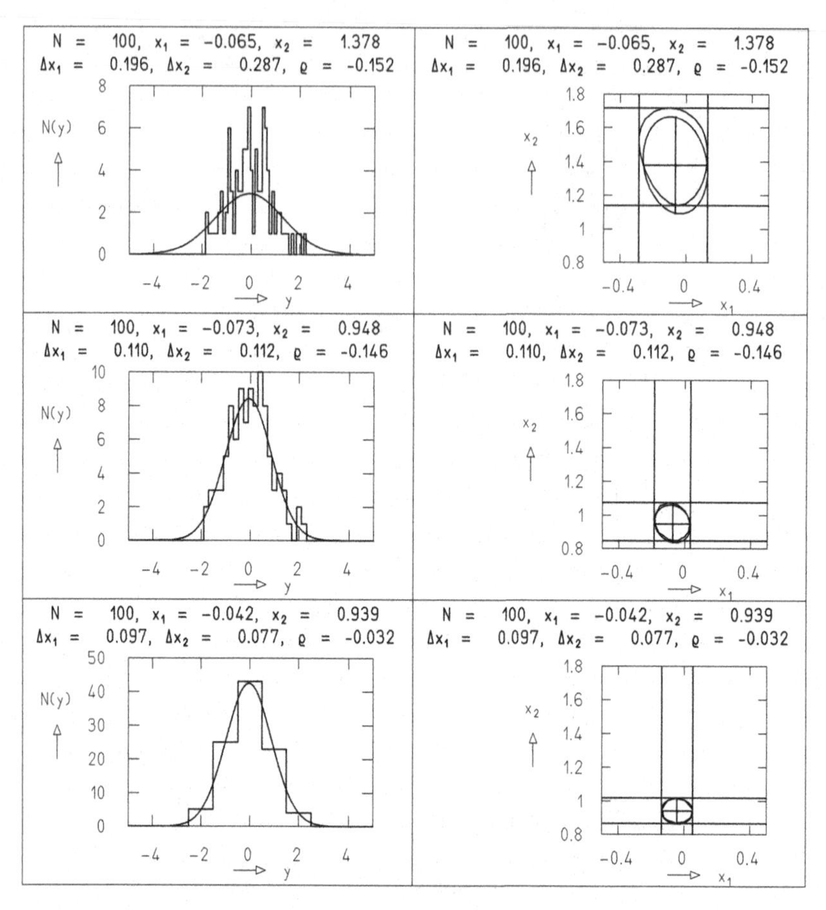

Bild 10.19: Bestimmung der Parameter x_1 (Mittelwert) und x_2 (Breite) einer Gauß-Verteilung durch Minimierung einer gewichteten Quadratsumme. Die Histogramme links sind die gleichen wie in Bild 10.18. Die Darstellung der Ergebnisse und der Fehler, Kovarianzellipsen und Konfidenzbereiche ist wie in den Bildern 10.17 und 10.18.

mit der Breite (10.18.11) ist nur eine Näherung, die oft große Intervallbreiten des Histogramms und damit Informationsverlust voraussetzt. Stehen allerdings genügend Daten, also hinreichend große Stichproben zur Verfügung, so werden die Unterschiede zwischen den Verfahren klein. Man vergleiche etwa Bild 10.18 (Teilbild oben rechts) mit Bild 10.19 (Teilbild unten rechts).

10.19 Java-Klassen und Programmbeispiele

Java-Klassen zur Bearbeitung von Minimierungsaufgaben

`MinParab` findet Extremum einer Parabel durch drei vorgegebene Punkte.

`FunctionOnLine` berechnet den Wert einer Funktion auf einer Geraden im n-dimensionalen Raum.

`MinEnclose` schließt das Minimum entlang einer Geraden im n-dimensionalen Raum in ein Intervall ein.

`MinCombined` findet das Minimum in einem vorgegebenen Intervall entlang einer Geraden mit einem kombinierten Verfahren nach Brent.

`MinDir` findet das Minimum entlang einer Geraden im n-dimensionalen Raum.

`MinSim` findet das Minimum einer Funktion im n-dimensionalen Raum mit dem Simplex-Verfahren.

`MinPow` findet das Minimum einer Funktion im n-dimensionalen Raum mit dem Verfahren ausgewählter Richtungen nach Powell.

`MinCjg` findet das Minimum einer Funktion im n-dimensionalen Raum mit dem Verfahren konjugierter Richtungen.

`MinQdr` findet das Minimum einer Funktion im n-dimensionalen Raum mit quadratischer Form.

`MinMar` findet das Minimum einer Funktion im n-dimensionalen Raum mit dem Marquardt-Verfahren.

`MinCov` findet die Kovarianzmatrix der Koordinaten eines Minimums.

`MinAsy` findet die unsymmetrischen Fehler der Koordinaten eines Minimums.

Programmbeispiel 10.1: Die Klasse `E1Min` demonstriert die Benutzung von `MinSim`, `MinPow`, `MinCjg`, `MinQdr` und `MinMar`

Das Programm ruft (je nach Wahl des Benutzers) eine der genannten 5 Klassen auf, um die folgende Aufgabe zu lösen. Gesucht ist das Minimum der Funktion $f = f(\mathbf{x}) = f(x_1,x_2,x_3)$. Ausgangspunkt der Suche ist der Punkt $\mathbf{x}^{(\mathrm{in})} = (x_1^{(\mathrm{in})},x_2^{(\mathrm{in})},x_3^{(\mathrm{in})})$, der ebenfalls vom Benutzer erfragt wird. Es werden nacheinander 4 Fälle betrachtet.

(i) Keine Variable ist fixiert,

(ii) x_3 ist fixiert,

(iii) x_2 und x_3 sind fixiert,

(iv) alle Variablen sind fixiert.

Auch die zu minimierende Funktion kann vom Benutzer ausgewählt werden. Folgende Funktionen stehen zur Wahl:

$$\begin{aligned}
f_1(\mathbf{x}) &= r^2\,,\ r = \sqrt{x_1^2+x_2^2+x_3^2}\,,\\
f_2(\mathbf{x}) &= r^{10}\,,\\
f_3(\mathbf{x}) &= r\,,\\
f_4(\mathbf{x}) &= -\mathrm{e}^{-r^2}\,,\\
f_5(\mathbf{x}) &= r^6-2r^4+r^2\,,\\
f_6(\mathbf{x}) &= r^2\mathrm{e}^{-r^2}\,,\\
f_7(\mathbf{x}) &= -\mathrm{e}^{-r^2}-10\,\mathrm{e}^{-r_a^2}\,,\ r_a^2=(x_1-3)^2+(x_2-3)^2+(x_3-3)^2\,.
\end{aligned}$$

Anregungen: Diskutieren Sie die Funktionen f_1 bis f_7. Alle besitzen ein Minimum bei $x_1 = x_2 = x_3 = 0$. Manche besitzen weitere Minima. Untersuchen Sie das Konvergenzverhalten der verschiedenen Minimierungsmethoden für diese Funktionen bei verschiedenen Anfangspunkten und erklären Sie es qualitativ.

Programmbeispiel 10.2: Die Klasse `E2Min` bestimmt die Parameter einer Verteilung aus den Elementen einer Stichprobe und demonstriert die Benutzung von `MinCov`

Das Programm bearbeitet die Aufgabe aus Beispiel 10.1. Zunächst wird eine Stichprobe aus der standardisierten Gauß-Verteilung entnommen. Anschließend wird die Stichprobe dazu benutzt, durch Minimierung des Negativen der Likelihood-Funktion (10.18.2) die Parameter x_1 (Mittelwert) und x_2 (Standardabweichung) der Grundgesamtheit zu bestimmen. Das geschieht mit Hilfe von `MinSim` und der Benutzerfunktion `MinLogLikeGauss`. Die Kovarianzmatrix der Parameter wird durch `MinCov` bestimmt. Die Ergebnisse werden numerisch ausgegeben. Der Rest des Programms dient der graphischen Ausgabe der Stichprobe in Form eines eindimensionalen Streudiagramms und der angepaßten Funktion entsprechend Bild 10.16 (linke Teilbilder).

Anregung: Betreiben Sie das Programm auch für verschieden große Stichproben.

Programmbeispiel 10.3: Die Klasse `E3Min` demonstriert die Benutzung von `MinAsy` und zeichnet einen Konfidenzbereich

Das Programm bearbeitet die gleiche Aufgabe wie das vorangegangene Beispiel. Zusätzlich berechnet es die unsymmetrischen Fehler der Parameter mit Hilfe von `MinAsy`. Anschließend werden in der (x_1,x_2)-Ebene die Lösung, die symmetrischen Fehler, die Kovarianzellipse und die unsymmetrischen Fehler graphisch dargestellt. In der Graphik ist auch die Kontur des Konfidenzbereichs enthatlten, die Mit Hilfe von `DatanGraphics.drawContour` und der Benutzerfunktion `MinLogLikeGaussCont` erzeugt wird. Die Darstellung entspricht Bild 10.16 (rechte Teilbilder).

Programmbeispiel 10.4: Die Klasse `E4Min` bestimmt die Parameter einer Verteilung aus dem Histogramm einer Stichprobe

Das Programm bearbeitet die Aufgabe aus Beispiel 10.2 und Beispiel 10.3. Zunächst wird eine Stichprobe vom Umfang N aus der standardisierten Normalverteilung entnommen und mit dieser Stichprobe ein Histogramm mit n_t Intervallen zwischen $t_0 = -5.25$ und $t_{\max} = 5.25$ angelegt. Die Intervallmittelpunkte sind t_i $(i = 1,2,\ldots,n_t)$ und die Intervallinhalte n_i. Je nach Wahl des Benutzers wird die durch (10.18.10) gegebene Likelihood-Funktion ℓ maximiert (d. h. $-\ell$ minimiert), und zwar mit `MinSim` und der Benutzerfunktion `MinLogLikeHistPoisson`, oder es wird die durch (10.18.12) gegebene Quadratsumme Q maximiert, und zwar ebenfalls mit `MinSim`, jedoch unter Benutzung von `MinHistSumOfSquares`.

Die Ergebnisse werden in graphischer Form ausgegeben. Eine Graphik enthält das Histogramm und die angepaßte Gauß-Kurve (also ein Bild entsprechend den Teilbildern in den linken Spalten von Bild 10.17 oder 10.18), eine zweite die Lösung als Punkt in der (x_1,x_2)-Ebene mit symmetrischen und unsymmetrischen Fehlern, Kovarianzellipse und Konfidenzgebiet (entsprechend den rechten Teilbildern in den genannten Abbildungen).

Anregungen: (a) Wählen Sie $n_{\mathrm{ev}} = 100$. Zeigen Sie, daß bei Likelihood-Maximierung die Fehler Δx_1, Δx_2 größer werden, wenn Sie die Zahl der Intervalle beginnend von $n_t = 100$ verkleinern, daß aber bei Quadratsummen-Minimierung die Zahl der Intervalle klein sein muß, um sinnvolle Fehler zu erhalten. (b) Zeigen Sie, daß für $n_{\mathrm{ev}} = 1000$ und $n_t = 50$ oder $n_t = 20$ praktisch keine Unterschiede zwischen den Ergebnissen beider Verfahren mehr auftreten.

11 Varianzanalyse

Die Varianzanalyse, die auf R. A. FISHER zurückgeht, beschäftigt sich mit der Prüfung der Hypothese gleicher Mittelwerte einer Anzahl von Stichproben. Solche Probleme treten z. B. auf beim Vergleich einer Reihe von Messungen, die unter verschiedenen Bedingungen durchgeführt wurden, oder bei der Produktionskontrolle von Werkstücken aus verschiedenen Maschinen. Man bemüht sich, den Einfluß aufzudecken, den die Veränderungen von *externen Variablen* (etwa Versuchsbedingungen, laufende Nummer einer Maschine) auf eine Stichprobe hat. Für den einfachen Fall von nur zwei Stichproben kann dieses Problem auch durch den Studentschen Differenztest (Abschnitt 8.3) gelöst werden.

Wir sprechen von *einfacher Varianzanalyse* oder auch einfacher Klassifizierung, wenn nur eine externe Variable verändert wird. Als Beispiel kann etwa die Auswertung von Meßreihen eines Objektmikrometers dienen, das auf verschiedenen Mikroskopen vermessen wurde. Eine *doppelte (oder mehrfache) Varianzanalyse* (mehrfache Klassifizierung) liegt vor, wenn mehrere Variable gleichzeitig verändert werden. Wenn etwa im obigen Beispiel auch noch verschiedene Beobachter Meßreihen mit jedem Mikroskop durchführen, so kann eine zweifache Varianzanalyse die Einflüsse von Beobachter und Instrument auf das Ergebnis aufdecken.

11.1 Einfache Varianzanalyse

Betrachten wir eine Stichprobe vom Umfang n, die nach einem Kriterium A in t Gruppen eingeteilt werden kann. Das Kriterium wird natürlich durch den Prozeß der Stichprobenentnahme oder Messung gegeben. Wir sagen, daß die Gruppen durch die *Klassifizierung A* gebildet worden sind. Die Grundgesamtheiten, aus denen die t Unter-Stichproben stammen, werden als normalverteilt und mit gleicher Varianz σ^2 behaftet angesehen. Wir wollen nun die Hypothese prüfen, daß auch die Mittelwerte dieser Grundgesamtheiten gleich sind. Trifft diese Hypothese zu, so entstammen alle Stichproben aus der gleichen Grundgesamtheit. Wir können jetzt die Ergebnisse aus Abschnitt 6.4 (Stichproben aus zerlegten Grundgesamtheiten) auf unser Problem anwenden. Unter Benutzung der gleichen Bezeichnungsweise haben wir t Gruppen vom Umfang n_i mit

$$n = \sum_{i=1}^{t} n_i$$

und schreiben das j-te Element der i-ten Gruppe als x_{ij}. Der Stichprobenmittelwert der i-ten Gruppe ist

$$\bar{x}_i = \frac{1}{n_i} \sum_{j=1}^{n_i} x_{ij} \tag{11.1.1}$$

und der Mittelwert der gesamten Stichprobe

$$\bar{x} = \frac{1}{n} \sum_{i=1}^{t} \sum_{j=1}^{n_i} x_{ij} = \frac{1}{n} \sum_{i=1}^{t} n_i \bar{x}_i \,. \tag{11.1.2}$$

Wir bilden jetzt die *Quadratsumme*

$$\begin{aligned} Q &= \sum_{i=1}^{t} \sum_{j=1}^{n_i} (x_{ij} - \bar{x})^2 = \sum_{i=1}^{t} \sum_{j=1}^{n_i} (x_{ij} - \bar{x}_i + \bar{x}_i - \bar{x})^2 \\ &= \sum_{i=1}^{t} \sum_{j=1}^{n_i} (x_{ij} - \bar{x}_i)^2 + \sum_{i=1}^{t} \sum_{j=1}^{n_i} (\bar{x}_i - \bar{x})^2 + 2 \sum_{i=1}^{t} \sum_{j=1}^{n_i} (x_{ij} - \bar{x}_i)(\bar{x}_i - \bar{x}) \,. \end{aligned}$$

Der letzte Term verschwindet wegen (11.1.1) und (11.1.2). Deshalb ist

$$\begin{aligned} Q &= \sum_{i=1}^{t} \sum_{j=1}^{n_i} (x_{ij} - \bar{x})^2 = \sum_{i=1}^{t} n_i (\bar{x}_i - \bar{x})^2 + \sum_{i=1}^{t} \sum_{j=1}^{n_i} (x_{ij} - \bar{x}_i)^2 \,, \\ Q &= Q_A + Q_W \,. \end{aligned} \tag{11.1.3}$$

Der erste Term ist die *Quadratsumme zwischen den Gruppen*, die durch die Klassifizierung A entstehen. Der zweite ist eine Summe über die *Quadratsummen innerhalb einer Gruppe*. Die Quadratsumme Q läßt sich also in zwei Quadratsummen zerlegen, die verschiedene Ursachen haben. Als direkte Übersetzung des englischen Wortes „source" wird auch häufig statt Ursache die Bezeichnung *Quelle* benutzt. Die beiden Quellen der Varianz sind hier die Variation der Gruppenmittel innerhalb der Klassifizierung A und die Variation der Einzelmessungen innerhalb jeder Gruppe. Ist unsere Hypothese richtig, so ist Q eine Quadratsumme aus einer Normalverteilung, d. h. Q/σ^2 folgt einer χ^2-Verteilung mit $n-1$ Freiheitsgraden. Entsprechend folgt für jede Gruppe der Ausdruck

$$\frac{Q_i}{\sigma^2} = \frac{1}{\sigma^2} \sum_{j=1}^{n_i} (x_{ij} - \bar{x}_i)^2$$

einer χ^2-Verteilung mit $n_i - 1$ Freiheitsgraden. Die Summe

$$\frac{Q_W}{\sigma^2} = \sum_{i=1}^{t} \frac{Q_i}{\sigma^2}$$

wird dann durch eine χ^2-Verteilung mit $\sum_i (n_i - 1) = n - t$ Freiheitsgraden beschrieben (siehe Abschnitt 6.6). Schließlich entspricht Q_A/σ^2 einer χ^2-Verteilung mit $t-1$ Freiheitsgraden.

Die Ausdrücke

$$\begin{aligned} s^2 &= \frac{Q}{n-1} = \frac{1}{n-1}\sum_i\sum_j (x_{ij}-\bar{x})^2 , \\ s_A^2 &= \frac{Q_A}{t-1} = \frac{1}{t-1}\sum_i n_i(\bar{x}_i-\bar{x})^2 , \\ s_W^2 &= \frac{Q_W}{n-t} = \frac{1}{n-t}\sum_i\sum_j (x_{ij}-\bar{x}_i)^2 \end{aligned} \qquad (11.1.4)$$

sind unverzerrte Schätzungen der Varianz der Grundgesamtheit (in Abschnitt 6.5 hatten wir solche Ausdrücke mittlere Quadrate genannt). Der Quotient

$$F = s_A^2/s_W^2 \qquad (11.1.5)$$

kann daher zur Ausführung eines F-Tests benutzt werden.

Ist die Hypothese gleicher Mittelwerte falsch, so werden die $\bar{x}_i$ der einzelnen Gruppen durchaus verschieden sein. Deshalb wird s_A^2 relativ groß sein, während s_W^2 als Mittelwert der Varianzen der einzelnen Gruppen sich nicht wesentlich ändert. Das bedeutet, daß der Quotient (11.1.5) groß wird. Es ist daher ein einseitiger F-Test angebracht. Die Hypothese gleicher Mittelwerte wird bei vorgegebenem Signifikanzniveau α verworfen, wenn

$$F = s_A^2/s_W^2 > F_{1-\alpha}(t-1, n-t) . \qquad (11.1.6)$$

Die Quadratsummen können nach zwei gleichwertigen Formeln berechnet werden,

$$\begin{aligned} Q &= \sum_i\sum_j (x_{ij}-\bar{x})^2 = \sum_i\sum_j x_{ij}^2 - n\bar{x}^2 , \\ Q_A &= \sum_i n_i(\bar{x}_i-\bar{x})^2 = \sum_i n_i\bar{x}_i^2 - n\bar{x}^2 , \\ Q_W &= \sum_i\sum_j (x_{ij}-\bar{x}_i)^2 = \sum_i\sum_j x_{ij}^2 - \sum_i n_i\bar{x}_i^2 . \end{aligned} \qquad (11.1.7)$$

Der rechts stehende Ausdruck in jeder Zeile ist gewöhnlich leichter zu berechnen. Da jede Quadratsumme durch Differenzbildung zweier relativ großer Zahlen gewonnen wird, ist dabei allerdings auf Rundungsfehler zu achten. Obwohl man zur Berechnung des Quotienten F nur die Summen Q_A und Q_W braucht, ist die Berechnung von Q zu empfehlen, weil man dann mit Hilfe von (11.1.3) eine Rechenprobe ausführen kann, nämlich $Q = Q_A + Q_W$. Die Probe ist allerdings nur dann nicht trivial, wenn die linke Form von (11.1.3) benutzt wird. Gewöhnlich werden die Ergebnisse einer Varianzanalyse in einer sogenannten *Varianztafel* zusammengefaßt, wie sie in Tafel 11.1 angegeben ist.

Tafel 11.1: Varianztafel für einfache Klassifizierung.

Quelle	QS (Quadrat-summe)	FG (Freiheits-grade)	MQ (mittleres Quadrat)	F
Zwischen den Gruppen	Q_A	$t-1$	$s_A^2 = \dfrac{Q_A}{t-1}$	
Innerhalb der Gruppen	Q_W	$n-t$	$s_W^2 = \dfrac{Q_W}{n-t}$	$F = \dfrac{s_A^2}{s_W^2}$
Summe	Q	$n-1$	$s^2 = \dfrac{Q}{n-1}$	

Vor Durchführung einer Varianzanalyse muß man überlegen, ob die Voraussetzungen zutreffen, unter denen das Verfahren abgeleitet wurde, d. h. insbesondere, ob eine Normalverteilung der Messungen innerhalb jeder Gruppe angenommen werden darf. Das ist durchaus nicht in jedem Fall sicher. Sind z. B. die Meßgrößen immer positiv (etwa Gewicht oder Länge eines Gegenstandes) und ist die Streuung von vergleichbarer Größe wie die Meßwerte, so kann die Wahrscheinlichkeitsdichte unsymmetrisch und damit nicht gaußisch sein. Werden aber die ursprünglichen Messungen – bezeichnen wir sie für den Augenblick mit x' – unter Benutzung einer monotonen Transformation wie etwa

$$x = a\log(x'+b) \tag{11.1.8}$$

transformiert, wobei a und b günstig gewählte Konstanten sind, so läßt sich eine Normalverteilung oft noch hinreichend gut annähern. Andere manchmal verwandte Transformationen sind $x = \sqrt{x'}$ oder $x = 1/x'$.

Beispiel 11.1: Einfache Varianzanalyse über den Einfluß verschiedener Medikamente

Die Milz von an einem Tumor erkrankten Mäusen ist gewöhnlich besonders stark angegriffen. Das Milzgewicht kann daher als Maß für die Reaktion auf verschiedene Medikamente dienen. Je 10 Mäuse wurden mit verschiedenen Medikamenten (I, II und III) behandelt. Die Tafel 11.2 enthält die gemessenen Milzgewichte, die schon mit $x = \log x'$ transformiert sind, wobei x' das Gewicht in Gramm ist. Der größte Teil der Rechnungen ist ebenfalls innerhalb der Tafel 11.2 durchgeführt. Tafel 11.3 enthält die Varianztafel der Aufgabe. Da sogar bei einem Signifikanzniveau von 50 % $F_{0.5}(2,24) = 3.4$ ist, kann die Hypothese gleicher Mittelwerte nicht verworfen werden. Das Experiment ergab also keinen signifikanten Unterschied in der Wirkung der drei Medikamente. ■

Tafel 11.2: Daten zu Beispiel 11.1.

Nummer des Experiments	Gruppe I	II	III	
1	19	40	32	
2	45	28	26	
3	26	26	30	
4	23	15	17	
5	36	24	23	
6	23	26	24	
7	26	36	29	
8	33	27	20	
9	22	28	—	
10	—	19	—	$\sum_i \sum_j x_{ij}^2 = 20607$
$\sum_j x_j$	253	269	201	$\sum_i \sum_j x_{ij} = 723$
n_i	9	10	8	$n = 27$
				$n\bar{x}^2 = 19360$
$\bar{x}_i$	28.11	26.90	25.13	$\bar{x} = 26.78$
$\bar{x}_i^2$	790.23	723.61	631.52	$\sum_i n_i \bar{x}_i^2 = 19398$

Tafel 11.3: Varianztafel zu Beispiel 11.1.

Quelle	QS	FG	MQ	F
Zwischen den Gruppen	38	2	19.0	0.377
Innerhalb der Gruppen	1209	24	50.4	
Summe	1247	26	47.8	

11.2 Doppelte Varianzanalyse

Bevor wir uns der Varianzanalyse mit zwei externen Variablen zuwenden, wollen wir die für die einfache Klassifizierung gewonnenen Ergebnisse noch einmal etwas strenger fassen. Wir hatten die j-te Messung der Größe x in der Gruppe i durch x_{ij} bezeichnet. Wir nehmen jetzt der Einfachheit halber an, daß jede Gruppe die gleiche Zahl von Messungen, nämlich $n_i = J$ enthält. Außerdem bezeichnen wir die Gesamtzahl der Gruppen mit I. Die Klassifizierung in Einzelgruppen geschah nach einem Kriterium A, z. B. der Herstellungsnummer eines Mikroskops, durch das die Gruppen unterschieden werden können. Die Unterscheidung nach Messungen und Gruppen geht noch einmal aus Tafel 11.4 hervor.

Tafel 11.4: Einfache Klassifizierung.

Nummer	Klassifizierung A					
der Messung	A_1	A_2	$\ldots$	A_i	$\ldots$	A_I
1	x_{11}	x_{22}		x_{i1}		x_{I1}
2	x_{12}	x_{22}		x_{i2}		x_{I2}
$\vdots$						
j	x_{1j}	x_{2j}		x_{ij}		x_{Ij}
$\vdots$						
J	x_{1J}	x_{2J}		x_{iJ}		x_{IJ}

Die einzelnen Gruppenmittel schreiben wir in der Form

$$\begin{aligned} \bar{x}_{..} &= \bar{x} = \frac{1}{IJ}\sum_i\sum_j x_{ij} \,, \\ \bar{x}_{i.} &= \frac{1}{J}\sum_j x_{ij} \,, \\ \bar{x}_{.j} &= \frac{1}{I}\sum_i x_{ij} \,. \end{aligned} \tag{11.2.1}$$

Dabei deutet ein Punkt die Summation über den Index an, der durch einen Punkt ersetzt wurde. Diese Bezeichnungsweise erlaubt eine einfache Verallgemeinerung auf mehrere Indizes. Die Varianzanalyse mit einfacher Klassifizierung beruhte auf der Annahme, daß die Messungen innerhalb einer Gruppe sich nur durch die Meßfehler unterscheiden, die einer Normalverteilung mit Mittelwert Null und Varianz σ^2 entstammten, d. h., wir betrachteten das *Modell*

$$x_{ij} = \mu_i + \varepsilon_{ij} \,. \tag{11.2.2}$$

Das Ziel einer Varianzanalyse war die Überprüfung der Hypothese

$$H_0(\mu_1 = \mu_2 = \ldots = \mu_I = \mu) \,. \tag{11.2.3}$$

Durch Auswahl von Messungen aus einer bestimmten Gruppe i und durch Anwendung der Maximum-Likelihood-Methode auf (11.2.2) erhält man die Schätzung

$$\widetilde{\mu}_i = \bar{x}_{i.} = \frac{1}{J}\sum_j x_{ij} \,. \tag{11.2.4}$$

Ist H_0 wahr, so ist

$$\widetilde{\mu} = \bar{x} = \frac{1}{IJ}\sum_i\sum_j x_{ij} = \frac{1}{I}\sum_i \widetilde{\mu}_i \,. \tag{11.2.5}$$

Die (zusammengesetzte) Alternativhypothese ist, daß nicht alle μ_i gleich sind. Wir wollen jedoch den Begriff eines Gesamtmittels beibehalten und schreiben

$$\mu_i = \mu + a_i \ .$$

Das Modell (11.2.2) hat dann die Form

$$x_{ij} = \mu + a_i + \varepsilon_{ij} \ . \tag{11.2.6}$$

Zwischen den a_i, die ein Maß für die Abweichung des i-ten Gruppenmittels vom Gesamtmittel darstellen, besteht die Verknüpfung

$$\sum_i a_i = 0 \ . \tag{11.2.7}$$

Die Maximum-Likelihood-Schätzungen der a_i sind

$$\widetilde{a}_i = \bar{x}_{i.} - \bar{x} \ . \tag{11.2.8}$$

Die einfache Varianzanalyse des Abschnitts 11.1 wurde aus der Identität

$$x_{ij} - \bar{x} = (\bar{x}_{i.} - \bar{x}) + (x_{ij} - \bar{x}_{i.}) \tag{11.2.9}$$

hergeleitet, die die Abweichung der Einzelmessungen vom Gesamtmittel beschreibt. Die Quadratsumme Q dieser Abweichungen ließ sich dann in die beiden Terme Q_A und Q_W zerlegen, vgl. (11.1.3).

Nach diesen Vorbereitungen betrachten wir jetzt eine zweifache Klassifizierung, in der die Messungen nach Maßgabe zweier Kriterien A und B zu Gruppen zusammengefaßt werden. Die Messung x_{ijk} gehört zur Klasse A_i, die die Klassifizierung bezüglich A angibt, und auch zu Klasse B_j. Der Index k bezeichnet die Messungsnummer innerhalb der Gruppe, die sowohl zur Klasse A_i wie auch zur Klasse B_j gehört. Wir beschränken uns wieder auf den Fall, daß zu jeder Kombination A_i, B_j gleich viele Messungen vorliegen, d. h., daß immer $i = 1,2,\ldots,I$; $j = 1,2,\ldots,J$; $k = 1,2,\ldots,K$.

Eine zweifache Klassifizierung heißt *gekreuzt*, wenn eine bestimmte Klassifizierung B_j für alle Klassen A die gleiche Bedeutung hat. Wenn etwa Mikroskope durch A und Beobachter durch B klassifiziert werden und wenn jeder Beobachter auf jedem Mikroskop eine Messung durchführt, so sind die Klassifizierungen gekreuzt. Wenn aber etwa ein Vergleich von Mikroskopen in verschiedenen Labors ausgeführt wird und wenn deshalb in jedem Labor eine andere Gruppe von J Beobachtern Messungen mit einem bestimmten Mikroskop i ausführt, heißt die Klassifizierung B innerhalb von A *eingenistet*. Der Index j zählt dann lediglich die Klassen B innerhalb einer bestimmten Klasse A.

Der einfachste Fall ist eine gekreuzte Klassifizierung mit nur *einer Beobachtung*. Da dann $k = 1$ für alle Beobachtungen x_{ijk}, können wir den Index k überhaupt weglassen. Man benutzt das Modell

$$x_{ij} = \mu + a_i + b_j + \varepsilon_{ij} \ , \quad \sum_i a_i = 0 \ , \quad \sum_j b_j = 0 \ , \tag{11.2.10}$$

wobei ε normalverteilt mit Mittelwert Null und Varianz σ^2 ist. Die Nullhypothese sagt aus, daß durch die Klassifizierung nach A oder B keine Abweichung vom Gesamtmittel hervorgerufen werden. Wir schreiben sie in der Form zweier einzelner Hypothesen

$$H_0^{(A)}(a_1 = a_2 = \ldots = a_I = 0)\,, \quad H_0^{(B)}(b_1 = b_2 = \ldots = b_J = 0)\,. \tag{11.2.11}$$

Die Schätzungen nach kleinsten Quadraten für die a_i und b_j sind

$$\tilde{a}_i = \bar{x}_{i.} - \bar{x}\,, \quad \tilde{b}_j = \bar{x}_{.j} = \bar{x}\,.$$

Analog zu Gl. (11.2.9) können wir schreiben

$$x_{ij} - \bar{x} = (\bar{x}_{i.} - \bar{x}) + (\bar{x}_{.j} - \bar{x}) + (x_{ij} - \bar{x}_{i.} - \bar{x}_{.j} + \bar{x})\,. \tag{11.2.12}$$

Auf ähnliche Weise kann dann die Quadratsumme geschrieben werden,

$$\sum_i \sum_j (x_{ij} - \bar{x})^2 = Q = Q_A + Q_B + Q_W\,. \tag{11.2.13}$$

Dabei ist

$$\begin{aligned} Q_A &= J \sum_i (\bar{x}_{i.} - \bar{x})^2 = J \sum_i \bar{x}_{i.}^2 - IJ\bar{x}^2\,, \\ Q_B &= I \sum_j (\bar{x}_{.j} - \bar{x})^2 = I \sum_j \bar{x}_{.j}^2 - IJ\bar{x}^2\,, \\ Q_W &= \sum_i \sum_j (x_{ij} - \bar{x}_{i.} - \bar{x}_{.j} + \bar{x})^2 \\ &= \sum_i \sum_j x_{ij}^2 - J \sum_i \bar{x}_{i.}^2 - I \sum_j \bar{x}_{.j}^2 + IJ\bar{x}^2\,. \end{aligned} \tag{11.2.14}$$

Dividiert durch die entsprechenden Freiheitsgrade, sind diese Summen Schätzungen von σ^2, vorausgesetzt, daß die Hypothesen (11.2.11) zutreffen. Die Hypothesen $H_0^{(A)}$ und $H_0^{(B)}$ können einzeln mit Hilfe der Quotienten

$$F^{(A)} = s_A^2 / s_W^2\,, \quad F^{(B)} = s_B^2 / s_W^2 \tag{11.2.15}$$

überprüft werden. Man benutzt dabei einseitige F-Tests, wie in Abschnitt 11.1. Die Gesamtsituation kann in einer Varianztafel (Tafel 11.5) zusammengefaßt werden.

Werden mehrere Beobachtungen in jeder Gruppe gemacht, so kann die gekreuzte Klassifizierung auf verschiedene Weise verallgemeinert werden. Die wichtigste Verallgemeinerung ist die Hinzuziehung der *Wechselwirkung* zwischen den Klassen. Man hat dann das Modell

$$x_{ijk} = \mu + a_i + b_j + (ab)_{ij} + \varepsilon_{ijk}\,. \tag{11.2.16}$$

Tafel 11.5: Varianztafel für gekreuzte zweifache Klassifizierung mit nur einer Beobachtung.

Quelle	QS	FG	MQ	F
Klass. A	Q_A	$I-1$	$s_A^2 = \dfrac{Q_A}{I-1}$	$F^{(A)} = \dfrac{s_A^2}{s_W^2}$
Klass. B	Q_B	$J-1$	$s_B^2 = \dfrac{Q_B}{J-1}$	$F^{(B)} = \dfrac{s_B^2}{s_W^2}$
Innerh. der Gruppen	Q_W	$(I-1)(J-1)$	$s_W^2 = \dfrac{Q_W}{(I-1)(J-1)}$	
Summe	Q	$IJ-1$	$s^2 = \dfrac{Q}{IJ-1}$	

Die Größe $(ab)_{ij}$ ist ein einfaches Symbol und heißt *Wechselwirkung* zwischen den Klassen A_i und B_j. Sie beschreibt die Abweichung vom Gruppenmittel, die durch das spezifische Zusammenwirken von A_i und B_j zustande kommt. Die Parameter a_i, b_j, $(ab)_{ij}$ sind durch die Bedingung

$$\sum_i a_i = \sum_j b_j = \sum_i \sum_j (ab)_{ij} = 0 \tag{11.2.17}$$

verknüpft. Ihre Maximum-Likelihood-Schätzungen sind

$$\begin{aligned} \widetilde{a}_i &= \bar{x}_{i..} - \bar{x}\,, \quad \widetilde{b}_j = \bar{x}_{.j.} - \bar{x}\,, \\ (\widetilde{ab})_{ij} &= \bar{x}_{ij.} + \bar{x} - \bar{x}_{i..} - \bar{x}_{.j.}\,. \end{aligned} \tag{11.2.18}$$

Die Nullhypothese kann in drei Einzelhypothesen aufgespalten werden,

$$\begin{aligned} &H_0^{(A)}(a_i = 0; i = 1,2,\ldots,I)\,, \quad H_0^{(B)}(b_j = 0; j = 1,2,\ldots,J)\,, \\ &H_0^{(AB)}((ab)_{ij} = 0; i = 1,2,\ldots,I; j = 1,2,\ldots,J)\,, \end{aligned} \tag{11.2.19}$$

die wiederum einzeln überprüft werden können. Die Varianzanalyse beruht auf der Identität

$$x_{ijk} - \bar{x} = (\bar{x}_{i..} - \bar{x}) + (\bar{x}_{.j.} - \bar{x}) + (\bar{x}_{ij.} + \bar{x} - \bar{x}_{i..} - \bar{x}_{.j.}) + (x_{ijk} - \bar{x}_{ij.})\,, \tag{11.2.20}$$

die die Zerlegung der Quadratsumme der Abweichungen in 4 Terme gestattet,

$$\begin{aligned} Q &= \sum_i \sum_j \sum_k (x_{ijk} - \bar{x})^2 = Q_A + Q_B + Q_{AB} + Q_W\,, \\ Q_A &= JK \sum_i (\bar{x}_{i..} - \bar{x})^2\,, \\ Q_B &= IK \sum_j (\bar{x}_{.j.} - \bar{x})^2\,, \\ Q_{AB} &= K \sum_i \sum_j (\bar{x}_{ij.} + \bar{x} - \bar{x}_{i..} - \bar{x}_{.j.})^2\,, \\ Q_W &= \sum_i \sum_j \sum_k (x_{ijk} - \bar{x}_{ij.})^2\,. \end{aligned} \tag{11.2.21}$$

Tafel 11.6: Varianztafel für gekreuzte zweifache Klassifizierung.

Quelle	QS	FG	MQ	F
Klass. A	Q_A	$I-1$	$s_A^2 = \dfrac{Q_A}{I-1}$	$F^{(A)} = \dfrac{s_A^2}{s_W^2}$
Klass. B	Q_B	$J-1$	$s_B^2 = \dfrac{Q_B}{J-1}$	$F^{(B)} = \dfrac{s_B^2}{s_W^2}$
Wechselw.	Q_{AB}	$(I-1)(J-1)$	$s_{AB}^2 = \dfrac{Q_{AB}}{(I-1)(J-1)}$	$F^{(AB)} = \dfrac{s_{AB}^2}{s_W^2}$
Innerh. der Gruppen	Q_W	$IJ(K-1)$	$s_W^2 = \dfrac{Q_W}{IJ(K-1)}$	
Summe	Q	$IJK-1$	$s^2 = \dfrac{Q}{IJK-1}$	

Die Freiheitsgrade und mittleren Quadrate wie auch die F-Quotienten, die zur Überprüfung der Hypothesen benutzt werden können, sind in Tafel 11.6 angegeben.

Abschließend wollen wir den einfachsten Fall eine *genisteten zweifachen Klassifizierung* angeben. Da die Klassifizierung B jeweils nur innerhalb der einzelnen Klassen von A definiert ist, sind die Terme b_j und $(ab)_{ij}$ von Gl. (11.2.10) nicht definiert, da sie eine Summation über i bei festem j implizieren. Man benutzt daher das Modell

$$x_{ijk} = \mu + a_i + b_{ij} + \varepsilon_{ijk} \tag{11.2.22}$$

mit

$$\sum_i a_i = 0\,, \quad \sum_i \sum_j b_{ij} = 0\,,$$
$$\widetilde{a}_i = \bar{x}_{i..} - \bar{x}\,, \quad \widetilde{b}_{ij} = \bar{x}_{ij.} - \bar{x}_{i..}\,.$$

Der Term b_{ij} ist ein Maß für die Abweichung der Messungen der Klasse B_j innerhalb der Klasse A_i vom Gesamtmittel der Klasse A_i. Die Nullhypothese besteht aus

$$\begin{aligned} &H_0^{(A)}(a_i = 0; i = 1,2,\ldots,I)\,,\\ &H_0^{(B(A))}(b_{ij} = 0; i = 1,2,\ldots,I; j = 1,2,\ldots,J)\,. \end{aligned} \tag{11.2.23}$$

Eine Varianzanalyse zur Überprüfung dieser Hypothesen kann mit Hilfe von Tafel 11.7 durchgeführt werden. Dabei gilt

$$\begin{aligned} Q_A &= JK\sum_i(\bar{x}_{i..} - \bar{x})^2\,,\\ Q_{B(A)} &= K\sum_i\sum_j(\bar{x}_{ij.} - \bar{x}_{i..})^2\,,\\ Q_W &= \sum_i\sum_j\sum_k(x_{ijk} - \bar{x}_{ij.})^2\,,\\ Q &= Q_A + Q_{B(A)} + Q_W = \sum_i\sum_j\sum_k(x_{ijk} - \bar{x})^2\,. \end{aligned}$$

Tafel 11.7: Varianztafel für genistete zweifache Klassifizierung.

Quelle	QS	FG	MQ	F
Klass. A	Q_A	$I-1$	$s_A^2 = \frac{Q_A}{I-1}$	$F^{(A)} = \frac{s_A^2}{s_W^2}$
Innerh. A	$Q_{B(A)}$	$I(J-1)$	$s_{B(A)}^2 = \frac{A_{B(A)}}{I(J-1)}$	$F^{(B(A))} = \frac{s_{B(A)}^2}{s_W^2}$
Innerh. der Gruppen	Q_W	$IJ(K-1)$	$s_W^2 = \frac{Q_W}{IJ(K-1)}$	
Summe	Q	$IJK-1$	$s^2 = \frac{Q}{IJK-1}$	

Auf ähnliche Weise können die verschiedensten Modelle für zweifache oder mehrfache Klassifizierung konstruiert werden. Je nach Modell zerfällt die gesamte Quadratsumme in eine Summe von einzelnen Quadratsummen, die, dividiert durch ihre Freiheitsgrade, zur Konstruktion von F-Tests benutzt werden können, mit deren Hilfe die durch das Modell implizierten Hypothesen überprüft werden können.

Einige Modelle sind, zumindest formal, in anderen enthalten. So findet man durch Vergleich der Tafeln 11.6 und 11.7 die Beziehung

$$Q_{B(A)} = Q_B + Q_{AB} \,. \tag{11.2.24}$$

Eine entsprechende Beziehung gilt für die zugehörigen Freiheitsgrade,

$$f_{B(A)} = f_B + f_{AB} \,. \tag{11.2.25}$$

Beispiel 11.2: Doppelte Varianzanalyse in der Krebsforschung

Zwei Gruppen von Ratten wird Thymidin, eine Aminosäure, injiziert, die Spuren von Tritium, d. h. eines radioaktiven Wasserstoffisotops, enthält. Zusätzlich erhält eine der Gruppen ein bestimmtes Karzinogen. Der Einbau des Thymidins in die Haut der Ratten wurde als Funktion der Zeit untersucht, indem man die Zahl der Tritium-Zerfälle je cm^2 Haut beobachtet. Die Klassifizierung ist gekreuzt, weil die Zeitabhängigkeit für beide Versuchsreihen die gleiche Bedeutung hat. Die Messungen sind in Tafel 11.8 zusammengestellt. Die Zahlen sind bereits aus den ursprünglichen Zählraten x' durch die Transformation$x = 50\log x' - 100$ umgerechnet worden. Das Ergebnis, das mit der Klasse `AnalysisOfVariance` gewonnen wurde, ist in Tafel 11.9 reproduziert. Es besteht kein Zweifel, daß die Anwesenheit oder Abwesenheit des Karzinogens (Klassifizierung A) das Ergebnis beeinflußt, da der Quotient $F^{(A)}$ sehr groß ist. Wir wollen jetzt die Existenz einer Zeitabhängigkeit (Klassifizierung B) und einer Wechselwirkung zwischen A und B bei einem Signifikanzniveau von $\alpha = 0.01$ überprüfen. Aus Tafel I.8 finden wir $F_{0.99} = 2.72$. Die Hypothesen der Zeitunabhängigkeit und der verschwindenden Wechselwirkung müssen also verworfen werden. Die Tafel 11.9 enthält auch die Werte von α, bei denen die Hypothesen gerade noch nicht verworfen werden müßten. Sie sind winzig. ■

Tafel 11.8: Daten zu Beispiel 11.2.

Beob.	Injektion	Zeit nach der Injektion (Stunden)									
Nr.	von	4	8	12	16	20	24	28	32	36	48
1		34	54	44	51	62	61	59	66	52	52
2	Thymidin	40	57	52	46	61	70	67	59	63	50
3		38	40	53	51	54	64	58	67	60	44
4		36	43	51	49	60	68	66	58	59	52
1		28	23	42	43	31	32	25	24	26	26
2	Thymidin	32	23	41	48	45	38	27	26	31	27
3	und	34	29	34	36	41	32	27	32	25	27
4	Karzinogen	27	30	39	43	37	34	28	30	26	30

Tafel 11.9: Ausdruck zu Beispiel 11.2.

Analysis of Variance Table

Source	Sum of Squares	Degrees of Freedom	Mean Square	F Ratio	Alpha
A	9945.80	1	9945.80	590.54725	0.00E−10
B	1917.50	9	213.06	12.65050	0.54E−10
INT.	2234.95	9	248.33	14.74485	0.03E−10
W	1010.50	60	16.84		
TTL.	15108.75	79	191.25		

11.3 Java-Klasse und Programmbeispiele

Java-Klasse zur Varianzanalyse

`AnalysisOfVariance` führt sowohl gekreuzte als auch genistete zweifache Varianzanalyse aus.

Programmbeispiel 11.1: Die Klasse `E1Anova` demonstriert die Benutzung von `AnalysisOfVariance`

Das kurze Programm analysiert die Daten aus Beispiel 11.2. Es werden die Daten selbst und die Ergebnisse in der Form von Tafel 11.9, ausgegeben.

Programmbeispiel 11.2: Die Klasse `E2Anova` simuliert Daten und führt anschließend deren Varianzanalyse aus

Das Programm erfragt zunächst interaktiv einen Wert für σ, die Größen I, J, K und drei weitere Parameter: $\Delta_i, \Delta_j, \Delta_k$. Es erzeugt dann Daten der einfachen Form

$$x_{ijk} = i\Delta_i + j\Delta_j + k\Delta_k + \varepsilon_{ijk} \,.$$

Dabei sind die ε_{ijk} einer Normalverteilung mit Mittelwert Null und Standardabweichung σ entnommen.

Die Daten werden einer Varianzanalyse unterzogen und die Ergebnisse der Analyse werden ausgegeben in Form von Varianztafeln für gekreuzte und genistete Klassifizierung ausgegeben.

Anregung: Wählen Sie für jeweils nur einen der Parameter $\Delta_i, \Delta_j, \Delta_k$ einen Wert $\neq 0$, interpretieren Sie die resultierende Varianztafel.

12 Lineare und polynomiale Regression

Die Anpassung einer linearen Funktion (oder, allgemeiner, eines Polynoms) an Meßwerte, die von einer kontrollierten Variablen abhängen, ist die wohl am häufigsten auftretende Aufgabe der Datenanalyse. Sie wird auch als *lineare* (bzw. *polynomiale*) *Regression* bezeichnet. Obwohl wir diese Aufgabe schon im Abschnitt 9.4.1 behandelt haben, greifen wir sie hier noch einmal ausführlicher auf. Wir benutzen andere numerische Methoden, legen Wert auf eine möglichst durchsichtige Wahl des Grades des Polynoms, behandeln ausführlich die Frage der Konfidenzgrenzen und geben auch Vorschriften für den Fall an, daß die Fehler der Meßwerte unbekannt sind.

12.1 Orthogonale Polynome

Bereits im Abschnitt 9.4.1 hatten wir ein Polynom vom Grade $r-1$ der Form

$$\eta(t) = x_1 + x_2 t + \cdots + x_r t^{r-1} \tag{12.1.1}$$

an die Meßwerte $y_i(t_i)$, die zu Werten t_i der kontrollierten Variablen t gehören, angepaßt. Dabei war $\eta(t)$ der wahre Wert der gemessenen Größe $y(t)$. Im Beispiel 9.2 hatten wir festgestellt, daß es einen maximal sinnvollen Grad des Polynoms geben kann. Eine weitere Erhöhung des Grades bringt keine spürbare Verbesserung der Anpassung. Wir wollen hier systematisch der Frage nachgehen, wie man diesen optimalen Grad des Polynoms findet. Das Beispiel 9.2 zeigt, daß sich bei der Erhöhung des Grades des Polynoms alle Koeffizienten $x_1, x_2, \ldots$ ändern und daß alle Koeffizienten im allgemeinen korreliert sind. Dadurch wird eine Beurteilung erschwert. Diese Schwierigkeiten werden durch die Benutzung *orthogonaler Polynome* vermieden.

Anstelle von (12.1.1) beschreibt man die Daten durch den Ausdruck

$$\eta(t) = x_1 f_1(t) + x_2 f_2(t) + \cdots + x_r f_r(t)\,. \tag{12.1.2}$$

Dabei sind die f_j Polynome vom Grade $j-1$:

$$f_j(t) = \sum_{k=1}^{j} b_{jk} t^{k-1}\,. \tag{12.1.3}$$

Für sie soll bezüglich der Werte t_i der kontrollierten Variablen und der Gewichte $g_i = 1/\sigma_i^2$ der Messungen die *Orthogonalitätsbedingung* (genauer Orthonormalitätsbedingung)

$$\sum_{i=1}^{N} g_i f_j(t_i) f_k(t_i) = \delta_{jk} \tag{12.1.4}$$

gelten. Mit der Bezeichnung

$$A_{ij} = f_j(t_i)\,, \quad A = \begin{pmatrix} A_{11} & A_{12} & \cdots & A_{1r} \\ \vdots & & & \\ A_{N1} & A_{N2} & \cdots & A_{Nr} \end{pmatrix} \tag{12.1.5}$$

und der Matrixschreibweise (9.2.9)

$$G_y = \begin{pmatrix} g_1 & & & 0 \\ & g_2 & & \\ & & \ddots & \\ 0 & & & g_N \end{pmatrix} \tag{12.1.6}$$

hat (12.1.4) die einfache Form

$$A^{\mathrm{T}} G_y A = I\,. \tag{12.1.7}$$

Die Forderung der kleinsten Quadrate

$$\sum_{i=1}^{N} g_i \left\{ y_i(t_i) - \sum_{j=1}^{r} x_j f_j(t_i) \right\}^2 = (\mathbf{y} - A\mathbf{x})^{\mathrm{T}} G_y (\mathbf{y} - A\mathbf{x}) = \min \tag{12.1.8}$$

hat die Form (9.2.19) und damit die Lösung (9.2.26)

$$\widetilde{\mathbf{x}} = -A^{\mathrm{T}} G_y \mathbf{y}\,. \tag{12.1.9}$$

Dabei wurde (9.2.18) und (12.1.7) benutzt. Wegen (9.2.27) und (12.1.7) gilt

$$C_{\widetilde{x}} = I\,, \tag{12.1.10}$$

d. h. die Kovarianzmatrix der Koeffizienten $\widetilde{x}_1, \ldots, \widetilde{x}_r$ ist einfach die Einheitsmatrix. Insbesondere sind die Koeffizienten unkorreliert.

Wir diskutieren jetzt das Verfahren zur Bestimmung der Matrixelemente

$$A_{ij} = f_j(t_i) = \sum_{k=1}^{j} b_{jk} t_i^{k-1}\,. \tag{12.1.11}$$

Für $j = 1$ liefert die Orthogonalitätsbedingung

$$\sum_{i=1}^{N} g_i b_{11}^2 = 1 \,, \quad b_{11} = 1/\sqrt{\sum_i g_i} \,. \tag{12.1.12}$$

Für $j = 2$ gibt es zwei Orthogonalitätsbedingungen. Zunächst erhalten wir

$$\sum_i g_i f_2(t_i) f_1(t_i) = \sum_i g_i (b_{21} + b_{22} t_i) b_{11} = 0$$

und daraus

$$b_{21} = -b_{22} \frac{\sum g_i t_i}{\sum g_i} = -b_{22} \bar{t} \,. \tag{12.1.13}$$

Dabei ist

$$\bar{t} = \sum g_i t_i / \sum g_i \tag{12.1.14}$$

das gewichtete Mittel der Werte t_i der kontrollierten Variablen, an denen Meßwerte vorliegen. Die zweite Orthogonalitätsbedingung zu $j = 2$ ergibt

$$\sum g_i [f_2(t_i)]^2 = \sum g_i (b_{21} + b_{22} t_i)^2 = \sum g_i b_{22}^2 (t_i - \bar{t})^2 = 1$$

oder

$$b_{22} = 1/\sqrt{\sum g_i (t_i - \bar{t})^2} \,. \tag{12.1.15}$$

Einsetzen in (12.1.13) liefert b_{21}.

Für $j > 2$ kann man die $A_{ij} = f_j(t_i)$ rekursiv aus den Größen für $j-1$ und $j-2$ gewinnen. Wir setzen

$$\gamma f_j(t_i) = (t_i - \alpha) f_{j-1}(t_i) - \beta f_{j-2}(t_i) \tag{12.1.16}$$

an, multiplizieren mit $g_i f_{j-1}(t_i)$, summieren über i und erhalten

$$\begin{aligned} \gamma \sum g_i f_j(t_i) f_{j-1}(t_i) &= 0 \\ &= \sum g_i t_i [f_{j-1}(t_i)]^2 - \alpha \sum g_i [f_{j-1}(t_i)]^2 - \beta \sum g_i f_{j-2}(t_i) f_{j-1}(t_i) \,. \end{aligned}$$

Wegen der Orthogonalitätsbedingungen ist die zweite Summe auf der rechten Seite gleich Eins, und die dritte verschwindet. Damit ist

$$\alpha = \sum g_i t_i [f_{j-1}(t_i)]^2 \,. \tag{12.1.17}$$

Ganz entsprechend erhält man durch Multiplikation von (12.1.16) mit $g_i f_{j-2}(t_i)$ und Summation

$$\beta = \sum g_i t_i f_{j-1}(t_i) f_{j-2}(t) \,. \tag{12.1.18}$$

Schießlich erhält man aus der Berechnung des Ausdrucks

$$\sum g_i f_j^2(t_i) = 1$$

durch Einsetzen von $f_j(t_i)$ aus (12.1.16)

$$\gamma^2 = \sum g_i [(t_i - \alpha) f_{j-1}(t_i) - \beta f_{j-2}(t_i)]^2 \,. \tag{12.1.19}$$

Hat man einmal zu gegebenem j die Größen α, β, γ berechnet, so ergeben sich die Koeffizienten b_{jk} zu

$$\begin{aligned} b_{j1} &= (-\alpha b_{j-1,1} - \beta b_{j-2,1})/\gamma \,, \\ b_{jk} &= (b_{j-1,k-1} - \alpha b_{j-1,k} - \beta b_{j-2,k})/\gamma \,, \quad k = 2, \ldots, j-2 \,, \\ b_{j,j-1} &= (b_{j-1,j-2} - \alpha b_{j-1,j-1})/\gamma \,, \\ b_{jj} &= b_{j-1,j-1}/\gamma \,. \end{aligned} \tag{12.1.20}$$

Mit (12.1.3) und (12.1.5) erhält man so die Größen $A_{ij} = f_j(t_i)$. Da das Verfahren rekursiv ist, ergibt sich die Spalte j der Matrix A aus den Elementen der weiter links stehenden Spalten. Durch Erweiterung der Matrix nach rechts ändern sich die ursprünglichen Matrixelemente nicht. Das hat zur Folge, daß bei einer Erhöhung der Zahl der Terme im Polynom (12.1.1) von r auf r' die Koeffizienten $\widetilde{x}_1, \ldots, \widetilde{x}_r$ erhalten bleiben und lediglich weitere hinzutreten. Alle $\widetilde{x}_j$ sind unkorreliert und haben die Standardabweichung $\sigma_{\widetilde{x}_j} = 1$. Der Grad des zur Beschreibung der Daten ausreichenden Polynoms kann nun dadurch festgelegt werden, daß gilt

$$|\widetilde{x}_j| < c \,, \quad j > r \,.$$

Damit ist der Betrag aller höheren Koeffizienten $\widetilde{x}_j$ kleiner als $c\sigma_{\widetilde{x}_j}$. Die einfachste Wahl von c ist natürlich $c = 1$.

Zu gegebenem r können nun die Werte b_{jk} in (12.1.3) und die so gewonnenen $f_j(t_i)$ in (12.1.2) eingesetzt werden, um beste Schätzungen $\widetilde{\eta}_i(t_i)$ der zu den Meßgrößen $y_i(t_i)$ gehörenden wahren Werte $\eta_i(t_i)$ zu erhalten. Damit kann auch die Größe

$$M = \sum_{i=1}^{N} \frac{(\widetilde{\eta}_i(t_i) - y_i(t_i))^2}{\sigma_i^2}$$

berechnet werden, die einer χ^2-Verteilung mit $f = N - r$ Freiheitsgraden folgt, falls die Daten durch das Polynom des gewählten Grades beschrieben werden, und die zu einem χ^2-Test über die Güte der Anpassung des Polynoms benutzt werden kann.

Beispiel 12.1: Behandlung des Beispiels 9.2 mit orthogonalen Polynomen

Die Anwendung polynomialer Regression auf die Daten des Beispiels 9.2 liefert die in Tafel 12.1 zusammengestellten Ergebnisse. Natürlich sind die Zahlwerte der Minimumfunktion exakt die gleichen wie in Beispiel 9.2. Auch die angepaßten Polynome sind die gleichen. Die Zahlwerte $\widetilde{x}_1, \widetilde{x}_2, \ldots$ sind von denen in Beispiel 9.2 verschieden, weil diese Größen jetzt anders definiert sind. Wir haben betont, daß die Kovarianzmatrix der $\widetilde{\mathbf{x}}$ die $(r \times r)$-Einheitsmatrix ist. Wir beobachten, daß die Größen x_6, $x_7, \ldots, x_{10}$ dem Betrage nach kleiner als Eins und damit nicht mehr signifikant von Null verschieden ist. Schwieriger ist die Beurteilung der Signifikanz von $x_5 = 1.08$. In vielen Fällen wird man auch diesen Wert nicht als deutlich von Null verschieden ansehen. Das bedeutet, daß ein Polynom dritten Grades, $r = 4$, zur Beschreibung der Daten ausreicht. ■

Tafel 12.1: Ergebnisse der Anwendung polynomialer Regression auf die Daten aus Beispiel 9.2.

r	$\widetilde{x}_r$	M	Freiheitsgrade
1	24.05	833.55	9
2	15.75	585.45	8
3	23.43	36.41	7
4	5.79	2.85	6
5	1.08	1.69	5
6	0.15	1.66	4
7	0.85	0.94	3
8	−0.41	0.77	2
9	−0.45	0.57	1
10	0.75	0.00	0

12.2 Regressionslinie. Konfidenzintervall

Ist einmal der Grad des Polynoms (12.1.2) auf diese oder eine andere Weise festgelegt worden, so kann jeder Punkt des *Regressionspolynoms* oder – auf die graphische Darstellung bezogen – der *Regressionslinie* berechnet werden, indem man zu vorgegebenem t erst die rekursiv berechneten Werte b_{jk} in (12.1.3) einsetzt und die so berechneten $f_j(t)$ und die Parameter $\widetilde{\mathbf{x}}$ in (12.1.2) benutzt,

$$\widetilde{\eta}(t) = \sum_{j=1}^{r} \widetilde{x}_j \left(\sum_{k=1}^{j} b_{jk} t^{k-1} \right) = \mathbf{d}^{\mathrm{T}}(t) \widetilde{\mathbf{x}} \,. \tag{12.2.1}$$

Dabei ist $\mathbf{d}$ ein r-Vektor mit den Elementen

$$d_j(t) = \sum_{k=1}^{j} b_{jk} t^{k-1} \,. \tag{12.2.2}$$

Nach der Fehlerfortpflanzung (3.8.4) ist die Varianz von $\widetilde{\eta}(t)$

$$\sigma^2_{\widetilde{\eta}(t)} = \mathbf{d}^{\mathrm{T}}(t)\mathbf{d}(t)\,, \qquad (12.2.3)$$

weil $C_{\widetilde{x}} = I$. Die reduzierte Variable

$$u = \frac{\widetilde{\eta}(t) - \eta(t)}{\sigma_{\widetilde{\eta}}(t)} \qquad (12.2.4)$$

folgt damit der standardisierten Gauß-Verteilung. Das bedeutet auch, daß der wahre Wert $\eta(t)$ entsprechend einer Gauß-Verteilung mit der Breite $\sigma_{\widetilde{\eta}}(t)$ um den Wert $\widetilde{\eta}(t)$ verteilt ist.

Wir können nun leicht ein *Konfidenzintervall* für $\eta(t)$ angeben. Nach Abschnitt 5.8 gilt, daß mit der Wahrscheinlichkeit P

$$|u| \geq \Omega'(P) = \Omega\left(\frac{1}{2}(P+1)\right)\,, \qquad (12.2.5)$$

z. B. $\Omega'(0.95) = 1.96$. Damit gehören zum Konfidenzniveau P (z. B. $P = 0.95$) die Konfidenzgrenzen

$$\eta(t) = \widetilde{\eta}(t) \pm \Omega'(P)\sigma_{\widetilde{\eta}(t)} = \widetilde{\eta}(t) \pm \delta\widetilde{\eta}(t)\,. \qquad (12.2.6)$$

12.3 Regression bei unbekannten Fehlern

Sind die Meßfehler $\sigma_i = 1/\sqrt{g_i}$ nicht bekannt, aber kann angenommen werden, daß sie gleich sind,

$$\sigma_i = \sigma\,,\quad i = 1,\ldots,N\,, \qquad (12.3.1)$$

so kann eine Schätzung s von σ leicht aus der Regression selbst gewonnen werden. Die Größe

$$\sum_{i=1}^{N} \frac{(\widetilde{\eta}(t_i) - y_i(t_i))^2}{\sigma^2} = M \qquad (12.3.2)$$

folgt einer χ^2-Verteilung mit $f = N - r$ Freiheitsgraden. Genauer gesagt, würden viele gleichartige Experimente mit je N Messungen ausgeführt werden, so würden die für die einzelnen Experimente berechneten Werte von M sich verhalten wir die Zufallsvariable χ^2 zu $f = N - r$ Freiheitsgraden. Ihr Erwartungswert ist gerade $f = N - r$. Ist nun der Wert von σ in (12.3.2) nicht bekannt, so kann man ihr durch einen Schätzwert s ersetzen, so daß auf der rechten Seite gerade der Erwartungswert von M auftritt,

$$s^2 = \sum(\widetilde{\eta}(t_i) - y_i(t_i))^2/(N-r)\,. \qquad (12.3.3)$$

Dabei müssen alle zur Berechnung von $\widetilde{\eta}(t_i)$ notwendigen Schritte mit den Formeln der letzten Abschnitte und dem Wert $\sigma_i = 1$ ausgeführt werden. (Tatsächlich könnten für den Fall (12.3.1) die σ_i bzw. g_i völlig aus den Formeln zur Berechnung von $\widetilde{\mathbf{x}}$ bzw. $\widetilde{\eta}(t)$ entfernt werden.)

Bezeichnen wir mit

$$\bar{s}^2_{\widetilde{\eta}(t)} = \mathbf{d}^{\mathrm{T}}(t)\mathbf{d}(t)$$

den Wert für die Varianz von $\widetilde{\eta}(t)$, den wir für $\sigma_i = 1$ erhalten, so ist offenbar

$$s^2_{\widetilde{\eta}(t)} = s^2 \bar{s}^2_{\widetilde{\eta}(t)} \tag{12.3.4}$$

die Schätzung der Varianz von $\widetilde{\eta}(t)$, die auf der Schätzung (12.3.3) der Varianz der Meßgrößen aufbaut. Ersetzen wir nun in (12.2.4) $\sigma_{\widetilde{\eta}(t)}$ durch $s_{\widetilde{\eta}(t)}$ so erhalten wir eine Variable

$$v = \frac{\widetilde{\eta}(t) - \eta(t)}{s_{\widetilde{\eta}(t)}} , \tag{12.3.5}$$

die nicht mehr der standardisierten Normalverteilung, sondern der Studentschen t-Verteilung mit $f = N - r$ Freiheitsgraden folgt, vgl. Abschnitt 8.3. Für die Konfidenzgrenzen zum Konfidenzniveau $P = 1 - \alpha$ gilt deshalb jetzt

$$\eta(t) = \widetilde{\eta}(t) \pm t_{1-\alpha/2} s_{\widetilde{\eta}(t)} = \widetilde{\eta}(t) \pm \delta\widetilde{\eta}(t) . \tag{12.3.6}$$

Dabei ist $t_{1-\alpha/2}$ das Quantil der t-Verteilung mit $f = N - r$ Freiheitsgraden.

Es muß an dieser Stelle betont werden, daß im Fall unbekannter Fehler die Möglichkeit des χ^2-Tests verloren geht. Die Güte der Anpassung eines Polynoms kann nicht mehr überprüft werden. Daher ist das am Ende von Abschnitt 12.1 beschriebene Verfahren zur Bestimmung des Grades des Polynoms nicht mehr zulässig. Man ist daher ausschließlich auf a-priori-Wissen über den Grad des Polynoms angewiesen. Fast immer wird man sich deshalb auf die Behandlung linearer Abhängigkeiten zwischen η und t, d. h. auf den Fall $r = 2$ beschränken.

Beispiel 12.2: Konfidenzgrenzen bei linearer Regression

Im oberen Teil von Bild 12.1 sind 4 Meßpunkte mit ihren Fehlern, die zugehörige Regressionsgerade und die Grenzen zu 95 % Konfidenz dargestellt. Es handelt sich um die Meßpunkte des Beispiels aus Abschnitt 9.3. Die Konfidenzgrenzen streben offenbar um so weiter auseinander, je mehr der Bereich der Meßpunkte verlassen wird. Die kleinste Einschnürung liegt dicht an dem Meßpunkt mit dem kleinsten Fehler. Das Bild ähnelt dem Bild 9.2 (d). Man überlegt sich leicht, daß die Einhüllenden der Geraden dieses Bildes die Konfidenzgrenzen zu 68.3 % sind. Im unteren Teil von Bild 12.1 wurden die gleichen Meßpunkte verwendet, jedoch wurden die Fehler als unbekannt, aber gleich angenommen. Es sind die unter diesen Annahmen gewonnene Regressionsgerade und die 95 %-Konfidenzgrenzen gezeigt. ∎

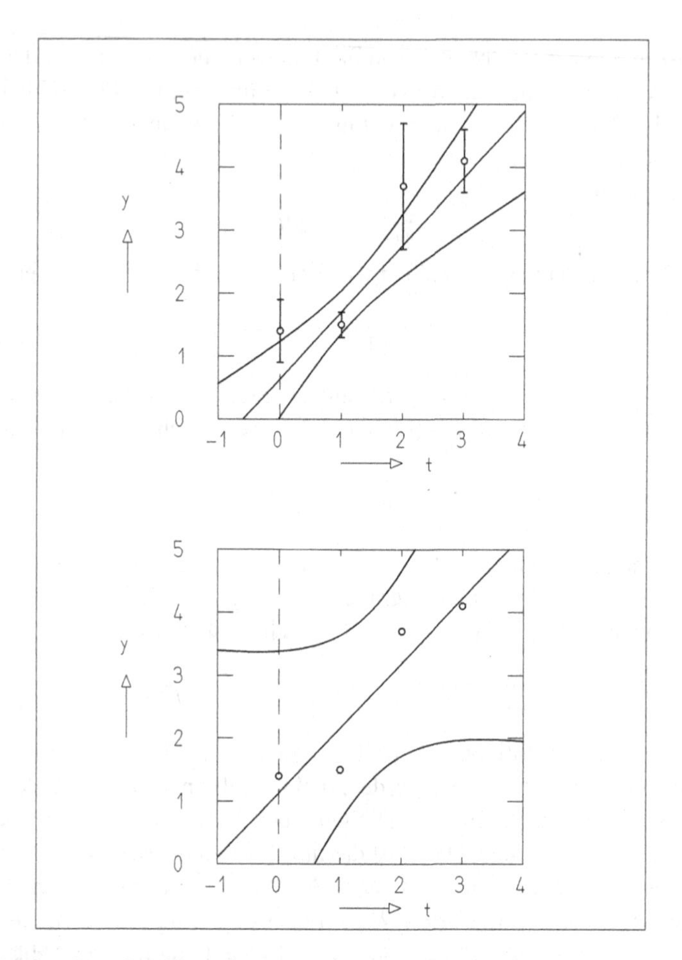

Bild 12.1: Meßpunkte mit Fehlern sowie Regressionsgerade und 95 %-Konfidenzgrenzen (oben), Meßpunkte mit unbekannten, aber als gleich groß angenommenen Fehlern, Regressionsgrade und 95 %-Konfidenzgrenzen (unten).

12.4 Java-Klasse und Programmbeispiele

Java-Klasse zur polynomialen Regression

`Regression` führt eine polynomiale Regression aus.

Programmbeispiel 12.1: Die Klasse `E1Reg` demonstriert die Benutzung von `Regression`

Das kurze Programm benutzt die Daten aus Beispiel 9.2 und Beispiel 12.1. Als Meßfehler werden die statistischen Fehler $\Delta y_i = \sqrt{y_i}$ genommen.Es wird die polynomiale Regression mit $r = 10$ Parametern im Polynom vorgenommen. Die Ergebnisse werden alphanumerisch ausgegeben, vgl. auch Tafel 12.1.

Programmbeispiel 12.2: Die Klasse `E2Reg` demonstriert die Benutzung von `Regression` und stellt die Ergebnisse graphisch dar.

Es wird die gleiche Aufgabe bearbeitet wie mit `E1Reg`. Zusätzlich wird die maximale Zahl r_{max} von Termen in den Polynomen, die graphisch dargestellt werden sollen, erfragt. Diese Polynome werden zusammen mit den Datenpunkten graphisch dargestellt.

Anregung: Wählen Sie nacheinander $r_{max} = 2,3,4,6,10$. Versuchen Sie zu erklären, warum die Kurven für $r_{max} = 3$ oder 4 besonders überzeugend wirken, obwohl für $r_{max} = 10$ sämtliche Datenpunkte exakt auf dem Polynom liegen.

Programmbeispiel 12.3: Die Klasse `E3Reg` demonstriert die Benutzung von `Regression` und stellt RegressionsLinie und Konfidenzgrenzen graphisch dar.

Auch dieses Programm bearbeitet die gleiche Aufgabe wie `E1Reg`. Erfragt werden die Ordnung r des anzupassenden Polynoms und die Wahrscheinlichkeit P, die die Konfidenzgrenzen festlegt. Graphisch dargetellt werden die Datenpunkte mit Fehlern, die Regressionslinie und – in anderer Farbe – die zugehörigen Konfidenzgrenzen.

Programmbeispiel 12.4: Die Klasse `E4Reg` demonstriert die lineare Regression mit bekannten und mit unbekannten Fehlern

Das Programm arbeitet mit den Daten aus Beispiel 12.2. Der Benutzer gibt die Wahrscheinlichkeit P zur Bestimmung der Konfidenzgrenzen ein und trifft die Wahl, ob die Meßfehler als bekannt oder unbekannt gelten sollen. Die erzeugte Graphik – entsprechend Bild 12.1 – enhält die Datenpunkte, die Regeressionsgerade und die Konfidenzgrenzen.

13 Zeitreihenanalyse

13.1 Zeitreihen. Trend

Im letzten Kapitel haben wir eine Zufallsvariable y in ihrer Abhängigkeit von einer kontrollierten Variablen t betrachtet. Wie dort nehmen wir an, daß y aus zwei Termen besteht, dem wahren Wert η der Meßgröße und einem Meßfehler ε,

$$y_i = \eta_i + \varepsilon_i \, , \quad i = 1,2,\ldots,n \, . \tag{13.1.1}$$

In Kapitel 12 hatten wir angenommen, daß η_i ein Polynom in t ist. Der Meßfehler ε_i wurde als normalverteilt mit Mittelwert 0 betrachtet.

Wir wollen nun weniger scharfe Annahmen in bezug auf η machen. Wir nennen die kontrollierte Variable t in diesem Kapitel die Zeit, obwohl an ihrer Stelle in vielen Anwendungen auch eine andere Variable steht. Die zu besprechende Methode heißt *Zeitreihenanalyse* und wird insbesondere oft auf ökonomische Probleme angewandt. Sie kann immer dort benutzt werden, wo man wenig oder gar keine Kenntnis vom funktionalen Zusammenhang zwischen η und t hat. Es ist üblich, für die Betrachtung von Zeitreihen vorauszusetzen, daß die y_i in äquidistanten Zeitintervallen

$$t_i - t_{i-1} = \Delta t = \text{const} \tag{13.1.2}$$

beobachtet werden, da dadurch die Formeln wesentlich einfacher werden.

Ein Beispiel einer Zeitreihe ist in Bild 13.1 dargestellt. Beobachten wir zunächst nur die Meßpunkte, so bemerken wir eine starke Fluktuation von Punkt zu Punkt. Trotzdem folgen sie offenbar einer gewissen Systematik. So sind sie in der linken Bildhälfte überwiegend positiv, in der rechten überwiegend negativ. Man könnte die mittlere Zeitabhängigkeit qualitativ dadurch gewinnen, daß man mit der Hand eine glatte Kurve durch die Datenpunkte zieht. Da aber natürlich solche Kurven nicht frei von persönlichen Einflüssen und daher nicht reproduzierbar sind, versuchen wir, objektive Methoden zu entwickeln.

Wir benutzen die Bezeichnungen aus (13.1.1) und nennen η_i den *Trend* und ε_i die *Zufallskomponente* der *Messung* y_i. Um eine glattere Funktion von t zu erreichen, kann man z. B. für jeden Wert von y_i den Ausdruck

$$u_i = \frac{1}{2k+1} \sum_{j=i-k}^{i+k} y_j \tag{13.1.3}$$

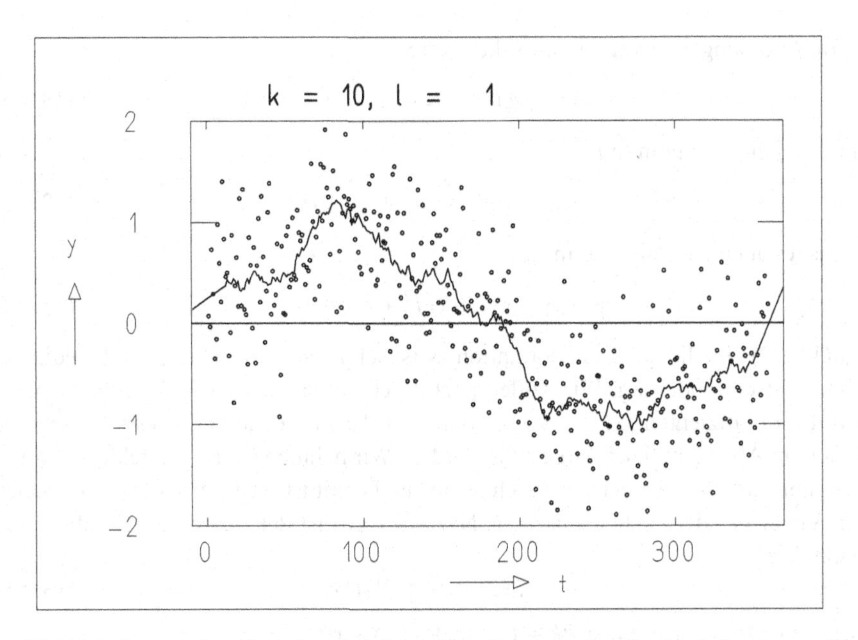

Bild 13.1: Datenpunkte (Kreise) und gleitende Mittelwerte (verbunden durch Streckenzug).

bilden, d. h. das ungewichtete Mittel der Messungen zu den Zeiten

$$t_{i-k}, t_{i-k+1}, \ldots, t_{i-1}, t_i, t_{i+1}, \ldots, t_{i+k}.$$

Der Ausdruck (13.1.3) heißt ein *gleitender Mittelwert* von y.

13.2 Gleitende Mittelwerte

Natürlich ist der gleitende Mittelwert (13.1.3) eine sehr einfache Konstruktion. Wir werden später (in Beispiel 13.1) zeigen, daß die Benutzung eines gleitenden Mittelwerts dieser Form gleichbedeutend mit der Annahme ist, daß η in dem betrachteten Zeitintervall eine lineare Funktion der Zeit ist,

$$\eta_j = \alpha + \beta t_j, \quad j = -k, -k+1, \ldots, k. \tag{13.2.1}$$

Dabei sind α und β Konstanten. Sie können durch lineare Regression aus den Daten geschätzt werden.

Statt uns auf den linearen Fall zu beschränken, wollen wir allgemeiner annehmen, daß η ein Polynom vom Grade ℓ sein kann.

Im Mittelungsintervall nimmt t die Werte

$$t_j = t_i + j\Delta t \,, \quad j = -k, -k+1, \ldots, k \,, \tag{13.2.2}$$

an. Da η ein Polynom in t,

$$\eta_j = a_1 + a_2 t_j + a_3 t_j^2 + \cdots + a_{\ell+1} t_j^\ell \,, \tag{13.2.3}$$

ist, ist es auch ein Polynom in j,

$$\eta_j = x_1 + x_2 j + x_3 j^2 + \cdots + x_{\ell+1} j^\ell \,, \tag{13.2.4}$$

da (13.2.2) eine lineare Transformation zwischen t_j und j beschreibt, d. h. lediglich eine Maßstabsänderung. Wir wollen jetzt durch Anpassung nach kleinsten Quadraten die Koeffizienten x_1, x_2, ..., $x_{\ell+1}$ aus den Daten gewinnen. Diese Aufgabe ist schon im Abschnitt 9.4.1 dargestellt worden. Wir nehmen (in Ermangelung besserer Kenntnis) alle Messungen als gleich genau an. Damit ist die Matrix $G_y = aI$ einfach ein Vielfaches der Einheitsmatrix I. Nach (9.2.26) ist der Vektor der Koeffizienten dann durch

$$\widetilde{\mathbf{x}} = -(A^{\mathrm{T}}A)^{-1}A^{\mathrm{T}}\mathbf{y} \tag{13.2.5}$$

gegeben. Dabei ist A eine $((2k+1)\times(\ell+1))$-Matrix

$$A = -\begin{pmatrix} 1 & -k & (-k)^2 & \ldots & (-k)^\ell \\ 1 & -k+1 & (-k+1)^2 & \ldots & (-k+1)^\ell \\ \vdots & & & & \\ 1 & k & k^2 & \ldots & k^\ell \end{pmatrix} . \tag{13.2.6}$$

Für den Trend $\widetilde{\eta}_0$ am Mittelpunkt des Mittelungsintervalls ($j = 0$) erhalten wir mit (13.2.4) die Schätzung

$$\widetilde{\eta}_0 = \widetilde{x}_1 \,. \tag{13.2.7}$$

Sie ist gleich dem ersten Koeffizienten des Polynoms. Nach (13.2.5) wird $\widetilde{x}_1$ durch Multiplikation des Spaltenvektors der Messungen $\mathbf{y}$ von links mit dem Zeilenvektor

$$\mathbf{a} = (-(A^{\mathrm{T}}A)^{-1}A^{\mathrm{T}})_1 \,, \tag{13.2.8}$$

d. h. mit der ersten Zeile der Matrix $-(A^{\mathrm{T}}A)^{-1}A^{\mathrm{T}}$, gewonnen. Wir erhalten

$$\widetilde{\eta}_0 = \mathbf{a}\mathbf{y} = a_{-k}y_{-k} + a_{-k+1}y_{-k+1} + \cdots + a_0 y_0 + \cdots + a_k y_k \,. \tag{13.2.9}$$

Das ist eine lineare Funktion der Messungen innerhalb des Mittelungsintervalls. Der Vektor $\mathbf{a}$ hängt dabei nicht von den Messungen, sondern nur von ℓ und k ab, d. h. vom Grad des Polynoms und von der Länge des Intervalls. Natürlich muß man

$$\ell < 2k+1$$

wählen, da sonst keine Freiheitsgrade für die Anpassung nach kleinsten Quadraten verbleiben. Die Komponenten von $\mathbf{a}$ für kleine Werte von ℓ und k können der Tafel 13.1 entnommen werden.

Tafel 13.1: Komponenten des Vektors **a** für die Berechnung von gleitenden Mittelwerten.

$$\mathbf{a} = (a_{-k}, a_{-k+1}, \ldots, a_k) = \frac{1}{A}(\alpha_{-k}, \alpha_{-k+1}, \ldots, \alpha_k)$$

$$\alpha_{-j} = \alpha_j$$

$\ell = 2$ und $\ell = 3$

k	A	α_{-7}	α_{-6}	α_{-5}	α_{-4}	α_{-3}	α_{-2}	α_{-1}	α_0
2	35						−3	12	17
3	21					−2	3	6	7
4	231				−21	14	39	54	59
5	429			−36	9	44	69	84	89
6	143		−11	0	9	16	21	24	25
7	1105	−78	−13	42	87	122	147	162	167

$\ell = 4$ und $\ell = 5$

k	A	α_{-7}	α_{-6}	α_{-5}	α_{-4}	α_{-3}	α_{-2}	α_{-1}	α_0
3	231					5	−30	75	131
4	429				15	−55	30	135	179
5	429			18	−45	−10	60	120	143
6	2431		110	−198	−135	110	390	600	677
7	46189	2145	−2860	−2937	−165	3755	7500	10125	11063

Gl. (13.2.9) beschreibt den gleitenden Mittelwert, der zu dem angenommenen Polynom (13.2.4) gehört. Ist einmal der Vektor **a** bestimmt, so lassen sich die gleitenden Mittelwerte

$$u_i = \widetilde{\eta}_0(i) = \mathbf{ay}(i) = a_1 y_{i-k} + a_2 y_{i-k+1} + \cdots + a_{2k+1} y_{i+k} \qquad (13.2.10)$$

für jeden Wert i leicht berechnen.

Beispiel 13.1: Gleitender Mittelwert bei linearem Trend
Im Fall einer linearen Trendfunktion

$$\eta_j = x_1 + x_2 j$$

wird die Matrix A einfach

$$A = -\begin{pmatrix} 1 & -k \\ 1 & -k+1 \\ \vdots & \\ 1 & k \end{pmatrix} .$$

Dann ist

$$\begin{aligned} A^{\mathrm{T}}A &= \begin{pmatrix} 1 & 1 & \dots & 1 \\ -k & -k+1 & \dots & k \end{pmatrix} \begin{pmatrix} 1 & -k \\ 1 & -k+1 \\ \vdots & \vdots \\ 1 & k \end{pmatrix} \\ &= \begin{pmatrix} 2k+1 & 0 \\ 0 & k(k+1)(2k+1)/3 \end{pmatrix} , \\ (A^{\mathrm{T}}A)^{-1} &= \begin{pmatrix} \frac{1}{2k+1} & 0 \\ 0 & \frac{3}{k(k+1)(2k+1)} \end{pmatrix} , \\ \mathbf{a} &= (-(A^{\mathrm{T}}A)^{-1}A^{\mathrm{T}})_1 = \frac{1}{2k+1}(1,1,\dots,1) . \end{aligned}$$

In diesem Fall ist der gleitende Mittelwert einfach das ungewichtete Mittel (13.1.3). ■

Für kompliziertere Modelle kann man die Vektoren **a** entweder durch Lösung von (13.2.8) gewinnen oder einfach der Tafel 13.1 entnehmen. Aus der Symmetrie von A kann man zeigen, daß zu ungeraden Polynomen (d. h. $\ell = 2n, n$ ganzzahlig) die gleichen Werte von **a** gehören wie zu geraden Polynomen der nächst niedrigeren Ordnung $\ell = 2n - 1$. Man kann auch leicht zeigen, daß **a** die Symmetrie

$$a_j = a_{-j} \,, \quad j = 1,2,\dots,k \,, \tag{13.2.11}$$

besitzt.

13.3 Randeffekte

Natürlich kann der gleitende Mittelwert (13.2.10) als Schätzung des Trends nur für die Punkte i benutzt werden, die links und rechts mindestens je k benachbarte Meßpunkte besitzen, da das Mittelungsintervall $2k+1$ Meßpunkte umfaßt. Das bedeutet, daß man für die ersten k und die letzten k Meßpunkte einer Zeitreihe eine andere Schätzung benutzen muß. Man gewinnt hier die naheliegendste Verallgemeinerung der Schätzung, indem man das Polynom (13.2.4) nicht nur für den Mittelpunkt eines Intervalls benutzt. Man erhält dann Schätzungen

$$\begin{aligned}
\widetilde{\eta}_i = u_i &= \widetilde{x}_1^{k+1} + \widetilde{x}_2^{k+1}(i-k-1) + \widetilde{x}_3^{k+1}(i-k-1)^2 + \cdots \\
&\quad + \widetilde{x}_{\ell+1}^{k+1}(i-k-1)^\ell \,, \quad i \le k \,, \\
\widetilde{\eta}_i = u_i &= \widetilde{x}_1^{n-k} + \widetilde{x}_2^{n-k}(i+k-n) + \widetilde{x}_3^{n-k}(i+k-n)^2 + \cdots \\
&\quad + \widetilde{x}_{\ell+1}^{n-k}(i+k-n) \,, \quad i > n-k \,.
\end{aligned} \tag{13.3.1}$$

Dabei bedeuten $\widetilde{x}^{k+1}$ und $\widetilde{x}^{n-k}$, daß die Koeffizienten $\widetilde{x}$ für das erste bzw. letzte Intervall der Zeitreihe bestimmt wurden, deren Mittelpunkte bei $(k+1)$ bzw. $(n-k)$ liegen.

Die Schätzungen (13.3.1) sind nun sogar für $i < 1$ und $i > n$ definiert. Sie bieten damit die Möglichkeit, die Zeitreihe (z. B. in die Zukunft) fortzusetzen. Solche Extrapolationen müssen aus zwei Gründen mit größter Vorsicht betrachtet werden.

(i) Gewöhnlich gibt es keinerlei theoretische Rechtfertigung für die Annahme, daß der Trend durch ein Polynom beschrieben wird. Sie erleichtert lediglich die Berechnung der gleitenden Mittelwerte. Ohne theoretisches Verständnis für ein Trendmodell ist aber die Bedeutung von Extrapolationen weitgehend unklar.

(ii) Selbst in den Fällen, in denen der Trend zu Recht durch ein Polynom beschrieben wird, entfernen sich die Konfidenzgrenzen im Extrapolationsbereich schnell von dem geschätzten Polynom: Die Extrapolation wird sehr ungenau.

Ob die Aussage (i) zutrifft, muß in jedem Einzelfall sorgfältig geprüft werden. Die allgemeinere Aussage (ii) kennen wir für den linearen Fall bereits von der linearen Regression her (vgl. Bild 12.1). Wir untersuchen sie ausführlich im nächsten Abschnitt.

13.4 Konfidenzintervall

Wir betrachten zunächst das zum gleitenden Mittelwert u_i aus der Beziehung (13.2.10) gehörende Konfidenzintervall. Die Fehler der Messungen y_i sind unbekannt und müssen deshalb zunächst geschätzt werden. Aus (12.3.2) erhält man als empirische Varianz der y_j im Intervall der Länge $2k+1$

$$s_y^2 = \frac{1}{2k-\ell} \sum_{j=-k}^{k} (y_j - \widetilde{\eta}_j)^2 \,, \tag{13.4.1}$$

wobei $\widetilde{\eta}_j$ durch

$$\widetilde{\eta}_j = \widetilde{x}_1 + \widetilde{x}_2 j + \widetilde{x}_3 j^2 + \cdots + \widetilde{x}_{\ell+1} j^\ell \tag{13.4.2}$$

gegeben ist. Dann kann die Kovarianzmatrix der Messungen mit

$$G_y^{-1} \approx s_y^2 I \tag{13.4.3}$$

abgeschätzt werden. Die Kovarianzmatrix der Koeffizienten $\mathbf{x}$ ist dann durch (9.2.27) gegeben als

$$G_{\widetilde{x}}^{-1} \approx (A^{\mathrm{T}} G_y A)^{-1} = s_y^2 (A^{\mathrm{T}} A)^{-1} \,. \tag{13.4.4}$$

Da $u_i = \widetilde{\eta}_0 = \widetilde{x}_1$, haben wir damit als Schätzung für die Varianz von u_i

$$s_{\widetilde{x}_1}^2 = (G_{\widetilde{x}}^{-1})_{11} = s_y^2 ((A^{\mathrm{T}} A)^{-1})_{11} = s_y^2 a_0 \,. \tag{13.4.5}$$

Aus (13.2.6), (13.2.7) und (13.2.8) entnimmt man leicht, daß $(A^{\mathrm{T}} A)_{11}^{-1} = a_0$, da die mittlere Zeile von A gerade $-(1,0,0,\dots,0)$ ist.

Nach den gleichen Überlegungen wie in Abschnitt 12.3 erhalten wir dann zum Konfidenzniveau $1-\alpha$

$$\frac{|\widetilde{\eta}_0(i) - \eta_0(i)|}{s_y a_0} \le t_{1-\frac{1}{2}\alpha} \,. \tag{13.4.6}$$

Zu vorgegebenem α können wir dann die Konfidenzgrenzen

$$\eta_0^{\pm}(i) = \widetilde{\eta}_0(i) \pm a_0 s_y t_{1-\frac{1}{2}\alpha} \tag{13.4.7}$$

angeben. Dabei ist $t_{1-\frac{1}{2}\alpha}$ ein Quantil aus Student's Verteilung für $2k-\ell$ Freiheitsgrade. Der wahre Wert des Trends liegt mit einem Konfidenzniveau von $1-\alpha$ innerhalb dieser Grenzen.

Begrifflich völlig analog, wenn auch rechnerisch aufwendiger, ist die Bestimmung von Konfidenzgrenzen an den Enden der Zeitreihe. Der gleitende Mittelwert ist jetzt durch (13.3.1) gegeben. Bezeichnen wir das Argument in den Ausdrücken (13.3.1) mit $j = i-k-1$ bzw. $j = i+k-n$, so erhalten wir

$$\widetilde{\eta} = \mathbf{T}\mathbf{x} \,. \tag{13.4.8}$$

Dabei ist $\mathbf{T}$ ein Zeilenvektor der Länge $\ell + 1$,

$$\mathbf{T} = (1, j, j^2, \dots, j^{\ell}) \,. \tag{13.4.9}$$

Nach dem Gesetz der Fehlerfortpflanzung (3.8.4) erhalten wir

$$G_{\widetilde{\eta}}^{-1} = T G_x^{-1} T^{\mathrm{T}} \,. \tag{13.4.10}$$

Mit (13.4.4) ist schließlich

$$G_{\widetilde{\eta}}^{-1} \approx s_{\widetilde{\eta}}^2 = s_y^2 T (A^{\mathrm{T}} A)^{-1} T^{\mathrm{T}} \,, \tag{13.4.11}$$

wobei s_y^2 wieder durch (13.4.1) gegeben ist.

Die Größe $s_{\widetilde{\eta}}^2$ kann nun für jeden Wert j berechnet werden, auch für Werte, die außerhalb der Zeitreihe selbst liegen. Damit erhalten wir die Konfidenzgrenzen

$$\eta^{\pm}(i) = \widetilde{\eta}(i) \pm s_{\widetilde{\eta}} t_{1-\frac{1}{2}\alpha} \,. \tag{13.4.12}$$

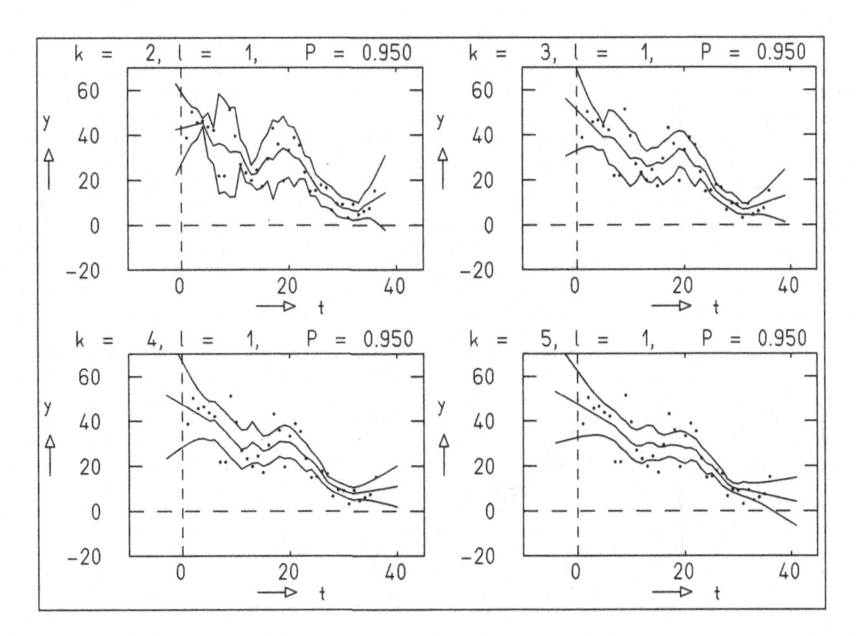

Bild 13.2: Zeitreihenanalysen der gleichen Daten mit verschiedenen Werten von k und festem ℓ.

Bei der Interpretation der Ergebnisse einer Zeitreihenanalyse ist immer Vorsicht geboten. Das gilt insbesondere aus zwei Gründen:

1. Es gibt gewöhnlich keine *a priori* Rechtfertigung für das der Zeitreihenanalyse zugrundeliegende mathematische Modell. Es wurde lediglich als ein bequemes Verfahren gewählt, die „statistischen" Fluktuationen abzutrennen.

2. Der Benutzer hat erhebliche Freiheit bei der Wahl der Parameter k und ℓ, durch die er aber auch die Ergebnisse ganz wesentlich beeinflussen kann. Das folgende Beispiel vermittelt einen Eindruck von der Größe dieser Einflüsse.

Beispiel 13.2: Zeitreihenanalyse der gleichen Meßserie unter Benutzung verschiedener Mittelungsintervalle und von Polynomen verschiedener Ordnung

Die Bilder 13.2 und 13.3 enthalten Zeitreihenanalysen der in den 36 Monaten Januar 1962 bis Dezember 1964 im Mittel beobachteten Sonnenflecken. Dabei wurden verschiedene Werte von k und ℓ benutzt. Die einzelnen Diagramme in Bild 13.2 ergeben sich für $\ell = 1$ (lineare Mittelung), aber verschiedene Intervallängen $2k + 1 = 5, 7, 9$ bzw. 11. Man beobachtet, daß die Kurve der gleitenden Mittelwerte glatter und das Konfidenzintervall schmaler wird, wenn k anwächst, daß aber auch die mittleren Abweichungen der Einzelbeobachtungen von der Kurve zunehmen. Die Extrapolation

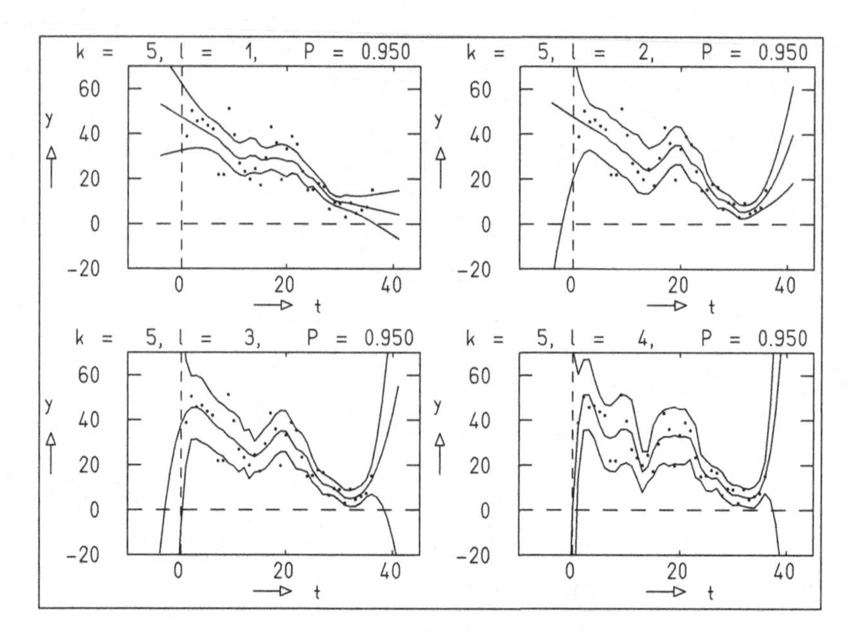

Bild 13.3: Zeitreihenanalysen der gleichen Daten mit verschiedenen Werten von ℓ und festem k.

ist natürlich eine Gerade. (Für $\ell = 0$ hätten wir die gleichen gleitenden Mittelwerte für die inneren Punkte erhalten. Die äußeren und extrapolierten Punkte hätten jedoch auf einer horizontalen Geraden gelegen, da ein Polynom vom Grad 0 eine Konstante ist.) Die Diagramme in Bild 13.3 entsprechen der Intervallänge $2k+1 = 7$ und $\ell = 1,2,3,4$. Die gleitenden Mittelwerte liegen um so näher bei den Datenpunkten und das Konfidenzintervall wird um so größer, je größer der Wert von ℓ ist. ■

Aus diesen Beobachtungen können wie die folgenden qualitativen Regeln ableiten:

1. Das Mittelungsintervall sollte nicht größer gewählt werden als der Bereich, in dem man erwartet, daß die Daten durch ein Polynom des gewählten Grades gut beschrieben werden. So muß für $\ell = 1$ das Intervall $2k+1$ derart gewählt werden, daß etwa erwartete nichtlineare Effekte innerhalb dieses Intervalls klein bleiben.

2. Andererseits ist der Glättungseffekt um so stärker, je länger das Mittelungsintervall ist. Als Faustregel gilt, daß die Glättung mit zunehmender Größe von $2k+1-\ell$ immer effektiver wird.

3. Große Vorsicht ist bei der Extrapolation von Zeitreihen geboten, insbesondere im nichtlinearen Fall.

Die Kunst der Zeitreihenanalyse ist natürlich viel feiner entwickelt, als das in diesem kurzen Kapitel beschrieben werden konnte. Der besonders interessierte Leser wird auf die Spezialliteratur verwiesen, in der z. B. andere Glättungsfunktionen als Polynome oder die Analyse mit mehreren Variablen behandelt werden.

13.5 Java-Klasse und Programmbeispiele

Java-Klasse zur Zeitreihenanalyse

`TimeSeries` führt eine Zeitreihenanalyse aus.

Programmbeispiel 13.1: Hauptprogramm `E1TimSer` demonstriert die Benutzung von `TimeSeries`

Das kurze Programm bearbeitet die Daten aus Beispiel 13.2. Es setzt die entsprechenden Parameter und führt dann durch einen Aufruf von `TimeSeries` eine Zeitreihenanalyse mit $k = 2$, $\ell = 2$ aus. Die Daten, die gleitenden Mittelwerte und die Abstände zu den Konfidenzgrenzen (zum Konfidenzniveau 90 %) werden numerisch ausgegeben.

Programmbeispiel 13.2: Hauptprogramm `E2TimSer` führt Zeitreihenanalyse aus und liefert graphische Ausgabe

Das Programm geht von den gleichen Daten aus wie `E1TimSer`. Es erfragt interaktiv die Parameter k und ℓ und das Konfidenzniveau P und führt mit `TimeSeries` die Zeitreihenanalyse aus. Anschließend erfolgt eine graphische Darstellung, in der die Daten als kleine Kreise dargestellt werden. Die gleitenden Mittelwerte werden als Streckenzug (Polylinie) dargestellt. Ebenfalls als Streckenzüge werden (in anderer Farbe) die Konfidenzgrenzen eingetragen.

Anregung: Fertigen Sie Graphiken an, die den einzelnen Teilbildern aus Bild 13.2 und Bild 13.3 entsprechen.

Literatur

Im Text zitierte Literaturhinweise

[1] A. KOLMOGOROV, *Ergebn. Math.* **2** (1933) 3

[2] D.E. KNUTH, *The Art of Computer Programming*, vol. 2, Addison-Wesley, Reading MA 1981

[3] P. L'ECUYER, *Comm. ACM* **31** (1988) 742

[4] B.A. WICHMANN and I.D. HILL, *Appl. Stat.* **31** (1982) 188

[5] G.E.P. BOX and M.E. MULLER, *Ann. Math. Stat.* **29** (1958) 611

[6] L. VON BORTKIEWICZ, *Das Gesetz der kleinen Zahlen*, Teubner, Leipzig 1898

[7] D.J. DE SOLLA PRICE, *Little Science, Big Science*, Columbia University Press, New York 1965

[8] M.G. KENDALL and A. STUART, *The Advanced Theory of Statistics*, vol. 2, Charles Griffin, London 1968

[9] S.S. WILKS, *Ann. Math. Stat.*, **9** (1938) 60

[10] A.H. ROSENFELD, H.A. BARBERO-GALTIERI, W.J. PODOLSKI, L.R. PRICE, P. SÖDING, CH.G. WOHL, M. ROOS and W.J. WILLIS, *Rev. Mod. Phys.* **33** (1967) 1

[11] PARTICLE DATA GROUP, *Journal of Physics G* **37** (2010) 1

[12] W.H. PRESS, B.P. FLANNERY, S.A. TEUKOLSKY and W.T. VETTERLING, *Numerical Recipes*, Cambridge University Press, Cambridge 1986

[13] R.P. BRENT, *Algorithms for Minimization without Derivatives*, Prentice-Hall, Englewood Cliffs NJ 1973

[14] J.A. NELDER and R. MEAD, *Computer Journal* **7** (1965) 308

[15] M.J.D. POWELL, *Computer Journal* **7** (1965) 155

[16] D.W. MARQUARDT, *J. Soc. Ind. Appl. Math.* **11** (1963) 431

[17] C. LANCZOS, *SIAM J. Numerical Analysis* **1** (1964) 86

[18] C.L. LAWSON and R.J. HANSON, *Solving Least Squares Problems*, Prentice-Hall, Englewood Cliffs NJ 1974

[19] G.H. GOLUB and W. KAHN, *SIAM J. Numerical Analysis* **2** (1965) 205

[20] P.A. BUSINGER and G.H. GOLUB, *Comm. ACM* **12** (1969) 564

[21] G.H. GOLUB and C. REINSCH, in *Linear Algebra* (J.H. WILKINSON and C. REINSCH, eds.), p. 134, Springer, Berlin 1971

[22] J.G.F. FRANCIS, *Computer Journal* **4** (1960) 265, 332

[23] F. JAMES and M. ROOS, *Nuclear Physics* **B172** (1980) 475

[24] M.L. SWARTZ, *Nuclear Instruments and Methods* **A294** (1966) 278

[25] V.H. REGENER, *Physical Review* **84** (1951) 161

[26] G. ZECH, *Nuclear Instruments and Methods* **A277** (1989) 608

[27] H. RUTISHAUSER, *Numerische Mathematik* **5** (1963) 48

[28] W. ROMBERG, *Det. Kong. Norske Videnskapers Selskap Forhandlinger* **28** (1955) Nr. 7

[29] K.S. KOELBIG, in *CERN Computer Centre Program Library*, Program D401, CERN, Geneva 1990

Bibliographie

Die folgende kurze Liste enthält einige Bücher, die zur Ergänzung und Vertiefung des vorliegenden Stoffes dienen können. Sie ist natürlich in keiner Weise vollständig, sondern soll lediglich auf eine Reihe von Büchern unterschiedlichen Schwierigkeitsgrades hinweisen.

Wahrscheinlichkeitsrechnung

L. BREIMAN, *Probability*, Addison-Wesley, Reading MA 1968

H. CRAMÈR, *The Elements of Probability Theory*, Wiley, New York 1955

B.V. GNEDENKO, *The Theory of Probability, 4th ed.*, Chelsea, New York 1967

KAI LAI CHUNG, *A Course in Probability Theory*, Harcourt, Brace and World, New York 1968

K. KRICKEBERG, *Wahrscheinlichkeitsrechnung*, Teubner, Stuttgart 1963

Mathematische Statistik

P.R. BEVINGTON, *Data Reduction and Error Analysis for the Physical Sciences*, McGraw-Hill, New York 1969

B.E. COOPER, *Statistics for Experimentalists*, Pergamon, Oxford 1969

G. COWAN, *Statistical Data Analysis*, Clarendon Press, Oxford 1998

H. CRAMÈR, *Mathematical Methods of Statistics*, University Press, Princeton 1946

W.J. DIXON and F.J. MASSEY, *Introduction to Statistical Analysis*, McGraw-Hill, New York 1969

D. DUMAS DE RAULY, *L'Estimation Statistique*, Gauthier-Villars, Paris 1968

W.T. EADIE, D. DRIJARD, F.E. JAMES, M. ROOS and B.SADOULET, *Statistical Methods in Experimental Physics*, North-Holland, Amsterdam 1971

W. FELLER, *An Introduction to Probability Theory and its Applications*, 2 Vols., Wiley, New York 1968

M. FISZ, *Probability Theory and Mathematical Statistics*, Wiley, New York 1963

D.A.S. FRASER, *Statistics; An Introduction*, Wiley, New York 1958

H. FREEMAN, *Introduction to Statistical Inference*, Addison-Wesley, Reading, MA 1963

A.G. FRODENSEN and O. SKJEGGESTAD, *Probability and Statistics in Particle Physics*, Universitetsforlaget, Bergen 1979

P.G. HOEL, *Introduction to Mathematical Statistics, 4th ed.*, Wiley, New York 1971

M.G. KENDALL and A. STUART *The Advanced Theory of Statistics, 4th ed., 3 vols.*, Charles Griffin, London 1977

L. LYONS, *Statistics for Nuclear and Particle Physicists*, Cambridge University Press, Cambridge 1986

J. MANDEL, *The Statistical Analysis of Experimental Data*, Interscience, New York 1964

S.L. MEYER, *Data Analysis for Scientists and Engineers*, Wiley, New York 1975

L. SACHS, *Statistische Auswertungsmethoden, 5. Aufl.*, Springer, Berlin 1978

E. SVERDRUP, *Laws and Chance Variations*, 2 Bde., North-Holland, Amsterdam 1967

B.L. VAN DER WAERDEN, *Mathematische Statistik, 3. Aufl.*, Springer, Berlin 1971

S.S. WILKS, *Mathematical Statistics*, Wiley, New York 1962

T. YAMANE, *Elementary Sampling Theory*, Prentice-Hall, Englewood Cliffs, NJ 1967

T. YAMANE, *Statistics, An Introductory Analysis*, Harper and Row, New York 1967

Numerische Methoden. Matrizen. Programme

A. BJÖRK und G. DAHLQUIST, *Numerische Methoden*, R. Oldenbourg Verlag, München 1972

R.P. BRENT, *Algorithms for Minimization without Derivatives*, Prentice-Hall, Englewood Cliffs, NJ 1973

C.T. FIKE, *Computer Evaluation of Mathematical Functions*, Prentice-Hall, Englewood Cliffs, NJ 1968

G.H. GOLUB and C.F. VAN LOAN, *Matrix Computations*, Johns Hopkins University Press, Baltimore 1983

R.W. HAMMING, *Numerical Methods for Engineers and Scientists, 2nd ed.*, McGraw-Hill, New York 1973

D.E. KNUTH, *The Art of Computer Programming*, 3 vols., Addison-Wesley, Reading MA 1968

C.L. LAWSON and R.J. HANSON, *Solving Least Squares Problems*, Prentice-Hall, Englewood Cliffs NJ 1974

W.H. PRESS, B.P. FLANNERY, S.A. TEUKOLSKY and W.T. VETTERLING, *Numerical Recipes*, Cambridge University Press, Cambridge 1986

J.R. RICE, *Numerical Methods, Software and Analysis*, McGraw-Hill, New York 1983

J. STOER und R. BURLISCH, *Einführung in die Numerische Mathematik*, 2 Bde., Springer, Berlin 1983

J.H. WILKINSON and C. REINSCH, *Linear Algebra*, Springer, Berlin 1971

Formelsammlungen. Statistische Tafeln

M. ABRAMOWITZ and A. STEGUN, *Handbook of Mathematical Functions*, Dover, New York, 1965

R.A. FISHER and F. YATES, *Statistical Tables for Biological, Agricultural and Medical Research*, Oliver and Boyd, London 1957

U. GRAF und H.J. HENNING, *Formeln und Tabellen zur Mathematischen Statistik*, Springer, Berlin 1953

A. HALD, *Statistical Tables and Formulas*, Wiley, New York 1960

G.A. KORN and T.M. KORN, *Mathematical Handbook for Scientists and Engineers, 2nd ed.*, McGraw-Hill, New York 1968

D.V. LINDLEY and J.C.P. MILLER, *Cambridge Elementary Statistical Tables*, University Press, Cambridge 1961

D.B. OWEN, *Handbook of Statistical Tables*, Addison-Wesley, Reading MA 1962

E.S. PEARSON and H.O. HARTLEY, *Biometrica Tables for Statisticians*, University Press, Cambridge 1958

W. WETZEL, M.D. JÖHNK and P. NAEVE, *Statistische Tabellen*, Walter de Gruyter, Berlin 1967

Register der Programme*

*Die kursiv gesetzten Zahlen beziehen sich auf den separaten Anhang.

Register*

*Die kursiv gesetzten Zahlen beziehen sich auf den separaten Anhang.